FACHWERK BIOLOGIE

Nordrhein-Westfalen R 1

Cornelsen

FACHWERK
BIOLOGIE

Autorinnen und Autoren:
Anke Form, Dr. Udo Hampl, Marianne Herrmann, Andreas Marquarth, Katrin Oberschelp, Dr. Peter Pondorf, Reinhold Rehbach, Matthias Ritter, Ingmar Stelzig, Ulrike Tegtmeyer, Steffen Wachs, Josef Johannes Zitzmann

Redaktion: Christina Pietsch

Bildrecherche: Kathrin Kretschmer, Zeynep Neuls

Illustration und Grafik:
www.biologiegrafik.de; diGraph, Eva Langhorst, Liselotte Lüddecke, Jörg Mair, Karin Mall, Tom Menzel, Heike Möller, Andreas Steinig, Jan Wünsche

Typografisches Konzept und Layout: Farnschläder & Mahlstedt, Hamburg

Umschlaggestaltung: Zweimanns Grafik

www.cornelsen.de

1. Auflage, 1. Druck 2011

Alle Drucke dieser Auflage sind inhaltlich unverändert und können im Unterricht nebeneinander verwendet werden.

Druck: CS-Druck CornelsenStürtz, Berlin

ISBN 978-3-06-014859-2

Inhalt gedruckt auf säurefreiem Papier aus nachhaltiger Forstwirtschaft.

Inhalt

Tiere und Pflanzen in Lebensräumen

Tiere in der Umgebung 58

Pflanzen in der Umgebung 104

Gesundheitsbewusstes Leben

Bau und Leistungen des menschlichen Körpers 136

Pflanzen und Tiere im Jahresverlauf

Pflanzen und Tiere sind an die Jahreszeiten angepasst 180

Sinne und Wahrnehmung

Sexualität und Entwicklung beim Menschen

Rallye durch dein Biologiebuch

Sicherlich hast du in deinem neuen Biologiebuch schon herumgeblättert. Damit du dich darin gut auskennst, bearbeite die folgenden zehn Aufgaben.

Notiere die Antworten auf die Fragen in deinem Heft. Danach weißt du ganz genau, was dir dein neues Buch alles bietet. Viel Spaß!

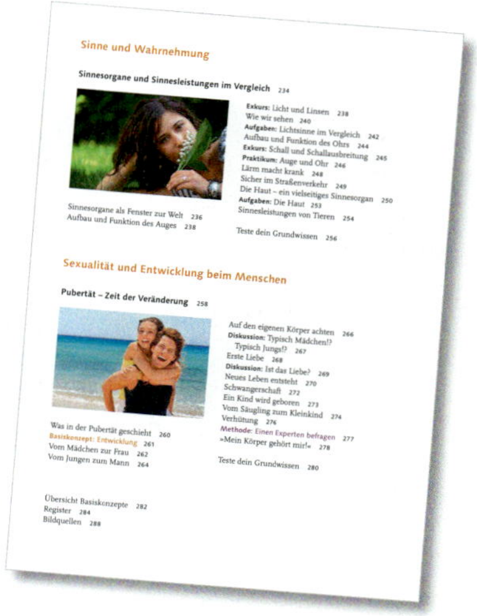

1 Schlage das **Inhaltsverzeichnis** in deinem Biologiebuch auf. Lies alle fett gedruckten Hauptthemen durch. Du erfährst, was du in den kommenden Schuljahren lernen wirst. Welches Thema interessiert dich am meisten? Notiere es.

2 Alle Kapitel beginnen mit einer **Eröffnungsseite**, auf der Bilder dargestellt sind. Sie geben dir einen Einblick in die Inhalte des Kapitels. Notiere die Bilder, die du auf der Eröffnungsseite des Kapitels »Pflanzen in der Umgebung« findest.

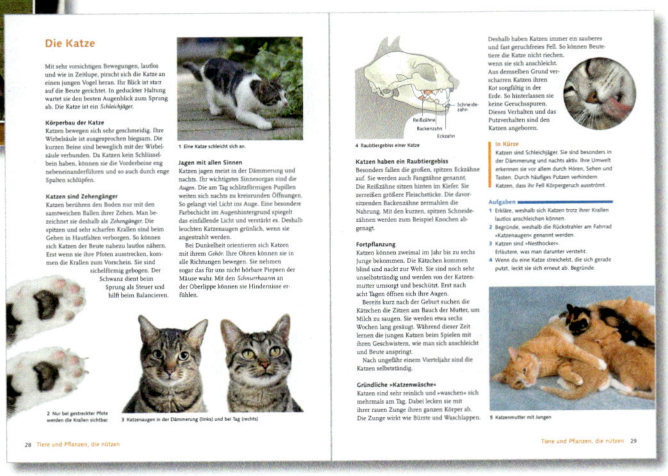

3 Auf allen **Grundseiten** erhältst du Informationen zu biologischen Themen. Auf Seite 62/63 werden heimische Singvögel vorgestellt. Schreibe alle Vogelarten auf, die im Text genannt sind.

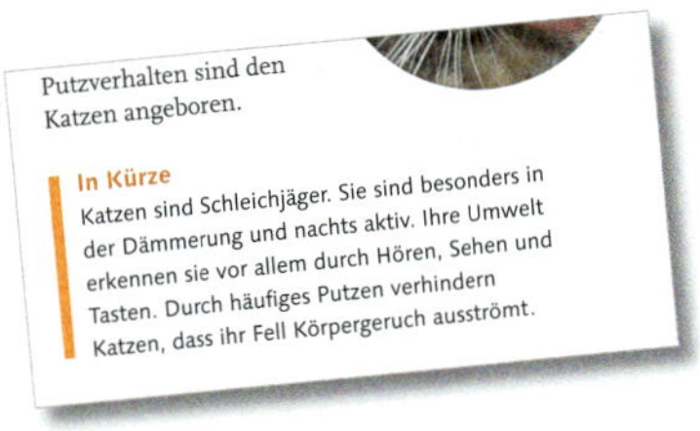

4 Am Ende jeder Grundseite findest du die wichtigsten Dinge bei **»In Kürze«** zusammengefasst. Lies die Zusammenfassung auf Seite 23. Benenne die Gebissart.

5 Überall im Buch wird dir gezeigt, mit welchen **Methoden** du arbeiten kannst, um biologische Sachverhalte besser zu untersuchen, zu verstehen oder zu präsentieren. Suche die Methodenseite »Diagramme erstellen« im Inhaltsverzeichnis und notiere die beiden Diagrammarten, die auf dieser Seite abgebildet sind. Die Methodenseiten sind im Inhaltsverzeichnis lila geschrieben.

6 Anleitungen für praktische Untersuchungen, wie zum Beispiel Versuche oder den Bau von Modellen, findest du auf den **Praktikumsseiten**. Lies auf Seite 119 den Versuch C nach. Schreibe das Gerät auf, das du für diese Untersuchung benötigst.

7 Knifflige und spannende Aufgaben findest du auf den **Aufgabenseiten**. Sie beziehen sich immer auf zusätzliches Material, das dazu abgebildet ist. Was sollst du den Vögeln auf der Seite 73 zuordnen?

8 Auf **Exkursseiten** werden Themen aus anderen Bereichen wie Geschichte oder Gesundheit angesprochen. Einige sollen euch auch zu Diskussionen anregen. Schreibe alle Tiere auf, die auf Seite 214/215 genannt werden.

9 Auf den Seiten zum **Kapitelabschluss** sind unter der Spalte »Auf den Punkt gebracht« alle wichtigen Inhalte des jeweiligen Kapitels zusammengefasst. Beschreibe das Bild im Abschlusspunkt auf Seite 179.

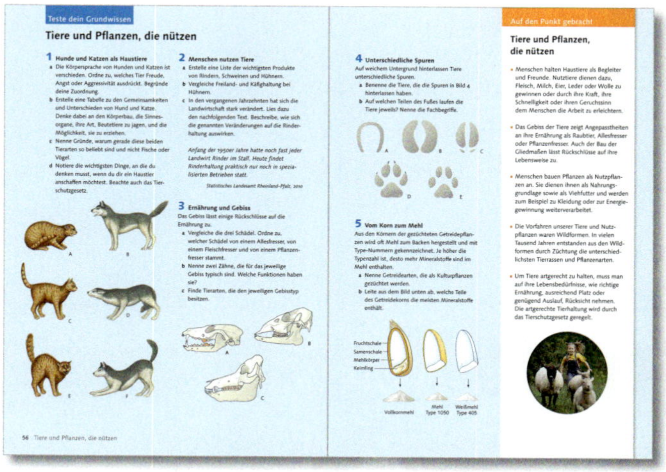

10 Wenn du Informationen zu einem bestimmten Begriff suchst, kannst du im **Register** nachschlagen. Hier findest du alle Seiten, auf denen der Begriff verwendet wird. Notiere alle Seiten, auf denen der Begriff »Pubertät« vorkommt.

Biologie – Wissenschaft von den Lebewesen

Was ist Biologie?

In diesem Schuljahr hast du ein neues Schulfach bekommen: *Biologie*. Im Biologieunterricht beschäftigst du dich mit dem Menschen, mit Tieren und mit Pflanzen. Das Wort Biologie setzt sich aus zwei griechischen Wörtern zusammen: *bios* heißt *Leben* und *logos* bedeutet *Lehre* oder *Wissenschaft*. Die Biologie ist also die *Wissenschaft von den Lebewesen*. Lebewesen geben viele Fragen auf: Warum fällt im Herbst das Laub? Warum können Fische unter Wasser atmen? Warum …? Im Biologieunterricht lernst du *Arbeitsweisen* von Biologen kennen. Mit ihrer Hilfe versuchen sie Antworten auf die Fragen zu finden.

1 Die Natur gibt viele Fragen auf.

Betrachten und Beobachten

Bei einem Spaziergang im Wald flüchtet ein Vogel laut schimpfend auf einen nahen Baum. Nun kann er gut beobachtet werden: seine Körperform, seine Färbung und seine Rufe. Beim *Beobachten* werden Eigenschaften, Merkmale oder Veränderungen erfasst. Zu einer Beobachtung gehört immer eine Frage: Was möchte ich herausfinden? Was finde ich interessant? *Hilfsmittel* bei Beobachtungen können beispielsweise Lupen oder Ferngläser sein. Ruht das zu beobachtende Objekt, so spricht man auch von *Betrachten*.

2 Schüler beobachten mit Ferngläsern.

Vergleichen

Steht man vor einer Wiese, auf der Kühe grasen, so stellt man fest, dass jede Kuh anders aussieht. Manche sind einfarbig, andere haben unterschiedlichste Flecken.
Dagegen besitzen alle einen Kopf, vier Beine und Hörner. Die Kälbchen sind noch hornlos. Sucht man nach *Ähnlichkeiten, Unterschieden* und *Gemeinsamkeiten*, so bezeichnet man dies als *Vergleichen*. Man kann den Aufbau von Organen und deren Leistungen ebenso vergleichen wie die Entwicklungsstadien oder die Verhaltensweisen von Lebewesen, zum Beispiel Schmetterlingen.

Untersuchen

Möchte man herausfinden, ob in einer Kastanie bereits ein kleiner Baum steckt, muss man sie mit Hilfe eines Messers öffnen. Nun kann man weitere Beobachtungen anstellen. Für sehr kleine Objekte benötigt man ein *Mikroskop*. Damit einzelne Strukturen in der Vergrößerung gut erkennbar sind, werden die Objekte sehr dünn geschnitten und angefärbt. Beim *Untersuchen* wird also vor der Beobachtung stets in den Bau des Objekts eingegriffen.

3 Experiment: Wächst aus der Kastanie ein Baum?

Experimentieren

Unter welchen Bedingungen wächst aber nun ein Kastanienbaum aus einer Kastanie? Um dies herauszufinden, müssen gezielte Versuche oder Experimente angesetzt werden. Dazu überlegt man sich zunächst, welche Faktoren zum Wachstum beitragen können, zum Beispiel Licht, Wasser und Wärme. Im Experiment wird eine eingepflanzte Kastanie einmal trocken gehalten, während eine andere regelmäßig gegossen wird. Da sie am selben Fenster stehen, sind die Lichtmenge und die Wärme für beide gleich. Bei einem Experiment wird immer nur *ein Faktor verändert,* alle anderen bleiben *gleich. Wiederholt* man ein Experiment, so sollte es zu den gleichen Ergebnissen führen.

Ordnen und Bestimmen

Im Frühsommer verwandelt sich eine Wiese in ein Blütenmeer. Besitzen Pflanzen ähnliche Merkmale, zum Beispiel die Form der Blätter oder der Blüten, so kann man sie zu Gruppen ordnen. Ordnungsmerkmale sind zum Beispiel ihr Aufbau oder der Lebensraum, den sie besiedeln. Mit Hilfe von *Bestimmungsschlüsseln* findet man die Namen von Lebewesen heraus. Dies bezeichnet man als *Bestimmen.*

Halten und Pflegen von Lebewesen

Lina, die Schulmaus, wurde gerade gefüttert. Nun putzt sie sich. Erst vor Kurzem hat sie Junge gehabt. Dies weist darauf hin, dass sich das Tier wohlfühlt. Biologen *halten* Tiere und Pflanzen, um sie gut beobachten zu können. Sie kennen ihre Bedürfnisse und Lebensbedingungen. Mit den Lebewesen gehen sie artgerecht um. Sie werden verantwortungsvoll *gepflegt.*

Präsentieren

Die Ergebnisse von Beobachtungen, Untersuchungen, Vergleichen und Experimenten sollten immer *protokolliert* werden. Um viele Menschen zu informieren, kann man *Plakate* erstellen oder Zusammenhänge vor einer Gruppe vorstellen oder *präsentieren.*

In Kürze

Biologie ist die Wissenschaft von den Lebewesen. Um biologische Fragen beantworten zu können, werden unterschiedliche Arbeitsweisen und oft Hilfsmittel angewandt.

Aufgaben

1 Vergleiche die Arbeitsweisen Beobachten und Untersuchen.

2 Finde Beispiele dafür, dass du Arbeitsweisen angewandt hast. Berichte in deiner Klasse.

4 Pflanzen werden geordnet und bestimmt.

Was Lebewesen kennzeichnet

Schau dir den Frosch auf dem Bild an. Was meinst du: Ist er lebendig? Er sieht doch eigenartig aus. Tiere mit blauer Haut gibt es bei uns nicht. Handelt es sich vielleicht um ein Plastiktier? Wie könntest du herausfinden, ob er lebt?

Lebewesen bewegen sich

Eine Antilope flieht vor einem Löwen. Mit großen Sätzen springt sie davon und kann entkommen. Sie bewegt sich mit eigener Muskelkraft. Aber auch Pflanzen können sich bewegen: Eine Fliege setzt sich auf das Fangblatt einer Venusfliegenfalle. Plötzlich schnappt die Falle zu. *Alle Lebewesen können sich eigenständig bewegen.*

Stoffe werden aufgenommen, verarbeitet und abgegeben

Im Frühjahr sät ein Landwirt das Getreide aus. Wenige Monate später wird geerntet. In den Ähren haben sich Getreidekörner entwickelt. Sie sind die Nährstoffspeicher der Getreidepflanzen. Aus den Körnern gewinnt man Mehl. Die Pflanze hat aus der Luft und dem Boden Stoffe aufgenommen und umgewandelt. Für uns nicht sichtbar hat sie dabei auch ständig Stoffe in die Luft abgegeben. Ähnliches kann man bei einem Goldhamster beobachten. Er nimmt Nahrung auf und verdaut sie. Dadurch gewinnt er Stoffe, die sein Körper für sein Wachstum, die Bewegung oder den Erhalt der Körperwärme braucht. Nicht verwertbare Stoffe scheidet der Goldhamster aus. *Alle Lebewesen nehmen Stoffe auf, verarbeiten sie und scheiden Abfallstoffe aus. Sie besitzen einen Stoffwechsel.*

1 Pfeilgiftfrosch

Lebewesen sind reizbar

Ein Hund läuft mit der Nase am Boden durch den Garten und bellt in ein Gebüsch hinein. Er hat dort einen Igel entdeckt, der sich zusammengerollt hat. Tiere besitzen Sinnesorgane, mit denen sie Reize aufnehmen können. So orientieren sie sich in ihrer Umgebung und können Gefahren wahrnehmen. Berührt man eine Mimose mit dem Finger, klappen die Blätter der Pflanze sofort zusammen und hängen nach unten. *Alle Lebewesen sind reizbar.*

2 Mimose

3 Lebewesen wachsen und verändern sich dabei – sie entwickeln sich. A–C Ente; D–F Eiche

Lebewesen wachsen und entwickeln sich

Die jungen Entenküken sehen in ihrem gelben Flaumkleid anders aus als ihre Mutter. Schnell wachsen sie heran. Nach einigen Monaten haben sie sich zu ausgewachsenen Enten entwickelt.

Aus einer Eichel sprießt der kleine Sämling, aus dem ein stattlicher Baum heranwachsen kann. Je nach Alter oder Entwicklungsstand sehen Lebewesen unterschiedlich aus.

Für alle Lebewesen gilt, dass sie eine begrenzte Lebensdauer haben und schließlich sterben. *Alle Lebewesen wachsen und entwickeln sich.*

Lebewesen pflanzen sich fort

Anfang Mai fliegen bei jedem Windhauch die kleinen Fallschirme der »Pusteblume« über eine Wiese. Es sind die Früchte des Löwenzahns. Auf diese Weise werden die Samen verbreitet. Aus ihnen können sich neue Pflanzen entwickeln. Auch die Kuh auf der gleichen Wiese hat Nachwuchs bekommen, das Kalb trinkt an ihrem Euter. Lebewesen bringen Nachkommen hervor. *Sie pflanzen sich fort.*

In Kürze

Jedes Lebewesen zeigt alle diese Kennzeichen: Bewegung, Reizbarkeit, Stoffwechsel, Wachstum, Entwicklung und Fortpflanzung.

Aufgaben

1 In Japan werden Roboter gebaut, die sich um Menschen kümmern. Sie bewegen sich und reagieren auf Befehle. Entscheide, ob es sich um Lebewesen handelt. Begründe.

2 In einem Garten wachsen im Frühjahr Schneeglöckchen. Beschreibe, welche Kennzeichen des Lebens hierfür eine Rolle spielen.

Lebewesen	Lebensalter (ungefähr)
Birnbaum	300 Jahre
Grönlandwal	über 210 Jahre
Mensch	80 Jahre
Forelle	20 Jahre
Pferd	20 Jahre
Regenwurm	10 Jahre
Eidechse	10 Jahre
Weizen	1 Jahr

4 Lebensalter verschiedener Lebewesen

Exkurs

Lebewesen bestehen aus Zellen

Die Menschen interessierte schon immer, woraus Lebewesen bestehen. Bereits vor über 2000 Jahren vermutete der griechische Gelehrte Aristoteles, dass alle Lebewesen aus kleinsten Bausteinen bestehen. Erst die Erfindung des Mikroskops ermöglichte Vergrößerungen, die seine Vermutung bestätigten. Bei Untersuchungen der Rinde von Korkeichen wurden erstmals Zellen erkannt. Von da an eröffneten sich Stück für Stück faszinierende Einblicke in die Welt der »Bausteine des Lebens«.

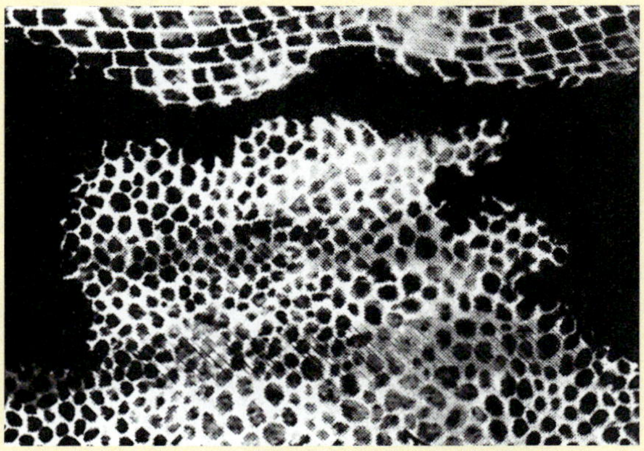

1 Mikroskopisches Bild von Kork

Bausteine der Lebewesen

Alle Lebewesen bestehen aus Zellen. Sie sind in aller Regel so klein, dass man sie mit bloßem Auge nicht erkennen kann. In speziellen Nährflüssigkeiten kann man einzelne Zellen am Leben erhalten und an ihnen die Kennzeichen der Lebewesen beobachten.

Unterschiedlicher Aufbau

Die Zellen von Pflanzen und Tieren unterscheiden sich.

Es gibt winzige Lebewesen, die nur aus einer einzigen Zelle bestehen. Größere Lebewesen werden nicht von größeren Zellen, sondern von einer sehr großen Anzahl von Einzelzellen aufgebaut. So besitzt ein Mensch 60 bis 100 Billionen Zellen. Je nach Aufgabe im Körper sehen die Zellen sehr unterschiedlich aus. Man unterscheidet viele verschiedene Zelltypen, zum Beispiel Haut- oder Muskelzellen.

In Kürze

Zellen sind die kleinsten lebenden Bausteine der Lebewesen. Der Aufbau aus Zellen ist ein weiteres Kennzeichen von Lebewesen.

Aufgabe

1 Begründe, warum der Aufbau aus Zellen ein Kennzeichen von Lebewesen ist.

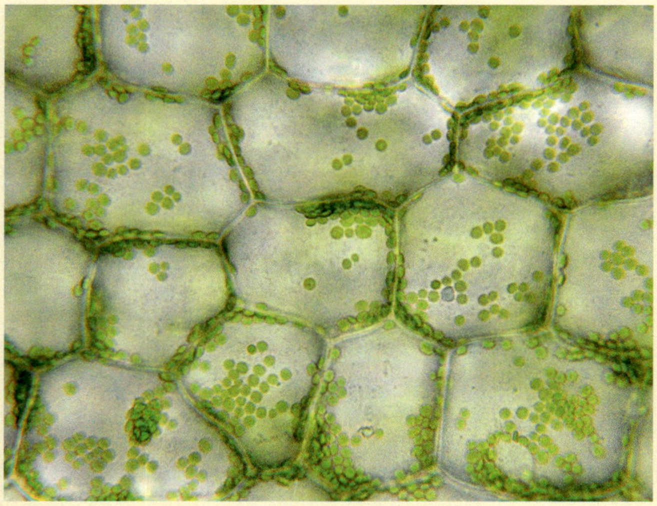

2 Bei der Wasserpest sind die einzelnen Zellen gut erkennbar.

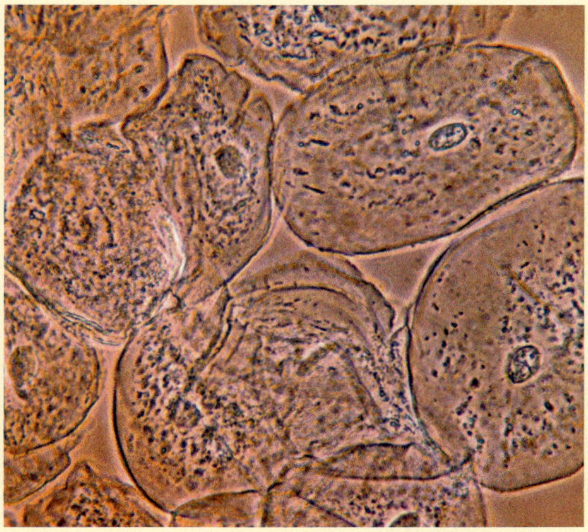

3 Die Zellen der Haut liegen dicht aneinander.

Biologie – Wissenschaft von den Lebewesen

Kenntnisse über Tiere und Pflanzen waren für die frühen Menschen überlebensnotwendig. Welche Pflanze ist genießbar, welche giftig? Welches Tier ist gefährlich, welches eignet sich zur Jagd? In der Zeit der Antike unterschied man nur zwischen Unbelebtem und Belebtem. Die Lebewesen wurden in Pflanzen, Tiere und Menschen untergliedert. Bis ins Mittelalter hinein beschränkte man sich auf die Beschreibung einzelner Beobachtungen.

Zeit der Entdeckungen

Mit der Entdeckung neuer Erdteile und ihren fremden Menschen, Pflanzen und Tieren begannen systematische Beobachtungen und Aufzeichnungen. Erfindungen wie Lupe, Fernglas und Mikroskop erweiterten das Wissen über den Bau der Lebewesen sehr schnell.

Ordnung erleichtert den Überblick

Im Laufe der Zeit wurde das Wissen über die Natur immer umfangreicher. Es entwickelten sich die Naturwissenschaften: Biologie, Chemie und Physik. Der Gelehrte Carl von Linné (1707–1778) hat die ihm bekannten Tiere und Pflanzen nach Ähnlichkeiten geordnet und mit eindeutigen Namen versehen.

Biologie – eine vielfältige Wissenschaft

Biologische Fragestellungen sind immer vielfältiger geworden, das Wissen immer umfangreicher. Heute ist die Biologie in zahlreiche verschiedene Zweige oder *Teilgebiete* untergliedert: Die *Botanik* erforscht die Pflanzen, die *Zoologie* die Tiere und die *Humanbiologie* den Menschen. Die *Evolution* geht der Frage nach, wie sich das Leben auf der Erde entwickelt hat. Wie Merkmale oder Eigenschaften vererbt werden, erforscht die *Genetik*. Die *Ökologie* ist die Wissenschaft von den Beziehungen der Lebewesen untereinander und zum unbelebten Teil der Natur.

In Kürze

Biologische Fragen waren für den Menschen immer wichtig. Im Laufe der Geschichte hat sich viel Wissen angesammelt. Heute ist die Biologie in Teilgebiete untergliedert.

Aufgaben

1 Nenne die wichtigsten Teilgebiete der Biologie.

2 Begründe, warum sich die Biologie in Teilgebiete aufgegliedert hat.

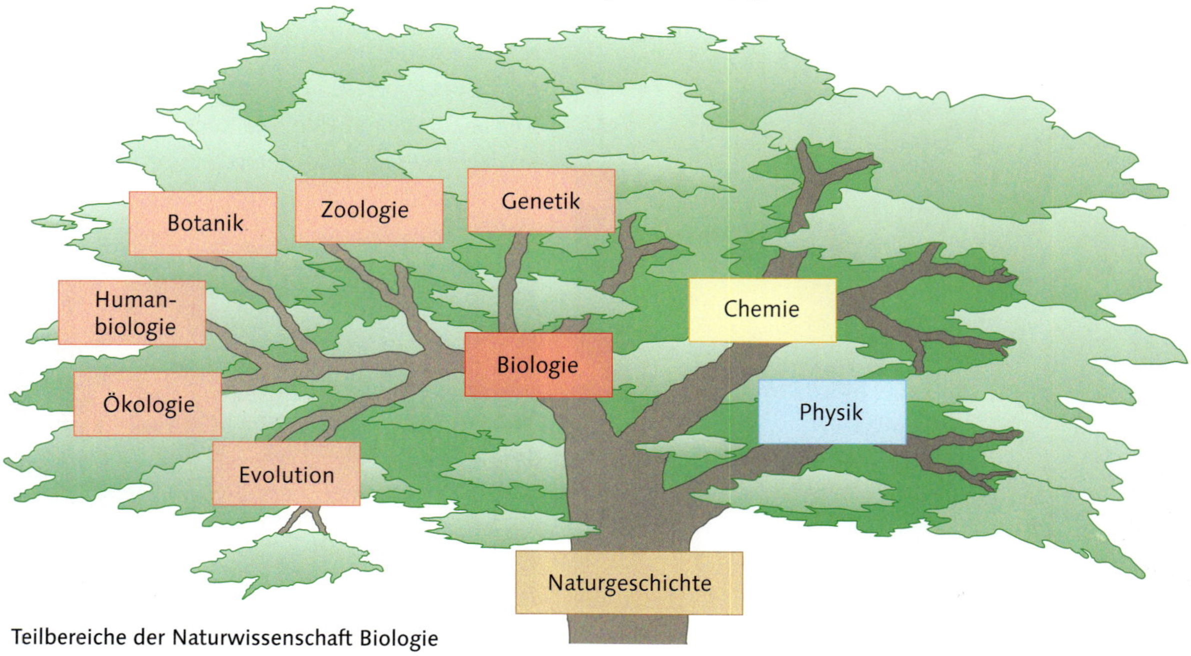

1 Teilbereiche der Naturwissenschaft Biologie

Biologie – Wissenschaft von den Lebewesen

1 Die Wissenschaft Biologie

a Begründe, warum sich Menschen seit jeher mit Tieren und Pflanzen beschäftigt haben.

b Überlege dir Unterschiede und Gemeinsamkeiten der Biologie mit anderen Naturwissenschaften wie der Chemie oder der Physik.

2 Wie Biologen arbeiten

a Biologen beobachten, vergleichen und untersuchen. Nenne und beschreibe Hilfsmittel, die sie dabei verwenden.

b Biologen halten und pflegen Tiere. Nenne Aspekte, worauf sie dabei achten.

c Du machst am Sonntag mit deiner Familie einen Spaziergang durch den Wald. Am Montag geht deine Klasse in denselben Wald. Ein Förster begleitet euch und gibt euch Beobachtungsaufträge.
Nenne zwei Unterschiede, die zwischen dem Herumschauen während des Spaziergangs und dem Beobachten, wie es der Förster tut, bestehen.

d Du entdeckst in einem alten Baumstumpf zwei auffällige Käfer. Die findest du interessant und möchtest mehr über sie erfahren. Nenne Arbeitsweisen, die du nun anwenden kannst.

3 Kennzeichen von Lebewesen

a Auf dem Esszimmertisch steht ein frischer Blumenstrauß. Handelt es sich bei den Blumen um Lebewesen? Begründe.

b Tropft man etwas Tinte auf ein Löschblatt, so entsteht ein sich ausbreitender Fleck. Legt man dieses Blatt auf ein weiteres Löschblatt, so bildet sich auch dort ein Fleck. Tintenflecken wachsen und pflanzen sich fort. Begründe, warum ein Tintenfleck trotzdem kein Lebewesen ist.

c Begründe mit Hilfe der Kennzeichen von Lebewesen, dass Meerschweinchen Lebewesen sind.

1 Schüler mit Förster im Wald

2 Meerschweinchen

4 Aus dem Leben der Elefanten

3 Eine Elefantenherde

Wenn Elefanten Angst haben, geben sie laute, trompetenähnliche Klänge von sich.

Auf Wanderungen sind sie etwa 5 km/h schnell, können bei Gefahr allerdings bis zu 40 km/h schnell laufen.

Elefanten sind Pflanzenfresser. Sie fressen pro Tag etwa 200 kg Gras und brauchen 100 l Wasser.

Elefanten werden etwa 60 bis 80 Jahre alt.

Elefantenbabys wiegen über 100 kg und werden nach einer Tragezeit von fast 2 Jahren geboren.

Bei Elefanten gibt es keine bestimmten Paarungszeiten. Die Paarungsbereitschaft hängt vom Nahrungsangebot ab.

a Ordne den Notizen auf den Papierschnipseln jeweils Kennzeichen von Lebewesen zu.

b Schreibe einen kurzen, aber aussagekräftigen Text über Elefanten, der alle Kennzeichen enthält. Vervollständige den Text mit weiteren Informationen aus Büchern oder dem Internet.

Auf den Punkt gebracht

Biologie – Wissenschaft von den Lebewesen

- Aus der Naturgeschichte entwickelten sich die Naturwissenschaften Biologie, Chemie und Physik. Das Wissen der Biologie ist im Laufe der Jahrhunderte stark angewachsen. Deshalb hat sich auch die Biologie in verschiedene Teilbereiche aufgegliedert, zum Beispiel in Zoologie, Botanik, Humanbiologie, Genetik, Ökologie und Evolution.

- Biologen erforschen Fragen der Natur. Dabei verwenden sie typische Arbeitsweisen: Beobachten, Vergleichen, Untersuchen, Experimentieren, Ordnen und Bestimmen sowie Halten und Pflegen.

- Alle Lebewesen weisen Eigenschaften auf, durch die sie sich von der unbelebten Natur unterscheiden:
  - Sie bewegen sich aus eigener Kraft.
  - Sie besitzen einen Stoffwechsel. Dazu nehmen sie Stoffe auf, bauen sie um und geben Stoffe wieder ab.
  - Sie nehmen Reize auf und reagieren auf sie.
  - Alle Lebewesen pflanzen sich fort. Dabei werden Eigenschaften, die für die jeweiligen Lebewesen typisch sind, weitergegeben.
  - Jedes Lebewesen wächst, durchläuft eine Entwicklung und stirbt.

Tiere und Pflanzen, die nützen

Der Hund

1 Der Hund ist ein beliebtes Haustier.

Hunde sind die ältesten Haustiere des Menschen. Früher hatten sie feste Aufgaben, beispielsweise als Jagdhelfer oder Hütehund. Heute verbindet man mit Hunden vor allem Spiel und Freizeit. Wer sich einen Hund anschaffen möchte, übernimmt eine große Verantwortung und viele Pflichten. Er muss wissen, was der Hund braucht, und sein Verhalten verstehen.

Hunde sind Hetzjäger

Der Wolf als Vorfahre des Hundes verfolgt seine Beute unermüdlich, er *hetzt* sie. Ist das Beutetier müde, kann es mit Hilfe des starken Gebisses ergriffen und erlegt werden. Auch die meisten Haushunde sind schnelle und ausdauernde Läufer. Die kräftigen, langen Beine, die *Läufe,* sind an Schulter und Becken mit der sehr beweglichen Wirbelsäule verbunden. Der Schwanz dient dem Hund dazu, in Kurven das Gleichgewicht zu halten.

Anders als wir Menschen tritt der Hund nicht mit der Fußsohle, sondern nur mit vier Zehen auf, er ist ein *Zehengänger.* Aus der Pfote ragen vier stumpfe Krallen, die nicht eingezogen werden können. Sie geben dem Hund auf weichem Untergrund Halt – wie die Stollen eines Fußballschuhs. Die weichen Ballen sind mit einer festen Hornhaut überzogen und federn den Lauf ab. Der Fellrand wärmt und verhindert, dass der Hund auf glattem Untergrund wegrutscht.

Hunde haben ein Raubtiergebiss

Typisch für ein *Raubtiergebiss* sind die dolchartigen Eckzähne, die länger sind als die übrigen Zähne. Diese Fangzähne dienen dazu, die Beute zu ergreifen und festzuhalten. Die hinteren Backenzähne sind am größten und heißen Reißzähne. Sie gleiten ganz eng aneinander vorbei und bilden so eine Brechschere, die selbst Knochen knacken kann.

2 Hundepfote

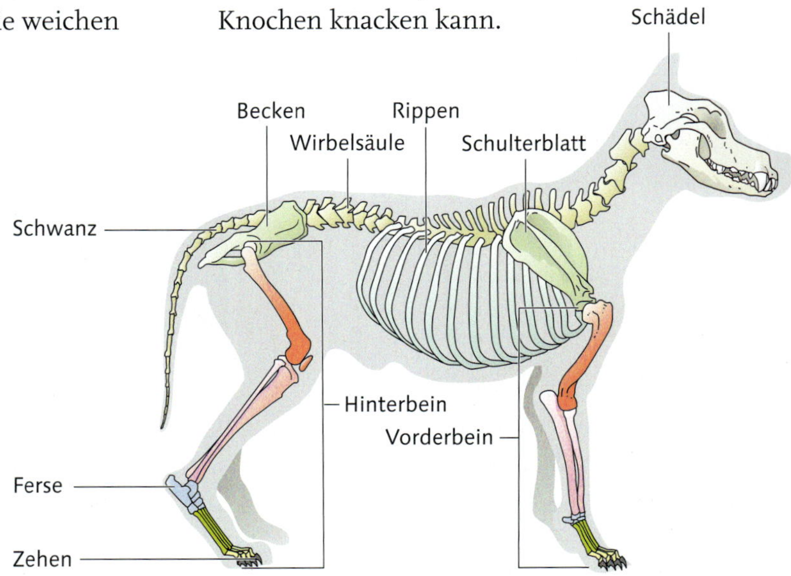

3 Skelett eines Hundes

Mit den übrigen Backenzähnen und den kleinen Schneidezähnen schabt und zupft der Hund das Fleisch von den Knochen ab.

Regelung der Körpertemperatur

Im Winter schützt das Fell den Hund vor Auskühlung. So kann die Körpertemperatur auch bei Kälte bei etwa 38 °C gehalten werden. Hunde sind *gleichwarme* Tiere. Bei körperlicher Anstrengung, wie zum Beispiel bei einem längeren Lauf, erzeugen die Muskeln Wärme. Im Unterschied zum Menschen kann ein Hund aber nicht schwitzen. Stattdessen öffnet er das Maul und atmet schnell und heftig. Die reichlich durchblutete Zunge hängt dabei heraus, er hechelt. Das verschafft dem Hund Kühlung.

Die Sinne dienen der Jagd

Der Hund kann seine Beute über große Entfernungen mit seinem ausgezeichneten *Geruchssinn* wahrnehmen. Läuft ein Reh durch den Wald, hinterlässt es Duftspuren. Diese kann ein Hund auch am nächsten Tag noch verfolgen. Auch Menschen unterscheidet er an ihrem Eigengeruch. Deshalb schnüffelt der Hund bei jeder Gelegenheit.

Hunde besitzen außerdem ein ausgezeichnetes Gehör. Sie sind in der Lage, hohe Töne, die der Mensch nicht mehr wahrnehmen kann, zu hören. In der Dämmerung sehen Hunde recht gut. Der Mensch nutzt diese Eigenschaften, indem er Hunde beispielsweise als Jagd- und Spürhunde einsetzt.

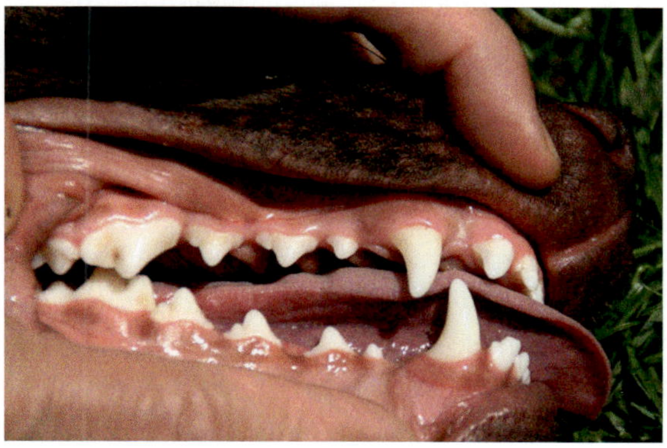

4 Gebiss

5 Körpersprache bei Hunden:
A Ängstlich, B Agressiv, C Freundlich

Verständigung zwischen Hunden

Wölfe leben im Rudel zusammen. Die einzelnen Mitglieder müssen Informationen austauschen. Sie müssen sich verständigen. Neben den Lauten spielt dabei die Körpersprache eine bedeutende Rolle. Auch unser Haushund »spricht« durch seinen Körper. Besonders wichtig sind dabei der Gesichtsausdruck, die Körperhaltung und die Stellung der Ohren und des Schwanzes.

In Kürze

Der Hund ist ein Hetzjäger. Sein Körper ist an das schnelle Laufen und die Wahrnehmung der Beute auf große Entfernung angepasst. Hunde besitzen ein Fleischfressergebiss. Bei der Verständigung untereinander spielt die Körpersprache eine besondere Rolle.

Aufgaben

1 Nenne vier körperliche Merkmale des Hundes, die ihn zu einem guten Jäger machen.

2 Betrachte Bild 1 und beurteile die Stimmung des abgebildeten Hundes.

Vom Wolf zum Haushund

Im Märchen wird der Wolf oft als böse Bestie dargestellt. Über Jahrhunderte bestimmte die Angst das Verhältnis von Mensch und Wolf. Stets empfand man Wölfe als Bedrohung für das eigene Leben und für das der Haustiere. Deshalb wurde der Wolf rücksichtslos gejagt. Aber gibt es ihn tatsächlich, den »bösen Wolf«?

1 Wolf

Wölfe leben im Rudel

Ein *Wolfsrudel* besteht aus den beiden Elterntieren und ihren in diesem und im Vorjahr geborenen Jungen. Ein Leittier führt das Rudel an. Im Unterschied zur Hündin wird die *Wölfin* nur einmal im Jahr, im Spätwinter, läufig. In dieser Zeit ist sie paarungsbereit. Im Frühling werden dann vier bis sechs *Welpen* geboren, die das Rudel gemeinsam umsorgt und aufzieht. Mit der Geschlechtsreife, im Alter von 10 bis 22 Monaten, verlassen die Jungwölfe ihr Rudel und leben alleine, bis sie mit einem Partner selbst ein neues Rudel gründen. Wolfsrudel sind also Wolfsfamilien, deren Zusammensetzung jedes Jahr wechselt.

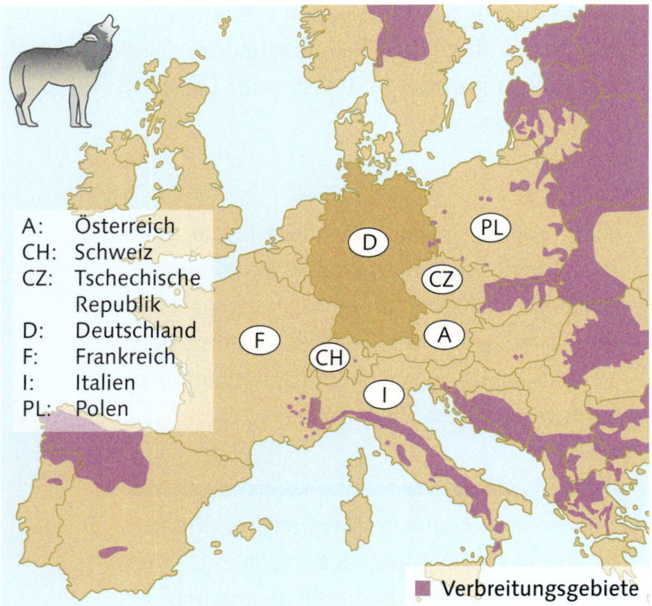

2 Wolfsvorkommen in Europa

Wölfe leben in festen Revieren

Jedes Wolfsrudel beansprucht ein begrenztes Gebiet, das *Revier*. Es wird gegen andere Wölfe verteidigt. Seine Grenzen markieren die Rudelmitglieder durch Duftmarken aus Harn und durch Geheul. Die Größe eines Reviers hängt vor allem von der verfügbaren Nahrung ab. Ist viel Beute vorhanden, so können 150 Quadratkilometer ausreichen. Bei geringem Nahrungsangebot kann es auch über 2000 Quadratkilometer groß sein.

Die Jagd im Rudel

Wölfe jagen vor allem Rehe, Hirsche und Wildschweine, aber auch Haustiere wie Schafe. Dabei hetzen mehrere Rudelmitglieder hinter dem Beutetier her. Meist bleiben die kranken, schwachen oder jungen Tiere einer Gruppe zurück. Ist das Opfer ermüdet, wird es angegriffen und getötet. Der Jagderfolg hängt stark von einer guten Verständigung ab. Vor Menschen flüchten die scheuen Wölfe. Den »bösen Wolf« gibt es also nur im Märchen.

Wölfe in Deutschland

Immer wieder wanderten Wölfe nach Deutschland ein. Sie wurden aber allesamt getötet. Inzwischen sind Wölfe gesetzlich besonders geschützt. Seit 1995 leben mehrere Rudel im Osten Deutschlands. Auch in Niedersachsen und Hessen wurden Wölfe nachgewiesen.

Vom Wildtier zum Haustier

Vor mindestens 15 000 Jahren lebten die Vorgänger unserer Hunde bereits in unmittelbarer Nähe des Menschen. Hier fanden Tiere, die ihre Scheu überwinden konnten, Nahrung in den Essensresten und Abfällen der Menschen. Einzelne Wölfe, vielleicht Welpen, schlossen sich den Menschen an. Ob sie als Jagdhelfer, Wachen, Spielgefährten oder als Nahrung dienten, weiß man nicht. Im Laufe der Zeit hat der Mensch die Wildtiere an sich gewöhnt. Sie verloren ihre Furcht und wurden *zahm*. In der menschlichen Gemeinschaft fanden sie ein »Ersatzrudel«. Nur Tiere, die den Umgang mit Menschen gut vertrugen, pflanzten sich fort. Langsam wurden die Wildtiere *domestiziert:* Sie wurden zu *Haustieren*.

Durch Züchtung entstehen Rassen

Nicht alle Nachkommen der vierbeinigen Gefährten sahen gleich aus. Die Erfahrung lehrte den Menschen, dass er durch Auswahl der Elterntiere die Eigenschaften bei den Nachkommen beeinflussen konnte. Er begann zu *züchten*. Nun entwickelten sich äußerlich sehr unterschiedliche Hunde: Größe, Fellfarbe oder Ohrenform sind einige Unterscheidungsmerkmale. Auch im Charakter, zum Beispiel dem Jagdtrieb, bestehen große Unterschiede. Heute gibt es zehn Rassetypen, wie Terrier, Hütehunde oder Begleithunde, mit zahlreichen Rassen.

In Kürze

Wölfe sind sehr scheue Tiere, die im Rudel gemeinschaftlich zusammenleben. Sie waren in Deutschland über fast 100 Jahre ausgerottet. Wölfe sind die Vorfahren unserer Hunde. Nach der Zähmung entstanden durch Züchtung unsere heutigen Hunderassen.

Aufgaben

1 Aus welchen Ländern können Wölfe nach Deutschland einwandern? Werte Bild 2 aus.

2 Vergleiche Wolf und Hund. Welche Veränderungen hat die Zähmung mit sich gebracht?

3 Die Welpen eines Wurfs haben Merkmale von beiden Eltern.

4 Körpergröße von Hunden im Vergleich zum Wolf

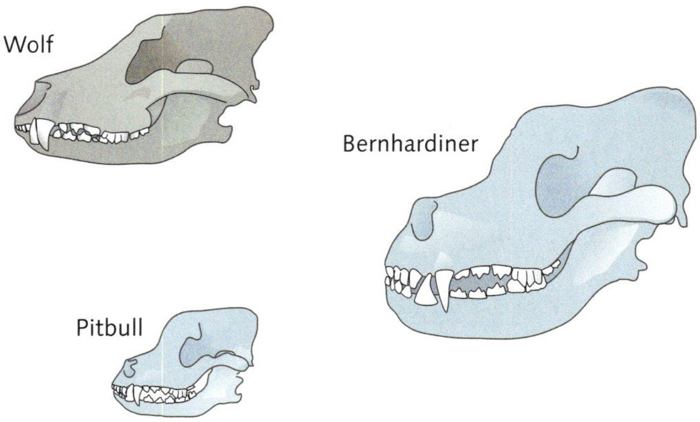

5 Kopfform des Wolfs und verschiedener Hunde

Methode

Einen Steckbrief erstellen

Ein Steckbrief dient in der Biologie dazu, Tiere oder Pflanzen möglichst kurz, übersichtlich und verständlich zu beschreiben. Mit wenigen Stichpunkten werden die wesentlichen Kennzeichen und Besonderheiten des jeweiligen Lebewesens festgehalten. Mit Hilfe von Steckbriefen können verschiedene Pflanzen oder Tiere miteinander verglichen werden. So gehst du vor, um einen Steckbrief zu erstellen:

1 Sammeln Sammle Informationen über dein Steckbrieftier zum Beispiel in Sachbüchern aus der Bücherei. Suche auch nach Bildern.

2 Auswählen Überlege dir, was wichtig ist, um das Tier treffend zu beschreiben. Wähle die entsprechenden Informationen aus.

3 Oberbegriffe suchen Lege Oberbegriffe fest, mit denen du das Tier beschreiben willst, beispielsweise Größe, Fell, Eigenschaften oder Nutzung.

4 Gliedern Plane nun die Gliederung des Steckbriefs. Lege die Reihenfolge der Oberbegriffe fest. Verfasse kurze, stichpunktartige Informationen zu jedem Oberbegriff.

5 Gestalten Überlege dir, wo du die Texte und Bilder platzierst. Verwende eine gut lesbare Schrift. Überprüfe, ob die Texte nicht zu lang und ob sie gut verständlich sind. Oft sagt eine einfache Zeichnung mehr als viele Worte.

Aufgaben

1 Erstelle einen Steckbrief deines Lieblingstiers.

2 Vergleicht eure Steckbriefe miteinander.
Welche Gemeinsamkeiten und Unterschiede sind festzustellen?
Welche Steckbriefe sind besonders aussagekräftig?
Erläutert, weshalb sie besonders aussagekräftig sind.

Steckbrief

- Name: Deutscher Schäferhund
- Größe: bis 65 Zentimeter (Schulterhöhe)
- Körperbau: kräftig, muskulös
- Kopf: groß, spitze Ohren, spitz auslaufende Schnauze, kräftiges Gebiss
- Fell: schwarz, hell und rotbraun gefärbt, meist kurz
- Eigenschaften: treu, mutig, kraftvoll, ausdauernd, aufmerksam
- Verwendung: Sporthund, Familienhund, Spürhund, Schutzhund, Rettungshund, Blindenführhund, Hütehund
- Besonderheiten: eignet sich gut als Familienhund

Hunderassen

Seit ungefähr 10 000 Jahren leben Hunde und Menschen zusammen. Im Lauf dieser Zeit züchtete der Mensch mehr als 330 verschiedene Rassen. Sie unterscheiden sich im Aussehen, in ihren Eigenschaften und Fähigkeiten erheblich voneinander.

Ziele der Hundezucht

Bei der Züchtung wurden bestimmte Eigenschaften besonders gefördert, zum Beispiel Ausdauer, Wachsamkeit oder Kinderfreundlichkeit. Aber auch Modetrends bestimmen die Zuchtziele, zum Beispiel die »Mopsköpfigkeit« bei der Englischen Bulldogge.

Exkurs Geschichte und Verwandtschaft

Alle Hunderassen sind miteinander verwandt. Denn sie stammen alle von demselben Vorfahr ab, dem Wolf. Während man dem Deutschen Schäferhund oder dem Husky die Abstammung vom Wolf noch ansieht, haben Zwergrassen wie der Yorkshireterrier nur wenig Ähnlichkeit mit ihrem Vorfahr. Ob Lebewesen verwandt sind, kann man nur beurteilen, wenn man ihre Geschichte kennt.

Aufgaben

1 Hunde werden so gezüchtet, dass sie für bestimmte Aufgaben besonders gut geeignet sind. Nenne einige dieser Aufgaben. Nimm die Fotos zu Hilfe.

2 Nenne und beschreibe weitere Hunderassen, die du kennst.

3 Stelle Vermutungen darüber an, welche Eigenschaften ein junger Hund haben muss, der zu einem Blindenführhund ausgebildet werden soll.

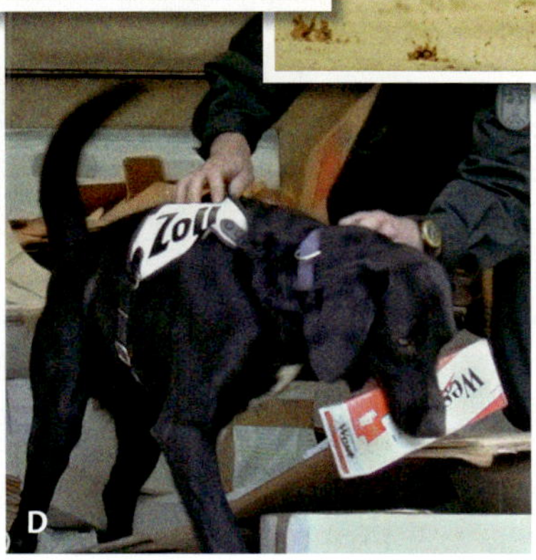

A Huskys
B Chihuahua
C Windhunde
D Labrador
E Dobermann
F Irischer Wolfshund

Die Katze

Mit sehr vorsichtigen Bewegungen, lautlos und wie in Zeitlupe, pirscht sich die Katze an einen jungen Vogel heran. Ihr Blick ist starr auf die Beute gerichtet. In geduckter Haltung wartet sie den besten Augenblick zum Sprung ab. Die Katze ist ein *Schleichjäger.*

Körperbau der Katze

Katzen bewegen sich sehr geschmeidig. Ihre Wirbelsäule ist ausgesprochen biegsam. Die kurzen Beine sind beweglich mit der Wirbelsäule verbunden. Da Katzen kein Schlüsselbein haben, können sie die Vorderbeine eng nebeneinanderführen und so auch durch enge Spalten schlüpfen.

Katzen sind Zehengänger

Katzen berühren den Boden nur mit den samtweichen Ballen ihrer Zehen. Man bezeichnet sie deshalb als *Zehengänger.* Die spitzen und sehr scharfen Krallen sind beim Gehen in Hautfalten verborgen. So können sich Katzen der Beute nahezu lautlos nähern. Erst wenn sie ihre Pfoten ausstrecken, kommen die Krallen zum Vorschein. Sie sind sichelförmig gebogen. Der Schwanz dient beim Sprung als Steuer und hilft beim Balancieren.

1 Eine Katze schleicht sich an.

Jagen mit allen Sinnen

Katzen jagen meist in der Dämmerung und nachts. Ihr wichtigstes Sinnesorgan sind die *Augen.* Die am Tag schlitzförmigen Pupillen weiten sich nachts zu kreisrunden Öffnungen. So gelangt viel Licht ins Auge. Eine besondere Farbschicht im Augenhintergrund spiegelt das einfallende Licht und verstärkt es. Deshalb leuchten Katzenaugen grünlich, wenn sie angestrahlt werden.

Bei Dunkelheit orientieren sich Katzen mit ihrem *Gehör.* Ihre Ohren können sie in alle Richtungen bewegen. Sie nehmen sogar das für uns nicht hörbare Piepsen der Mäuse wahr. Mit den *Schnurrhaaren* an der Oberlippe können sie Hindernisse erfühlen.

2 Nur bei gestreckter Pfote werden die Krallen sichtbar.

3 Katzenaugen in der Dämmerung (links) und bei Tag (rechts)

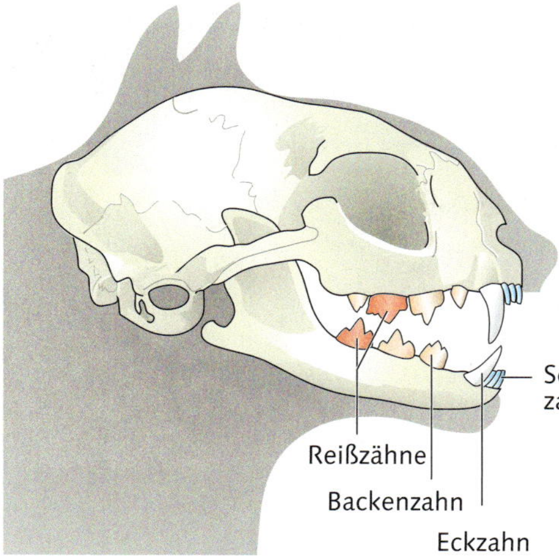

4 Raubtiergebiss einer Katze

Katzen haben ein Raubtiergebiss

Besonders fallen die großen, spitzen Eckzähne auf. Sie werden auch Fangzähne genannt. Die Reißzähne sitzen hinten im Kiefer. Sie zerreißen größere Fleischstücke. Die davorsitzenden Backenzähne zermahlen die Nahrung. Mit den kurzen, spitzen Schneidezähnen werden zum Beispiel Knochen abgenagt.

Fortpflanzung

Katzen können zweimal im Jahr bis zu sechs Junge bekommen. Die Kätzchen kommen blind und nackt zur Welt. Sie sind noch sehr unselbstständig und werden von der Katzenmutter umsorgt und beschützt. Erst nach acht Tagen öffnen sich ihre Augen.

Bereits kurz nach der Geburt suchen die Kätzchen die Zitzen am Bauch der Mutter, um Milch zu saugen. Sie werden etwa sechs Wochen lang gesäugt. Während dieser Zeit lernen die jungen Katzen beim Spielen mit ihren Geschwistern, wie man sich anschleicht und Beute anspringt.

Nach ungefähr einem Vierteljahr sind die Katzen selbstständig.

Gründliche »Katzenwäsche«

Katzen sind sehr reinlich und »waschen« sich mehrmals am Tag. Dabei lecken sie mit ihrer rauen Zunge ihren ganzen Körper ab. Die Zunge wirkt wie Bürste und Waschlappen. Deshalb haben Katzen immer ein sauberes und fast geruchfreies Fell. So können Beutetiere die Katze nicht riechen, wenn sie sich anschleicht. Aus demselben Grund verscharren Katzen ihren Kot sorgfältig in der Erde. So hinterlassen sie keine Geruchsspuren. Dieses Verhalten und das Putzverhalten sind den Katzen angeboren.

In Kürze

Katzen sind Schleichjäger. Sie sind besonders in der Dämmerung und nachts aktiv. Ihre Umwelt erkennen sie vor allem durch Hören, Sehen und Tasten. Durch häufiges Putzen verhindern Katzen, dass ihr Fell Körpergeruch ausströmt.

Aufgaben

1 Erkläre, weshalb sich Katzen trotz ihrer Krallen lautlos anschleichen können.

2 Begründe, weshalb die Rückstrahler am Fahrrad »Katzenaugen« genannt werden.

3 Katzen sind »Nesthocker«.
Erläutere, was man darunter versteht.

4 Wenn du eine Katze streichelst, die sich gerade putzt, leckt sie sich erneut ab. Begründe.

5 Katzenmutter mit Jungen

Katze und Mensch

Katzen gehören mit zu den beliebtesten und häufigsten Haustieren in Deutschland. Auch wer selbst keine Katze hat, sollte verstehen, was ihm eine Katze »sagen« will.

Körper- und Lautsprache

Schlägt eine Katze mit ihrem Schwanz ruckartig hin und her, dann »sagt« sie, dass sie aggressiv ist. Faucht sie und macht einen Buckel, wird sie gleich angreifen. Will sie warnen, fängt sie an zu knurren. Wenn sie sich wohlfühlt, schnurrt sie.

Katzen setzten Duftmarken

Katzen sind Einzelgänger, die in ihrem Revier leben. Dieses markieren sie durch Duftmarken. Über ihren Körper verteilt sind Duftdrüsen. Wenn eine Katze sich an einen Menschen anschmiegt, drückt sie damit nicht nur Zuneigung aus: Sie überträgt durch ihr Kopfreiben Duftmarken auf ihn. Jetzt gehört der Mensch zu ihrem Revier.

1 Eine Katze ist ein beliebtes Haustier.

Eine Katze erziehen?

Als Einzelgänger bestimmen Katzen selbst, wann und mit wem sie spielen oder von wem sie sich streicheln lassen. Dennoch müssen Hauskatzen auch lernen, was sie nicht tun dürfen. Ein scharf gesprochenes »Nein« versteht jede Katze.

In Kürze

Katzen können sich durch Körper-, Laut- und Duftsprache verständlich machen. Sie sind Einzelgänger und beanspruchen ein Revier.

Aufgaben

1 Beschreibe je ein Beispiel für Körper-, Laut- und Duftsprache bei der Hauskatze.

2 Bei den Urlaubsvorbereitungen redet ihr auch darüber, ob ihr eure Katze mitnehmen sollt. Wie fällt eure Entscheidung aus? Begründe.

Exkurs Wie die Katze zum Menschen kam

Katzen sind Wärme liebende Tiere. Das weist auf ihre Heimat Nordafrika hin. Unsere Hauskatzen stammen von der in Afrika lebenden *Nubischen Falbkatze* ab. Sie hat ihr Revier meist in der Nähe menschlicher Siedlungen, wo sie reichlich Nahrung findet. Abfälle und Speisereste locken aber auch Mäuse und Ratten an – ein gefundenes Fressen für die Falbkatze. Vermutlich wurde sie in Ägypten vor mehreren Tausend Jahren gezähmt, um die großen Getreidevorräte zu schützen. Das gelang ihr so gut, dass Katzen sogar als heilige Tiere verehrt wurden. Eine Katze zu töten wurde im alten Ägypten mit dem Tod bestraft.
Seefahrer hatten die Mäusefresser gerne auf ihren Schiffen. So kamen die Katzen auch nach Europa. Hier führten sie zunächst ein eher unauffälliges Leben als Mäuse- und Rattenjäger. Heute ist die Katze weltweit das häufigste Haustier, das nur aus Liebhaberei gehalten wird. Trotz des langen Zusammenlebens mit dem Menschen sind Katzen stärker an ihr Revier als an ihren »Besitzer« gebunden.

Methode

Beobachten und Beschreiben

Eine wichtige Aufgabe von Biologen besteht darin, dass sie Lebewesen genau beobachten und anschließend beschreiben, was sie beobachtet haben. Beobachtungen können auch über einen längeren Zeitraum hinweg erfolgen, zum Beispiel wenn man das Aussehen eines Baumes im Jahresverlauf beobachtet. Außerdem ist es besonders wichtig, dass man die Beobachtungsergebnisse aufschreibt.

Um wie ein Biologe zu arbeiten, solltest du folgendermaßen vorgehen:

1 Beobachten Welches Tier beobachtest du? Was genau möchtest du beobachten? Was macht das Tier, welche Verhaltensweisen kannst du erkennen?

2 Beobachtungen festhalten Notiere kurz, was du gerade beobachtet hast. Erstelle dafür einen Beobachtungsbogen. Du kannst deine Beobachtungen zusätzlich auch zeichnen, fotografieren oder filmen. Halte fest, wie lang deine Beobachtung gedauert hat.

3 Beschreiben Mit Hilfe der Aufzeichnungen kannst du nun das Verhalten des Tieres treffend beschreiben.

Beobachtung
Marlo, ein Retriever-Mischling, wird ausgeführt
Name: Hanna Linder
Datum: 23. März 2012
Uhrzeit: 17:00 bis 17:07 Uhr
Ort: in der Eschenstraße

1 Beobachtungsbogen

Beachte beim Beschreiben:
- Schreibe in der Zeitform »Gegenwart«.
- Benenne das beobachtete Tier.
- Wobei hast du das Tier beobachtet (Thema)?
- Beschreibe genau, was du gesehen hast.
- Überlege erst zum Schluss, warum sich das Tier so verhalten haben könnte.

Aufgaben

1 »Beobachte« das Verhalten des Hundes auf den Fotos. Notiere deine Beobachtungen. Beschreibe anschließend genau, was der Hund macht.

2 Kannst du das Verhalten des Menschen erkennen? Ergänze deinen Beobachtungsbogen.

2 Verhaltensweisen beim Hund

Verhalten von Katzen und Hunden

Planung Katzen und Hunde unterscheiden sich nicht nur äußerlich voneinander. Auch ihr Verhalten und ihre Körpersprache sind sehr unterschiedlich.
Das Zusammenleben des Menschen mit Katzen als Einzelgängern und Hunden als Rudeltieren ist sehr verschieden.
Im Folgenden werden dir Vorschläge für Verhaltensbeobachtungen vorgestellt. Wähle ein Beispiel aus und sprich dich mit anderen ab. Wenn ihr weitere Ideen habt, besprecht diese mit der Lehrkraft.

Durchführung Suche eine Gelegenheit, um eine Katze oder einen Hund zu beobachten. Frage eventuell Bekannte oder Nachbarn. Fertige einen Protokollbogen an.

1 Die Katze versucht, eine Maus zu fangen.

A Die Katze im Haus

- Beobachte eine Katze bei der Körperpflege.
  Wie putzt sie sich? Welche Körperteile putzt sie?
- Beobachte sie beim Milchtrinken. Achte dabei auf ihre Sinnesorgane.
  Prüft sie die Milch?
- In welcher Stellung schläft die Katze? Hat sie einen festen Schlafplatz?
  Wie reagiert die schlafende Katze auf leise Geräusche wie Papierknistern?
- Betrachte die Augen der Katze bei unterschiedlicher Helligkeit. Wie verändert sich die Pupille?

B Die Katze bei der Jagd

- Beobachte nach Möglichkeit eine Katze bei der Jagd oder beim Jagdspiel, zum Beispiel mit einem Papierbällchen, das du an einem Faden bewegst.

2 Eine Katze schleicht sich an.

- Wie schleicht die Katze sich an?
- In welcher Reihenfolge und wie genau setzt sie die Pfoten auf? Siehst du ihre Krallen?
- Wann setzt sie zum Sprung an?

3 Junge Katzen spielen – und lernen dabei zu kämpfen.

C Katzensprache

- Das Foto oben zeigt zwei junge Katzen, die sich balgen. Beschreibe die Körperhaltung der Tiere. Beobachte die Stellung der Haare und des Schwanzes. Wie wehrt sich die Katze?
- Achte auf die verschiedenen Laute einer Katze. Wann hörst du sie schnurren? Wann faucht die Katze, wann miaut sie?

D Revierverhalten beim Hund
Der Hund betrachtet die Wohnung, das Haus oder den Garten als sein Revier.
- Wo hält sich der Hund bevorzugt auf, wohin kann er sich zurückziehen?
- Wie verhält er sich, wenn sich eine fremde Person seinem Revier nähert und es betritt? Welches Verhalten zeigt der Hund außerhalb seines Reviers?
- Wie markiert der Rüde sein Revier beim Spaziergang?

4 Der Hund verteidigt sein Revier.

E Begegnung zweier Hunde
Im Park kann man Begegnungen von Hunden sehr gut beobachten. Wie verhalten sich zwei Hunde, die sich beim Spaziergang treffen?
- Kannst du anhand des Gesichtsausdrucks erkennen, welcher Hund der überlegene ist?
- Woran kannst du feststellen, ob die Hunde einander freundlich oder feindlich gesinnt sind?

F Fressen und Trinken
- Beobachte einen Hund beim Fressen. Wie zerkleinert er ein Stück Fleisch?
- Wie trinkt der Hund? Steckt er seine Schnauze ins Wasser?

G Spielen mit dem Hund
- Beobachte, wie ein Hund einen weggeworfenen Gegenstand, etwa einen Stock, wieder zurückbringt.

5 Zwei Hunde begegnen sich beim Spazierengehen.

- Beschreibe den Lauf des Hundes. Welche Beine setzen gleichzeitig auf? Mit welchen Teilen des Fußes tritt er auf?

Auswertung Sichte deine Aufzeichnungen und wähle geeignete Notizen aus. Formuliere kurze Texte, die deine Beobachtungen beschreiben. Suche jeweils eine geeignete Überschrift.
Hast du etwas beobachtet, das gar nicht zu den vorgeschlagenen Themen gehört? Schlage eine Überschrift vor.

Ergebnisse vorstellen
Überlege, wie du deine Beobachtungen am besten dokumentieren kannst. Fertige beispielsweise ein Plakat an. Verwende dazu eigene Fotos oder solche, die Hund oder Katze in einer ähnlichen Situation zeigen. Stelle das Plakat in der Gruppe vor.

Tiere zu Hause halten – aber wie?

Judith, 13 Jahre, erzählt: »Eines Tages verirrte sich eine junge Katze in unser Haus. Sie legte sich auf die Couch und miaute. Als ich sie vor die Terrassentür setzte, miaute sie draußen weiter. Wenn ich die Tür öffnete, sprang sie blitzschnell herein. Wo immer ich hinging, sie kam hinterher. Sie schaffte es sogar, auf die Türklinke zu springen und die Tür zu öffnen.«

1 Manche Katzen können Türen öffnen.

Katzen spielen gerne

Eine Katze zu halten, mit ihr zu spielen, sie zu pflegen und zu »erziehen«, ja sogar sie vor Krankheiten und Gefahren der Umwelt zu schützen – das alles macht viel Spaß und Freude, sofern du bereit bist, genügend Zeit und Aufmerksamkeit dafür aufzubringen.

Was Katzen brauchen

Alle Katzen brauchen stets saubere Futter- und Wassernäpfe, einen Schlafplatz und eine Katzentoilette. Ein Kratzbaum dient zum Schärfen der Krallen, Klettern und Spielen. Er sollte so hoch sein, dass die Katze sich völlig ausgestreckt die Krallen wetzen kann. Gras zum Knabbern brauchen Katzen, um die beim Putzen verschluckten Haare herauswürgen zu können. Außerdem benötigen Katzen Spielzeug.

Drinnen oder draußen?

Katzen streifen gerne draußen herum. Aber auch in der Wohnung können sie sich sehr wohlfühlen. Wie man die Katze halten sollte, hängt zum Beispiel davon ab, wie viel Verkehr oder wie viel Grün es in der Umgebung der Wohnung gibt.

2 Was Katzen brauchen

Hunde müssen erzogen werden

Haushunde haben Verhaltensweisen, die denen der Wölfe ähneln. Ein Hund sieht in seinem Besitzer sein »Leittier« und hört deshalb auf ihn. Anders als Katzen, die Einzelgänger sind, schließen sich Hunde dem Menschen sehr eng als Gefährten an. Mit Lob und Belohnung müssen sie lernen, was sie dürfen und was nicht. Die Erziehung ist aber nie abgeschlossen. Im Alltag müssen Besitzer ihrem Hund immer wieder deutlich machen, dass er sich unterordnen und gehorchen muss.

Was ein Hund von dir erwartet

Wenn du einen Hund liebevoll versorgst, fügt er sich gerne in deine Familie ein. Das Haus und die nähere Umgebung sind dann sein Revier, das er gegenüber Fremden verteidigt. Er möchte regelmäßig gefüttert und gepflegt werden, und vor allem mit dir spielen. Da er viel Bewegung braucht, muss er mehrmals täglich ausgeführt werden. Das alles erfordert viel Zeit – Tag für Tag, auch am Wochenende und in den Ferien.

Ein Haustier leihen?

Wenn du nicht so viel Zeit aufwenden kannst, brauchst du dennoch nicht auf ein Haustier zu verzichten. Vielleicht hast du Nachbarn, deren Hund du ab und zu ausführen kannst? Auch Hunde oder Katzen im Tierheim freuen sich, wenn sie jemand hin und wieder besucht und bei der Pflege mithilft.

In Kürze

Wer eine Katze oder einen Hund hält, übernimmt Pflichten und Verantwortung für das Tier. Ein Tier zu haben kostet Geld und erfordert Zeit und Geduld.

Aufgaben

1 Stelle in einer Tabelle zusammen, was Katzen und Hunde jeweils brauchen, um ein gutes Zuhause zu haben.

2 Erkundige dich bei jemandem, der eine Katze oder einen Hund hat, wie viel ihn die Haltung seines Tieres kostet.

3 Hunde brauchen viel Bewegung und eine gute Erziehung.

Ich wünsche mir ein Haustier

»Stups und Wuschl wohnen seit einigen Wochen bei uns. Ein weißes und ein braunes Meerschweinchen. Ich habe sie von Oma bekommen. Sie lassen sich gerne streicheln und herumtragen«, erzählt Laura.

Die Heimat der Meerschweinchen

Meerschweinchen bewohnen die Hochebenen und Buschsteppen der Anden in Südamerika. Dort leben sie in Gruppen von 3 bis 10 Tieren in Höhlen und Erdbauten. Sie können 6 bis 8 Jahre alt werden.

Was Meerschweinchen brauchen

Meerschweinchen sind gesellig. Deshalb sollte man sie nicht alleine halten. Da sie sich sehr gern bewegen, muss ihr Käfig mindestens zwei Quadratmeter groß sein. Empfohlen wird ein doppelt so großes Gehege, das genügend Auslauf bietet. Meerschweinchen brauchen ein Schlafhäuschen, Raufen für Heu, Futter- und Wassernapf sowie Korkröhren, Wurzeln und Äste zum Verstecken, Nagen und Klettern.

Daran solltest du denken

Wenn du dir ein Haustier anschaffen möchtest, solltest du folgende Fragen bedenken:

- Ist die Familie einverstanden? Hat jemand Allergien gegen Tierhaare?
- Wie alt kann das gewünschte Tier werden? Bin ich bereit, auch später für das Tier zu sorgen, wenn ich vielleicht noch andere Interessen habe?
- Welche Kosten, zum Beispiel für Anschaffung, Haltung, Futter, Tierarzt, Steuer, Versicherung, kommen auf mich zu?
- Welche Ansprüche an Haltung und Pflege hat das Tier? Wo bleibt es, wenn ich im Urlaub bin?

Aufgaben

1 Skizziere und beschrifte ein Gehege, in dem sich Meerschweinchen wohlfühlen können.

2 Fragt in eurer Klasse nach, wer ein Haustier besitzt, welche Ansprüche es hat und was es in der Woche bzw. im Monat kostet.

1 Welches Haustier ist das richtige?

Aufgaben

Von Krallen und Pfoten

1 Katzen sind »Bewegungskünstler«

a Beschreibe, wie es der Katze im Bild oben gelingt, sich so sicher auf dem schmalen Zaun zu bewegen. Welche Organe, außer den Muskeln, sind besonders aktiv?

b Wie verhalten wir Menschen uns, wenn wir zum Beispiel auf einem sehr schmalen Steg einen Bach überqueren? Berichte.
Nun kannst du auch begründen, weshalb ein Seiltänzer eine lange Balancierstange für sein Kunststück verwendet.
Wo hat die Katze ihre Balancierstange?

c Eine Katze läuft allein sehr sicher am äußeren Rand des Balkons entlang. Nimmst du sie aber in deine Arme und gehst mit ihr an dieselbe Stelle des Balkons, so wehrt sie sich laut fauchend und versucht, sich aus deiner Umarmung zu befreien.
Wie erklärst du dir dieses Verhalten?
Die Tabelle unten hilft dir.

	Balkon-höhe	Bewegungsfreiheit der Katze	Blickfeld der Katze
Katze allein	3 m	uneingeschränkt	freie Sicht
Katze in deinem Arm	3 m	eingeschränkt	durch Mensch behindert

2 »Wie Hund und Katze ...«

a Lege dar, wie es zu der Situation im Bild oben gekommen sein könnte.

b Begründe, warum Katzen zwar sehr gut aufwärtsklettern können, beim Abwärtsklettern aber große Schwierigkeiten haben.

c Begründe, warum der Hund nicht wie die Katze auf einen Zaunpfahl klettern kann.

3 Pfotenabdrücke

Die Pfotenabdrücke stammen von einem Bären, einer Katze und einem Hund. Sie sind verschieden groß.

a Ordne sie dem jeweiligen Tier zu.
Begründe deine Entscheidung.

b Bären können ebenfalls auf Bäume klettern. Woran kann man das am Abdruck erkennen? Wie klettert er? Stelle Vermutungen an.

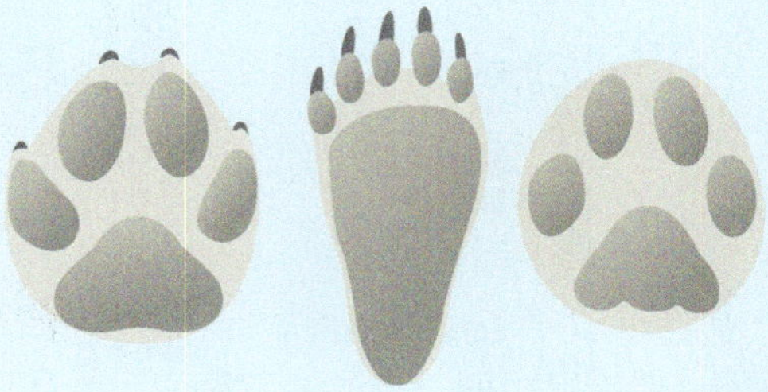

Das Rind

Auf der Weide grast eine Kuh. Dabei umfasst ihre raue Zunge längere Grasbüschel, die mit einer ruckartigen Bewegung abgerissen werden. Stundenlang frisst die Kuh – bis zu 70 Kilogramm Gras am Tag. »Kuh« ist die Bezeichnung für das weibliche Rind.

Abstammung und Körperbau

Unser Hausrind stammt vom Auerochsen oder Ur ab, der seit 1627 ausgestorben ist. Dieses Wildrind lebte einst in unseren Wäldern und Flussauen. Nahe verwandt mit dem Ur sind der Wisent und der nordamerikanische Bison. Die heutigen Hausrinder sind große Nutztierarten: Kühe werden bis zu 800 Kilogramm und *Bullen*, die männlichen Rinder, bis zu 1200 Kilogramm schwer. Da sich Rinder nur von Pflanzen ernähren, bezeichnet man sie als *Pflanzenfresser*.

Anders als Menschen treten Rinder nur mit den Zehen auf. Sie sind *Zehenspitzengänger*. Die Zehen tragen einen Hornüberzug, den *Huf*. Daher zählen Rinder zu den Huftieren. Weil sie an jedem Fuß zwei behufte Zehen haben, nennt man sie *Paarhufer*.

1 Grasende Kuh

Ein Gebiss für Pflanzennahrung

Das Gebiss des Rindes ist an die Pflanzennahrung angepasst. Die breiten Backenzähne stehen dicht nebeneinander. Sie haben harte, widerstandsfähige *Zahnschmelzfalten*. Das dazwischenliegende Zahnbein ist weicher und nutzt sich leichter ab. Daher bestehen die Kauflächen der Backenzähne aus Vertiefungen und Erhebungen, zwischen denen beim Kauen die Pflanzenteile zerrieben werden.

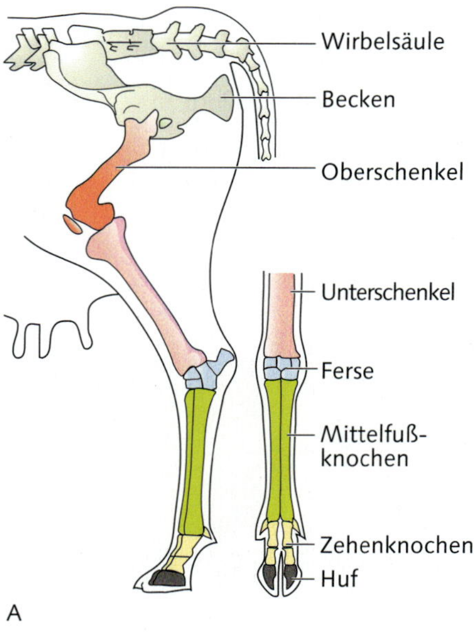

2 Beinskelette von Rind (A) und Mensch (B)

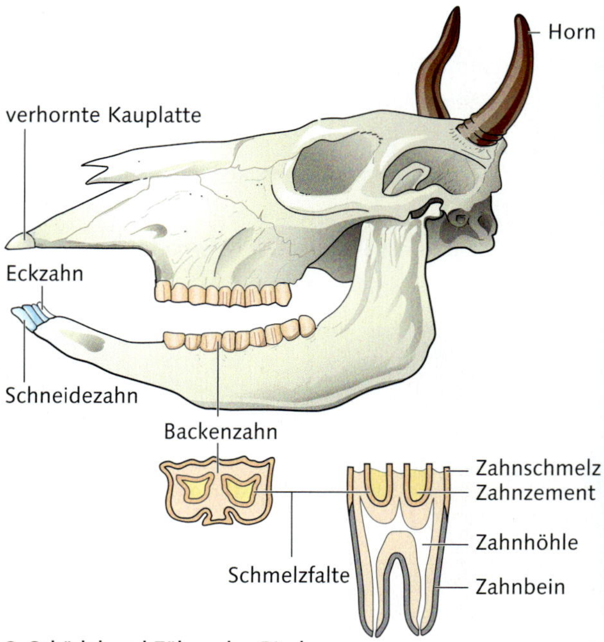

3 Schädel und Zähne des Rindes

Grasen und Wiederkäuen

Beim Grasen schluckt das Rind die abgerissenen Pflanzenteile zunächst nahezu unzerkaut hinunter. Durch die Speiseröhre gelangen sie in den *Pansen* des Rindes. In dieser großen, bis zu 100 Liter fassenden Magenkammer wird das Pflanzenmaterial mehrere Stunden eingeweicht. Bakterien und andere Kleinstlebewesen unterstützen die Zersetzung der schwer verdaulichen Nahrung. Danach tritt das Futter in kleinen Portionen in den benachbarten *Netzmagen* über. Hier formen sich kleine Ballen, die wieder in das Maul zurückbefördert werden. Jetzt erst zerkaut das Rind die Nahrung gründlich. Daher bezeichnet man Rinder als *Wiederkäuer.*

Verdauung der Nahrung

Fast eine Stunde dauert es, bis die Nahrung erneut durchgekaut ist. Den gut eingespeichelten Nahrungsbrei schluckt das Rind zum zweiten Mal. Er gelangt jetzt in den *Blättermagen,* wo ihm Wasser entzogen wird. Die endgültige Verdauung findet im *Labmagen* und im anschließenden Darm statt. Hier werden die verdauten Nährstoffe ins Blut aufgenommen. Die unverdaulichen Reste werden als Kot ausgeschieden.

Fortpflanzung und Geburt

Im Alter von eineinhalb Jahren ist eine Kuh in der Lage, ihr erstes *Kalb* zur Welt zu bringen. Das Kalb kann sofort nach der Geburt stehen und laufen. Es ist ein *Nestflüchter. Ochsen* sind Stiere, die unfruchtbar gemacht wurden. Eine *Färse* ist eine Kuh, die noch nicht gekalbt hat.

In Kürze

Das Rind ist ein Pflanzenfresser. Sein Pflanzenfressergebiss zeichnet sich durch raspelartige Backenzähne aus. Der Magen besteht aus Pansen, Netzmagen, Blättermagen und Labmagen. Das Rind ist ein Wiederkäuer. Es tritt nur mit den Zehenspitzen auf.

Aufgaben

1 Nenne die Besonderheiten des Pflanzenfressergebisses.

2 Beschreibe den Weg der Nahrung durch den Körper des Rindes.

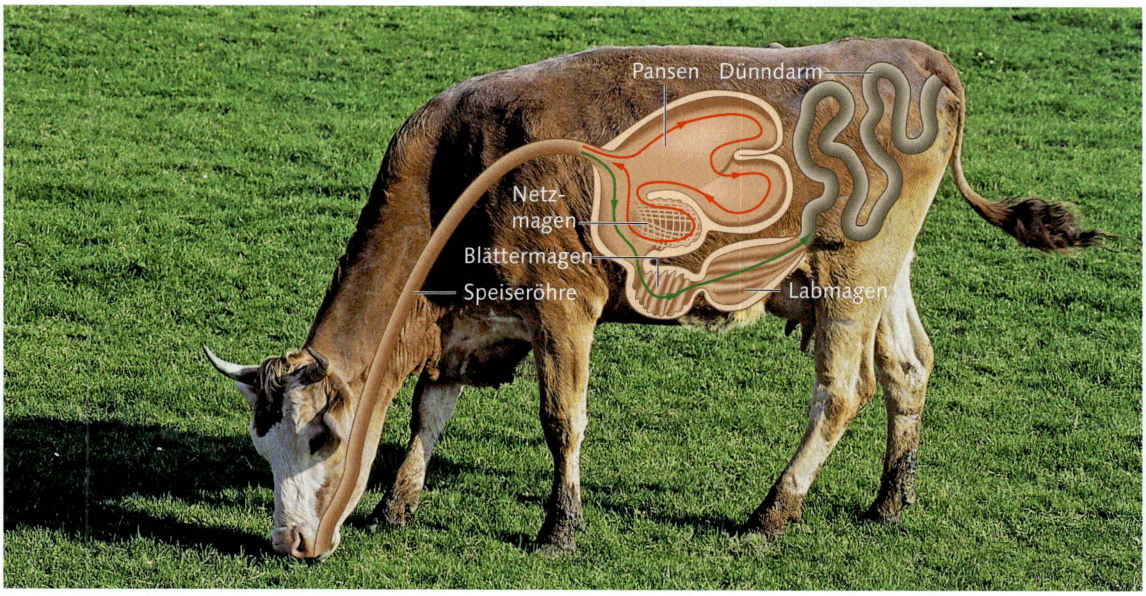

4 Verdauungsorgane des Rindes

Wie Rinder gehalten werden

Rinder werden als Milch- und Fleischlieferanten gehalten. Die Kuhmilch enthält alle wichtigen Nährstoffe sowie Mineralstoffe und Vitamine. In den Molkereien wird die Milch zu Milchprodukten wie Käse, Sahne, Butter und Joghurt weiterverarbeitet. Für die Fleischerzeugung werden überwiegend männliche Rinder als Mastbullen gehalten.

Der Mensch nutzt Rinder auch auf andere Weise: Aus der Haut stellt er Leder her und aus den Knochen gewinnt er Leim. Die Hörner und Hufe werden gemahlen und als Dünger verwendet.

1 Rinder auf der Weide

2 Anbindestall

Weidewirtschaft und Massentierhaltung

Sind die Kühe im Sommer größtenteils auf der Weide, so entspricht dies weitgehend ihren natürlichen Bedürfnissen. Diese Form der Rinderhaltung nennt man *Weidewirtschaft*. Heutzutage möchten viele Menschen mehr Fleisch essen und dieses gerne günstig kaufen. Daher müssen die Landwirte immer kostengünstiger produzieren und können nicht so viel Geld für die Haltung ausgeben. Viele Landwirte sind deshalb zur *Massentierhaltung* und damit zur Stallhaltung übergegangen. Die Anbindehaltung wird in der Europäischen Union ab 2013 verboten. Hier stehen die Rinder ohne Stroh auf Betonböden eng nebeneinander und haben keinen Auslauf. Kot und Urin fallen durch Spalte im Boden in die Güllebehälter.

Artgerechte Stallhaltung

In modernen Boxenlaufställen können die Kühe frei zwischen geräumigen und strohgefüllten Liegeplätzen sowie Futtertrögen herumlaufen. Dabei nehmen sie Kontakt zu anderen Tieren auf. Dies kommt dem Rind als Herdentier sehr entgegen. Diese Ställe sind hell und luftig. Bei dieser artgerechten Stallhaltung wird auf die natürlichen Lebensgewohnheiten der Tiere Rücksicht genommen.

Selbstbedienung für Rinder

Heu und Gras holen sich die Tiere im Laufstall vom Futtertisch. Energiereiches Kraftfutter erhalten die Kühe an einem Futterautomaten. Außerdem sind sich drehende Bürsten zur Fellpflege vorhanden. In der Regel tragen die Kühe einen Mikrochip am Halsband. Dieser steuert den Futterautomaten und registriert im Melkstand den jeweiligen Milchertrag jeder einzelnen Kuh.

Moderne Melkmaschinen

In den Melkständen der Laufställe kann ein Landwirt 60 bis 70 Kühe in einer Stunde melken. Beim Melkvorgang kann er den Gesundheitszustand seiner Tiere gut kontrollieren.

3 Boxenlaufstall

Ohne Kalb keine Milch

Für die Milchviehhaltung werden weibliche Rinder bereits mit etwa 18 Monaten durch eine künstliche Besamung befruchtet. Nach einer etwa neunmonatigen Schwangerschaft wird ein Kalb geboren, selten auch Zwillinge. Das neugeborene Kalb wird zunächst mit der Muttermilch ernährt. Schon nach kurzer Zeit wird aber auf Muttermilchersatz umgestellt.

Die natürliche Milchbildung nach dem Kalben wird durch täglich zweimaliges Melken über zehn Monate lang ausgenutzt. Die Kühe geben also erst Milch, nachdem sie ihr erstes Kalb geboren haben. Jedes Jahr muss eine Kuh ein Kalb bekommen, sonst gibt sie keine Milch mehr. Werden die Kühe regelmäßig besamt, können sie fünf bis sechs Jahre lang als Milchlieferanten genutzt werden.

4 Kühe im Melkstand

In Kürze

Rinder liefern vor allem Milch und Fleisch. Bei der artgerechten Stallhaltung werden die Lebensgewohnheiten der Tiere berücksichtigt. Eine Kuh gibt erst nach der Geburt eines Kalbes für eine bestimmte Zeit Milch.

Aufgaben

1 Auf welche Verhaltensweisen der Rinder sollten Landwirte bei der Stallhaltung Rücksicht nehmen?

2 Sammle Argumente, die für oder gegen die Anbindehaltung sprechen. Nimm Bild 2 zu Hilfe.

Das Pferd – ein Nutztier im Wandel

»Das Pferd ist das wichtigste Zug- und Reittier des Menschen, sein Freund und unentbehrlicher Gehilfe in Krieg und Frieden. Selbst nach dem Tode nützt es uns noch durch alle Teile seines Körpers.«

Aus einem Biologiebuch von 1907

Um 1920 gab es knapp vier Millionen Pferde in Deutschland. 50 Jahre später waren es nur noch 250 000. Seitdem ist der Bestand wieder gestiegen und man sieht Pferde häufig auf Weiden und Koppeln. Heute leben rund eine Million Pferde in Deutschland.

Früher: das Arbeitspferd

Bereits in der Antike wurden Pferde als Zugtiere beispielsweise für Streit- oder Jagdwagen verwendet. Über viele Jahrhunderte war das Pferd der wichtigste Helfer des Menschen. Große und kräftige Tiere wurden in der Landwirtschaft zum Pflügen, Säen oder Ernten eingesetzt. Auch der gesamte Transportbereich war auf Pferde angewiesen. Sie dienten als Reittiere und zogen Kutschen für Waren und Menschen. Mit der Erfindung von Dampfmaschinen und Verbrennungsmotoren wurden Pferde von Traktoren, Autos, Lastkraftwagen, Eisenbahnen und anderen Maschinen abgelöst.

2 Reiten macht Spaß!

1 Pferde als Zugtiere für die Trambahn

Heute: das Reitpferd

Heute wird das Pferd fast ausnahmslos als Reitpferd genutzt. Die kraftvolle Eleganz der Bewegungen übt auf Menschen jeden Alters eine große Faszination aus. Durch den täglichen Umgang mit den Tieren, die Fütterung, die Pflege und den Ausritt entwickelt sich oft eine starke Bindung zwischen Pferd und Besitzer.

Häufig werden Pferde noch alleine in Boxen gehalten. Dagegen gelten Offenställe als besonders artgerechte Haltungsform. Sie ermöglichen den Tieren ganzjährig beliebigen Auslauf und das Zusammenleben in kleinen Herden.

In Kürze

Während früher das Pferd als Arbeits- und Lasttier in sehr vielen Bereichen des Lebens eingesetzt wurde, wird es heute fast ausschließlich für den Reitsport gehalten.

Aufgaben

1 Beschreibe die Entwicklung des Pferdebestands in Deutschland. Suche nach Gründen für diese Entwicklung.

2 Vergleiche die Nutzung des Pferdes früher und heute miteinander.

Einen Sachtext verstehen

Vielleicht kennst du das: Du sitzt vor einem Text, liest und liest, aber so richtig verstehst du nicht, was eigentlich darin steht. Wenn du Texte beim Lesen besser erfassen und dir die Inhalte merken willst, wendest du am besten die folgende Technik an. Sie besteht aus fünf Schritten:

1 Übersicht Verschaffe dir einen Überblick:
- Wie heißt die Überschrift?
- Welche Wörter sind im Text **fett** oder *kursiv* gedruckt? Gibt es weitere Schlüsselwörter?
- Was zeigen die Bilder? Was steht unter den Bildern?

2 Fragen stellen Überlege dir W-Fragen: Wer? Was? Wo? Wann? Wie? Warum?

3 Lesen Lies den Text sorgfältig durch. Beantworte beim Lesen deine Fragen. Schlage Begriffe nach, die du nicht verstehst. Lege nach deinen Bedürfnissen Pausen ein. Wiederhole einen Absatz, wenn du ihn nicht verstanden hast. Markiere wenige wichtige Wörter.

4 Zusammenfassen Nun brauchst du Papier und Stift, um das Wichtigste zu notieren.
- Notiere wichtige Wörter (Schlüsselwörter).
- Ordne, was zusammengehört.
- Stelle Zusammenhänge durch Pfeile dar.
- Fertige, wenn es notwendig erscheint, Skizzen oder Zeichnungen an.

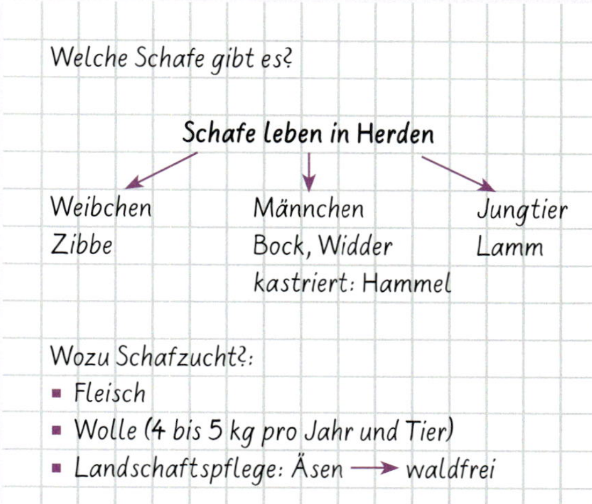

1 Beispiel für eine Gedankenskizze zum Text unten

5 Wiederholen Gehe deine Notizen noch einmal durch. Wiederhole den Inhalt, am besten laut.

Schafe

Obwohl Schafe sehr anspruchslos sind, sieht man weidende Schafherden bei uns nur noch selten. Eine Herde wird stets von einem Bock oder *Widder* angeführt. Ein Weibchen, auch *Zibbe* genannt, bringt im Schnitt zwei *Lämmer* pro Jahr zur Welt. Die kastrierten männlichen Schafe bezeichnet man als *Hammel*.

Neben der Produktion von *Fleisch* ist der Hauptzweck der Schafzucht die Gewinnung von *Wolle*. Ein Schaf liefert pro Jahr etwa vier bis fünf Kilogramm Wolle. Bei manchen Rassen kann das Fell zehn Zentimeter dick sein. Schafe werden im Frühjahr geschoren. Die fetthaltige Wolle muss vor der Weiterverarbeitung gereinigt werden.

Darüber hinaus beeinflussen Schafe das *Landschaftsbild*: Durch das Äsen der Baum- und Strauchsämlinge halten sie die Landschaft waldfrei.

2 Ungeschorene Schafe mit Lämmern

Das Pferd

Wenn du Pferde genauer beobachten willst, musst du dich sehr vorsichtig ihrer Weide nähern. Die meisten Tiere der Herde grasen, manche ruhen am Boden. Plötzlich schaut eines der Pferde, die Ohren sind hoch aufgestellt, in deine Richtung. Es hat dich entdeckt! Blitzschnell wendet es schnaubend den Kopf und galoppiert weg. Wie elektrisiert preschen auch die anderen Pferde davon. Erst nach einiger Zeit kommt die Herde zum Stehen.

1 Pferde auf der Koppel

Verhalten der Herde

Die Heimat unserer Pferde ist die Steppe. In dieser baumlosen Graslandschaft können sich Tiere kaum vor Feinden verstecken. Schutz bietet ihnen das Zusammenleben in einer Herde. In einer Gruppe von Tieren ist die Chance größer, dass ein Tier der Herde ein sich näherndes Raubtier frühzeitig bemerkt und flüchtet. Die anderen Tiere der Herde werden davon »angesteckt« und fliehen ebenfalls. Dieses Verhalten zeigen auch unsere gezähmten Pferde noch: Wird ein Pferd zum Beispiel durch ein lautes Geräusch erschreckt, dann galoppiert es unaufhaltsam los, man sagt »es geht durch«.

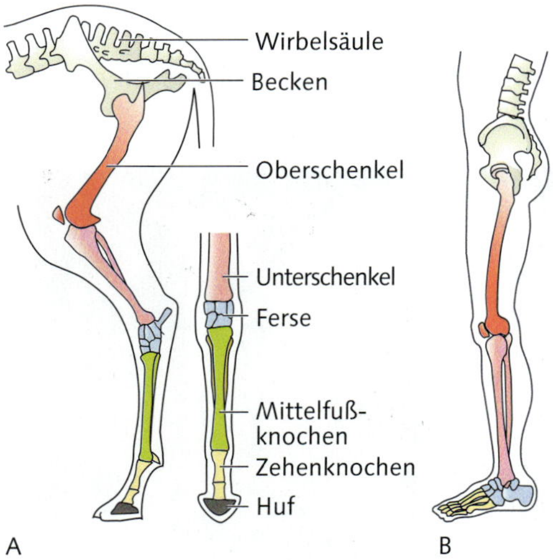

2 Beinskelette von Pferd (A) und Mensch (B) im Vergleich

Sinne der Pferde

Als Fluchttiere können Pferde sehr gut hören und riechen. Mit den seitlich am Kopf sitzenden Augen haben sie nahezu eine Rundumsicht. Allerdings können sie nur in einem schmalen Bereich in Blickrichtung scharf sehen. Bewegungen erkennen sie sofort.

Pferde sind Lauftiere

Der Pferdekörper ist auf schnelles und ausdauerndes Laufen ausgerichtet. Das wird an den langen Beinen deutlich.

Pferde haben an jedem Fuß nur eine Zehe kräftig ausgebildet. Diese ist von einem *Huf* umhüllt. Die anderen Zehen sind zurückgebildet. Der Huf besteht aus Horn, das wie unsere Finger- und Zehennägel ständig nachwächst.

Pferde berühren den Boden nur mit der Zehenspitze. Man bezeichnet sie daher als *Zehenspitzengänger.* Mit den langen, muskulösen Beinen können sie schnell flüchten und gut springen.

Pferde haben ein Pflanzenfressergebiss

Mit ihren *Schneidezähnen* in Ober- und Unterkiefer rupfen Pferde das Gras ab. Mit den breiten *Backenzähnen* zerreiben sie das Futter. Dabei nutzen sich die Zähne allmählich ab. Pferdekenner können daran abschätzen, wie alt das Tier ist. Nur männliche Pferde, *Hengste,* haben noch kleine Eckzähne. Bei den *Stuten* fehlen sie.

Die »Sprache« der Pferde

Durch ihre Kopf- und Ohrenstellung sowie durch ihre Körperhaltung verständigen sich Pferde untereinander.

Fühlt sich ein Pferd wohl, sind die Ohren nach vorne aufgerichtet. Bläst es aber die Nasenlöcher auf, legt die Ohren nach hinten an und zeigt die Zähne, dann droht es. Ein ängstliches Pferd hat die Ohren meist halb nach hinten oder nach außen gespitzt.

Pferde wiehern nur, wenn es unbedingt notwendig ist, zum Beispiel wenn die Stute ihr Fohlen sucht. Durch leises Schnauben oder Prusten drücken Pferde Zufriedenheit aus. Wird es lauter, dann hat sich die Gemütsverfassung verschlechtert.

Die Verdauung im Blinddarm

Pferde haben einen bis zu 30 Meter langen Darm. Besonders wichtig bei der Verdauung ist der auffallend riesige *Blinddarm*. Er fasst rund 50 Liter. In ihm leben hauptsächlich Bakterien. Sie zersetzen die harte und faserreiche pflanzliche Nahrung.

Pferde sind Nestflüchter

Nach einer Tragzeit von knapp einem Jahr bringt die Stute ihr *Fohlen* zur Welt. Schon kurz nach der Geburt kann es der Mutter folgen. Tiere, die kurz nach der Geburt schon selbstständig sind, nennt man *Nestflüchter*.

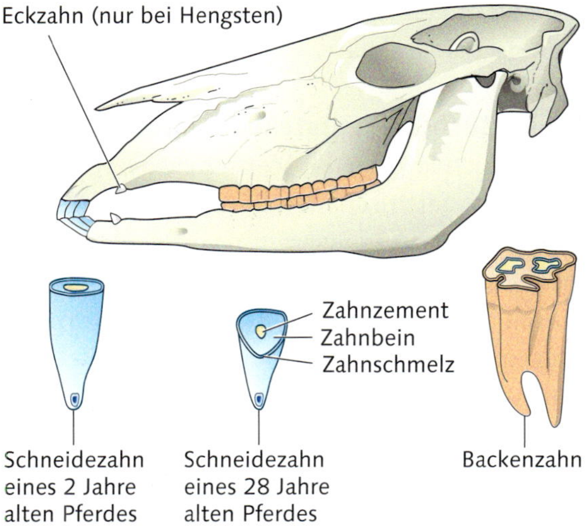

3 Pflanzenfressergebiss des Pferdes

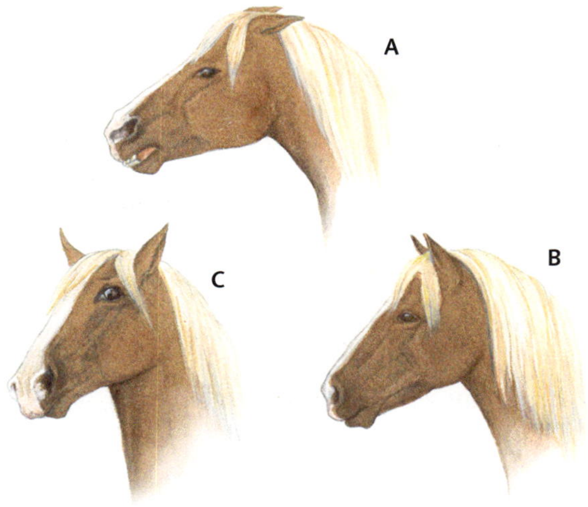

4 Pferde verständigen sich durch den Gesichtsausdruck und die Stellung der Ohren.

In Kürze

Pferde sind Herdentiere, die ein ausgeprägtes Fluchtverhalten zeigen. Als Zehenspitzengänger können sie schnell laufen. Sie haben ein Pflanzenfressergebiss.

Aufgaben

1 Was »sagen« die Pferde im Bild 4? Begründe deine Antworten.

2 Bei Festumzügen mit Pferdegespannen kommt es immer wieder vor, dass die Tiere »durchgehen«. Erläutere, was damit gemeint ist.

3 Beschreibe, wie das Gebiss des Pferdes an seine Ernährung angepasst ist.

5 Stute mit neugeborenem Fohlen

Vom Wildschwein zum Hausschwein

Laubmischwälder sind der natürliche Lebensraum der Wildschweine. Auch auf angrenzenden Äckern und Wiesen finden sie Nahrung und Unterschlupf. Durch ihr schwarzbraunes Borstenkleid sind sie gut getarnt.

1 Wildschwein mit Frischlingen

Körperbau von Wildschweinen

Wildschweine erreichen eine Schulterhöhe von etwa einem Meter. Sie werden bis zu 1,5 Meter lang und können zwischen 90 und 150 Kilogramm wiegen. Wildschweine sind paarhufige *Zehenspitzengänger*. Geruchssinn und Gehör sind sehr gut entwickelt.

Wildschweine sind Allesfresser

Mit ihrem Rüssel durchwühlen Wildschweine den Boden. Dabei fressen sie Kräuter, saftige Wurzeln, Pilze, Eicheln, Bucheckern und Knollen. Auch Würmer, Schnecken oder Insekten und kleine Säugetiere wie Mäuse stehen auf ihrem Speiseplan.

Ihr Gebiss ist an diese Ernährungsweise als *Allesfresser* angepasst. Es zeigt Merkmale des Pflanzenfressergebisses und des Raubtiergebisses. Beim männlichen *Keiler* sind die Eckzähne, die *Hauer*, besonders stark ausgebildet.

Zusammenleben in der Rotte

Wildschweine leben in Familienverbänden. Eine solche *Rotte* setzt sich aus mehreren weiblichen Tieren, den *Bachen*, mit ihren Jungtieren zusammen. Die Bache ist etwas kleiner als der Keiler. Ausgewachsene Keiler sind Einzelgänger. Im Winter gehen sie auf die Suche nach Weibchen, um sich mit ihnen zu paaren. Die männlichen Tiere bezeichnet man auch als *Eber*. Die Jungen werden im Frühjahr geboren. Man nennt sie auch *Frischlinge*. Ihr Fell ist zunächst gelbbraun gestreift. Nach einem Jahr gleicht es dem der Alttiere.

2 Hausschweine auf der Weide

Nutztier Hausschwein

Aus gezähmten Wildschweinen begann der Mensch vor über 5 000 Jahren *Hausschweine* zu züchten. Im Aussehen unterscheiden sie sich deutlich von Wildschweinen: Schlappohren, kleinere Hauer und kleinerer Rüssel, kürzere Beine und ein Ringelschwanz sind typische Unterschiede. Hausschweine bilden eine dicke Fettschicht aus. Ihre Haut trägt nur wenige Borstenhaare.

Durch Züchtung entstehen Rassen

Allmählich lernten die Menschen, Tiere mit günstigen Eigenschaften herauszusuchen, miteinander zu kreuzen, um so Nachkommen zu vermehren, die diese Eigenschaften hatten. Durch diese *Züchtungen* wurden viele Körpermerkmale der Wildschweine nach den Bedürfnissen der Menschen verändert. Dabei entstanden die verschiedenen Schweinerassen. Heute sind beispielsweise die Fleischmenge, die Anzahl der Nachkommen und schnelles Wachstum wichtige Zuchtziele.

Beispiel Deutsches Edelschwein

Die Rasse *Deutsches Landschwein* ist sehr genügsam, liefert Fleisch und Fett, wächst aber nur langsam bis zur Schlachtreife heran. Man kreuzte es mit einer anderen Rasse, dem englischen *Yorkshire-Schwein*. Dieses ist früh schlachtreif, hat mehr mageres Fleisch und bekommt mehr Junge als das Deutsche Landschwein. Aus beiden Rassen züchtete man eine neue Rasse, das *Deutsche Edelschwein*. Es ist ebenfalls genügsam. In einem Wurf sind meist 10 bis 12 Ferkel, die schnell wachsen und fettarmes Fleisch haben.

Moderne Schweinehaltung

Schweine sind unsere wichtigsten Fleischproduzenten. Sie werden meist in großen Mastbetrieben gehalten. Die natürlichen Lebensansprüche der Hausschweine entsprechen denen der Wildschweine: Sie leben in Rotten zusammen, durchwühlen den Boden und suhlen sich. In der modernen Stallhaltung werden diese Lebensansprüche nicht immer erfüllt.

In Kürze

Das Hausschwein zählt zu den Paarhufern. Es ist ein Allesfresser. Alle Hausschweinrassen sind Zuchtformen des Wildschweins. Hausschweine sind wichtige Fleischproduzenten.

4 Moderner Schweinemaststall

Aufgaben

1 Stelle in einer Tabelle die Körpermerkmale von Wild- und Hausschwein gegenüber.

2 Zeige am Beispiel des Deutschen Edelschweins, wie eine neue Rasse gezüchtet wird.

3 Beschreibe, wie moderne Mastbetriebe die Lebensgewohnheiten der Schweine berücksichtigen.

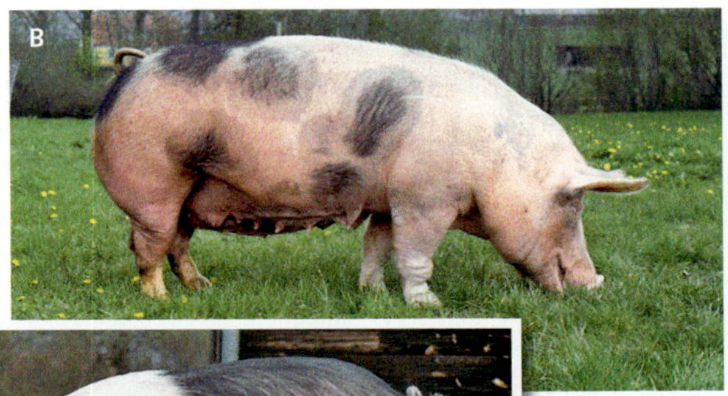

3 Verschiedene Schweinerassen: A Deutsches Edelschwein; B Piétrain-Schwein; C Hampshire-Schwein; D Deutsches Landschwein

Methode

Eine Exkursion durchführen

1 Exkursion auf den Bauernhof

Manchmal werden im Biologieunterricht Tiere, Pflanzen und Lebensräume direkt in der Natur untersucht. Oder es geht darum, einen Zoo oder einen botanischen Garten kennenzulernen oder einen Bauernhof zu erkunden. Dann macht man eine Exkursion. Damit ihr möglichst viel erfahrt, geht ihr am besten so vor:

1 Planung Überlegt gemeinsam:
- Welches Exkursionsziel ist geeignet? Wie ist es zu erreichen? Welche Kosten entstehen?
- Wer ist der Ansprechpartner vor Ort? Wer nimmt den Kontakt auf?
- Was wollt ihr herausfinden? Schreibt Fragen auf.
- Wie sollen die Ergebnisse festgehalten werden?
- Welches Material braucht ihr?
- Was muss vorher erledigt werden? Welche Aufgaben fallen auf der Exkursion an?

Bildet Arbeitsgruppen und verteilt die Aufgaben.

2 Durchführung Verschafft euch zunächst einen Überblick. Dann werden die Arbeitsaufträge auf die Gruppen verteilt und die Materialien ausgegeben.

Führt eure Untersuchungen, Beobachtungen und Befragungen durch. Notiert alle Ergebnisse. Haltet die Exkursion mit Zeichnungen, Fotos und Video- oder Tonaufnahmen fest.

3 Auswertung Vergleicht die Aufzeichnungen der Arbeitsgruppen. Fasst die Ergebnisse zusammen.
Wählt Ergebnisse aus, die sich zur Dokumentation eignen.
Bewertet eure Exkursion. Was hat gut geklappt, was weniger gut? Was könnte man verbessern und wie?

4 Präsentation Stellt eure Exkursion vor, zum Beispiel beim Tag der offenen Tür.
Überlegt gemeinsam:
- Was soll präsentiert werden?
- Welche Art der Darstellung (Plakat, Ausstellung, Vortrag …) ist geeignet?

2 Vorbereiten einer Exkursion

Praktikum

Erkundungen auf einem Bauernhof

Landwirtschaftliche Betriebe sind heute meist spezialisiert: Auf großen Flächen wird Getreide, Gemüse oder Obst angebaut. Oder der Hof hält Schweine, Rinder, Schafe oder Hühner, um Milch, Eier oder Fleischprodukte zu erzeugen.

Neben der *konventionellen* Landwirtschaft gewinnt die *ökologische* Landwirtschaft zunehmend an Bedeutung. Durch den Einsatz von moderner Technik, Nutzfahrzeugen und Maschinen können wenige Personen große Betriebe bewirtschaften. Die Idylle vom Bauernhof, den die ganze Familie gemeinsam betreibt, gehört in den meisten Unternehmen der Vergangenheit an.

Vorbereitungen

Informiert euch vor der Exkursion, worin sich konventionelle und ökologische Landwirtschaft unterscheiden. Welche Kriterien gelten jeweils für die Produktion von Nutzpflanzen und die Nutztierhaltung?

Die folgenden Fragen dienen als Anregung für eure Erkundungen:

A Fragen zum Betrieb

- Wie groß ist der Betrieb (Wirtschaftsgebäude, Ackerflächen, Anzahl der Tiere)?
- Worauf ist er spezialisiert?
- Welche Produkte erzeugt der Betrieb? Wie werden diese Produkte vermarktet?
- Wie werden die Tiere gehalten?
- Woher stammt das Futter?
- Wird der Betrieb konventionell oder ökologisch bewirtschaftet? Welche Kennzeichen gibt es dafür?
- Wird Energie erzeugt, zum Beispiel durch eine Solar- oder Biogasanlage?

B Fragen zur Arbeit auf dem Hof

- Wie viele Personen sind hier beschäftigt? Wie viele weitere leben von dem Einkommen?
- Wie verläuft ein typischer Tag des Landwirts? Fertigt ein Protokoll an.
- Für wie viele Menschen reicht die Nahrung, die der Hof erzeugt?
- Wie hat sich das Leben auf dem Hof in den letzten Jahren verändert?

1 Moderner landwirtschaftlicher Betrieb

Tierhaltung

Hühner im Freiland ...
Hühner in Freilandhaltung haben eine Auslauffläche von mindestens 4 m² pro Huhn. Sie können nach Futter scharren und picken, ihr Gefieder putzen, im Sand baden, mit den Flügeln schlagen und umherlaufen. In den Stall, in den sich die Tiere nachts oder zum Eierlegen zurückziehen, fällt Tageslicht.

1 Diese Hühner haben viel Auslauf.

Augen auf beim Einkauf
Bei Geflügelfleisch und Eiern wird die Art der Haltung durch Ziffern gekennzeichnet.
1 bedeutet Freilandhaltung,
2 Bodenhaltung, 3 Käfighaltung.
Bestimmte Gütesiegel garantieren artgerechte Haltungsbedingungen. Das EU-Bio-Siegel und die Siegel der ökologischen Anbauverbände wie Bioland, Demeter oder Naturland gewährleisten, dass das Futter aus ökologischem Anbau stammt.

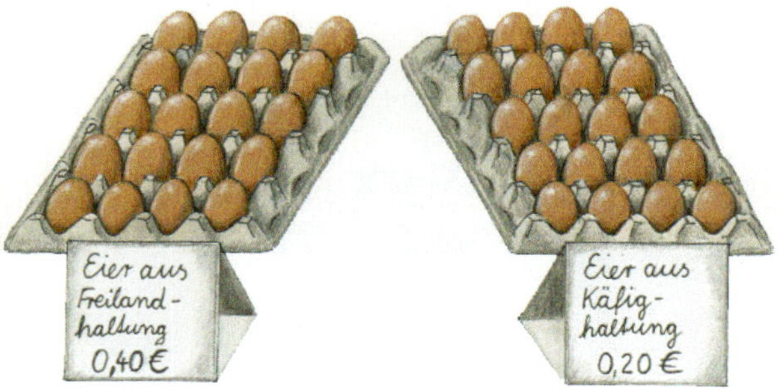

... oder Hühner im Käfig?
Seit 2009 werden Käfighennen in kleinen Gruppen gehalten. Der Platz für jedes einzelne Tier ist etwa so groß wie ein aufgeklapptes Schulbuch. Arttypische Verhaltensweisen wie Scharren, Sandbaden oder ungestörte Eiablage sind kaum möglich. Oft werden die Hühner gegeneinander aggressiv und verletzen sich mit ihren Schnäbeln. Da die Tiere im Käfig wenig Platz haben, um sich zu bewegen, leiden sie häufig an Knochenschwäche.

2 In diesem Betrieb werden sehr viele Eier produziert.

Wer ein Tier hält oder betreut, muss das Tier seiner Art und seinen Bedürfnissen entsprechend angemessen ernähren,darf das artgemäße Bewegungsbedürfnis des Tieres nicht dauernd und nicht so einschränken, dass dem Tier vermeidbare Schmerzen, Leiden oder Schäden zugefügt werden.

Nach Tierschutzgesetz, § 2

Wonach kann man Tierhaltung beurteilen?
- Wie viele Tiere hält der Betrieb?
- Haben die Tiere genügend Platz und Auslauf?
- Gibt es Tageslicht im Stall?
- Sind Einstreu, Fress- und Trinkplätze sauber?
- Weisen die Tiere Verletzungen auf?
- Wo werden die Tiere geschlachtet?

Tierzucht

Putenzucht: Hochleistung oder Gesundheit?
Die Nachfrage nach Putenfleisch ist ungebremst. Um der Nachfrage nachzukommen, wurde eine spezielle Pute gezüchtet, die BUT Big 6 heißt. Diese Hochleistungspute wird dreimal so schwer wie die Wildform. Da der Verbraucher vor allem das Brustfleisch schätzt, wurde das Tier so gezüchtet, dass der Brustmuskel besonders groß wird. Er macht rund 30 Prozent des gesamten Körpergewichts aus. Das Skelettwachstum hält mit der Gewichtszunahme nicht mehr Schritt. In der Folge tragen die Tiere häufig Schäden an Gelenken, Sehnen und Knochen davon. Fehlstellungen der Beine, die eine normale Fortbewegung erschweren, sind sehr häufig.

Schafzucht: das neue »alte« Schaf
Heidschnucken eignen sich besonders für die Pflege von Heide- und Moorlandschaften. Sie beißen das Buschwerk ab und verhindern so, dass ein Wald entsteht. Damit sichern sie den Lebensraum für andere Tierarten. Sie sind ausgesprochen genügsam und liefern Fleisch von hervorragender Qualität. Durch gezielte Kreuzungen von Heidschnucken mit anderen Schafrassen wurde ein Schaf gezüchtet, wie es vor 3000 Jahren lebte. Mit dem Fellwechsel wirft es die Wollhaare ab, sodass die Wolle nicht geschoren werden muss. Wegen seines dichten Fells kann es bei jedem Wetter draußen sein. Das neue »alte« Schaf wird in der Landschaftspflege eingesetzt.

1 Die Bronzepute ist eine alte Rasse. Sie wird im Freiland gehalten.

2 Heidschnucken verhindern, dass aus der Heide ein Wald wird. Sie sind Landpflegeschafe.

Es ist verboten, Wirbeltiere zu züchten oder durch technische Maßnahmen zu verändern, wenn damit gerechnet werden muss, dass den Tieren selbst oder deren Nachkommen erblich bedingt Körperteile oder Organe für den artgemäßen Gebrauch fehlen oder untauglich oder umgestaltet sind und hierdurch Schmerzen, Leiden oder Schäden auftreten.

Nach Tierschutzgesetz, § 11 b

Jedes Mitgeschöpf hat einen Anspruch auf Unversehrtheit und ein artgerechtes Leben. Dies ist der Grundsatz, dem sich der Deutsche Tierschutzbund verschrieben hat. Er wurde 1881 gegründet, um dem Missbrauch von Tieren wirksamer entgegentreten zu können. Er setzt sich für besonders naturnahe, umweltschonende Tierzucht und Tierhaltung ein.

Aus einer Broschüre des Deutschen Tierschutzbunds e. V.

Kohl als wichtige Kulturpflanze

Die Gemüsevielfalt auf einem Markt ist erstaunlich. Besonders viele Sorten gibt es vom Kohl: Weißkohl, Rotkohl, Blumenkohl, Grünkohl, Brokkoli und Rosenkohl werden angeboten. Sie alle stammen vom *Wildkohl* ab.

Wilder Kohl und »gezähmtes« Gemüse
Seine Heimat ist Europa und Westasien. Fast alle Teile des Wildkohls wurden durch *Züchtung* verändert. So sind die unterschiedlichsten Sorten entstanden. Als die Menschen vor ungefähr 12 000 Jahren sesshaft wurden, begannen sie auf ihren Äckern Pflanzen anzubauen, die für sie essbar waren. Andere Pflanzen lieferten beispielsweise Fasern zur Herstellung von Kleidung. Pflanzen mit Eigenschaften, die für die Menschen nützlich waren, wurden ausgelesen und weitergezüchtet. Über Tausende von Jahren führte diese fortgesetzte Auslese und Züchtung zu *Kulturpflanzen*, die sich deutlich von den ursprünglichen *Wildpflanzen* unterscheiden.

Wirtschaftliche Bedeutung
Kohl lässt sich überall in Mitteleuropa anbauen. Weißkohl zum Beispiel ist ein heimisches Gemüse, das vor allem im

1 Gemüseangebot auf einem Wochenmarkt

Herbst und Winter Saison hat. Er zeichnet sich durch einen hohen Gehalt an Vitamin C sowie den Mineralien Kalium, Calcium und Magnesium aus. Aus ihm lassen sich deftige Eintöpfe, Kohlrouladen, Krautsalat und Sauerkraut herstellen.

In Kürze
Wildkohl wurde vom Menschen im Verlauf von Jahrtausenden angepflanzt und gezüchtet. So sind viele unterschiedliche Sorten entstanden. Alle Kulturpflanzen stammen von Wildpflanzen ab.

Aufgabe

1 Gib an, welche Pflanzenteile des Wildkohls verändert wurden. Nimm Bild 2 zu Hilfe.

2 Wildkohl und Kulturformen des Kohls

Die Kartoffel

Im Spätsommer fahren die großen Kartoffelerntemaschinen über die Äcker. Trotz ihrer Hilfe ist die Ernte auch heute noch mit viel Handarbeit verbunden. Alle helfen mit.

Herkunft

Ursprünglich stammt die Kartoffel aus Südamerika. Dort pflanzte man sie schon vor etwa 2000 Jahren in den Hochebenen der Anden an. Zu Beginn des 16. Jahrhunderts wurde die Kartoffel durch die spanischen Eroberer nach Europa gebracht. In Deutschland ist sie erst seit Ende des 17. Jahrhunderts als Gemüse bekannt.

Die Kartoffelpflanze

Die Kartoffelpflanze ist ein einjähriges Kraut mit großen, zerteilten Blättern und kantigem Stängel. Blätter, Stängel und Früchte sind giftig. Nur die Knollen, die eigentlichen Kartoffeln, kann man essen. Sie bilden sich an den Enden der unterirdischen Ausläufer des Sprosses. In den Knollen speichern die Pflanzen Vorratsstoffe, wie zum Beispiel Stärke, die in den grünen Blättern gebildet wurden. Die Pflanzen gedeihen am besten in lockeren Böden. Steckt man eine Kartoffel in die Erde, wachsen aus den Augen die Triebe der neuen Kartoffelpflanze.

1 Kartoffelernte

Verwendung

Die Kartoffel gehört zu unseren wichtigsten Grundnahrungsmitteln. Durch Züchtung sind viele Sorten mit unterschiedlichen Eigenschaften entstanden. Neben der Verwendung als Gemüse werden aus Kartoffeln Stärkemehl und Fertigprodukte hergestellt. Sie dienen darüber hinaus auch als Viehfutter und zur Herstellung von Biokraftstoff.

In Kürze

Die Kartoffelpflanze ist eine wichtige Nutzpflanze. Nur die Knollen sind essbar: Sie sind die Vorratsspeicher der Pflanze.

Aufgabe

1 Erkläre, was »Kartoffeln« sind, wie sie entstehen und welche Funktion sie für die Pflanze haben.

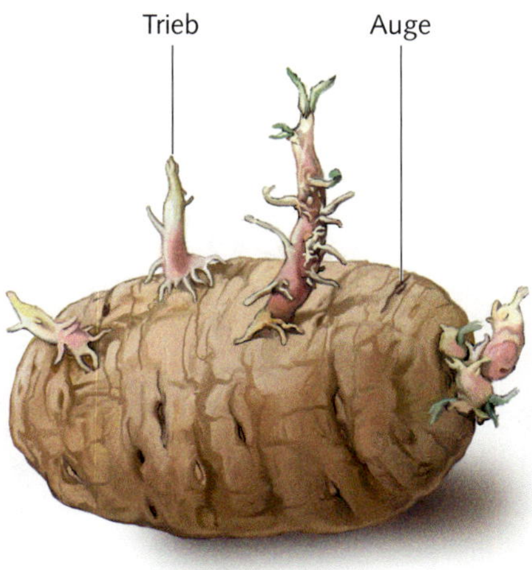

2 Kartoffelpflanze mit Ausläufern und keimende Kartoffelknolle

Getreidearten als Kulturpflanzen

Weizen- und Maisfelder prägen das Landschaftsbild in großen Teilen Deutschlands. Diese Nutz- oder Kulturpflanzen werden seit Jahrtausenden angebaut und gezüchtet. Sie stammen von Wildpflanzen ab.

Kulturpflanzen liefern uns Nahrung, Rohstoffe für Kleidung und sind Grundlage für Heilmittel und Arzneien.

Weizen

Weizen ist bei uns und in vielen anderen Ländern die wichtigste Nutzpflanze. Weltweit werden auf den Feldern jährlich mehr als 500 Millionen Tonnen Weizen geerntet. Durchschnittlich verzehrt jeder von uns im Jahr 52 Kilogramm Weizenmehl. Der größte Teil dient zur Herstellung von Brot und anderen Backwaren. Auch Nudeln werden aus Weizen hergestellt.

Die Früchte des Weizens, die Weizenkörner, stehen in dichten Ähren zusammen. Im Innern enthalten Weizenkörner den Keimling und den Mehlkörper. Sie bestehen zum großen Teil aus Stärke und zu einem geringen Teil aus Eiweiß.

Weizen stellt hohe Ansprüche an Temperatur, Feuchtigkeit und Bodenqualität. Er ist ein Getreide der gemäßigten Klimazonen.

Mais

Die Maispflanze ist eine der größten Getreidepflanzen. Sie wird bis zu zwei Meter hoch und ihr Stängel bis zu fünf Zentimeter dick.

Während die männlichen Blüten in einem Blütenstand an der Spitze der Pflanze sitzen, finden sich die weiblichen Blütenstände, die Kolben, in den Achseln von Blättern. Die Kolben sind von mehreren Blättern eingehüllt. An einem Kolben können bis zu 800 Körner ausgebildet werden. Noch bei der Ernte werden die Pflanzen klein gehäckselt.

Mais wird bei uns vor allem als hochwertiges Viehfutter angebaut. Dabei werden nicht nur die Körner verfüttert, sondern die gesamte Pflanze.

In einigen Ländern backt man aus Maismehl Brot. In Italien wird aus Maisgrieß die nahrhafte Polenta gekocht. Bei uns wird Mais meist als Gemüse gegessen.

In den letzten Jahren wird Mais als Energielieferant für die Biogasproduktion genutzt. Die Welternte beträgt etwa 400 Millionen Tonnen pro Jahr.

Mais wird seit Jahrtausenden in Mittel- und Südamerika angebaut. Die Europäer lernten den Mais erst im 16. Jahrhundert kennen, nachdem Christoph Kolumbus die Küste von Kuba erkundet hatte.

1 Weizenfeld

2 Maisfeld

3 Hirsefeld

4 Reisfeld

Hirse

Hirse ist ein kleinfruchtiges Getreide, das zur Familie der Süßgräser gehört. Durch die kleinen Körner in den Rispen sind die Erträge im Vergleich zu anderen Getreidesorten recht gering.

Hirse enthält große Mengen an Mineralstoffen. Im Gegensatz zu vielen anderen Getreidesorten enthält sie kein Gluten und eignet sich zur Herstellung glutenfreier Backwaren und Biere. Viele Menschen vertragen Gluten nicht und müssen daher eine entsprechende Diät einhalten.

Hirse ist das älteste vom Menschen angebaute Getreide. Vor zirka 8000 Jahren hat man daraus bereits Fladenbrot hergestellt. Seit mindestens 4000 Jahren wird die Rispenhirse in China landwirtschaftlich genutzt. Vor der Einführung der Kartoffel war Hirse ein wichtiges Nahrungsmittel in Europa. Der Name bedeutet im Altgermanischen »Sättigung« und »Nahrhaftigkeit«.

Die Ansprüche der Hirsepflanze an Boden und Klima sind sehr gering. Heute sind unterschiedliche Hirsearten in vielen Gebieten Afrikas und Asiens das Hauptnahrungsmittel. In Mitteleuropa dient die Kolbenhirse zudem als Vogelfutter in der Ziervogelhaltung. Die Welternte liegt bei etwa 100 Millionen Tonnen pro Jahr.

Reis

Reis ist eine Sumpfpflanze aus der Familie der Süßgräser. Seit mehreren Jahrtausenden wird in Ostasien Reis angebaut. Heute wird Reis in vielen Teilen der Welt angepflanzt, in denen genügend Wasser und Wärme vorhanden sind.

Die Welternte liegt bei etwa 680 Millionen Tonnen. Reis ist damit die Nahrungsgrundlage eines großen Teils der Weltbevölkerung. In einigen Ländern Asiens stellt Reis etwa 80 Prozent der gesamten Nahrung dar.

Das Reiskorn enthält neben Kohlenhydraten viele Mineralstoffe und Vitamine. Es gibt sehr viele Reissorten. In Europa wird hauptsächlich Langkornreis gegessen.

In Kürze

Die Getreidearten Weizen, Mais, Hirse und Reis sind Kulturpflanzen. Sie sind die Grundnahrungsmittel für große Teile der Weltbevölkerung.

Aufgaben

1 Nenne weitere Getreidearten, die für die Ernährung der Weltbevölkerung wichtig sind.

2 Vergleiche die Welternte von Weizen, Mais, Hirse und Reis pro Jahr. Fertige ein Diagramm an.

3 Überlege, welche Folgen die Verwendung von Mais als Energielieferant haben könnte.

Tiere und Pflanzen, die nützen

1 Hunde und Katzen als Haustiere

a Die Körpersprache von Hunden und Katzen ist verschieden. Ordne zu, welches Tier Freude, Angst oder Aggressivität ausdrückt. Begründe deine Zuordnung.

b Erstelle eine Tabelle zu den Gemeinsamkeiten und Unterschieden von Hund und Katze. Denke dabei an den Körperbau, die Sinnesorgane, ihre Art, Beutetiere zu jagen, und die Möglichkeit, sie zu erziehen.

c Nenne Gründe, warum gerade diese beiden Tierarten so beliebt sind und nicht Fische oder Vögel.

d Notiere die wichtigsten Dinge, an die du denken musst, wenn du dir ein Haustier anschaffen möchtest. Beachte auch das Tierschutzgesetz.

2 Menschen nutzen Tiere

a Erstelle eine Liste der wichtigsten Produkte von Rindern, Schweinen und Hühnern.

b Vergleiche Freiland- und Käfighaltung bei Hühnern.

c In den vergangenen Jahrzehnten hat sich die Landwirtschaft stark verändert. Lies dazu den nachfolgenden Text. Beschreibe, wie sich die genannten Veränderungen auf die Rinderhaltung auswirken.

Anfang der 1950er Jahre hatte noch fast jeder Landwirt Rinder im Stall. Heute findet Rinderhaltung praktisch nur noch in spezialisierten Betrieben statt.

Statistisches Landesamt Rheinland-Pfalz, 2010

3 Ernährung und Gebiss

Das Gebiss lässt einige Rückschlüsse auf die Ernährung zu.

a Vergleiche die drei Schädel. Ordne zu, welcher Schädel von einem Allesfresser, von einem Fleischfresser und von einem Pflanzenfresser stammt.

b Nenne zwei Zähne, die für das jeweilige Gebiss typisch sind. Welche Funktionen haben sie?

c Finde Tierarten, die den jeweiligen Gebisstyp besitzen.

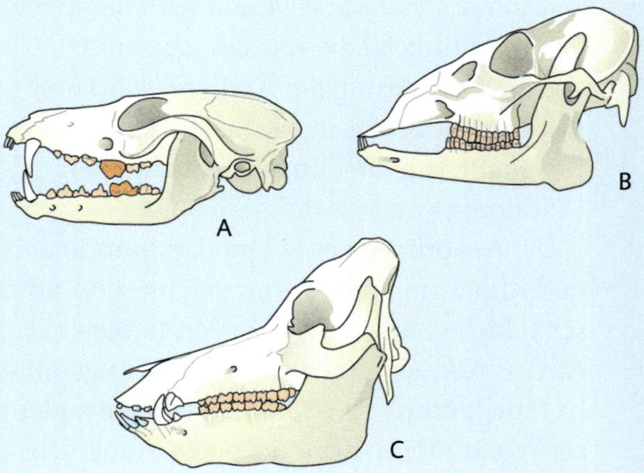

4 Unterschiedliche Spuren

Auf weichem Untergrund hinterlassen Tiere unterschiedliche Spuren.

a Benenne die Tiere, die die Spuren in Bild 4 hinterlassen haben.

b Auf welchen Teilen des Fußes laufen die Tiere jeweils? Nenne die Fachbegriffe.

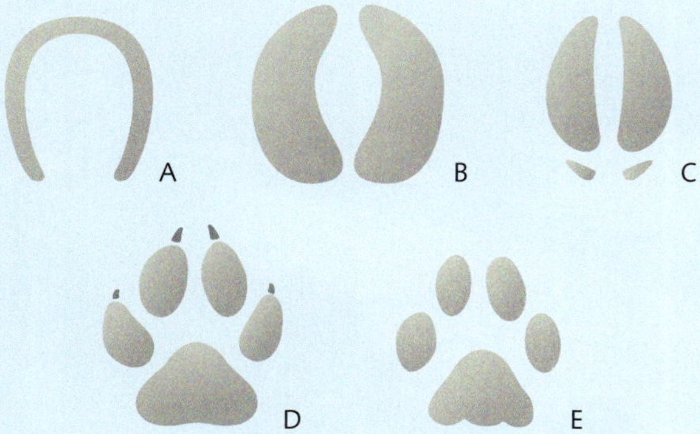

5 Vom Korn zum Mehl

Aus den Körnern der gezüchteten Getreidepflanzen wird oft Mehl zum Backen hergestellt und mit Type-Nummern gekennzeichnet. Je höher die Typenzahl ist, desto mehr Mineralstoffe sind im Mehl enthalten.

a Nenne Getreidearten, die als Kulturpflanzen gezüchtet werden.

b Leite aus dem Bild unten ab, welche Teile des Getreidekorns die meisten Mineralstoffe enthält.

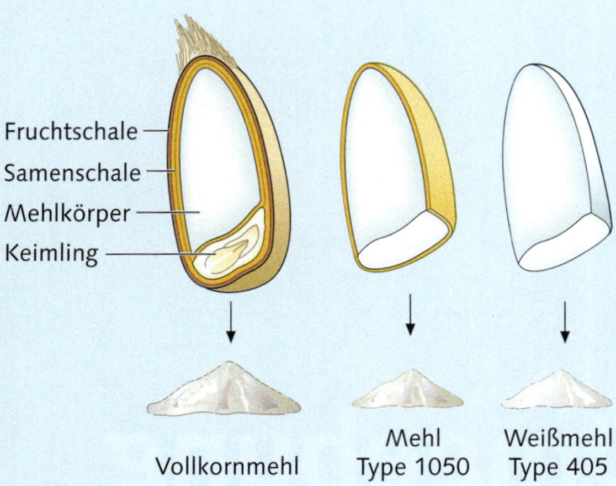

Auf den Punkt gebracht

Tiere und Pflanzen, die nützen

- Menschen halten Haustiere als Begleiter und Freunde. Nutztiere dienen dazu, Fleisch, Milch, Eier, Leder oder Wolle zu gewinnen oder durch ihre Kraft, ihre Schnelligkeit oder ihren Geruchssinn dem Menschen die Arbeit zu erleichtern.

- Das Gebiss der Tiere zeigt Angepasstheiten an ihre Ernährung als Raubtier, Allesfresser oder Pflanzenfresser. Auch der Bau der Gliedmaßen lässt Rückschlüsse auf ihre Lebensweise zu.

- Menschen bauen Pflanzen als Nutzpflanzen an. Sie dienen ihnen als Nahrungsgrundlage sowie als Viehfutter und werden zum Beispiel zu Kleidung oder zur Energiegewinnung weiterverarbeitet.

- Die Vorfahren unserer Tiere und Nutzpflanzen waren Wildformen. In vielen Tausend Jahren entstanden aus den Wildformen durch Züchtung die unterschiedlichsten Tierrassen und Pflanzenarten.

- Um Tiere artgerecht zu halten, muss man auf ihre Lebensbedürfnisse, wie richtige Ernährung, ausreichend Platz oder genügend Auslauf, Rücksicht nehmen. Die artgerechte Tierhaltung wird durch das Tierschutzgesetz geregelt.

Tiere in der Umgebung

Lebensräume in der Umgebung

Der Anblick von Tauben auf einem Marktplatz ist keine Seltenheit. Eigentlich sind sie Felsenbewohner. Die Stadttaube hat sich jedoch diesen Lebensraum erobert. Neben den Plätzen in der Innenstadt gibt es weitere Lebensräume in und um eine Stadt, die Tieren und Pflanzen zur Heimat geworden sind.

1 Tauben in der Stadt

Zum Begriff »Lebensraum«

Als Lebensraum bezeichnet man einen Bereich, der von bestimmten Tieren und Pflanzen besiedelt wird. In jedem Lebensraum herrschen ganz bestimmte Umweltbedingungen wie Niederschlagsmenge, Temperatur und Bodenqualität. Die Tiere und Pflanzen, die in diesem Lebensraum leben, finden dort Nahrung, Schutz vor Fressfeinden und können die Entwicklung ihrer Nachkommen sicherstellen. Alle Tiere und Pflanzen dieses Lebensraumes bilden eine *Lebensgemeinschaft*.

Lebensraum Stadt

Durch den Menschen verursacht, gibt es in der Stadt ein sehr gutes Nahrungsangebot. Unter achtlos weggeworfenen Lebensmitteln und in Mülltonnen finden die Tiere leicht etwas zu fressen. Gärten und Grünanlagen bieten gute Rückzugsmöglichkeiten. Mäuse, Ratten, aber auch Fuchs, Marder und sogar Wildschweine sind in den Wohnsiedlungen unterwegs. Solche Tiere nennt man *Kulturfolger*.

Lebensraum Park

Parks stellen einen Übergang zwischen städtischen und natürlichen Lebensräumen dar. Ein Park ist eine vom Menschen angelegte Landschaft, die verschiedene Lebensräume kombiniert. Es gibt ausgedehnte Rasenflächen, Hecken und Bäume sowie stehende und fließende Gewässer. Hier leben zum Beispiel Eichhörnchen, Amsel und Teichfrosch.

2 Typische Tiere im Park sowie am und im Gewässer

Lebensraum am und im Wasser

Stehende und fließende Gewässer sind Lebensräume für Fische, Amphibien, aber auch für viele Insekten. Manche Tiere, wie zum Beispiel Erdkröten, Libellen und Mücken, brauchen Gewässer zur Fortpflanzung und für die Entwicklung der Nachkommen. Viele Reptilien, Säugetiere und Vögel finden an und im Wasser ihre Nahrung.

Lebensraum Wald

Deutschland ist eines der waldreichsten Länder Europas. Je nach den klimatischen Bedingungen entstehen Laub-, Nadel- oder Mischwälder. Die verschiedenen Baumarten dieser drei Waldtypen bieten jeweils unterschiedlichen Tieren eine Lebensgrundlage. In Nadelwäldern zum Beispiel ist der Boden nur spärlich bewachsen. Deshalb gibt es dort nur wenige Pflanzenfresser. Dagegen finden viele Insekten und Vögel gute Lebensbedingungen vor. Größeren Tieren bieten Nadelwälder zudem gute Verstecke zum Schlafen.

In lichten Laubwäldern gibt es in der Bodenregion Farne, Sträucher und Kräuter. Hier leben zum Beispiel die Waldspitzmaus, Salamander, Erdkröten, Laufkäfer und Spinnen.

Auch unsere größten einheimischen Wildtiere wie Wildschwein, Rotwild und Dachs finden im Wald geeignete Nahrung und gute Schutzmöglichkeiten.

3 Laubwald

4 Feld und Wiese

Lebensraum Feld und Wiese

Die Lebensbedingungen in Feld und Wiese sind stark geprägt von der landwirtschaftlichen Nutzung. Allein wegen der Arbeit mit Landmaschinen sind viele Tiere gefährdet. Nach der Ernte gibt es auf den Feldern oft nur wenige Rückzugsmöglichkeiten für sie. Etwas größere Tiere wie Feldhase und Feldhamster suchen im oder dicht am Boden Schutz. Hecken, die die Felder eingrenzen, sind für viele Tiere ein dringend benötigter Schutzraum.

Wiesen bieten aufgrund der Vielfalt an Insekten und anderen Wirbellosen, die dort leben, vor allem Vögeln und anderen Insektenfressern reichhaltige Nahrung.

In Kürze

Ein Lebensraum ist gekennzeichnet durch bestimmte Umweltbedingungen sowie die Tiere und Pflanzen, die dort leben. Lebensräume bieten Tieren Nahrung, Schutz sowie Fortpflanzungs- und Entwicklungsmöglichkeiten. Städte, Wohngebiete, Parks und landwirtschaftliche Flächen sind besonders durch den Menschen geprägte Lebensräume.

Aufgaben

1. Nenne geeignete Lebensräume für Tauben.
2. Begründe, warum Städte viele Tiere anlocken.
3. Finde auf deinem Schulweg verschiedene Lebensräume. Erstelle dazu eine Liste und nenne jeweils einen typischen Lebensraum.

Heimische Singvögel

Mit ihrem unverkennbaren Ruf »Zizibäh« gehört die Kohlmeise zu den ersten Frühlingsboten. Man erkennt sie an dem schwarzen Längsstreifen, der die gelbe Brust teilt, sowie dem schwarzen Kopf mit den weißen Wangen. Männchen und Weibchen sind kaum zu unterscheiden. In den Sommermonaten erbeutet unsere häufigste Meise im Geäst von Bäumen und Sträuchern Insekten. Im Winter öffnet sie Samen, die sie mit den Füßen festhält und mit dem Schnabel aufhackt.

1 Kohlmeise

Beobachtung von Singvögeln

Viele Singvögel sind in den frühen Morgenstunden und am Abend besonders aktiv. Dies sind die besten Beobachtungszeiten. Weil Haus und Garten Lebensräume für viele Singvögel bieten, kann man sie im Vergleich zu anderen Wildtieren besonders gut beobachten. Hierfür sind Fernglas und Bestimmungsbuch hilfreich. Oft sieht man Vögel nicht, hört sie aber deutlich. Wer sich gründlich mit Vogelstimmen beschäftigt, erkennt die Singvögel seiner Umgebung an ihrem Gesang.

2 Merkmale zur Beschreibung von Vögeln

Der Haussperling

Mit seinem braunen Kehlfleck und dem grauen Scheitel ist das Sperlingsmännchen auffälliger als das schlicht grau-braun gefärbte Weibchen. Beide besitzen den kräftigen Schnabel der *Körnerfresser*.

Sperlinge bauen ihre Nester in Mauerlöchern, schadhaften Ziegeln, Mauervorsprün-

3 Haussperling: links Männchen, rechts Weibchen

gen oder in Nistkästen. Es sind *Höhlenbrüter*. Sie brüten gerne mit Artgenossen in Kolonien. Der Gesang beschränkt sich auf kurze »Tschilp«-Laute, die oft wiederholt werden.

Die Amsel

Das Amselmännchen ist an dem schwarzen Gefieder und dem leuchtend gelben, länglichen Schnabel leicht zu erkennen. Das Weibchen ist bräunlich, die Brust heller gefleckt, der Schnabel dunkel. Der laut flötende Gesang der Amsel ist sehr abwechslungsreich. Ihre Nester bauen Amseln oft in unmittelbarer Nähe des Menschen. Ihre Nahrung besteht im Sommer aus Regenwürmern und Insekten, im Winter aus Beeren und Samen.

Die Rauchschwalbe

Rauchschwalben erkennt man an der blauschwarzen Körperoberseite, der davon stark abgegrenzten weißen Unterseite und dem rotbraunen Kehlfleck. Erst wenn sie fliegen, sieht man die lange Schwanzgabel. Einen Großteil des Tages verbringen Rauchschwalben im Flug. Wenn die Sonne scheint, jagen sie in großen Höhen nach Insekten. Bei Regenwetter erbeuten sie ihre Nahrung mit eleganten Flugmanövern knapp über dem Boden.

Rauchschwalben leben in sehr enger Gesellschaft mit Menschen: Viele Paare nisten in Kuh- oder Schweineställen. Die kugeligen Nester werden auf Vorsprünge gebaut oder an Wände gehängt. Eine zementartige Masse aus lehmiger, feuchter Erde und Speichel macht die aus Halmen gebildete Form hart und stabil.

Schwalben werden immer seltener. Um nisten zu können, benötigen sie offene Fenster oder Türen, um in die Ställe zu kommen. Wege und andere Bereiche mit Pfützen und Schlamm tragen dazu bei, dass die Schwalben auch weiterhin ausreichend Nistmaterial finden.

Den Winter verbringen Rauchschwalben im Süden, weil sie bei uns keine Nahrung mehr finden.

In Kürze

Vögel halten sich häufig in der Nähe des Menschen auf und lassen sich daher gut beobachten. Jede Vogelart zeichnet sich neben dem Aussehen durch einen typischen Gesang und besondere Verhaltensweisen aus.

Aufgaben

1 Zeichne die Schnäbel der auf dieser Doppelseite abgebildeten Vögel und beschreibe sie mit Hilfe der Fachbegriffe von Bild 2.

2 Erstelle einen Steckbrief für einen heimischen Vogel deiner Wahl. Gestaltet eine Ausstellung.

4 Amselmännchen und -weibchen

5 Rauchschwalbe am Nest

Die Singdrossel

Im Frühjahr ist der Gesang der Singdrossel kaum zu überhören. Wo der amselgroße Vogel sitzt, kann man nur schwer ausmachen. Denn er ist durch sein Gefieder gut getarnt: Der Rücken ist braun, die Brust braun gesprenkelt auf gelblich weißem Untergrund. Männchen und Weibchen der Singdrossel sehen gleich aus.

Der Lebensraum der Singdrossel
Früher war die Singdrossel ausschließlich im Wald heimisch. Heute trifft man sie auch in der Umgebung menschlicher Siedlungen an, in Gärten, Parks oder auf Friedhöfen. Die Singdrossel brütet hauptsächlich in dichtem Gebüsch. Ihre Nahrung sucht sie auf Wiesen, Weiden und Feldern.

2 Reviere von Singdrosseln

1 Singdrossel

Der Gesang ist einzigartig
Unverwechselbar ist das laut flötende Lied der Singdrosselmännchen. Einzelne Strophen werden zwei- bis viermal wiederholt. Häufig singen die Vögel von einer hohen Warte aus. So ist ihr Gesang weithin zu hören. Er dient in der Brutzeit dazu, ein Weibchen anzulocken und es an sich zu binden. Auch nach der Brutzeit hört man die Männchen singen.

Singdrosseln beanspruchen ein Revier
Mit Hilfe des Gesangs grenzen die Singdrosselmännchen ihre *Reviere* ab. Das Revier ist das Gebiet, das ein Tier besetzt und gegen Artgenossen verteidigt. Dort sucht der Vogel Nahrung und einen Nistplatz. Diese Aufteilung des Lebensraums stellt die Ernährung der Vögel sicher und ermöglicht ihnen, ihre Jungen ungestört aufzuziehen. Ist die Nahrung knapp, müssen die Reviere viel größer sein als unter günstigen Bedingungen. Singdrosseln besetzen jedes Jahr das gleiche Revier.

Der Nestbau ist Sache des Weibchens
Das Weibchen baut das Nest meist auf Zweigen oder in Astgabeln in ein bis drei Meter Höhe. Sehr selten findet man Singdrosselnester auch an Gebäuden.

Das Nest wird aus Zweigen und Grashalmen gefertigt. Anschließend kleidet die Singdrossel es mit einem Brei aus eingespeicheltem, morschem Holz und Lehm aus, sodass die Innenseite wie glatt verputzt erscheint.

3 Eier im Nest einer Singdrossel

4 Junge Singdrosseln

5 Drosselschmiede

Die Jungen werden gemeinsam aufgezogen

Singdrosselpärchen brüten zwischen April und Juli zweimal. Das Gelege besteht aus drei bis sechs Eiern. Das Weibchen brütet 14 Tage lang. Die frisch geschlüpften Jungen sind nackt und hilflos. Beide Eltern schaffen Nahrung heran. Nach etwa zwei Wochen verlassen die flügge gewordenen Jungtiere das Nest.

Die Ernährung ist vielfältig

Singdrosseln fressen bevorzugt Regenwürmer, Insekten und Schnecken. Schneckenhäuser werden zum Öffnen auf spitze Steine geschleudert, bis sie zerbrechen. Solche Steine, um die herum sich Schneckenhäuser ansammeln, nennt man *Drosselschmiede*. Im Herbst sind auch Beeren eine willkommene Nahrung. Ab September wird die Nahrung knapp und die Singdrosseln verlassen ihre Brutgebiete. Sie verbringen den Winter in Gebieten, die an das Mittelmeer grenzen.

Heimische Verwandte

Die bekannteste Verwandte ist die Amsel. Die braunen Weibchen sehen der Singdrossel ähnlich. Die schwarzen Männchen erkennt man an ihrem gelben Schnabel. Amseln finden im Winter genug Futter, sie überwintern bei uns. Etwas größer als die Singdrossel sind die Misteldrossel und die Wacholderdrossel.

In Kürze

Der Gesang von Singdrosseln ist sehr auffällig. Sie besetzen feste Reviere, die sie für die Brut benötigen. Singdrosseln ziehen im Winter nach Süden.

Aufgaben

1. Nenne die Schritte von der Reviergründung bis zum Flüggewerden der Jungvögel. Beachte die Rollenverteilung von Männchen und Weibchen.
2. Begründe, warum man im Winter zwar Amseln, aber keine Singdrosseln am Futterplatz sieht.
3. Vergleiche die Singdrossel mit ihren Verwandten.

6 Heimische Verwandte der Singdrossel.
A Amsel; B Misteldrossel; C Wacholderdrossel

Wie Vögel fliegen

Vögel gleiten scheinbar schwerelos durch die Luft. Dies hat die Menschen seit jeher fasziniert. Als man daranging, erste Fluggeräte zu konstruieren, dienten Vögel als Vorbilder.

1 Erste Flugversuche gegen Ende des 19. Jahrhunderts

Eine Körperform zum Fliegen

Alle flugfähigen Vögel haben eine spindelförmige Gestalt. Entlang dieser *Stromlinienform* »fließt« die Luft ohne Verwirbelungen um den Körper, sodass der Luftwiderstand gering ist.

Ein Skelett in Leichtbauweise

Vogelknochen sind hohl, anders als die Markknochen der Säugetiere. Feine Verstrebungen sorgen für Stabilität. Einige Knochen werden von *Luftsäcken* durchzogen. Diese Ausstülpungen der Lunge füllen große Teile des Vogelkörpers aus. Deshalb sind Vögel viel leichter als Säugetiere ähnlicher Größe. Der innere Aufbau des Flügels und des menschlichen Arms ähneln sich. Sie bestehen aus Oberarm-, zwei Unterarm- und den Handknochen. Die Fingerknochen sind zum Teil verwachsen.

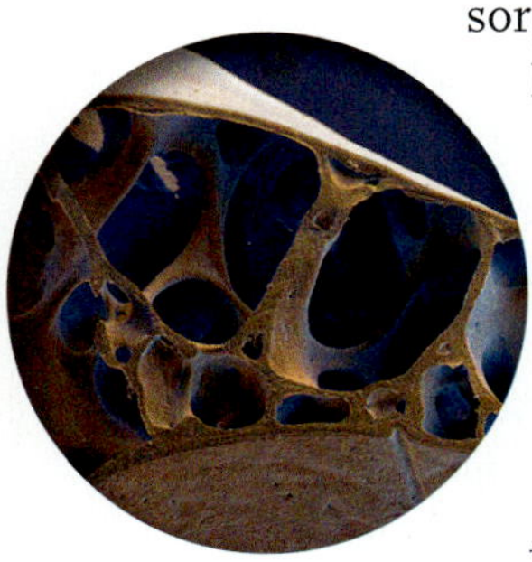

Nur Vögel haben Federn

Vögel sind außer am Schnabel und an den Füßen vollständig von Federn bedeckt. Kleine *Daunenfedern* umhüllen den Körper. Sie bilden ein Luftpolster, das vor Wärmeverlust schützt. Darüber bilden dachziegelartig angeordnete *Deckfedern* eine glatte Oberfläche.

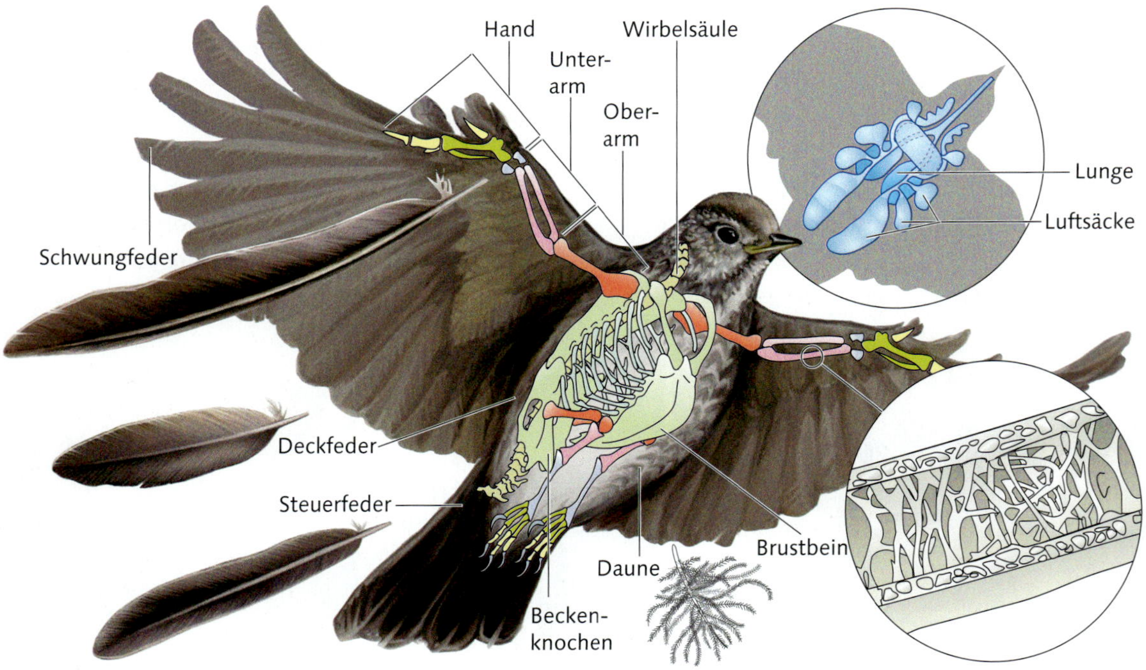

2 Flügel und Federn eines Vogels

3 Beim Einatmen (links) und beim Ausatmen (rechts) strömt sauerstoffreiche Luft durch die Lunge.

Mit den langen Schwanzfedern lenken die Vögel ihre Flugbahn und bremsen die Geschwindigkeit ab. Sie heißen daher *Steuerfedern*. An den Flügeln bilden die *Schwungfedern* die zum Fliegen notwendigen Tragflächen.

Ständige Bewegung, hoher Stoffwechsel

Kleine Vögel bewegen sich ständig. Dabei wird viel *Energie* umgesetzt. Deshalb benötigen Vögel nahrhafte Kost. Sie fressen häufig, aber kleine Portionen. Die Nahrung wird rasch verdaut. So bleibt das Körpergewicht gering.

Vögel haben ein besonderes Atmungssystem, das die Muskeln ausreichend mit Sauerstoff versorgt: Beim Einatmen und beim Ausatmen strömt sauerstoffreiche Luft durch die *Lunge*. Beim Einatmen fließt sauerstoffreiche Luft in die Lunge und in die hinteren *Luftsäcke*. Sauerstoffarme Luft gelangt von der Lunge in die vorderen Luftsäcke. Atmet der Vogel aus, entleeren sich die vorderen Luftsäcke. Gleichzeitig strömt »frische« Luft aus den hinteren Luftsäcken in die Lunge.

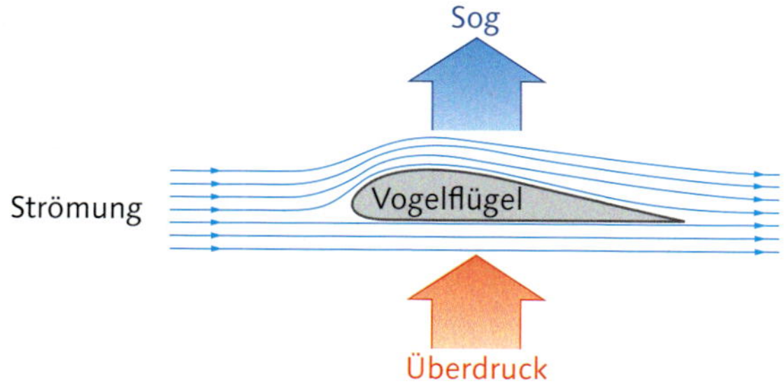

4 Luftströmungen am Flügel erzeugen Auftrieb

Fliegen – Arbeit gegen die Schwerkraft

Trotz der Leichtbauweise hält die Schwerkraft den Vogel am Boden. Um fliegen zu können, müssen Kräfte erzeugt werden, die entgegengesetzt zur Schwerkraft wirken. Solche Kräfte entstehen, wenn Luft über eine Fläche strömt. Je schneller der Luftstrom, umso stärker sind die Kräfte.

Der Vogelflügel bildet eine geschlossene Fläche aus Federn. Durch seine nach oben gewölbte Form muss die Luft auf der Oberseite sehr schnell fließen. Hier entsteht ein starker *Sog*. Auf der Unterseite des Flügels fließt die Luft langsamer, dadurch entsteht hier ein *Druck*. Der Sog auf der Oberseite und der Druck auf der Unterseite ergeben zusammen den *Auftrieb*, der den Vogel in die Luft hebt.

In Kürze

Der Körper der Vögel ist von Federn bedeckt. Er ist durch die dünnen, hohlen Knochen und die Luftsäcke sehr leicht. Diese ermöglichen zudem eine gute Sauerstoffversorgung, die aufgrund des hohen Stoffwechsels nötig ist. Durch Luftströmungen am Flügel entsteht der Auftrieb.

Aufgaben

1 Nenne zwei Aufgaben der Federn.
2 Vergleiche Vogel- und Säugetierknochen.
3 Nenne besondere Merkmale der Vögel, die das Fliegen ermöglichen oder erleichtern.

Flugformen

Der große Mäusebussard gleitet scheinbar schwerelos und ohne Bewegung durch die Lüfte. Der kleine Zaunkönig dagegen flattert mit schnellen, kurzen Flügelschlägen, ehe er im Gebüsch verschwindet. Vögel können sich auf sehr unterschiedliche Weise durch die Luft bewegen.

1 Mäusebussard im Gleitflug

Gleitflug:
Fliegen ohne Flügelbewegungen
Wenn ein Vogel von einem hohen Punkt aus starten kann oder sich schon in der Luft befindet, gleitet er ohne Flügelbewegungen dahin. Je nach Größe des Vogels und der Form der Flügel können mit dieser energiesparenden Art des Fliegens weite Strecken zurückgelegt werden. Bei diesem *Gleitflug* verlieren die Vögel aber stets an Höhe.

Segelflug: Gleitflug im Aufwind
Erwärmt die Sonne Äcker, Felsen oder Wiesen, so steigt erwärmte Luft in die Höhe. Solche Aufwärtsbewegungen der Luft werden als *Aufwinde* bezeichnet. Auch wenn der Wind von einem Berg nach oben gelenkt wird, entstehen Aufwinde. Gewinnen Vögel an diesen Orten auch ohne Flügelbewegungen an Höhe, so spricht man vom *Segelflug*.

Ruderflug:
Fortbewegung durch Muskelkraft
Beim *Ruder-* oder *Schlagflug* werden die Flügel mit Hilfe der kräftigen Brustmuskeln auf- und abgeschlagen. So fliegt ein Vogel, um vom Boden abzuheben und nach Gleitphasen wieder an Höhe zu gewinnen. Die Flügel werden mehrmals pro Sekunde auf und ab bewegt. Der Ruderflug ist sehr energieaufwendig.

Rüttelflug: auf der Stelle fliegen
Der Rüttelflug ist ein Ruderflug auf der Stelle. Durch heftiges Flügelschlagen und Aufstellen des Körpers »stehen« die Vögel in der Luft.

In Kürze
Vögel fliegen beim Gleit- und beim Segelflug ohne Flügelschlag. Das Schlagen mit den Flügeln beim Ruderflug erfordert Muskelkraft. Beim Rüttelflug steht der Vogel auf der Stelle.

Aufgaben

1 Begründe, warum die Brustmuskulatur der flugfähigen Vögel sehr stark ausgebildet ist.
2 Ein Greifvogel überfliegt zunächst einen Acker, überquert einen kleinen See und kreist anschließend über einem Berghang. Welche Flugtechnik setzt er jeweils ein? Begründe.

2 Ruderflug

Vogelfedern und Flügelform

A Eigenschaften von Federn

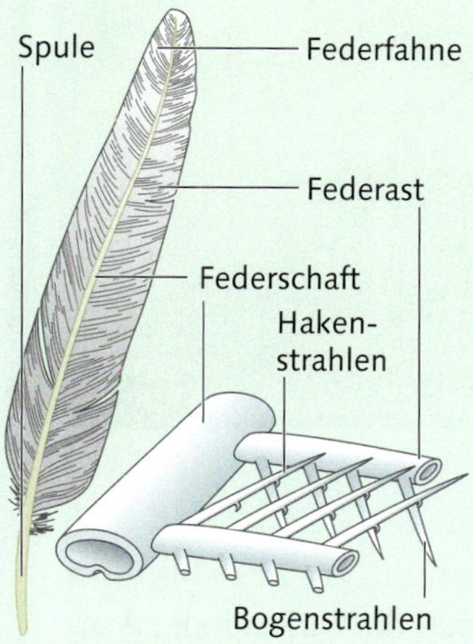

1 Aufbau einer Feder

Material Deck- oder Schwungfeder, Lupe, Kerze, Feuerzeug, Trinkhalm, Schreibzeug

Durchführung
- Fertige eine Übersichtsskizze der Feder an. Beschrifte deine Zeichnung mit Hilfe von Bild 1.
- Betrachte nun die Feder durch die Lupe. Welche Bestandteile sind erkennbar, welche nicht?
- Versuche eine brennende Kerze mit dem Trinkhalm auszupusten. Halte zwischen Blasrohr und Flamme eine Feder.

Achtung: Brandgefahr! Der Kerze mit der Feder nicht zu nahe kommen!

Auswertung
- Beschreibe das Ergebnis.
- Stelle die Bedeutung für den Vogelflug dar.

B Auftrieb

Material Blatt Papier DIN A5, Bleistift, Büroklammern

Durchführung
- Halte ein Blatt Papier wie in Bild 2 gezeigt. Puste über das Blatt hinweg.
- Wiederhole den Versuch mit eingehängten Büroklammern (wie in Bild 2). Notiere deine Beobachtungen. Wie viele Büroklammern kannst du an das Blatt hängen?

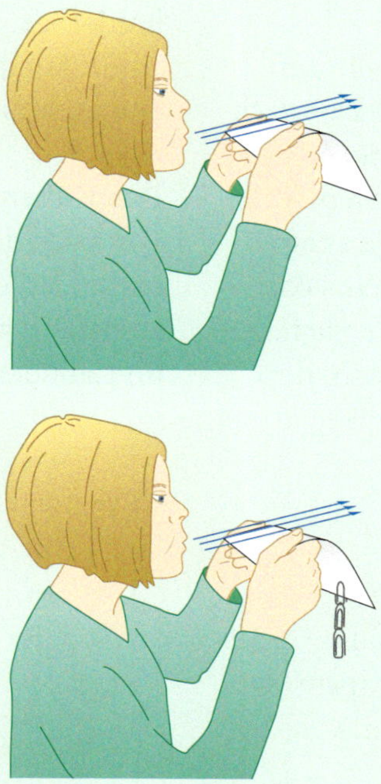

2 Versuch zum Auftrieb

Auswertung
- Vergleiche das Papierblatt mit einem Vogelflügel.
- Erkläre die Beobachtungen.

C Künstliche Flügel

3 Künstliche Flügel

Material feste Pappe, Holzleisten, Spanngurte, Stoppuhr

Durchführung
- Erstelle aus den Materialien künstliche Flügel.
- Schlage die künstlichen Flügel eine Minute lang möglichst häufig auf und ab. Ein Partner zählt deine Flügelschläge.

Auswertung
Vergleiche dein Ergebnis mit der Tabelle.

Vogelart	Flügelschläge pro Minute
Amsel	330
Taube	480
Haussperling	780
Storch	120

Wie sich Vögel fortpflanzen

Ein Hühnerküken ist geschlüpft. Kurze Zeit später ist sein Gefieder getrocknet und es läuft munter umher. Piepsend sucht es den Kontakt zu seiner Mutter. Die Entwicklung des Kükens begann aber schon viel früher.

Henne und Hahn paaren sich

Nach der Balz des Hahns duckt sich die Henne und breitet die Flügel aus. Während der *Begattung* sitzt der Hahn auf dem Rücken der Henne. Beide pressen die *Kloaken* aneinander. Die Kloake der Vögel dient der Ausscheidung, sie ist aber auch die Geschlechtsöffnung. Sie ist bei beiden Geschlechtern gleich gebaut. Durch die Begattung gelangen männliche Geschlechtszellen in den Eileiter der Weibchen und wandern in Richtung Eierstock.

Ein Ei entwickelt sich

Trifft eine männliche Geschlechtszelle auf eine befruchtungsfähige Eizelle, *verschmelzen* beide miteinander, die *Befruchtung* ist erfolgt. Sogleich bildet sich ein winziger heller Fleck auf dem Eidotter, die *Keimscheibe*. Aus ihr entwickelt sich der Embryo und daraus das Küken. Das befruchtete Ei, die *Dotterkugel*, wandert den Eileiter entlang. Nun wird der

1 Hühnerküken

Dotter mit Eiklar umhüllt. Im Endabschnitt des Eileiters bildet sich die Kalkschale. Am stumpfen Ende des Eies befindet sich immer eine Luftkammer. Sie dient zur Sauerstoffversorgung des heranwachsenden Kükens. Eier sind im Vergleich zum Körpergewicht der Vögel sehr schwer und deshalb beim Fliegen hinderlich. Da die Entwicklung des Eies nur einen Tag dauert, ist die Flugfähigkeit kaum eingeschränkt.

Das Küken wächst im Ei heran

Um nach dem Legen das ganze Ei gleichmäßig auf einer Temperatur von etwa 38 °C zu halten, wird es von der Henne bebrütet und mit dem Schnabel regelmäßig gewendet.

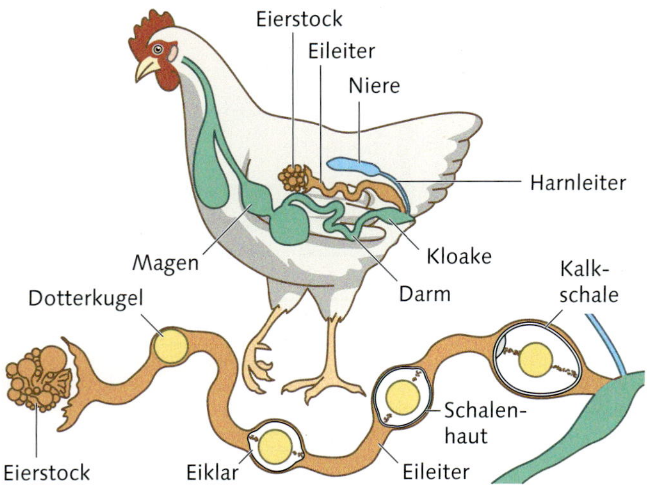

2 Unterschiedliche Entwicklungsstadien des Eies im Eileiter

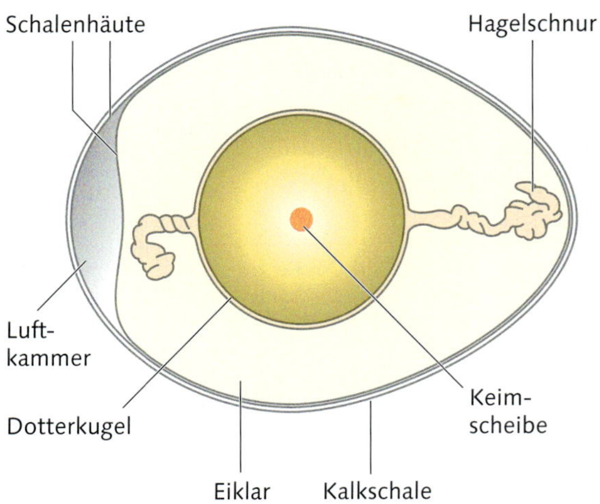

3 Aufbau eines Hühnereies

Exkurs Fortpflanzung
Betrachtet man ein herangewachsenes Küken, so erkennt man sowohl Ähnlichkeiten mit seiner Mutter als auch mit dem Vater. Einige Merkmale sind jedoch ganz einzigartig.

Bei der *geschlechtlichen Fortpflanzung* werden weibliche und männliche Geschlechtszellen gebildet. Nach deren Verschmelzung entwickeln sich Lebewesen, die sowohl Kennzeichen der Eltern als auch neue Eigenschaften besitzen. Werden dagegen keine Geschlechtszellen gebildet, spricht man von *ungeschlechtlicher Fortpflanzung*. Die Nachkommen entstehen aus nur einem Elternteil und sind mit diesem identisch. Ableger von Erdbeeren oder die Vermehrung bei Blattläusen aus unbefruchteten Eiern sind Beispiele für die ungeschlechtliche Fortpflanzung.

Durch die Fortpflanzung entsteht eine neue Generation von Lebewesen.

Die *Hagelschnüre* sorgen dafür, dass der *Embryo* stets oben an der wärmsten Stelle liegt. Eiklar und Eidotter versorgen ihn mit Nährstoffen. Durch die Eischale gelangt Sauerstoff in das Ei. Nach 21 Tagen ist die Entwicklung abgeschlossen und das Küken schlüpft. Die Kalkschale öffnet es mit dem *Eizahn,* einem winzigen Höcker auf dem Schnabel.

Vögel sorgen sich um ihren Nachwuchs

Vögel bauen Nester, in denen die Eier ausgebrütet werden. Sie betreiben *Brutpflege.* Manche Vogelküken verlassen bereits wenige Minuten nach dem Schlüpfen ihr Nest und suchen selbstständig Nahrung. Es sind *Nestflüchter.* Andere Vögel kommen nackt und hilflos auf die Welt. Als *Nesthocker* werden sie von den Eltern einige Zeit versorgt.

In Kürze
Nach der Begattung wird ein Ei befruchtet. Es entwickelt sich ein Embryo, der von Eidotter und Eiklar ernährt wird. Bis zum Schlüpfen wird das Ei bebrütet.

Aufgaben

1 Hühnereier sind im Vergleich zum Körpergewicht sehr schwer. Begründe, wie die Flugfähigkeit der Vögel trotzdem gewährleistet bleibt.

2 Stelle die Entwicklung von der Balz bis zum Schlüpfen des Kükens als Flussdiagramm nach folgendem Muster dar:

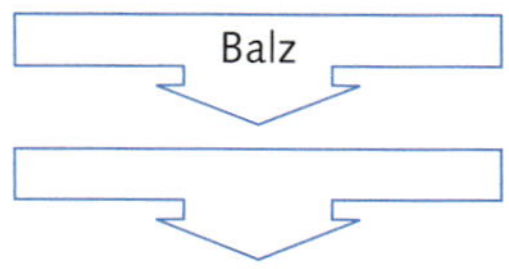

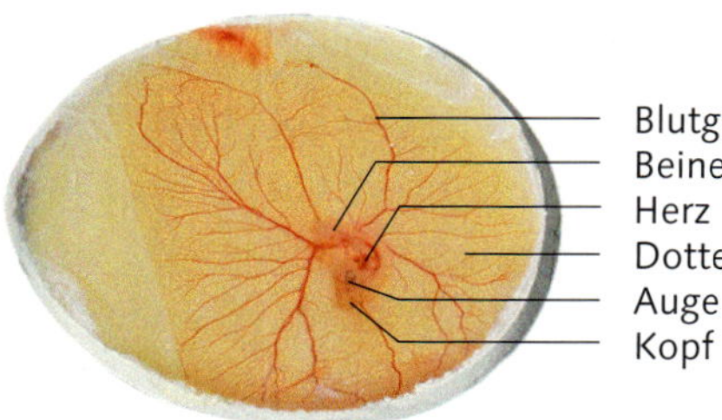

4. Bruttag

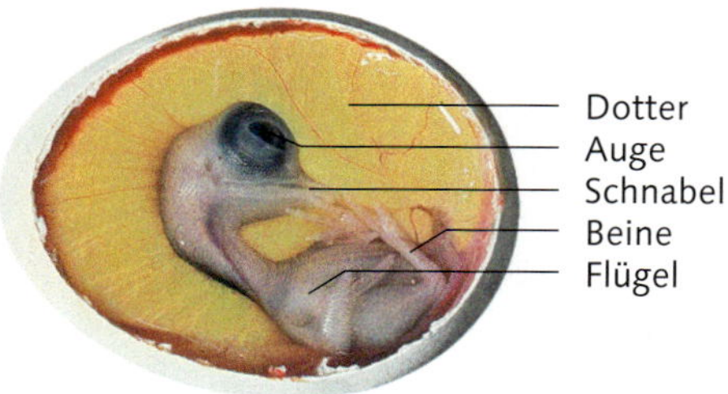

8. Bruttag

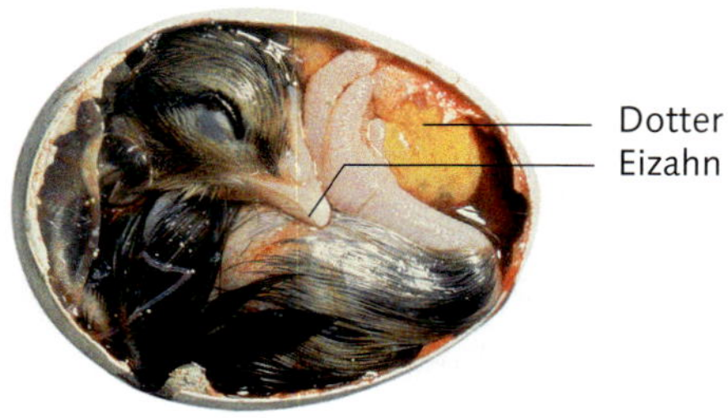

20. Bruttag

4 Entwicklung eines Kükens im Ei

Praktikum

Wir untersuchen ein Hühnerei

A Blick in ein Hühnerei

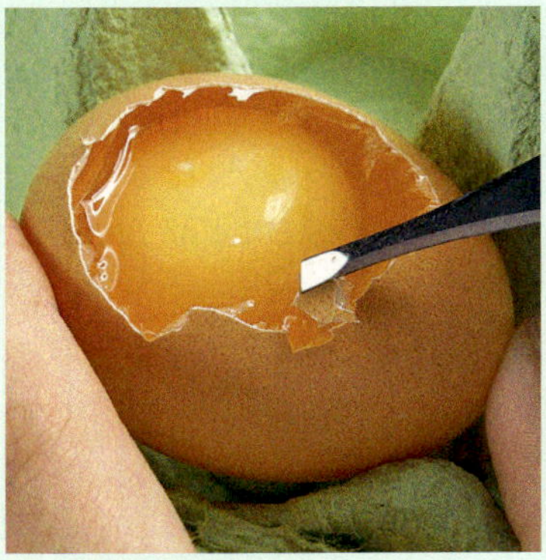

1 Geöffnetes Hühnerei

Material frisches Hühnerei, Pinzette, Stück von einer Eierschachtel

Durchführung Zerschneide die Eierschachtel in Stücke, sodass ein Ei darin gut Halt findet. Lege das Ei quer und beginne mit der Pinzette kleine Stücke der Schale herauszubrechen.

Auswertung Finde alle Bestandteile, die in der Zeichnung des Eis auf Seite 70 eingezeichnet sind.

B Ei ohne Schale

2 Wirkung von Essigessenz

Material frisches Hühnerei, Essigessenz

Durchführung Das Ei wird ein bis zwei Tage in Essigessenz eingelegt und anschließend mit Wasser gespült. Beschreibe das Ei.

Auswertung Drehe das Ei entlang der Längsachse und beobachte das Eigelb. Beschreibe deine Beobachtungen. Erläutere die Bedeutung für die Entwicklung des Kükens.

4 Frisch geschlüpftes Hühnerküken

C Stabilität der Eierschale

3 Versuch zur Stabilität der Eierschale

Material zwei hartgekochte Eier, Löffel, Klebeband, scharfes Messer, dünnes Brett, Gewichte, z. B. Bücher, Messschieber

Durchführung Klebe um die Eier in der Mitte einen Klebebandstreifen (damit sie beim Schneiden nicht brechen). Schneide mit dem Messer die Eier längs in zwei gleich große Teile. Entferne Eiweiß und Eigelb. Lege die vier Eierschalenhälften auf eine ebene Unterlage. Nun können vorsichtig Gewichte aufgestapelt werden, bis die Eierschalen brechen.

Auswertung

1 Wie viel Gewicht haben sie ausgehalten? Miss mit Hilfe eines Messschiebers die Wandstärke der Eierschalen.
2 Beurteile die Stabilität der Eierschalen im Verhältnis zu ihrer Dicke.

Vögel

1 Pinguin

2 Singdrossel

3 Strauß

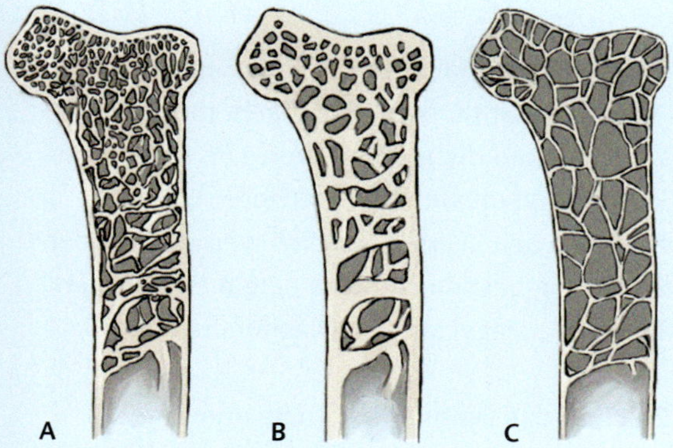

4 Oberschenkelknochen verschiedener Vögel

5 Brutpflege bei Pinguin, Singdrossel und Strauß

Pinguine und Strauße unterscheiden sich stark von der Singdrossel. Beide können nicht fliegen.

Pinguine besiedeln die südlichsten Küsten der Südhalbkugel, vor allem die Antarktis. Sie ernähren sich als geschickte Schwimmer und Taucher von Fischen.

Strauße leben in Afrika, in den heißen Regionen südlich der Sahara. Die großen Laufvögel können 70 km pro Stunde schnell spurten. Sie ernähren sich überwiegend von Pflanzen.

a Begründe, dass Singdrossel, Pinguin und Strauß Vögel sind, indem du drei typische Körpermerkmale der Vögel findest.

b Nenne Merkmale von Strauß und Pinguin, die sie vom normalen Körperbau der Vögel unterscheiden.

Die Bilder A bis C zeigen die Oberschenkelknochen eines Singvogels, eines Straußes und eines Pinguins.

c Ordne die Bilder den Vögeln zu und begründe deine Entscheidung.

Unsere einheimische Singdrossel legt 3 bis 6 Eier in ihr Nest. Beim Strauß finden sich 8 bis 12 Eier pro Nest. Das Weibchen des Kaiserpinguins legt nur ein Ei, das das Männchen mit Hilfe seines Schnabels auf die Füße hebt, wo er es in der Bauchfalte ausbrütet. Kaiserpinguine bauen keine Nester.

d Suche nach Gründen für die unterschiedliche Anzahl an Eiern bei den drei Vogelarten.

e Vergleiche die Nester von Singdrossel und Strauß. Begründe den Bauort.

Diagramme erstellen

Um herauszufinden, wie häufig bestimmte Vögel bei uns vorkommen, werden regelmäßig Zählungen durchgeführt. Dabei fallen viele Messwerte oder Messergebnisse an. Diese Zahlen werden *Daten* genannt. Mit Hilfe von *Diagrammen* kann man Daten veranschaulichen. So werden Zusammenhänge oder Entwicklungen deutlicher und verständlicher.

Um ein Diagramm zu erstellen, gehst du folgendermaßen vor:

1 Sammle Daten Ermittle die Messdaten gewissenhaft, so bekommst du genaue Ergebnisse. Protokolliere die Daten sorgfältig.

2 Ordne die Daten Ordne zusammengehörige Daten und übertrage sie in eine Tabelle. Dies kann schon beim Protokollieren geschehen.

Vogelart	Anzahl
Habicht	183 000
Sperber	393 000
Schwarzmilan	81 600
Seeadler	6 000

1 Tabelle: Anzahl von Brutpaaren der Greifvögel in Europa im Jahr 2006

3 Entscheide die Diagrammart Verwende ein *Säulendiagramm*, wenn du *Größen* miteinander *vergleichen* und *Unterschiede* zeigen möchtest. Wähle für bekannte oder gegebene Werte die waagerechte, für die gemessenen Werte die senkrechte Achse.

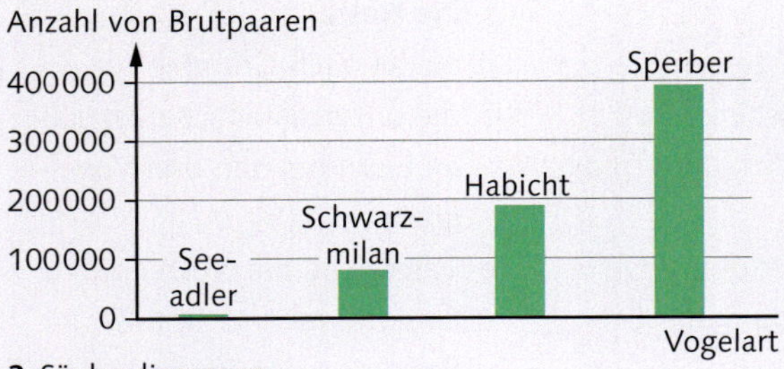

2 Säulendiagramm

Linien- oder *Kurvendiagramme* veranschaulichen die *Veränderung* eines Wertes. Die waagerechte Achse wird häufig als Zeitachse verwendet. So kannst du vor allem *Entwicklungen* oder *Verläufe* gut darstellen.

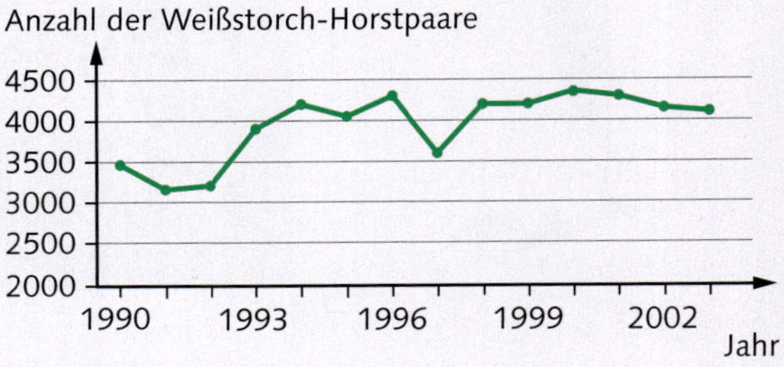

3 Liniendiagramm

4 Wähle einen Maßstab Bei der Einteilung der Achsen musst du berücksichtigen, dass die kleinsten und die größten Werte im Diagramm Platz finden müssen und die Unterschiede zwischen den Werten deutlich werden. Mit der Skalierung bestimmst du zu einem erheblichen Teil die Aussagekraft des Diagramms.

5 Zeichne das Diagramm Trage nun die Tabellenwerte in das Diagramm ein. Wenn du kariertes Papier oder Millimeterpapier verwendest, kannst du genauer arbeiten. Gestalte das Diagramm mit unterschiedlichen Farben für Linien oder Säulen. Dies dient der Übersichtlichkeit und der Eindeutigkeit.

6 Beschrifte das Diagramm Bei der Beschriftung der Achsen dürfen die Benennungen und die Einheiten nicht fehlen. Durch eine gut gewählte Überschrift weiß jeder sofort, was das Diagramm zeigt.

Aufgabe

1 Beobachte an deinem Wohnort oder auf dem Schulgelände Vögel unter verschiedenen Fragestellungen, zum Beispiel: Wie häufig kann ich eine Art in einer Stunde beobachten? Erstelle ein Diagramm zu den Ergebnissen deiner Beobachtungen.

Merkmale der Vögel

Skelett

Der Körper der Vögel wird von einer Wirbelsäule gestützt. Sie zählen daher zu den *Wirbeltieren*. Die vorderen Gliedmaßen dienen als *Flügel*, die hinteren als Beine. Vögel besitzen mit Luft gefüllte Röhrenknochen, die sehr *dünnwandig* sind. Im Vergleich zu anderen Wirbeltieren sind sie deshalb sehr leicht.

Körperbedeckung

Vögel besitzen eine gleichbleibend hohe *Körpertemperatur* von meist über 40 °C. Das *Federkleid* schützt den Körper vor Kälte und Hitze. Außerdem weist es Nässe ab und verleiht dem Körper eine strömungsgünstige Form. Federn bestehen aus Horn und werden von der Haut gebildet. Die Schwungfedern bilden die Tragfläche der Flügel.

Atmung

Vögel atmen durch die *Lungen*, die mit den *Luftsäcken* in Verbindung stehen. Dadurch sind sie besonders leistungsfähig, da das Tier sowohl beim Ein- als auch beim Ausatmen Sauerstoff aufnehmen kann.

Fortbewegung

Viele Körpermerkmale der Vögel sind auf das *Fliegen* ausgerichtet. Ihre Flügel dienen als Tragflächen. Hier erzeugen Strömungskräfte die *Auftriebskraft*, die die Vögel fliegen lässt. Einige Vögel sind flugunfähig.

Fortpflanzung und Entwicklung

Vögel haben eine *innere Befruchtung:* Die Eizelle wird im Eierstock des Weibchens von einem Spermium befruchtet. Im Körper der Mutter entwickelt sich ein Ei mit einem großen *Dottervorrat*, von dem sich der Embryo ernährt. Das Ei ist von einer festen *Kalkschale* umgeben. Die meisten Arten bauen zur Brutzeit ein Nest. Nach der Eiablage werden die Eier hier bebrütet, bis die Jungen schlüpfen. Vögel betreiben *Brutpflege*.

Vielfalt der Vögel

Zwischen den Vertretern der Vögel bestehen große Unterschiede. Die Flügel des winzigen Kolibris besitzen eine Spannweite von nur 7,5 Zentimetern, die des Albatros misst über 3 Meter. Unsere heimischen Singvögel zählen zu den Sperlingsvögeln. Dies ist die größte Gruppe der Vögel.

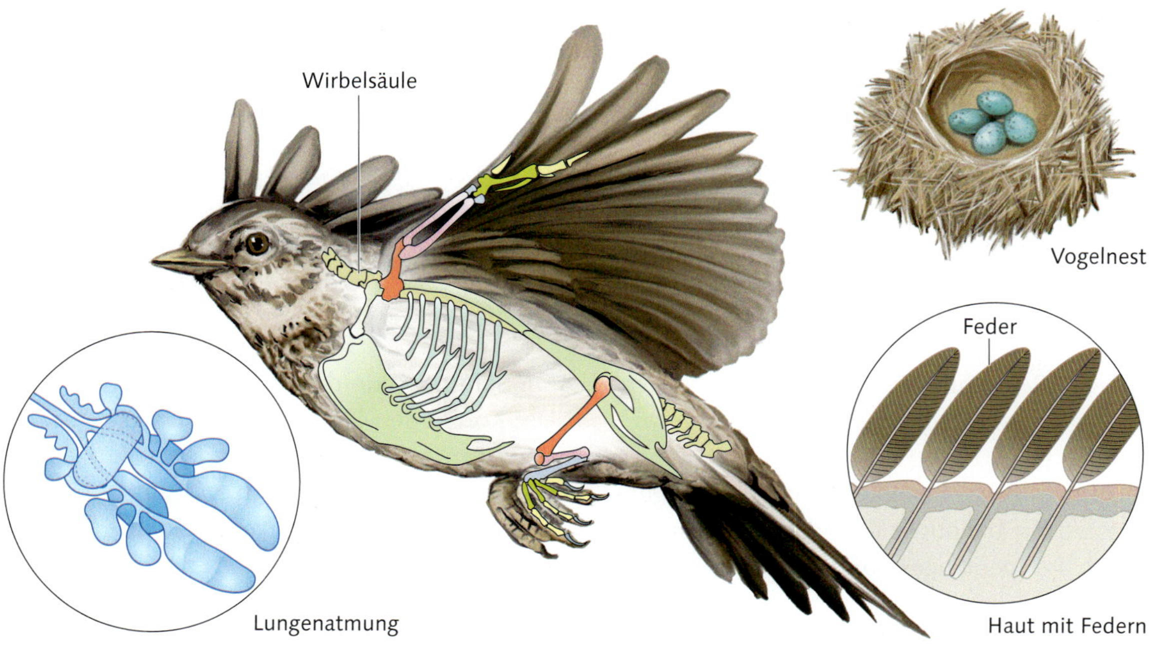

1 Merkmale der Vögel

Die Zauneidechse

Bei einem Ausflug huscht plötzlich etwas vor dir über den Weg. Mit etwas Glück kannst du die Zauneidechse sehen, bevor sie zwischen Steinen verschwindet.

Gut getarnt

Zauneidechsen leben an Wegrändern, auf trockenen Waldlichtungen, sonnigen Hängen und in Gärten mit Steinmauern. Die grün schillernden Männchen und unscheinbar graubraun gefärbten Weibchen können durch ihre *Tarnfärbung* kaum von der Umgebung unterschieden werden.

Fortbewegung und Körperbau

Die Beine der Zauneidechsen sitzen seitlich am Körper und können das Gewicht nicht vollständig tragen. Daher berührt der Bauch den Boden. Beim schnellen Lauf wird der Körper schlängelnd bewegt. Diese Art der Fortbewegung gab der ganzen Wirbeltierklasse, zu der auch die Zauneidechse gehört, den Namen: *Kriechtiere* oder *Reptilien*.

1 Zauneidechse

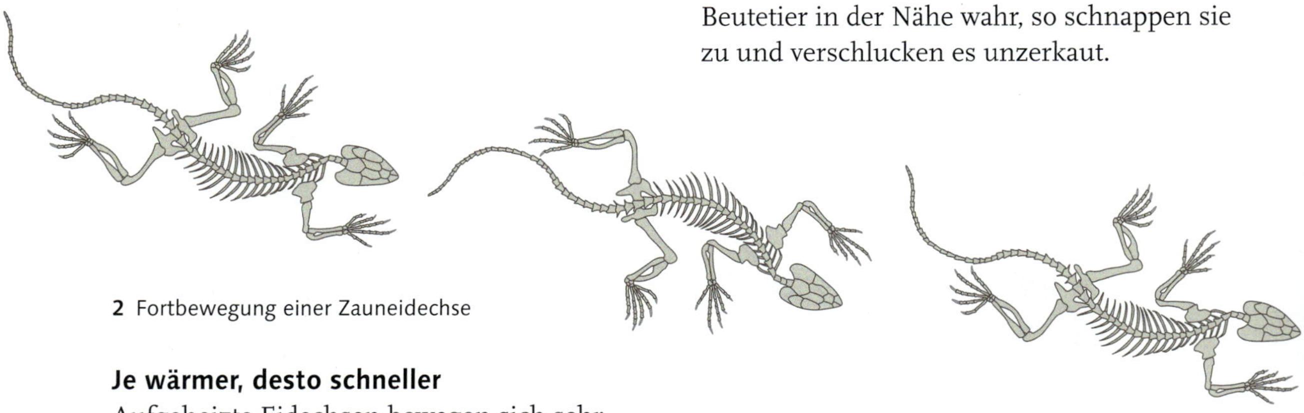

2 Fortbewegung einer Zauneidechse

Je wärmer, desto schneller

Aufgeheizte Eidechsen bewegen sich sehr schnell. Bei kühlen Temperaturen sind ihre Bewegungen jedoch langsam und schwerfällig.

Zauneidechsen erzeugen nur wenig Eigenwärme. Die benötigte Wärme erhalten sie durch stundenlanges Sonnenbaden. Dabei flachen sie ihren Körper ab, um möglichst viel Sonnenstrahlung aufzunehmen. Ihre Körpertemperatur steigt und sinkt mit der Umgebungstemperatur. Zauneidechsen sind *wechselwarme* Tiere.

Im Spätherbst ziehen sie sich in ein frostgeschütztes Erdloch oder eine Felsspalte zurück und fallen dort in die *Winterstarre*.

Fressen und gefressen werden

Zauneidechsen fressen Insekten, Spinnen, Würmer und Schnecken. Entweder erspähen sie die Beute mit ihren Augen oder sie »erzüngeln« ihre Nahrung. Durch Züngeln gelangen aufgenommene Duftstoffe ins Maul zum Riechorgan. Nehmen Eidechsen ein Beutetier in der Nähe wahr, so schnappen sie zu und verschlucken es unzerkaut.

Ein Schuppenkleid zum Wechseln

Der Körper der Zauneidechsen ist von Hornschuppen bedeckt. Sie schützen vor Austrocknung und Verletzungen. Das Schuppenkleid kann nicht mitwachsen, wenn die Eidechse größer wird. Daher bildet sich unter dem alten Schuppenkleid ein neues. Wird die alte Haut brüchig, streift die Zauneidechse sie an Steinen ab. Dies nennt man *Häutung*.

Fortpflanzung von Eidechsen

Im Frühling suchen sich die Weibchen einen Partner. Die Männchen verteidigen ihr Revier gegen andere Männchen oft in heftigen Kämpfen. Hinter dem Kopf verbissen, zerren sie sich hin und her, bis ein Gegner flüchtet. Wenn im Juni Männchen und Weibchen aufeinandertreffen, findet die Paarung statt. Das Weibchen gräbt in einem trockenen Versteck ein Erdloch, legt dort bis zu 17 Eier ab und verlässt das Gelege. Durch die Sonnenstrahlen, die den Boden erwärmen, werden die weichschaligen Eier ausgebrütet. Im August schlüpfen die Jungen. Sie sind sofort selbstständig.

Ablenkungsmanöver

Zu den Fressfeinden der Zauneidechsen gehören Greifvögel, Krähen, Igel, Marder und auch Katzen. Wenn sie von einem Fressfeind ergriffen werden, können sie einen Teil ihres Schwanzes abwerfen. Der zuckende Schwanz lenkt den Feind ab und die Eidechse kann meist entkommen. Er wächst einmalig wieder nach, ist jedoch kürzer.

4 Natursteinmauern bieten Eidechsen einen Lebensraum.

Eidechsen sind gefährdet

Zauneidechsen stehen unter Naturschutz. Durch die zunehmende Bebauung verringert sich ihr Lebensraum, sodass die Zahl der Zauneidechsen stetig sinkt. Durch Steinzäune und Natursteinmauern kann man im Garten neue Lebensräume schaffen und so dazu beitragen, Zauneidechsen vor dem Aussterben zu bewahren.

In Kürze

Zauneidechsen sind wechselwarme Kriechtiere. Kriechende Fortbewegung, Schuppenkleid, Häutung und Eiablage kennzeichnen sie als Reptilien. Die geschlüpften Jungtiere sind sofort selbstständig.

3 Zauneidechse mit nachgewachsenem Schwanz

Aufgaben

1. Erläutere, wie sich die Zauneidechse vor Fressfeinden schützt.
2. Beschreibe die Fortbewegung der Eidechse. Nimm Bild 2 zu Hilfe.
3. Begründe, weshalb das Eidechsenweibchen seine Eier nicht ausbrüten muss.

Die Ringelnatter

Beim Zelten am See schlängelt sich in deiner Nähe eine Schlange lautlos ins Wasser. Du siehst sie auf den Seerosenblättern und machst deine Freunde darauf aufmerksam.

1 Ringelnattern mögen die Nähe zu Gewässern.

Eindeutige Merkmale

Die Ringelnatter erkennt man an den deutlich sichtbaren gelblich weißen Flecken am Hinterkopf. Ihr Körper ist grau-braun gefärbt. Die Bauchseite ist weißlich gelb. Ringelnattern werden bis zu 150 Zentimeter lang.

Die Schlangenhaut ist von Hornschuppen bedeckt und schützt vor Austrocknung. Sie wächst nicht mit und wird während der *Häutung* im Ganzen abgestreift.

Fortbewegung ohne Beine

Schlangen sind Wirbeltiere und besitzen keine Gliedmaßen. Sie bewegen sich schlängelnd auf dem Boden fort. Ihre starke Bauchmuskulatur ermöglicht die wellenförmige Bewegung.

Lebensraum und Ernährung

Ringelnattern sind lungenatmende Landtiere und suchen gerne warme, sonnige Orte wie Heiden, lichte Wälder oder Moore auf. Sie bevorzugen Lurche als Nahrung.

2 Ringelnattern verschlingen auch große Beutetiere ganz.

Ringelnattern haben keine Giftzähne. Sie fallen ihre Beute an, halten sie mit den Zähnen fest und verschlingen sie im Ganzen.

Fortpflanzung und Entwicklung

Die Paarungszeit der Ringelnattern ist im Mai. Ringelnatterweibchen legen im Juli oder August 25 bis 30 weichschalige Eier in den Boden. Sie werden durch die Bodenwärme ausgebrütet.

Ringelnattern im Winter

Ende Herbst suchen Ringelnattern frostfreie Verstecke in Mäuselöchern oder Laubhaufen auf. Dort fallen die wechselwarmen Tiere in Winterstarre. Zum Frühling verlassen sie ihr Winterquartier.

In Kürze

Schlangen sind wechselwarme Kriechtiere ohne Gliedmaßen. Sie gehören zu den Wirbeltieren. Ihre Körperoberfläche ist mit schützenden Hornschuppen bedeckt. Regelmäßiges Häuten gehört zum Wachstumsprozess. Die Jungtiere entwickeln sich in weichschaligen Eiern.

Aufgabe

1 Informiere dich im Internet über die Kreuzotter und vergleiche sie mit der Ringelnatter.

Merkmale der Kriechtiere

Skelett
Kriechtiere besitzen eine Wirbelsäule, die verlängert ist und einen Schwanz bildet. Sie gehören zu den *Wirbeltieren*. Meist sind zwei Paar Gliedmaßen ausgebildet, die den Körper bei vielen Arten nicht tragen können. Bei Schlangen zum Beispiel fehlen sie ganz.

Körperbedeckung
Die Haut der Kriechtiere wird von Hornschuppen bedeckt. Sie schützen den Körper vor Austrocknung und Verletzungen. Da ihre Haut nicht mitwachsen kann, müssen sich Kriechtiere häuten. Die Häutung erfolgt nach jedem Wachstumsschub. Die Hornschuppen schützen aber nicht vor Wärmeverlust.

Kriechtiere sind wechselwarm und bevorzugen warme, sonnige Lebensräume. Ihre Körpertemperatur passt sich der Umgebungstemperatur an, weil der Schuppenpanzer die Wärme nicht speichert. Im Herbst verkriechen sie sich in frostsichere Verstecke, wo sie in Winterstarre fallen.

Atmung
Kriechtiere sind Lungenatmer und somit typische Landbewohner. Dennoch jagen einige unter Wasser nach Beute.

Fortbewegung
Die meisten Kriechtiere bewegen sich kriechend fort. Einige Kriechtiere bewegen sich schlängelnd. Ihre Gliedmaßen sind zurückgebildet oder fehlen vollständig.

Fortpflanzung und Entwicklung
Die Befruchtung erfolgt im Körperinnern. Die Entwicklung der Jungtiere findet in weichschaligen Eiern statt. Viele Kriechtiere legen ihre Eier im warmen Erdreich ab. Manche Reptilien sind lebendgebärend.

Vielfalt der Kriechtiere
Es gibt etwa 8000 Reptilienarten. Die Schildkröten fallen mit ihrer Panzerung auf. Außerdem zählen auch Krokodile, Schlangen und Echsen zu den Kriechtieren. Schlangen habe keine Gliedmaßen. Ihr Maul lässt sich zum Verschlingen der Beute stark erweitern.

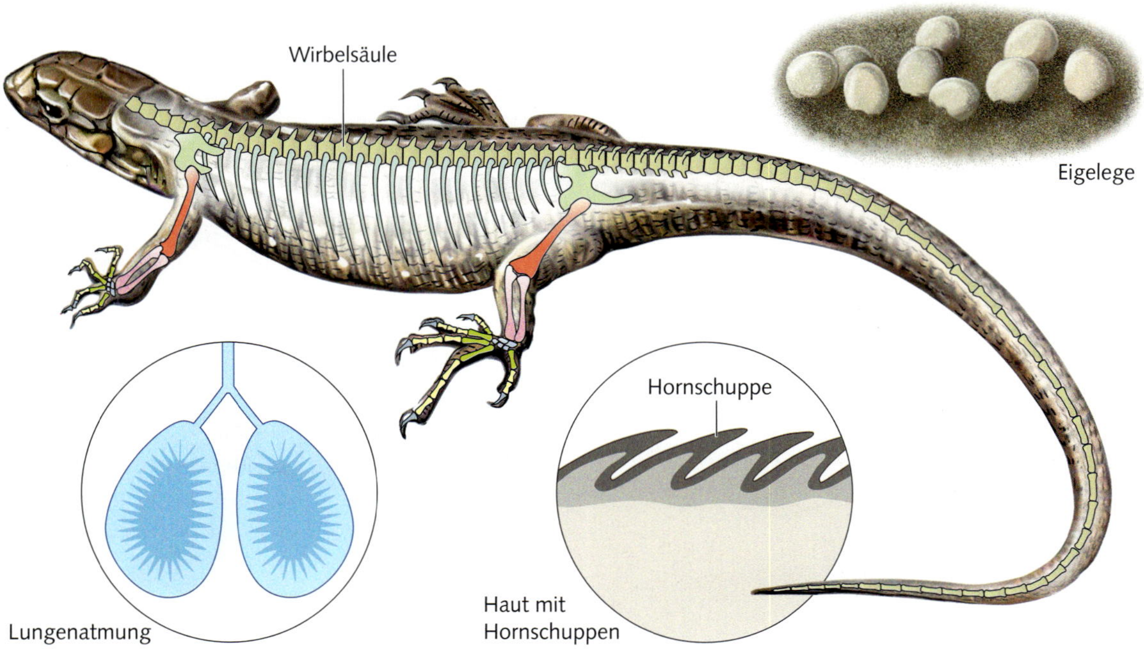

1 Merkmale der Kriechtiere

Der Teichfrosch

Du musst schon genau hinschauen, um ihn zu entdecken, den Teichfrosch. Regungslos sitzt er zwischen den Wasserpflanzen. Mit seiner grünen Körperfarbe und den dunklen Flecken ist er sehr gut getarnt. Langsam kommst du näher. Plötzlich springt er ins Wasser und taucht unter.

1 Teichfrosch

Leben im Wasser und auf dem Land

Der *Teichfrosch* ist wie alle Frösche in zwei Lebensräumen heimisch, auf dem Land und im Wasser. Kennzeichnend für ihn ist zudem, dass er sich im Wasser vom Ei über die Larve zum Frosch entwickelt. Solche Tiere nennt man *Amphibien* oder *Lurche*. Das Wort »Amphibien« kommt aus dem Griechischen und heißt frei übersetzt »in beiden lebend«.

Körperbau und Bewegung

Das Skelett kennzeichnet den Teichfrosch als Wirbeltier. Auffallend sind die sehr langen und muskulösen Hinterbeine. Sie machen ihn zu einem guten Springer auf dem Land und zu einem guten Schwimmer und Taucher im Wasser. Zwischen den langen Zehen der Hinterbeine sind Schwimmhäute. Beim Springen federn die vorgestreckten kurzen Vorderbeine bei der Landung den Sprung ab.

Atmen unter Wasser und an Land

Frösche können sehr lange tauchen, weil sie durch ihre dünne, stark durchblutete Haut den im Wasser gelösten Sauerstoff aufnehmen. Diese Atmung nennt man *Hautatmung*. An Land atmen sie zusätzlich mit ihren Lungen. Das Luftholen kann man als rasch pochende Bewegungen der Haut am Unterkiefer deutlich sehen. Das Maul ist dabei geschlossen. Beim Atmen saugen die Frösche über die Nasenlöcher Luft in die Mundhöhle und schlucken sie in ihre Lungen. Die *Lungenatmung* der Lurche nennt man daher auch »Schluckatmung«.

Frösche findet man nur dort, wo es feucht ist. Ihre dünne Haut würde sonst zu viel Feuchtigkeit verlieren. Sie sind *Feuchtlufttiere*.

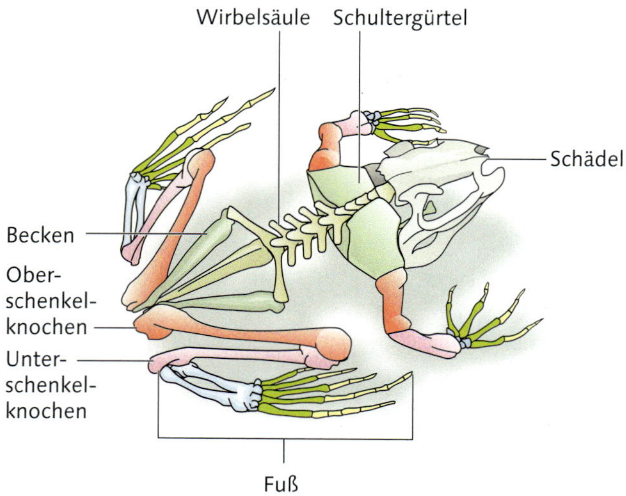

2 Skelett eines Frosches

3 Fortbewegung beim Frosch: Sprungphasen (oben), Schwimmbewegung (unten)

Der Teichfrosch ist ein Fleischfresser

Insekten, Schnecken und Würmer sind die Hauptnahrung des Teichfrosches. Allerdings muss sich seine Beute bewegen, sonst kann er sie nicht wahrnehmen. Befindet sie sich im richtigen Abstand von ihm, dann schleudert er blitzschnell seine lange, klebrige Zunge in Richtung Beute. Die Zunge ist vorne im Maul angewachsen. Wie mit einem Lasso zieht der Frosch die Beute zurück ins Maul und verschluckt sie unzerkaut.

4 Froschzunge beim Beutefang

Natürliche Feinde des Teichfrosches

Der Teichfrosch hat wie alle Lurche sehr viele natürliche Feinde. Bereits während seiner Entwicklung als Larve im Wasser wird er oft zur Beute von Insekten und Fischen. Auch auf die ausgewachsenen Frösche wartet eine Vielzahl von Feinden: Schlangen, Vögel und auch größere Säugetiere, wie der Fuchs, machen Jagd auf ihn. Aus 1000 Eiern entwickeln sich deshalb nur etwa zwei bis drei Tiere zu geschlechtsreifen Teichfröschen.

Wahrnehmen der Umwelt

Die großen, halbkugeligen Augen ragen deutlich aus dem Kopf hervor. Dadurch hat der Teichfrosch einen guten Rundumblick. Seine als *Trommelfell* bezeichneten Ohren erkennt man als zwei dunkle Flecken hinter den Augen. Mit ihnen kann er sehr gut hören, zum Beispiel das Summen einer Fliege, aber auch das Annähern eines Feindes. Mit dem feinen Tastsinn spürt er geringste Erschütterungen des Bodens und kann so meist rechtzeitig fliehen.

Teichfrösche im Winter

Frösche sind *wechselwarme Tiere*. Ihre Körpertemperatur ändert sich mit der Umgebungstemperatur. Die kalte Jahreszeit überstehen sie an frostfreien Stellen, meist in selbst gegrabenen Erdhöhlen. Hier überwintern sie in *Kältestarre*. Das Herz schlägt dann höchstens zweimal in der Minute. Jetzt atmen die Tiere nur noch über die Haut.

In Kürze

Der Teichfrosch gehört zu den Amphibien. Man nennt sie auch Lurche. Das sind Lebewesen, die an zwei Lebensräume angepasst sind. Sie gehören zu den Wirbeltieren. Lurche haben eine Haut- und eine Lungenatmung. Sie sind Feuchtlufttiere. Ihre Umwelt nehmen sie mit Hilfe der Augen und Ohren wahr.

Aufgaben

1 Der Teichfrosch gehört zu den Amphibien. Zähle auf, was man damit über ihn aussagen kann.
2 Beschreibe, wie sich der Teichfrosch vor seinen Feinden schützt.
3 Begründe, weshalb Frösche bei dauernd geöffnetem Maul an Land ersticken würden. *Hinweis:* Versuche mit geöffnetem Mund zu schlucken.

Fortpflanzung der Lurche

Es ist eine der ersten milden Nächte im Frühjahr. Plötzlich hören wir leises Rascheln im Laub. Im Licht einer Taschenlampe erkennen wir die Ursache: Um uns kriechen zahlreiche Erdkröten in dieselbe Richtung über den Weg. Welches Ziel haben sie wohl?

Die Krötenwanderung

Wenn im März die Nächte milder werden, verlassen die Erdkröten ihr *Winterquartier,* das sind Erdhöhlen oder andere frostsichere Stellen. Sie wandern meist zu dem Teich, in dem sie »geboren« wurden. Die Männchen locken mit ihren Rufen Weibchen an. Begegnen sie sich, springen die Männchen auf den Rücken der Weibchen. In dieser Huckepackstellung wandern sie zum Laichgewässer. Hier pressen die Weibchen die in *Laichschnüren* verpackten Eier aus. Die Männchen auf ihrem Rücken besamen sie sogleich. Es kommt zu einer *äußeren Befruchtung.* Erst danach lösen sich die Tiere voneinander und wandern in ihr *Sommerquartier.* Das sind Felder und feuchte Wiesen.

2 Die Entwicklung vom Laich zur Kröte: A Laichschnüre; B Kaulquappe; C Kaulquappe mit Hinterbeinen; D Jungkröte

1 Hier ist es nicht nur für Kröten gefährlich!

Vom Laich zum Lurch

Lurche legen ihren Laich in Teichen oder anderen Gewässern ab. Aus den befruchteten Eiern schlüpfen kleine, fischähnliche Lebewesen. Mit Lurchen haben diese noch keine Ähnlichkeit. Deshalb bezeichnet man sie als *Larven.* Die Froschlarven nennt man *Kaulquappen.* Sie haben einen langen Ruderschwanz und atmen mit Kiemen, die zu beiden Seiten außen am Kopf hängen. Nach etwa drei Wochen entwickeln sich die Hinterbeine, wenig später auch die Vorderbeine. Nachdem sich der Ruderschwanz zurückgebildet hat, sehen die Kaulquappen ähnlich wie kleine Frösche aus. Jetzt entwickeln sich auch die Lungen. Erst wenn diese voll ausgebildet sind, verlassen die kleinen Fröschchen das Wasser. Die Entwicklung, in der Lurche ihre Gestalt verändern, nennt man *Verwandlung* oder *Metamorphose.*

In Kürze

Erdkröten legen ihre Eier in Laichschnüren im Wasser ab. Aus den befruchteten Eiern schlüpfen Kaulquappen. In einer mehrmonatigen Metamorphose entwickeln sich diese Larven allmählich zu kleinen Fröschen.

Aufgaben

1 Beschreibe mit Hilfe von Bild 2 die Entwicklung der Erdkröte.

2 Erläutere, weshalb man Kaulquappen als Larven, aber nicht als »Fröschchen« bezeichnet.

3 Fische und die meisten Lurche haben eine äußere Befruchtung. Erkläre.

Vielfalt der Lurche

In Deutschland kommen 20 verschiedene Lurcharten vor. Allen gemeinsam ist, dass sie Wirbeltiere sind, in zwei unterschiedlichen Lebensräumen leben und hauptsächlich durch die Haut, aber auch mit Lungen atmen. Insgesamt unterscheidet man zwischen den schwanzlosen *Froschlurchen* und den *Schwanzlurchen*. Zu den Froschlurchen gehören *Frösche, Kröten* und *Unken*. Frösche haben eine glatte, Kröten und Unken eine warzige Haut. Die Körperunterseite der Unken ist zudem auffällig gefärbt.

Schwanzlurche haben einen lang gestreckten Körper. Die vier Gliedmaßen sind gleich lang. Zu ihnen gehören die *Molche*. Sie leben im Gegensatz zu den *Salamandern* hauptsächlich im Wasser. Der Schwanz der Molche ist seitlich abgeflacht.

1 Lebensraum der Lurche

Aufgaben

1 Stelle Vermutungen darüber an, weshalb der Feuersalamander so auffallend gefärbt ist.

2 Erstelle einen Steckbrief für einen weiteren Lurch deiner Wahl.

3 Das Männchen der Geburtshelferkröte betreibt Brutpflege. Erläutere, was das heißt.

Laubfrosch
etwa 5 cm groß

Aussehen *Rücken grün bis bräunlich, dunkler Seitenstreifen, heller Bauch, Haftscheiben an Fingern und Zehen*

Lebensweise *tagaktiv, lebt in Sträuchern, überwintert meist unter Steinen*

Feuersalamander
bis 25 cm lang

Aussehen *Körper schwarz-gelb gefleckt, Haut enthält Giftdrüsen*

Lebensweise *besonders bei Regen aktiv, lebt gesellig in der Nähe eines Gewässers, nachtaktiv, Weibchen legt geschlüpfte Larven ins Wasser, überwintert an Land*

Geburtshelferkröte
bis 5 cm groß

Aussehen *Körper grau mit schwarzen Punkten*

Lebensweise *nachtaktiv, das Männchen trägt den Laich am Rücken, die schlüpfenden Larven werden ins Wasser abgesetzt*

Bergmolch
8 bis 10 cm lang

Aussehen *oranger Bauch, Rücken beim Weibchen bräunlich, beim Männchen blau mit dunklen Flecken*

Lebensweise *lebt dauernd im Gewässer, überwintert meist im Schlamm*

Methode

Vergleichen und Ordnen

Vergleichen und Ordnen sind zwei wichtige Arbeitsweisen in der Biologie. Mit ihrer Hilfe können Biologen herausfinden, dass zum Beispiel zwei so unterschiedlich aussehende Tiere wie der Teichfrosch und der Feuersalamander zu den Lurchen gehören. Um wie ein Biologe zu vergleichen und zu ordnen, solltest du nach den folgenden Schritten vorgehen:

1 Vergleichen nach bestimmten Kriterien
Überlege dir vorher genau, was du miteinander vergleichen willst. Beschränke dich dabei auf ein bestimmtes Kriterium. Vergleiche alle Tiere nach demselben Kriterium: nur ihren Körperbau, nur das Aussehen, nur die Entwicklung oder nur ihr Verhalten.

2 Festhalten der Ergebnisse des Vergleichs
Die Ergebnisse kannst du in Form einer Tabelle festhalten. Versuche möglichst genau und kurz zu beschreiben. Du kannst auch Skizzen, Zeichnungen oder Fotos anfertigen.

3 Auswerten der Ergebnisse Frage dich nun, welche Gemeinsamkeiten und welche Unterschiede du durch Vergleichen feststellen konntest. Markiere sie mit zwei unterschiedlichen Farben.

4 Ordnen der Auswertungsergebnisse Stelle jetzt mit Hilfe der farbigen Markierungen alle Gemeinsamkeiten den Unterschieden in einer neuen Tabelle oder Liste gegenüber. Du kannst auf der Seite der Unterschiede weiter ordnen.

Aufgaben

1 Benenne die unten dargestellten und beschriebenen Tiere, die du bereits kennst.
2 Nenne Gemeinsamkeiten, die diese Tiere als Lurche kennzeichnen.
3 Überlege, nach welchen Kennzeichen man diese Tiere miteinander vergleichen kann.
4 Versuche nun die unten abgebildeten Lurche in vier Gruppen zu ordnen: Frösche – Kröten – Salamander – Molche.

1 Lurche gehören unterschiedlichen Gruppen an.

Lurche sind bedroht

In Deutschland sind alle Lurche besonders geschützt. Weder die Tiere selbst noch den Laich oder die Larven darf man aus ihrem Lebensraum entnehmen. Dennoch geht der Bestand an Amphibien drastisch zurück. Über die Hälfte der bei uns vorkommenden Lurcharten ist vom Aussterben bedroht. Dazu gehört auch der Moorfrosch.

Vom Menschen verursacht

Wegen ihrer dünnen, empfindlichen Haut und aufgrund ihrer wandernden Lebensweise zwischen Gewässer und Land, aber auch wegen ihrer vielen natürlichen Feinde sind die Lurche von Natur aus stark gefährdet. Die größte Gefahr geht aber vom Menschen aus. Er zerstört ihre Lebensräume oder durchschneidet sie durch Straßen. Viele Lurche werden auf ihren Laichwanderungen ein Opfer des Straßenverkehrs. Durch die Kanalisierung von Flüssen verschwindet die Flussaue mit ihren Altwasserarmen. Um neues Bauland zu gewinnen, werden Feuchtgebiete trockengelegt und Tümpel zugeschüttet. Durch den Einsatz von Unkraut- und Schädlingsbekämpfungsmitteln sind die Tiere zusätzlich bedroht. Viele Lurche vertrocknen unentdeckt in Kellerschächten, in die sie gefallen sind.

2 Menschengemachte Bedrohungen der Lurche

1 Moorfrosch

In Kürze

Die Lurche sind die bei uns am stärksten bedrohte Tiergruppe. Hauptverursacher ist der Mensch, der durch Eingriffe in die Umwelt die Lebensräume der Lurche verändert oder zerstört. Alle heimischen Lurche sind besonders geschützt.

Aufgaben

1 Beschreibe mit Hilfe der Bilder, wie der Mensch den Fortbestand der Lurche gefährdet.

2 Informiere dich zum Beispiel im Internet über die Rote Liste, welche Lurcharten bei uns vom Aussterben bedroht sind.

3 Lurche dienen vielen Tieren als Nahrung. Erläutere, welche Folgen das im Hinblick auf das Amphibiensterben hat.

Exkurs Eine rätselhafte Pilzerkrankung

Seit 1998 kann man weltweit ein massenhaftes Amphibiensterben beobachten. Australien und Südamerika sind besonders stark betroffen. Die Wissenschaftler befürchten, dass von den etwa 6500 Amphibienarten bald mehr als 4000 Arten ausgestorben sein werden. Verursacher ist ein Pilz, der die Haut der Lurche befällt. Neben der Atmung wird dadurch insbesondere die Wasseraufnahme so stark gestört, dass die Tiere sterben. Vermutlich begünstigt der Klimawandel die Ausbreitung des Pilzes. Inzwischen treten auch in Deutschland derartige Pilzerkrankungen bei den Lurchen auf. Für Menschen ist der Pilz ungefährlich.

Hilfe für Lurche

A Auffinden möglicher Gefahrenstellen

Material Landkarte des Heimatraumes im Maßstab 1:25 000, Schreibmaterial, Fotoapparat

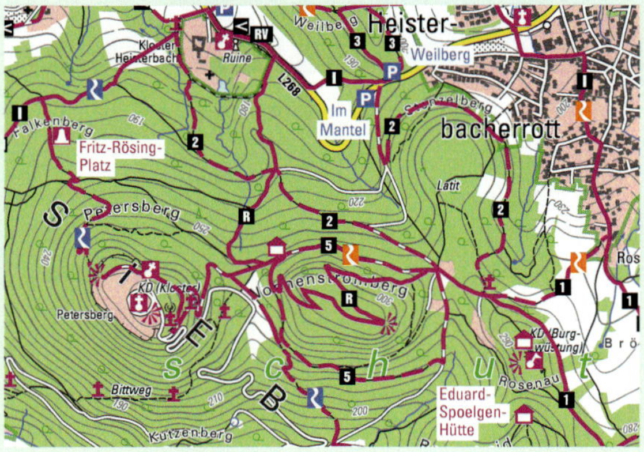

1 Umgebungskarte

Durchführung Die folgenden Arbeiten sollten bis spätestens Anfang März abgeschlossen sein.

- Sucht auf der Karte mögliche Laichgewässer für Lurche.
- Achtet auf die Nähe von Sommer- und Winterquartier.
- Markiert die Stellen, an denen die Lurche auf ihrem Weg zum Laichgewässer Straßen überqueren müssen.

Auswertung

1 Nehmt Kontakt mit einer örtlichen Naturschutzgruppe auf. Hier sind alle Laichgebiete der Umgebung bekannt.
2 Vergleicht, ob eure markierten Stellen mit denen von der Naturschutzgruppe übereinstimmen.
3 Wählt eines dieser Gebiete aus und schaut es euch vor Ort an.
4 Überprüft, ob es durch einen Krötenschutzzaun gesichert ist. Zeichnet eine Lageskizze des Gebietes. Macht Fotos von der Umgebung.

B Rettungsaktion am Krötenschutzzaun

Material Gummihandschuhe, Plastikeimer, Warnwesten, helle Kleidung, Warndreiecke, Bestimmungsbücher, Schreibmaterial

Durchführung

- Besprecht mit dem Betreuer des Zaunes, wann genau im Frühjahr ihr die Rettungsaktion durchführen könnt.
- Sichert den Straßenabschnitt, an dem ihr sammeln wollt, durch Warndreiecke.
- Sucht den Zaun sorgfältig nach Lurchen ab.
- Ermittelt mit Hilfe der Bestimmungsbücher, welche Lurche ihr gefunden habt.
- Tragt in eine Zählliste ein, wie viele Tiere ihr von jeder Lurchart gefunden habt.
- Setzt die gezählten Tiere wieder in die Eimer und tragt sie über die Straße. Lasst sie dort frei.

Erdkröte	Teichfrosch	Teichmolch	Kammmolch
卌 卌 卌 卌 卌 …	卌 卌 II	IIII	I
73	12	4	1

2 Schüler beim Krötenzählen und ihre Zählliste

Auswertung

1 Ermittelt das Gesamtergebnis der Aktion.
2 Informiert die Naturschutzgruppe über die Ergebnisse der Rettungsaktion.
3 Gestaltet eine Ausstellung über eure Aktion am Krötenschutzzaun. Vielleicht schreibt ihr auch einen kurzen Bericht für die Schülerzeitung und für die örtliche Presse.

Merkmale der Lurche

Skelett

Lurche sind *Wirbeltiere.* Die Wirbelsäule läuft bei den *Schwanzlurchen* in einem langen Schwanz aus. *Froschlurche* haben keinen Schwanz.

Schwanzlurche haben vier gleich lange Beine, bei den Froschlurchen sind die Hinterbeine länger als die Vorderbeine.

Körperbedeckung

Die dünne Haut ist nackt und gut durchblutet. *Schleimdrüsen* halten sie ständig feucht. Lurche findet man nur in feuchter Umgebung, da sonst ihre Haut austrocknen würde. Sie sind *Feuchtlufttiere.*

Als *wechselwarme* Tiere verbringen Lurche den Winter in frostsicheren Winterquartieren, zum Beispiel in Erdhöhlen.

Atmung

Im Wasser atmen Lurche durch die *Haut.* Deshalb können sie sehr lange tauchen. An Land nehmen sie den Sauerstoff über die *Lungen* auf. Während der *Kältestarre* im Winter atmen sie nur durch die Haut.

Fortbewegung

Froschlurche bewegen sich an Land meist langsam und schwerfällig, oft aber mit weiten Sprüngen fort. Im Wasser stoßen sie die Hinterbeine kräftig nach hinten. Schwanzlurche kriechen an Land langsam schlängelnd vorwärts. Im Wasser dient ihr Schwanz als Ruder.

Fortpflanzung und Entwicklung

Lurche entwickeln sich im Wasser. Aus den befruchteten Eiern schlüpfen kleine *Larven,* die *Kaulquappen.* Sie atmen mit Kiemen und haben einen Ruderschwanz. Im Laufe ihrer Entwicklung verändern die Larven ihr Aussehen. Diese Umgestaltung nennt man *Metamorphose.* Die Jungen der meisten Lurche verlassen das Wasser und wandern in ihr *Sommerquartier.*

Vielfalt

Es gibt etwa 6500 verschiedene Lurcharten. Ihre Größe reicht von wenigen Millimetern bei tropischen Fröschen bis zu zwei Metern bei Riesensalamandern.

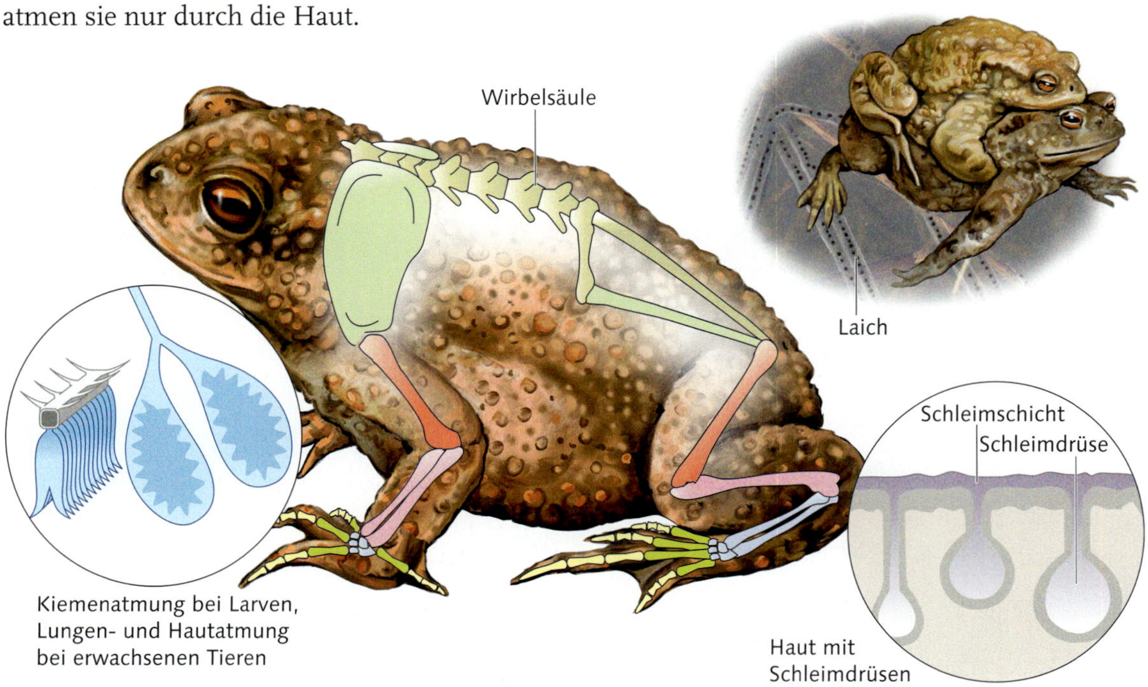

1 Merkmale der Lurche

Die Bachforelle

Scheinbar reglos »steht« die Bachforelle im Wasser des Baches. Bei genauem Hinsehen erkennt man aber, dass sich die Flossen leicht bewegen. Die Bachforelle schwimmt gegen die starke Strömung an. Mit einem kräftigen Schlag der Schwanzflosse ist sie blitzschnell verschwunden.

Leben in schnell fließendem Wasser
Bachforellen leben in Gebirgsbächen. Das schnell fließende Wasser umströmt sprudelnd die Steine, wobei es aus der Luft Sauerstoff aufnimmt. Nur wo das Wasser kalt, sauber und sauerstoffreich ist, leben Bachforellen.

Der Körperbau der Bachforelle
Der lang gestreckte, spindelförmige Körper ist seitlich abgeflacht. Diese Form bietet dem Wasser wenig Widerstand. Mit Ausnahme der Flossen ist der gesamte Körper schützend von knöchernen Schuppen bedeckt. Sie überlappen sich wie die Ziegel eines Daches. Darüber liegt eine zähe Schleimschicht, die den Körper noch besser durch das Wasser gleiten lässt.

Farbveränderungen
Bachforellen passen die Farbe ihres Körpers dem Untergrund an. Dabei verändert sich die Zahl der roten und schwarzen Punkte und die Größe der dunklen Flecken auf ihrem Körper. Je nach Untergrund werden die Tiere heller oder dunkler.

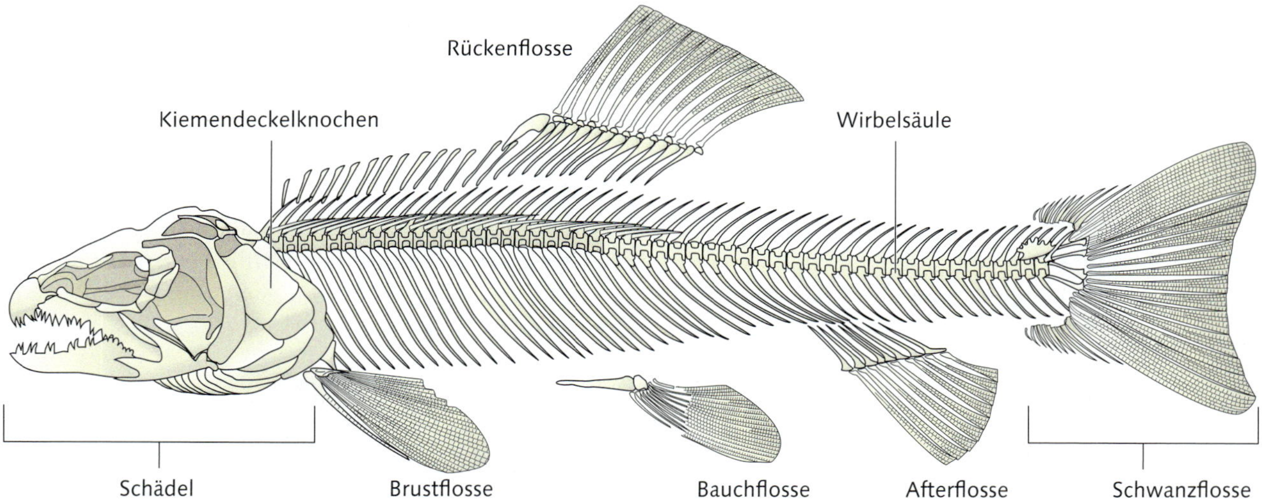

1 Skelett der Bachforelle

2 Bachforelle

Fortbewegung durch Flossen

Ein kennzeichnendes Merkmal für alle Fische sind ihre *Flossen*. Bei der Bachforelle bestehen sie aus langen, dünnen Knochen, die durch eine Haut miteinander verbunden sind.

Durch Hin- und Herschlagen der Schwanzflosse schwimmt die Forelle schlängelnd durch das Wasser. Je zwei Brust- und Bauchflossen dienen zum Steuern. Rücken- und Afterflosse halten den Fisch im Gleichgewicht.

Die Bachforelle ist ein Raubfisch

Die Bachforelle jagt kleinere Tiere, zum Beispiel Insekten, kleinere Fische und Molche. Sie schnappt aber auch nach Insekten, die knapp über der Wasseroberfläche fliegen.

Die Fortpflanzung der Bachforelle

Mit ihrer Schwanzflosse schlägt das Forellenweibchen eine flache Grube in den Boden des Bachbettes. Hier legt es bis zu 1000 Eier, den *Laich,* ab. Das Männchen gibt eine milchige Flüssigkeit darüber, die die männlichen Geschlechtszellen enthält. Das Verschmelzen von Eizelle und männlicher Geschlechtszelle nennt man *Befruchtung.* Aus den befruchteten Eiern schlüpfen die *Larven.* Sie ernähren sich anfangs von ihrem Dottersack.

Erkennen der Umwelt

Mit den nach außen vortretenden Augen haben Forellen einen guten »Rundumblick«. Auch der Geruchs- und Geschmackssinn sowie das Gehör sind gut entwickelt. An jeder Seite des Fischkörpers kann man eine dünne Linie erkennen, das *Seitenlinienorgan.* Dieses besteht aus winzig kleinen Löchern. Sie münden in einen Kanal dicht unter der Haut. Dort liegen Sinneszellen. Mit ihnen nimmt die Forelle einen sich nähernden Fisch wahr: Der sich nähernde Fisch schiebt Wasserwellen vor sich her. Diese dringen durch die Löcher in das Seitenlinienorgan der Forelle ein und reizen dort die Sinneszellen.

In Kürze

Bachforellen leben in sauberen Gewässern. Ihr spindelförmiger Körper bietet der Strömung wenig Widerstand. Mit dem Seitenlinienorgan orientieren sie sich im Wasser. Aus den befruchteten Eiern schlüpfen die kleinen Larven.

Aufgaben

1 Forellen leben unter Wasser. Dennoch erbeuten sie auch Fliegen und Schmetterlinge. Erkläre.

2 Erläutere, weshalb Forellen auch im Dunkeln jedem Hindernis rechtzeitig ausweichen können.

3 Begründe, weshalb man bei Forellen von einer »äußeren Befruchtung« spricht.

4 Forellen zeigen die Wassergüte an. Erkläre.

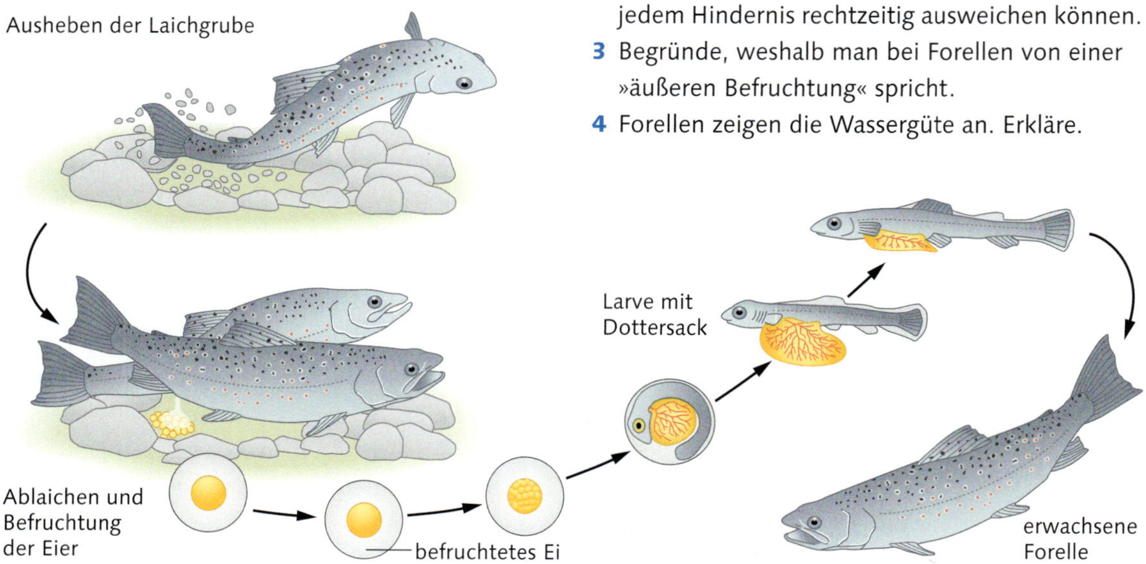

3 Fortpflanzung und Entwicklung der Bachforelle

Fische sind an das Leben im Wasser angepasst

Wie wir Menschen, so brauchen auch die Fische Sauerstoff zum Leben. Mit speziellen Organen, den *Kiemen,* können sie diesen Sauerstoff unter Wasser aufnehmen.

Atmen unter Wasser

Die Kiemen liegen seitlich hinter dem Kopf, geschützt unter den harten Kiemendeckeln. Auf jeder Seite sind vier *Kiemenbögen* mit den stark durchbluteten *Kiemenblättchen*. Öffnet ein Fisch sein Maul, fließt frisches Wasser zu den Kiemenblättchen. Dort tritt der im Wasser gelöste Sauerstoff ins Blut über. Das im Blut enthaltene Kohlenstoffdioxid wird zugleich an das vorbeiströmende Wasser abgegeben. Diesen Vorgang nennt man *Atmung* oder *Gasaustausch*.

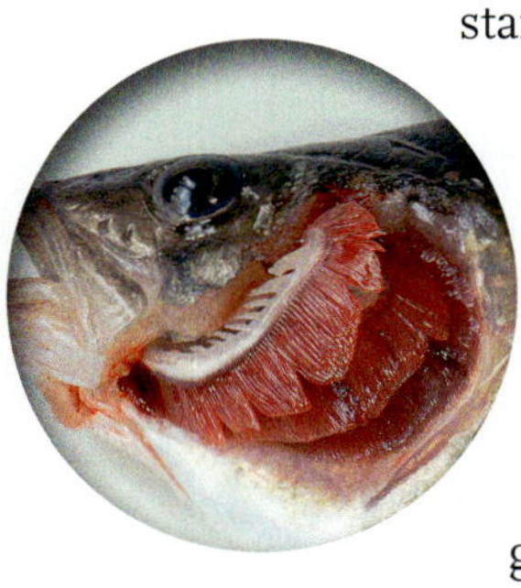

Schweben im Wasser

Fische können sich auch ohne ihre Flossen im Wasser bewegen. Dies gelingt ihnen mit Hilfe ihrer *Schwimmblase*. Das ist ein mit Gas, meist Luft, gefüllter Hautsack im Innern des Körpers. Fische können durch Aufnahme oder durch Abgabe von Gas die Größe der Schwimmblase verändern. Vergrößert sie sich, so schwebt der Fisch ohne eigenen Kraftaufwand nach oben. Bei sich verkleinernder Schwimmblase sinkt er langsam ab.

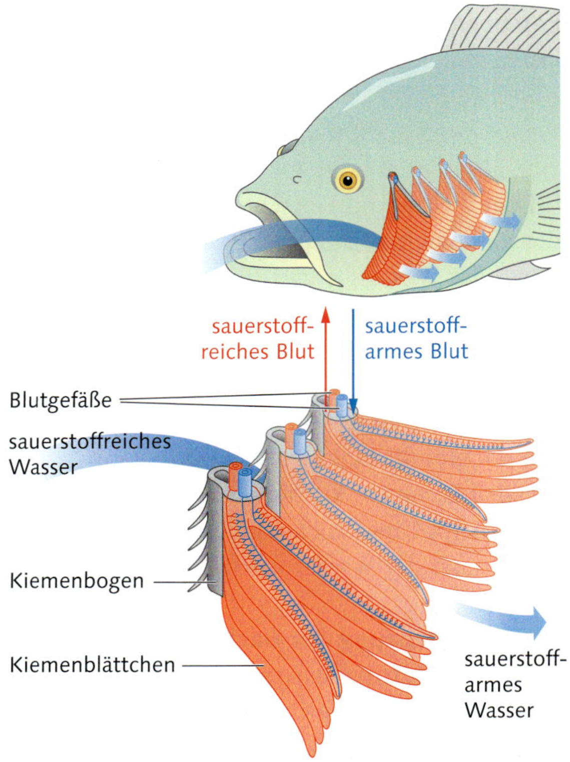

1 Sauerstoffreiches Wasser durchströmt die Kiemen.

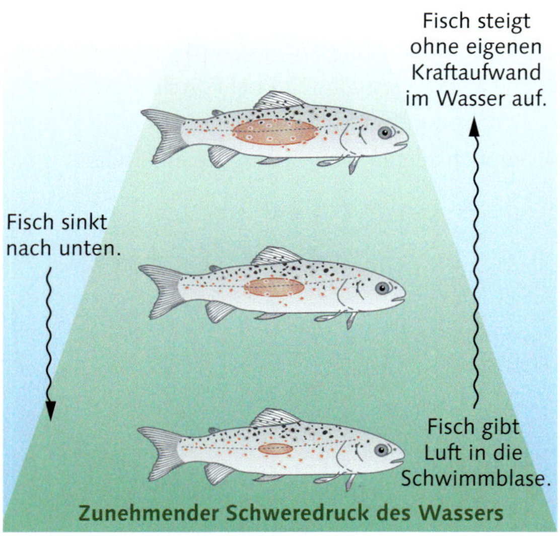

2 Fische schweben im Wasser.

In Kürze

Fische atmen mit Kiemen. Dort erfolgt der Gasaustausch, die Aufnahme von Sauerstoff und die Abgabe von Kohlenstoffdioxid. Mit Hilfe der Schwimmblase können Fische im Wasser schweben.

Aufgaben

1 Erläutere am Beispiel der Atmung bei Fischen, was man unter »Gasaustausch« versteht.

2 Liste auf, wie Fische an das Leben im Wasser angepasst sind.

Schwimmen

A Bedeutung der Körperform

Material Knetmasse, Waage, mit Wasser gefüllter Standzylinder (mindestens 30 cm hoch), langer Stab, Stoppuhr, Körpercreme

Durchführung

- Stellt mit Hilfe der Waage fünf gleich schwere Teile aus Knetmasse her. Bildet daraus die abgebildeten Körperformen.
- Lasst nun jeden Knetmassekörper in den mit Wasser gefüllten Standzylinder zu Boden sinken.
- Ermittelt mit der Stoppuhr, wie lange jeder Körper braucht, bis er am Boden ankommt. Tragt die gemessene Zeit in die Tabelle ein.
- Mit dem Stab könnt ihr die Körper wieder aus dem Wasser holen.
- Fettet die Form mit dem besten Versuchsergebnis mit Creme ein und ermittelt die Absinkzeit erneut.

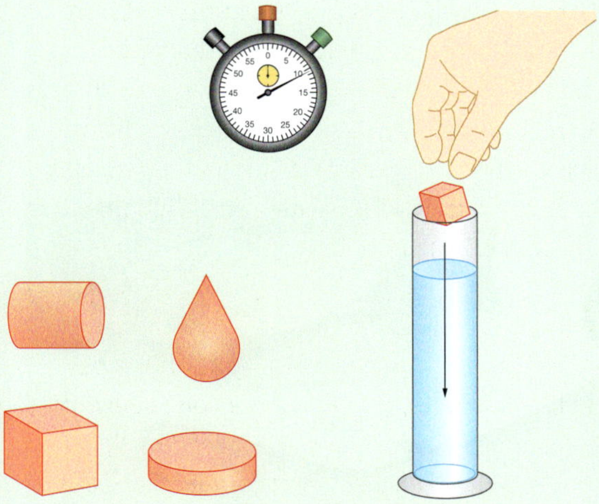

1 Versuch zur Bedeutung der Körperform

Auswertung

1 Vergleicht die ermittelten Absinkzeiten der verschiedenen Körper miteinander.
2 Stellt einen Zusammenhang her mit der Körperform der Forelle.
3 Sucht nach einer Entsprechung für die Creme beim lebenden Fisch.

B Schwimmblase: Schweben im Wasser

Material Wasserbecken, Erlenmeyerkolben, Gummischlauch, Luftballon, Bindfaden

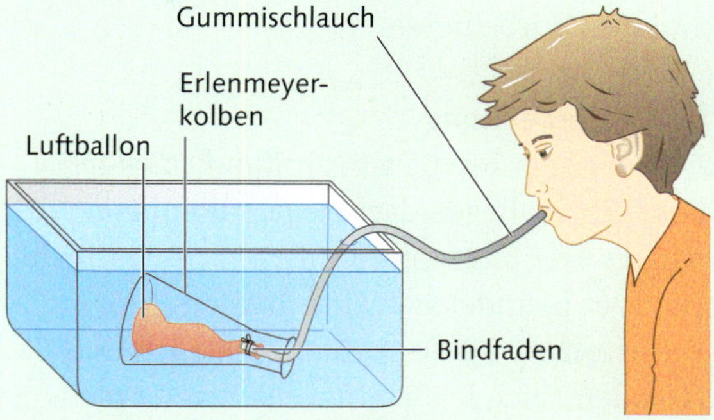

2 Versuch zum Schweben im Wasser

Durchführung

- Steckt den Gummischlauch etwa 3 cm tief in den Luftballon und bindet den Ballon mit dem Faden fest.
- Steckt den Schlauch mit dem Luftballon in den Kolben und legt diesen in das Becken.
- Blast nun langsam Luft in den Ballon. Protokolliert, was ihr beobachten könnt.
- Was geschieht, wenn ihr vorsichtig Luft aus dem Ballon entweichen lasst?

Auswertung Vergleicht das Modell mit einem Fischkörper. Nennt Gemeinsamkeiten und Unterschiede.

Versuchsprotokoll *Anna Halmen, Klasse 5 c*

Frage:
Welche Körperform sinkt am schnellsten?
Absinkzeit in Sekunden
Würfel:
Tropfenform, Spitze nach unten:
Tropfenform, Spitze nach oben:
Zylinder:
Spindel:
Form mit schnellster Sinkzeit:
»Absinkzeit eingecremt«:

3 Beispiel für ein Versuchsprotokoll

Merkmale der Fische

Skelett
Fische gehören zu den *Wirbeltieren*. Die lang gestreckte Wirbelsäule stützt den Körper. Die paarigen *Brust-* und *Bauchflossen* entsprechen den Vorder- bzw. Hintergliedmaßen bei den anderen Wirbeltieren.

Körperbedeckung
Die Haut der Fische ist von *Knochenschuppen* bedeckt. Sie liegen dachziegelartig übereinander und bilden eine äußere Schutzschicht. Darüber befindet sich eine drüsenreiche Schleimhaut. Diese schützt zusätzlich und lässt den Fisch leichter durchs Wasser gleiten.

Atmung
Fische atmen mit *Kiemen*. Sie nehmen Wasser durch ihr Maul auf und drücken es an den stark durchbluteten Kiemenblättchen vorbei. Diese nehmen den im Wasser gelösten Sauerstoff auf. Das Blut transportiert ihn zu den Organen. Im Gegenzug tritt das im Blut enthaltene Kohlenstoffdioxid ins Wasser über. In den Kiemen erfolgt also ein Gasaustausch.

Fortbewegung
Die *Flossen* sind das kennzeichnende Merkmal aller Fische. Die Schwanzflosse dient hauptsächlich der raschen Vorwärtsbewegung.
Mit den Brust- und Bauchflossen steuern sie und halten den Körper im Gleichgewicht.
Die meisten Fische haben eine *Schwimmblase*. Mit ihr können sie auch ohne Flossenbewegungen im Wasser schweben.

Fortpflanzung und Entwicklung
Die meisten Fische vermehren sich durch *äußere Befruchtung*. Dabei spritzt das Männchen seine milchig weiße Samenflüssigkeit über die zahlreichen vom Weibchen ins Wasser abgelegten Eier, den *Laich*. Aus den befruchteten Eiern entwickeln sich kleine Fischlarven.

Vielfalt
Die Fische gehören zur Gruppe der Wirbeltiere. Ihre Größe reicht von wenigen Millimetern bis zu 20 Metern beim Walhai. Der größte heimische Fisch ist der Wels. Er kann bis zu 3 Meter lang und über 100 Kilogramm schwer werden.

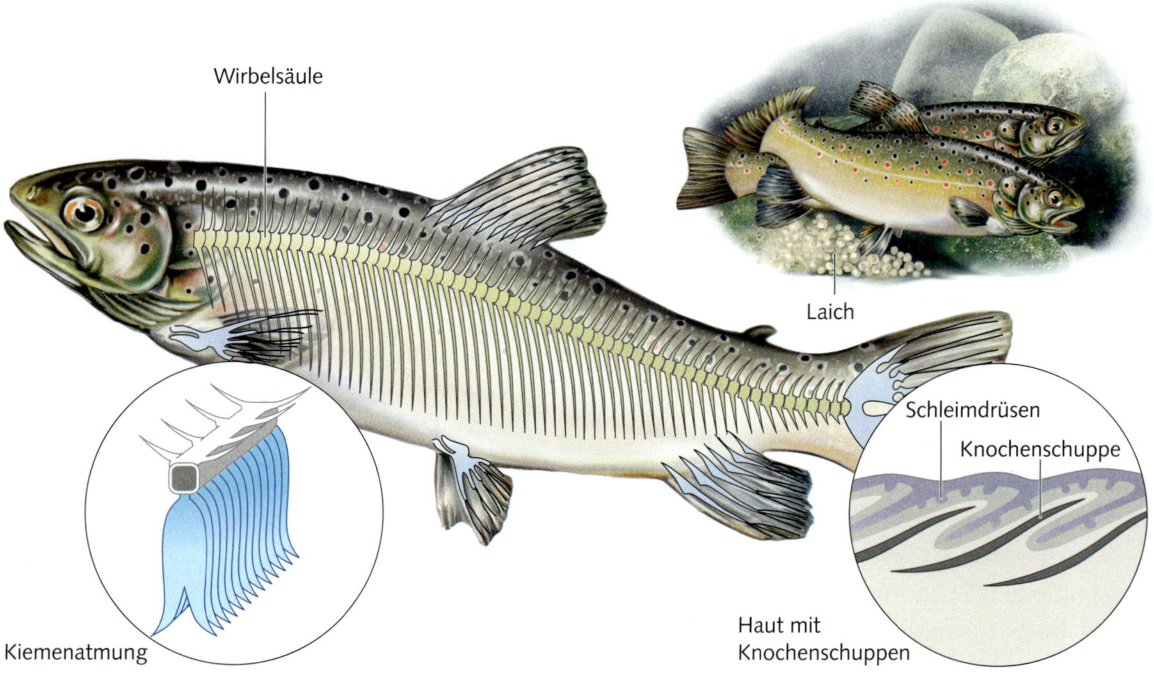

1 Merkmale der Fische

Aufgaben

Kriechtiere, Lurche und Fische

1 Fortbewegung ohne Beine

1 Schlängelbewegung der Kreuzotter

a Betrachte die Kreuzotter. Überlege, wie die Schlängelbewegung zustande kommt.

Schlangen bewegen sich auf unterschiedliche Weise kriechend fort. Meist schlängeln sie sich am Boden vorwärts, indem sie sich seitlich von Steinen oder Stängeln abstoßen. Dabei ziehen sie die Muskeln auf beiden Körperseiten abwechselnd zusammen. Schlangen haben aber auch Muskeln, die von den Rippen zur Bauchseite führen. Diese Muskeln heben einzelne Bauchschuppen an, sodass sie sich im Untergrund verkeilen. Auf glatten Böden pressen sich Schlangen so mit einem Körperabschnitt gegen den Untergrund, während sie andere Körperteile vorschieben oder nachziehen.

b Schlangen können auf ihren Bauchschuppen »laufen«. Erkläre dies mit Hilfe von Bild 2 und des Informationstextes.

c Begründe, weshalb sich Schlangen auf zu glatten Oberflächen nicht fortbewegen können.

2 Atmung bei Lurchen

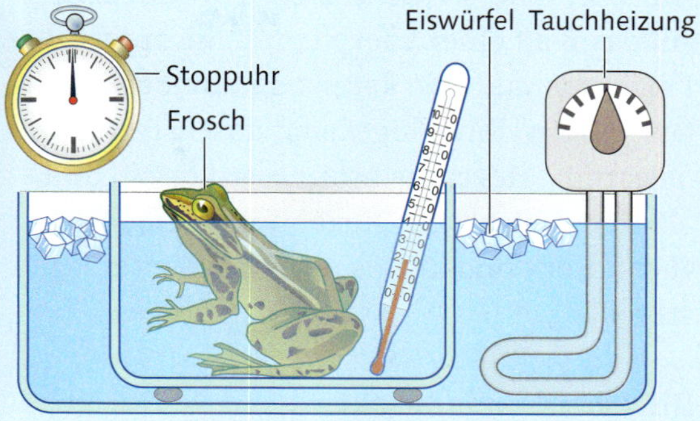

Temperatur in °C	Atemzüge pro Minute	Herzfrequenz pro Minute
0	0	10
5	0	15
10	0	20
15	4	30
20	10	40
25	30	60
30	90	85

3 Versuchsaufbau und Messergebnisse

a Beschreibe den dargestellten Versuch mit einem Frosch. Erstelle zu jeder dargestellten Messung ein Diagramm. Begründe die gemessenen Werte für die Atemfrequenz und Herztätigkeit.

b Begründe, weshalb Frösche bei einer Wassertemperatur von 4 °C am Boden eines Sees in Kältestarre überwintern können.

c Mit Fischen könnte man einen ähnlichen Versuch durchführen. Beschreibe die Ergebnisse dieses Versuchs mit Fischen und begründe sie.

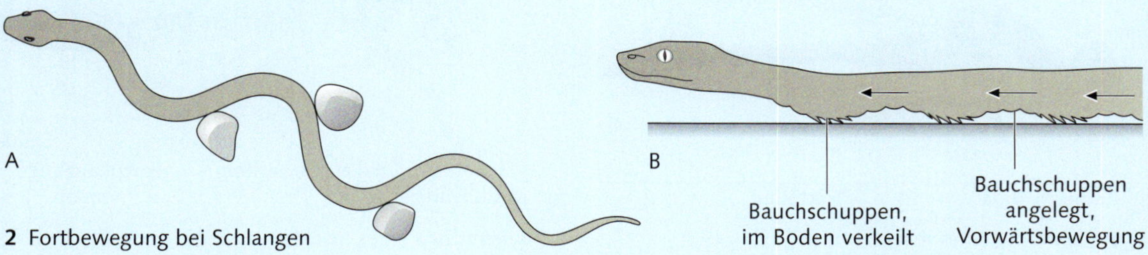

2 Fortbewegung bei Schlangen

Libellen – Insekten am und im Wasser

Am Ufer eines Teiches setzt sich eine Libelle auf das Blatt einer Uferpflanze. Sie breitet ihre Flügel aus und nun kannst du ihre Schönheit bewundern: Ihre Flügel sind durchsichtig und netzartig geädert; sie schimmern farbig und glänzen metallisch. Oft kann man Libellen auch rasant und rastlos über das Wasser jagen sehen.

1 Große Königslibelle

Die Libelle – ein Insekt

Wie bei allen Insekten ist der Körper der Libelle in drei Abschnitte gegliedert: *Kopf, Brust* und *Hinterleib*. An der Brust setzen sechs gegliederte Beine und vier Flügel an. Am Kopf sitzen zwei *Fühler* und die *Mundwerkzeuge*. Besonders auffällig sind die großen *Facettenaugen*, die aus zahlreichen Einzelaugen bestehen. Als tagaktive Flugjäger besitzen Libellen besonders leistungsfähige Facettenaugen, die aus fast 30 000 Einzelaugen zusammengesetzt sind.

Jedes Insekt steckt in einem Chitinpanzer

Der Körper der Libellen ist von einem harten Panzer aus *Chitin* umgeben. Er schützt das Tier und verleiht dem Körper Stabilität. Man bezeichnet den Chitinpanzer daher als *Außenskelett*. Dieses ist in Körperringe oder *Segmente* untergliedert, die gelenkartig verbunden sind. Dadurch ist der sonst starre Panzer beweglich. Weil er nicht mitwachsen kann, muss sich das Insekt während seiner Entwicklung mehrmals häuten.

Ein Blick ins Innere

Insekten atmen durch Öffnungen, die seitlich an den Brust- und Hinterleibssegmenten sitzen. Durch sie gelangt die Luft in feine Röhren, die *Tracheen*, die den ganzen Körper durchziehen. Insekten haben eine *Tracheenatmung*. Das Blut der Insekten ist farblos. Es fließt nicht in Adern, sondern frei durch den Körper. Ein röhrenförmiges Rückenherz hält das Blut in Fluss. Insekten haben einen *offenen Blutkreislauf*.

2 Äußerer Bau eines Insekts

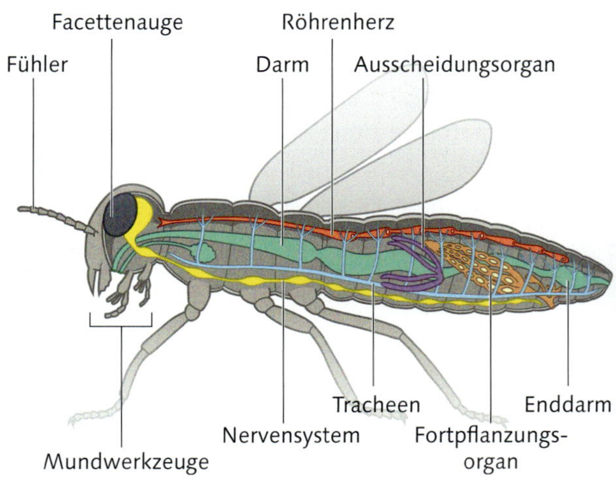

3 Innerer Bau eines Insekts

Paarung der Libellen

Bei der Paarung ergreift das Männchen mit seinen Hinterleibsanhängen den Hinterkopf des Weibchens. Dieses krümmt wenig später seinen Hinterleib radartig nach vorne. So entsteht ein *Paarungsrad*. Es bleibt bestehen, bis die Begattung abgeschlossen ist. Solche Paarungsräder machen die Libellen auch im Flug. Die befruchteten Eier werden ins Wasser abgelegt. Aus ihnen schlüpfen Larven.

Die Larven leben im Wasser

Insekten entwickeln sich vom Ei zum geschlechtsreifen Tier über ein oder mehrere Larvenstadien. *Larven* sind die Jugendstadien. Sie gleichen dem ausgewachsenen Tier rein äußerlich wenig. Die Libellenlarven leben vorerst als Lauerjäger am Grund von Gewässern. Sie besitzen eine *Fangmaske*. Sobald die Beute nahe genug ist, wird die Fangmaske vorgeschleudert und die Beute mit den zangenförmigen Krallen gepackt. Die Larven atmen mit *Tracheenkiemen,* die im Enddarm verborgen sind. Durch rhythmisches Einziehen und Vorwölben der Bauchwand wird das Atemwasser im Enddarm eingesogen und ausgestoßen.

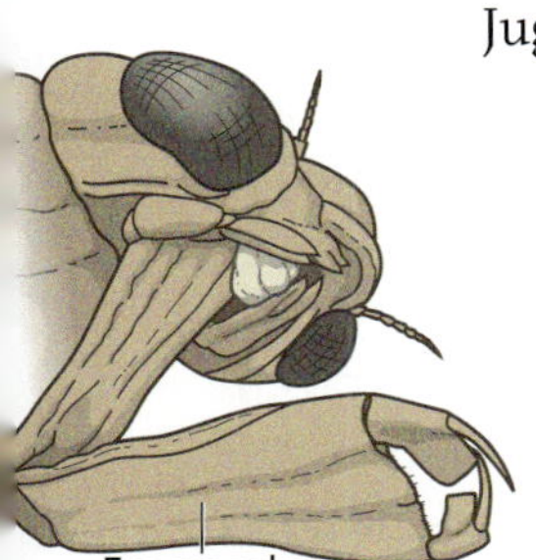

Von der Larve zur Libelle

Während ihrer Entwicklung zur Libelle häutet sich die Larve mehrfach. Dabei wird der alte Chitinpanzer durch den nachgewachsenen neuen Panzer ersetzt. Von Häutung zu Häutung wird die Larve dem erwachsenen Tier immer ähnlicher. Vor der letzten Häutung verlässt die Larve das Wasser. Sie klettert an einem Schilfhalm empor. Nach einer Ruhepause reißt ihre Haut auf dem Rücken auf und die ausgewachsene Libelle schlüpft. Nach etwa zwei Stunden kann die Libelle fliegen.

In Kürze

Libellen sind Insekten. Sie entwickeln sich durch mehrere Häutungen vom Ei zum Fluginsekt. Die Larven sind an das Leben im Wasser angepasst.

Aufgaben

1 Zeichne den Körperbau einer Libelle und beschrifte ihn mit den Bezeichnungen, die für die Beschreibung eines Insekts verwendet werden.

2 Beschreibe anhand von Bild 4 die Entwicklung einer Libelle und erläutere, wie die Larven an das Leben im Wasser angepasst sind.

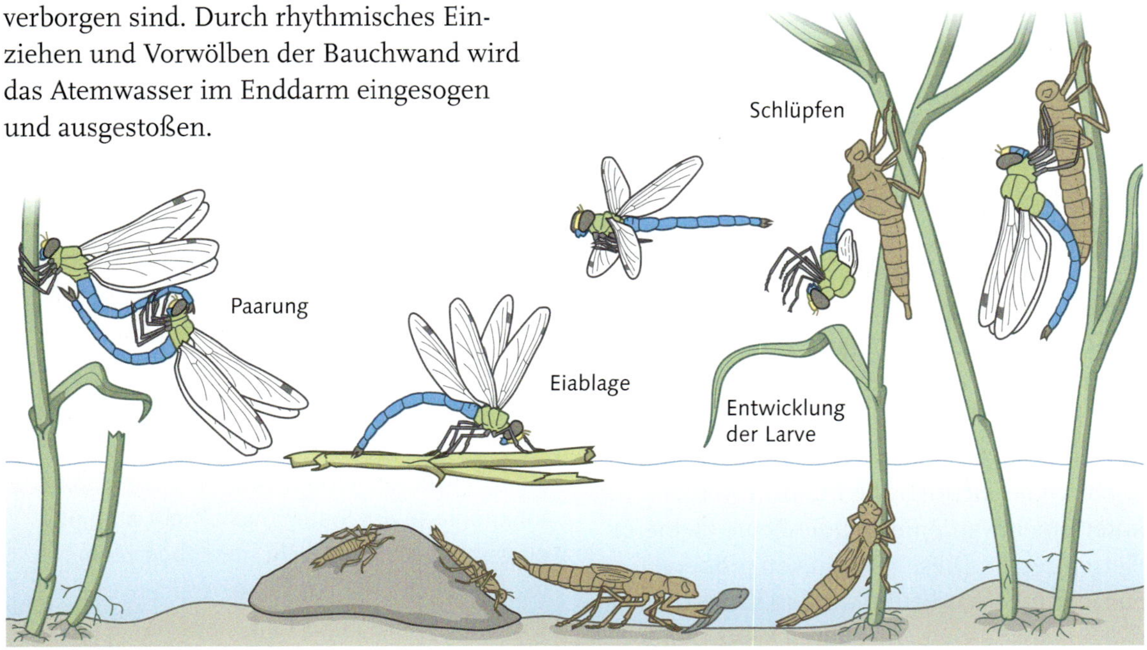

4 Entwicklung einer Libelle

Nahrungsbeziehungen im Teich

Friedlich raspelt eine Kaulquappe an einem Büschel Wasserpestpflanzen. Doch die Ruhe trügt. Unweit davon entfernt lauert eine Libellenlarve. Kommt die Kaulquappe bei ihr vorbei, wird sie zuschnappen. Die Libellenlarve selbst aber sollte sich vor Teichfröschen in Acht nehmen. Für sie sind nämlich die Libellenlarven eine willkommene Beute.

Fressen und Gefressenwerden

Nahrungsbeziehungen wie die zwischen Wasserpest, Kaulquappe, Libellenlarve und Teichfrosch bestehen zwischen vielen Lebewesen im Teich. Man spricht von *Nahrungsketten.* Die Nahrungskette Wasserpest → Kaulquappe → Libellenlarve → Teichfrosch ist nur eine von vielen möglichen. Nun fressen nicht nur Kaulquappen gerne an der Wasserpest, sondern auch Schlamm- schnecken ernähren sich von den Wasserpflanzen. Sie wiederum werden von Karpfen gefressen. Libellenlarven fressen alle Wassertiere, die sie überwältigen können. Den Teichfröschen dienen neben Insekten auch Schnecken, Würmer und Fischbrut als Nahrung. Nahrungsketten sind also untereinander verzweigt. Es entstehen *Nahrungsnetze.*

Produzenten und Konsumenten

Am Anfang aller Nahrungsketten stehen die grünen Pflanzen. Sie produzieren Stoffe, die den pflanzenfressenden Tieren als Nahrung dienen. Die Tiere selbst können diese Stoffe nicht herstellen. Man nennt die Pflanzen deshalb auch *Produzenten.* Grüne Pflanzen sind also direkt oder indirekt die Lebensgrundlage aller Tiere. Tiere werden daher als *Konsumenten* bezeichnet. Die Pflanzenfresser unter ihnen werden meist die Beute kleinerer Fleischfresser. Diese können von größeren Fleischfressern erbeutet werden. Gibt es Hechte in einem Teich, dann stehen sie am Ende der meisten Nahrungsketten.

1 Eine Kaulquappe beim Fressen

Abbau durch Aasfresser und Destruenten

Bestimmte Würmer und Schnecken im Teich ernähren sich von abgestorbenen Pflanzen und Tieren. Als *Aasfresser* tragen sie somit zum Abbau von toten Tieren und Pflanzen bei. Den entscheidenden Anteil an der Beseitigung haben jedoch verschiedene *Bakterien* und *Pilze.* Sie bauen noch verbliebene Teile von toten Tieren und Pflanzen vollständig ab oder zersetzen diese. Man nennt sie deshalb *Zersetzer* oder *Destruenten.*

Basiskonzept System

Der Teich ist ein Lebensraum, in dem viele Lebewesen in einer Gemeinschaft leben. Sie sind an diesen Lebensraum angepasst. Die besonderen Bedingungen im Teich sowie die Lebewesen in ihm wirken zusammen. Sie alle stehen in einer wechselseitigen Beziehung zueinander. Man sagt dazu auch: Sie bilden zusammen ein System, das System Teich.

Alle Systeme bestehen aus unterschiedlichen Teilen, die miteinander in Wechselwirkung stehen. Würden ein oder mehrere Teile fehlen, funktionierte das System nicht mehr oder nur eingeschränkt. Aber nicht nur Lebensräume wie der Teich oder die Wiese, sondern auch einzelne Pflanzen und Tiere stellen Systeme dar.

2 Ausschnitt aus dem Nahrungsnetz in einem Teich

In Kürze

Zwischen den Lebewesen im Teich bestehen Nahrungsbeziehungen. Die einen bilden die Nahrung für die anderen. So entstehen Nahrungsketten. Als Produzenten von Nährstoffen stehen Pflanzen am Anfang jeder Nahrungskette. Darauf folgen meist mehrere Glieder von Konsumenten. Tote Pflanzen und Tiere oder Teile von ihnen werden von Aasfressern und Destruenten vollständig abgebaut. Die meisten Nahrungsketten sind verzweigt. Es entstehen Nahrungsnetze.

Aufgaben

1 Erkläre die Begriffe Nahrungskette und Nahrungsnetz.

2 Suche aus der Grafik oben fünf Nahrungsketten heraus und zeichne sie mit Pfeilen in dein Arbeitsheft. Stelle fest, welche Glieder der Nahrungsketten zu den Produzenten, zu den Konsumenten und zu den Destruenten gehören. Benenne dabei auch die deutschen Fachbegriffe.

3 Erkläre am Beispiel des Teiches, was man in der Biologie unter einem »System« versteht.

Leben im Boden – der Regenwurm

Nach einem starken Regenguss sieht man an der Erdoberfläche häufig zahlreiche Regenwürmer. Daher haben sie wohl ihren Namen, aber auch die »rege« Tätigkeit im Boden, ihrem eigentlichen Lebensraum, könnte zur Namensgebung geführt haben.

1 Regenwurm an der Oberfläche

Lebensraum Boden

Der Regenwurm lebt in einem weitverzweigten Röhrensystem, das entsteht, wenn er sich durch den Boden frisst. Aus der gefressenen Erde nimmt der Regenwurm für ihn wichtige Stoffe auf. Kot und Schleim verfestigen beim Durchkriechen der Röhren die Wände. Nachts zieht der Regenwurm Blätter, welkes Gras und abgestorbene Pflanzenteile zum Fressen in die Röhren.

Der Boden bietet vielen Tieren einen Lebensraum. Neben Regenwürmern gibt es hier zahlreiche andere Tierarten, wie zum Beispiel den Maulwurf, verschiedene Käfer, Spinnentiere, Asseln, Schnecken und Milben.

Innerer und äußerer Bau

Der bis zu 30 Zentimeter lange Körper eines Regenwurms besteht aus vielen Ringen. Besonders auffällig ist der Gürtel an der vorderen Körperhälfte. Er dient zur Fortpflanzung. Jeder Ring, auch *Segment* genannt, ist gleich aufgebaut und besteht aus je einer Schicht Ring- und Längsmuskeln sowie acht Borsten. Dieser *Hautmuskelschlauch* gibt dem Körper seine Form und stützt ihn. Wie alle Tiere ohne Innenskelett und Wirbelsäule zählt man den Regenwurm zu den *Wirbellosen*.

Im Innern sind die Segmente ebenfalls alle ähnlich aufgebaut. So ist jedes Segment von Darm, Blutgefäßen und Nervensträngen durchzogen. Ausscheidungsorgane geben die Körperflüssigkeit in Form von Schleim nach außen ab. Der Regenwurm atmet über die Haut und ist deshalb auf eine feuchte Umgebung angewiesen. Er ist ein *Feuchtlufttier*.

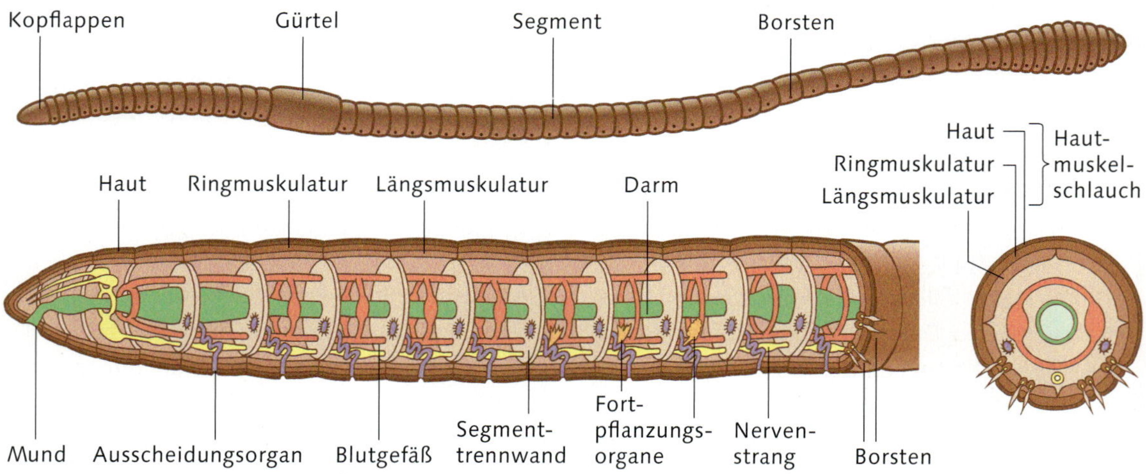

2 Äußerer und innerer Bau eines Regenwurms

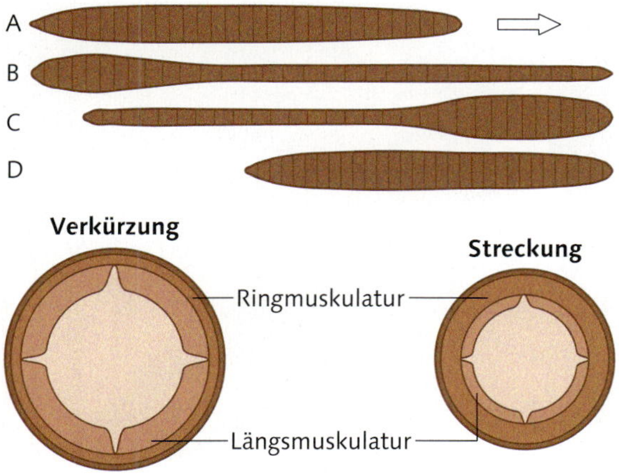

3 Fortbewegung beim Regenwurm

Fortbewegung mit Muskeln und Borsten

Regenwürmer bewegen sich mit Hilfe der Ring- und Längsmuskeln sowie der Borsten fort. Bei Anspannung der Ringmuskeln werden einzelne Ringe lang und dünn.
So schiebt sich der Regenwurm nach vorne. Durch das darauffolgende Anspannen der Längsmuskeln werden die einzelnen Ringe wieder kurz und dick. Die Borsten verhaken sich dabei im Boden und verhindern ein Zurückrutschen.

Männlich und weiblich in einem

Regenwürmer besitzen männliche und weibliche Geschlechtsorgane. Sie sind *Zwitter*. Zur Paarung bringen sie ihr Vorderende mit dem Gürtel des Partners zusammen. Beide Tiere begatten sich gegenseitig und legen dann befruchtete, von einem Kokon umhüllte Eier. Aus ihnen schlüpfen die kleinen Würmer.

Bedeutung der Regenwürmer

Durch die Tätigkeit der Regenwürmer durchziehen Regenwurmröhren den ganzen Boden in bis zu zwei Meter Tiefe. Die Röhren leiten Niederschläge besser ab und die Pflanzen gelangen leichter an Wasser. Zudem wird der Boden durchmischt. Pflanzen können sich dadurch leichter verwurzeln. In niederschlagsarmen Zeiten sorgen die Röhren für eine gute Durchlüftung des Bodens. Der Kot der Regenwürmer enthält noch viele Mineralstoffe und unverdaute Pflanzenreste. So wird der Boden gedüngt und damit auch fruchtbarer.

In Kürze

Regenwürmer sind wirbellose Tiere. Ihr Körper ist in Ringe unterteilt, die alle ähnlich aufgebaut sind. Als Feuchtlufttiere atmen sie über die Haut. Regenwürmer sind Zwitter. Durch die Bildung von Röhren und durch ihre Ausscheidungen verbessern sie die Bodenqualität.

Aufgaben

1 Regenwürmer sind bei Gärtnern sehr beliebt. Erläutere.

2 Beschreibe die Fortbewegung des Regenwurms anhand eines Flussdiagramms nach folgendem Muster:

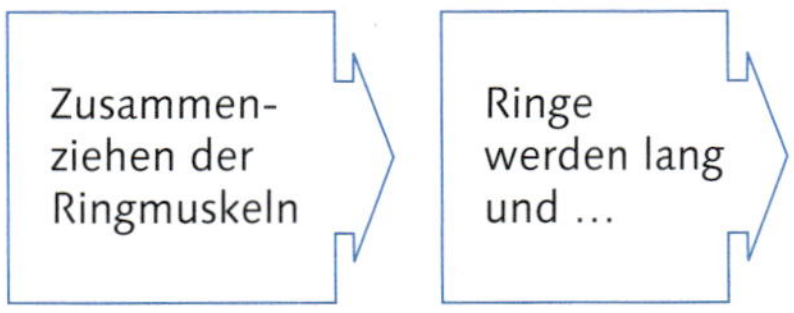

4 Paarung bei Regenwürmern

5 Befruchtete Regenwurmeier mit Kokon

Vergleich Wirbeltiere – Wirbellose

Ein Vogel hat einen Schmetterling erbeutet. Beide Tiere bewohnen den gleichen Lebensraum und zeigen daher auch Gemeinsamkeiten. Zum Beispiel besitzen beide Flügel und können fliegen. Dennoch sind sie unterschiedlich gebaut.

Skelett

Vögel, Säugetiere, Reptilien, Amphibien und Fische haben ein Innenskelett und eine Wirbelsäule. Sie sind Wirbeltiere. Tiere ohne Innenskelett, wie zum Beispiel Insekten, werden als Wirbellose bezeichnet.

Der Körper der Vögel wird durch ein Innenskelett, das aus Knochen, Gelenken, Muskeln und Wirbelsäule besteht, stabilisiert. Die Muskeln sind mit den Knochen verbunden und ermöglichen so die Bewegung der Körperteile. Der Schmetterling dagegen hat ein hartes Außenskelett. Die Muskeln setzen an den durch Gelenkhäute verbundenen Wänden des Außenskeletts an.

1 Bienenfresser mit Beute

Körperbau

Die Körper von Vogel und Schmetterling sind unterschiedlich gegliedert. Der Vogelkörper ist in Kopf, Rumpf, Gliedmaßen unterteilt. Am Rumpf sitzen zwei Beine und ein Paar Flügel. Der Schnabel besteht aus Horn.

Der Schmetterling ist dagegen in Kopf, Brust, Hinterleib gegliedert. Er hat sechs Beine, zwei Flügelpaare und besitzt Mundwerkzeuge.

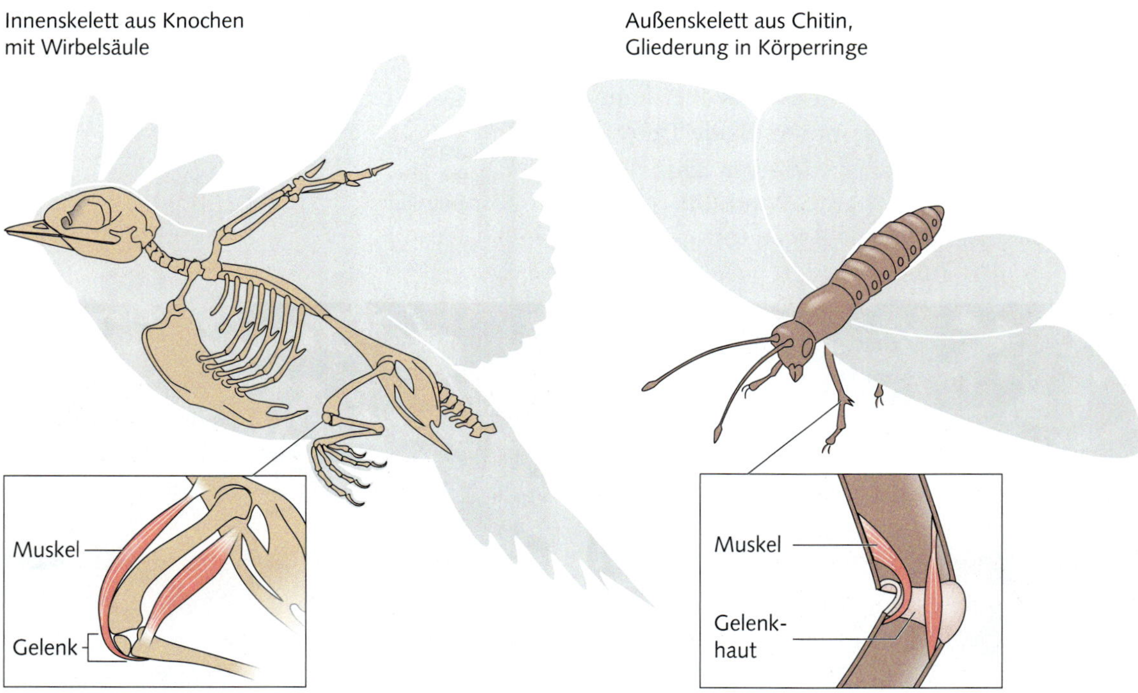

2 Innen- und Außenskelett im Vergleich

Sauerstoffaufnahme durch die Lungen, Sauerstoffverteilung durch geschlossenen Blutkreislauf und Herz

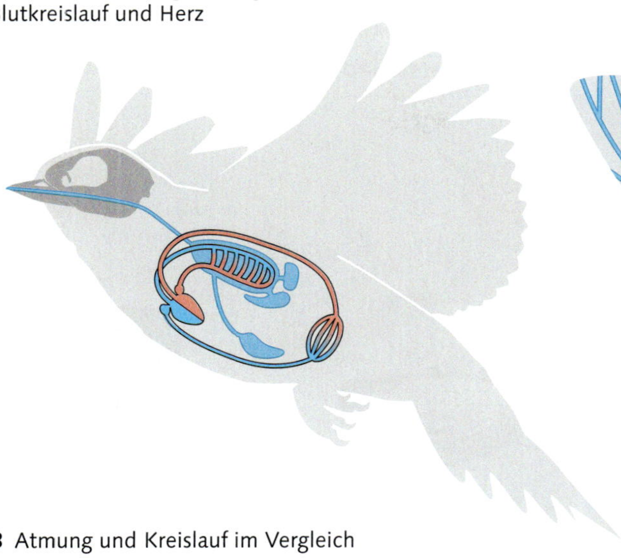

Sauerstoffaufnahme durch Atemöffnungen, Sauerstoffverteilung in den Tracheen

3 Atmung und Kreislauf im Vergleich

Atmung und Kreislauf

Vögel atmen mit Lungen. Schmetterlinge nehmen den Sauerstoff durch Tracheen auf. Das Blut der Vögel wird wie bei allen Wirbeltieren vom Herzen aus in einem geschlossenen Blutkreislauf in Adern durch den Körper gepumpt. Die Körperflüssigkeit des Schmetterlings fließt nach Verlassen des Röhrenherzens frei, also ohne Adern, durch den Körper. Sie haben einen offenen Kreislauf.

Körpertemperatur

Die Körpertemperatur von Schmetterlingen und anderen Insekten passt sich der Umgebungstemperatur an. Den Winter verbringen die meisten Insekten in Kältestarre an frostsicheren Stellen. Vögel sind gleichwarm und benötigen zur Aufrechterhaltung der Körpertemperatur ständig Energie, die sie mit der Nahrung aufnehmen.

Sehsinn

Vögel besitzen Linsenaugen, die zu den leistungsfähigsten Augen im Tierreich gehören. Schmetterlinge haben Facettenaugen. Sie bestehen aus vielen Einzelaugen. Damit können sie Bewegungen viel besser erkennen als zum Beispiel die Vögel, sehen aber weniger scharf.

Entwicklung

Vögel und Schmetterlinge pflanzen sich geschlechtlich fort. Ihre Entwicklung verläuft jedoch völlig unterschiedlich.

Im befruchteten Ei der Vögel reift ein Küken heran, das bereits wie ein Vogel aussieht. Bei Schmetterlingen dagegen entwickelt sich aus dem Ei zunächst eine Raupe. Sie sieht dem späteren Schmetterling noch nicht ähnlich. Erst durch die Verpuppung findet die Verwandlung zum Falter statt. Ei, Raupe, Puppe, Falter sind die Entwicklungsstadien. Die Entwicklung vom Ei zum erwachsenen Insekt über ein Raupen- und Puppenstadium wird auch als *vollständige Verwandlung* bezeichnet. Manche Insekten entwickeln sich von der Raupe direkt zum ausgewachsenen Insekt.

In Kürze

Wirbeltiere besitzen ein Innenskelett mit Wirbelsäule. Tiere ohne Innenskelett werden als Wirbellose bezeichnet. Beide Gruppen unterscheiden sich in vielen Körpermerkmalen.

Aufgaben

1 Erläutere anhand der Skelette, wie Bewegungen bei Vogel und Schmetterling möglich sind.

2 Stelle Unterschiede und Gemeinsamkeiten von Vogel und Schmetterling gegenüber.

Tiere in der Umgebung

1 Unterschiedliche Wirbeltiere

1 Kennst du die Wirbeltiere?

a Alle abgebildeten Tiere sind Wirbeltiere. Nenne das gemeinsame Merkmal, das die Tiere besitzen.
b Ordne die Tiere der entsprechenden Wirbeltierklasse zu.
c Begründe deine Entscheidung anhand eines auf dem Bild erkennbaren Merkmals.

2 Unterschiedliche Fortpflanzung

2 Fortpflanzung bei Wirbeltieren

a Ordne die Eier und Jungtiere von Bild 2 einander zu.
b Man unterscheidet zwei Arten der Befruchtung. Nenne die Befruchtungstypen, die bei den einzelnen Tiergruppen vorkommen.
c Stelle in einer Tabelle den Befruchtungstyp und die Art der Eier gegenüber.

3 Insektenmerkmale

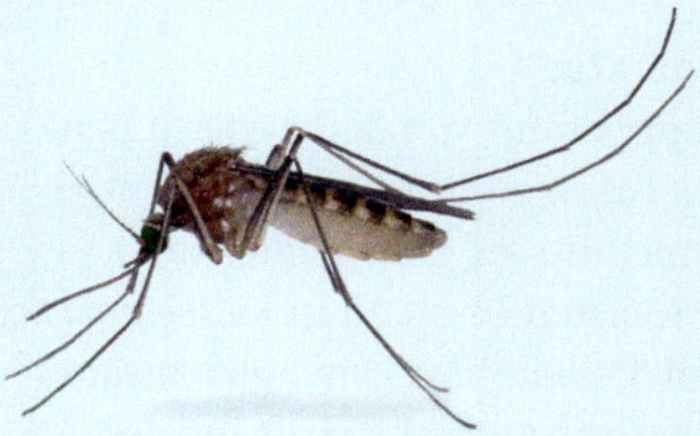

3 Die Mücke – ein Insekt

a Nenne mindestens fünf typische Insektenmerkmale, die du bei der Mücke erkennst.
b Zeichne den Körper der Mücke schematisch nach und beschrifte das Schema.
c Erläutere den Ausdruck »vollständige Verwandlung«.
d Nenne drei weitere wirbellose Tiere. Recherchiere in Biologiebüchern und Lexika ihren Körperbau.

4 Lebensräume verändern sich

1935

4 Früher ...

2012

5 ... und heute

a Betrachte Bild 4 und benenne die dargestellten Lebensräume. Nenne typische Tiere und Pflanzen, die in den Lebensräumen vorkommen.

b Füge an einem Beispiel die Pflanzen und Tiere zu einem Nahrungsnetz zusammen.

c Vergleiche die Lebensräume von Bild 4 und 5 miteinander. Stelle Vermutungen über die Auswirkungen auf die Tier- und Pflanzenwelt an.

Auf den Punkt gebracht

Tiere in der Umgebung

- Ein Lebensraum ist gekennzeichnet durch bestimmte Umweltbedingungen sowie typische Tiere und Pflanzen, die dort leben.
- Fische, Amphibien, Reptilien, Vögel und Säugetiere besitzen eine Wirbelsäule. Sie bilden die Gruppe der Wirbeltiere.
- Wirbeltiere weisen entsprechende Angepasstheiten auf, mit denen sie in ihren jeweiligen Lebensräumen gut leben können. Dazu gehören das Skelett, die Körperbedeckung, die Atmung, die Fortbewegung sowie Fortpflanzung und Entwicklung.
- Fische und Lurche befruchten ihre Eier außerhalb des Körpers. Kriechtiere, Vögel und Säugetiere dagegen haben eine innere Befruchtung.
- Wirbellose sind Tiere ohne ein Innenskelett. Sie besiedeln alle Lebensräume und bilden die zahlenmäßig größte Tiergruppe auf der Erde. Weichtiere, Insekten, Spinnentiere und Krebstiere zählen zu den Wirbellosen.
- Tiere stehen in vielfältigen Nahrungsbeziehungen zueinander. Sie bilden Nahrungsketten, die zu Nahrungsnetzen verknüpft sind.

Pflanzen
in der Umgebung

Bäume, Sträucher und Kräuter

Sattes Grün, so weit das Auge reicht. Landschaftsbilder sind geprägt durch die Pflanzen, die dort vorkommen. Die verschiedenen Pflanzen sehen ganz unterschiedlich aus. Anhand ihrer Wuchsform kann man sie gut unterscheiden.

1 Eine Strauchlandschaft

Bäume

Bäume haben einen dicken Stamm aus Holz, der sich erst einige Meter über der Erde verzweigt. In unseren Breiten werden Bäume bis zu 40 Meter hoch. Die höchsten Bäume der Erde können bis zu 130 Meter hoch werden. Bäume tragen viele Blätter und bilden auch Blüten. Man unterscheidet Nadel- und Laubbäume. Häufige heimische Bäume sind Buche, Eiche, Fichte, Kiefer, aber auch alle Obstbäume.

Sträucher

Sträucher sind mit bis zu 15 Metern kleiner als ausgewachsene Bäume. Sie besitzen keinen Stamm, sondern verzweigen sich schon dicht über dem Boden in viele fast gleich starke, verholzte Äste. Sträucher wachsen oft in Hecken. Sie bilden den Übergang zwischen Wald und Wiese. Häufige heimische Sträucher sind Haselnuss, Weißdorn, Holunder und Schlehe.

Kräuter

Kräuter wachsen niedrig und sind nicht verholzt. Man bezeichnet sie auch als krautige Pflanzen. Die Wiesenpflanzen zum Beispiel sind typische Kräuter. Nach ihrer Lebensdauer unterscheidet man einjährige Kräuter wie zum Beispiel Kamille und Raps und mehrjährige Kräuter wie das Scharbockskraut.

In Kürze

Nach der Wuchsform und der Verholzung der Pflanzenteile unterscheidet man Bäume, Sträucher und Kräuter.

Aufgabe

1 Erstelle eine Tabelle, in der Bäume, Sträucher und Kräuter genannt werden, die in deiner Umgebung wachsen.

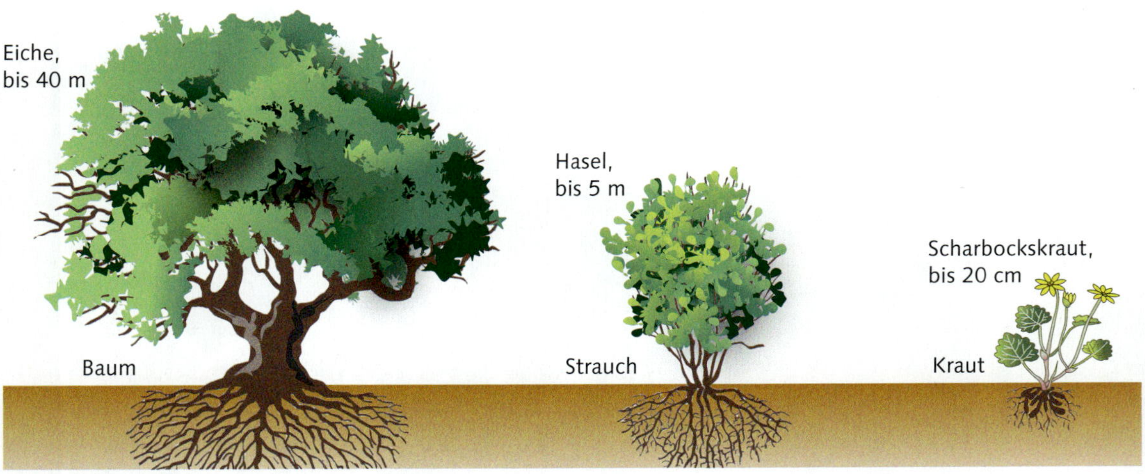

2 Drei Wuchsformen: Baum, Strauch und Kraut

Kartieren auf dem Schulgelände

Auch das Schulgelände bietet vielen Tieren und Pflanzen einen Lebensraum. Um die Vielfalt der vorkommenden Pflanzen auf eurem Schulgelände zu dokumentieren, könnt ihr eine Kartierung des Geländes durchführen. Dabei helfen euch die folgenden Schritte:

1 Überblick verschaffen Zuerst müsst ihr euch einen Lageplan des Schulgeländes beschaffen. Er ist die Grundlage für die Kartierung.

2 Aufteilen in Kleinflächen Nun beginnt die praktische Arbeit auf dem Schulgelände. Teilt dazu das Schulgelände in kleinere Flächen auf. Eine Größe von 7 m × 7 m ist gut zu überschauen. Erstellt von einer solchen Kleinfläche eine Detailskizze. Messt dazu mit Maßband und Meterstab, um das Gelände zu erfassen.

3 Pflanzen bestimmen Sucht auf den Kleinflächen Pflanzen und bestimmt sie mit Hilfe der Bestimmungsbücher.

4 Eintragen in die Detailskizze Tragt in der Detailskizze alle Gebäude, Wege, Grünflächen, Spielgeräte und alle erfassten Pflanzen standortgetreu ein. Findet verschiedene Symbole und Farben zur eindeutigen Kennzeichnung der Begebenheiten auf dem Gelände. Deren Bedeutung klärt ihr in einer Legende. Kommen bestimmte Pflanzen häufig vor, tauchen deren Symbole mehrfach auf.

5 Legende erstellen Erstellt nun eine Legende. Übertragt die Symbole und Farben aus eurer Detailskizze und benennt diese.

6 Eintragen in den Lageplan Übertragt eure Kartierungsergebnisse in den Lageplan.

Aufgabe

1 Beschaffe dir einen Lageplan deines Wohnortes oder deiner Straße. Wähle eine Kleinfläche aus und kartiere diese.

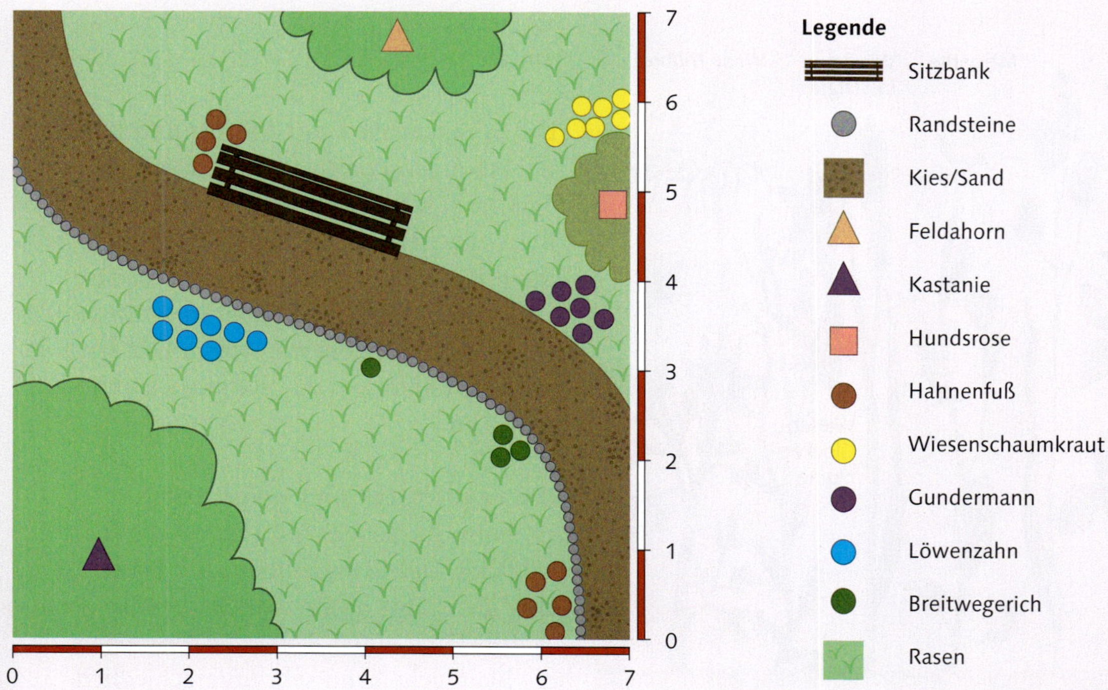

2 Detailskizze

Vielfalt und Gemeinsamkeiten bei Blütenpflanzen

Die Vielfalt der bunten Pflanzenwelt ist erstaunlich. Wer soll sich hier zurechtfinden? In Deutschland kennen wir etwa 2300 unterschiedliche Blütenpflanzen. Auf der Erde gibt es durch die unterschiedlichen Lebensräume etwa 240 000 Arten von Blütenpflanzen.

Gemeinsamer Grundbauplan

Die Blüten, Blätter, Stängel und Wurzeln verschiedener Pflanzenarten kommen in den vielfältigsten Formen, Farben und Größen vor, sie sind sich aber dennoch ähnlich.

Alle Blütenpflanzen haben den gleichen Aufbau, einen gemeinsamen Grundbauplan. Die drei *Grundorgane* einer Blütenpflanze sind *Wurzel*, *Sprossachse* und *Blatt*. Die Rapspflanze zum Beispiel zeigt den typischen Grundbauplan einer Blütenpflanze. Raps ist eine wertvolle Futterpflanze und darüber hinaus wichtiger Lieferant von Speiseöl, aber auch von Biodiesel.

2 Blütenpflanzen der Wiese

1 Am Wegrand – eine wahre Blütenvielfalt

Die Wurzel gibt Halt und liefert Wasser

Die Wurzeln verankern die Pflanze im Boden. Von der Hauptwurzel zweigen die Seitenwurzeln ab. An diesen befinden sich feine Wurzelhärchen, mit denen die Pflanze Wasser und darin gelöste Mineralstoffe aus dem Boden aufnimmt. Beim Raps und bei manchen anderen Pflanzen ist die Hauptwurzel verdickt und dringt tief in den Boden ein. Man bezeichnet sie auch als Pfahlwurzel. Andere Pflanzen bilden Flachwurzeln aus, die dicht unterhalb der Bodenoberfläche bleiben. Wurzeln wachsen immer nur an ihrer Spitze.

Die Sprossachse trägt Blätter und Blüten

Bei krautigen Pflanzen bezeichnet man den meist saftigen Stängel als Sprossachse. Bei Sträuchern und Bäumen spricht man von Stamm, Ast oder Zweig. Die Sprossachse trägt Laubblätter und Blüten. In ihr verlaufen Leitungsbahnen, die das Wasser mit den Mineralstoffen und den Nährstoffen transportieren.

Die Laubblätter sind vielgestaltig

In ihrem Aussehen sind Laubblätter sehr vielfältig. Der Grundaufbau aller Blätter ist aber gleich: Sie haben eine *Blattspreite*, einen *Blattstiel* und einen *Blattgrund*. Besonders die Blattfläche kann sehr unterschiedlich gestaltet sein. Die *Blattadern* kann man mit bloßem Auge erkennen. Sie durchziehen das gesamte Blatt regelmäßig. In den Laubblättern finden wichtige Stoffwechselvorgänge statt. Zum Beispiel erfolgt hier die Bildung energiereicher Nährstoffe.

Blüten sind besondere Blätter

Die Blüten werden aus besonderen Blättern gebildet: Sie bestehen aus *Kelchblättern*, *Kronblättern* und *Staubblättern* sowie einem oder mehreren *Stempeln*. Die Staubblätter sind die männlichen Teile der Blüte. Stempel sind die weiblichen Blütenteile. Sie enthalten in ihrem Fruchtknoten eine oder mehrere Samenanlagen. Die grünen Kelchblätter bilden eine schützende Blütenhülle. Bunte Kronblätter locken Insekten an.

In Kürze

Pflanzen zeigen in ihrem Erscheinungsbild eine erstaunliche Vielfalt. Dennoch haben alle Blütenpflanzen den gleichen Grundbauplan. Wurzel, Sprossachse und Blatt sind die Grundorgane einer Blütenpflanze. Sie erfüllen unterschiedliche Funktionen.

Aufgaben

1 Nenne die Grundorgane der Blütenpflanzen und deren wichtigste Funktionen.

2 Beschreibe Gemeinsamkeiten der auf Bild 2 abgebildeten Wiesenpflanzen.

3 Stelle den Grundbauplan an Pflanzen deiner Umgebung fest. Bei welchen Pflanzen hast du Schwierigkeiten, den Grundbauplan zu erkennen?

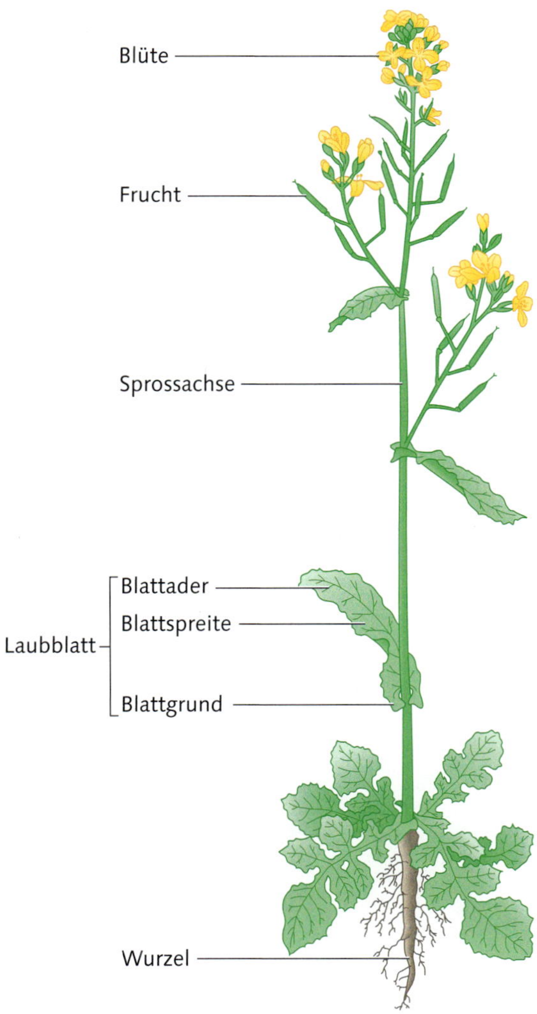

Schemazeichnung einer Blüte im Längsschnitt

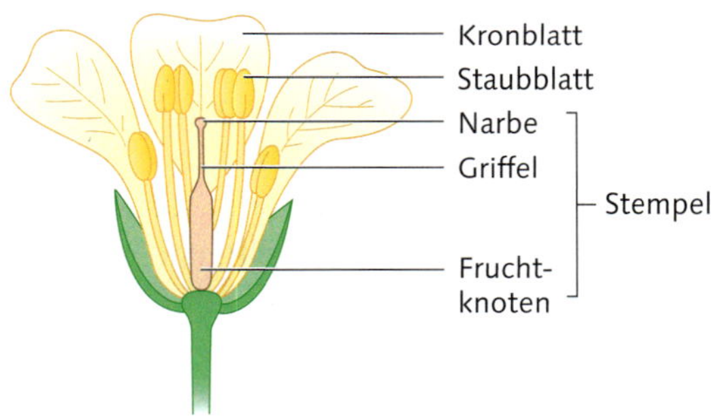

Schemazeichnung einer Blüte von oben

3 Die Rapspflanze und ihre Blüte zeigen den typischen Grundbauplan.

Methode

Untersuchen mit Lupe und Binokular

Beim Betrachten von Pflanzen und Tieren kannst du viele Merkmale mit bloßem Auge nicht oder nur schwer erkennen, da sie sehr klein sind. Mit einer Lupe kannst du diese Feinheiten so vergrößern, dass sie für dich besser erkennbar werden.

Aus Klein wird Groß

Die Vergrößerung ist auf jeder Lupe mit einer Zahl angegeben. Beispielsweise bedeutet 5×, dass die Lupe um das Fünffache vergrößert. Rechts siehst du drei verschiedene Lupenarten, die sich im Einsatzbereich unterscheiden: Insekten lassen sich gut in der *Becherlupe* beobachten. Die *Klapplupe* passt für unterwegs in jede Hosentasche. Mit ihr kannst du sehr gut Pflanzenteile untersuchen.

Unter die Lupe nehmen

Um beispielsweise eine Blüte genauer zu betrachten, hält man eine Lupe zwischen Auge und Blüte. Man verkleinert den Abstand der Lupe zur Blüte, bis die Einzelheiten deutlich zu erkennen sind.

Arbeiten mit dem Binokular

Bei einem Binokular betrachtet man das Objekt mit beiden Augen gleichzeitig. Man nennt es daher auch *Stereolupe*. Einzelheiten sind wegen der starken Vergrößerung und des räumlichen Sehens besonders gut zu erkennen. Mit Hilfe eines Drehknopfes wird scharf gestellt. Meistens kann man den Gegenstand noch von oben beleuchten.

Beim Arbeiten mit dem Binokular legt man die zu betrachtenden Objekte am besten auf ein Stück Millimeterpapier. So bekommt man eine Vorstellung von der tatsächlichen Größe.

Aufgabe

1 Betrachte mit Lupe oder Binokular verschiedene Pflanzen oder auch Gegenstände. Erkennst du Strukturen, die du mit bloßem Auge nicht gesehen hast? Beschreibe.

Originalgröße (1×)

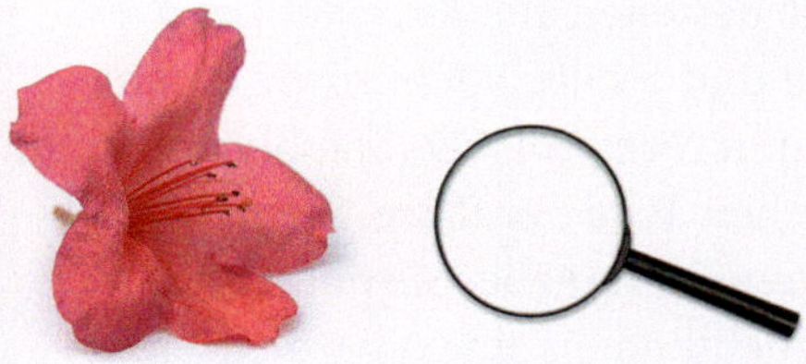

Leselupe: 2- bis 3-fache Vergrößerung

Becherlupe: 5-fache Vergrößerung

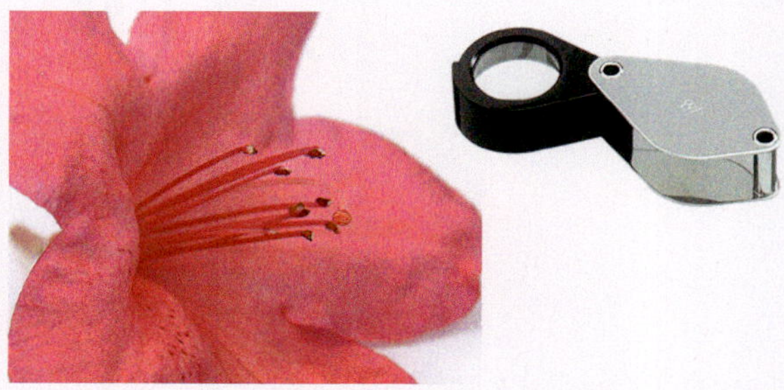

Klapplupe: bis zu 10-fache Vergrößerung

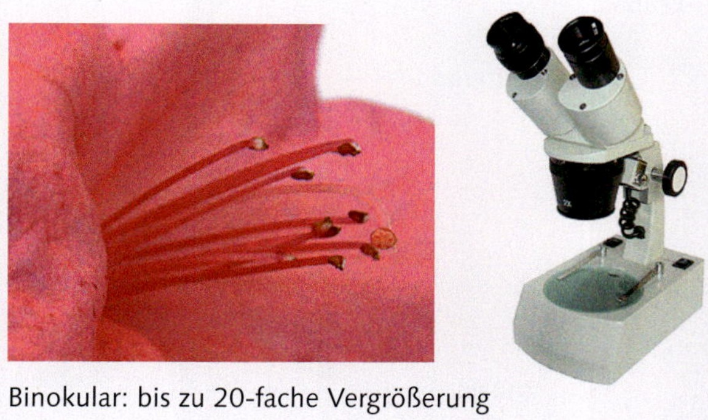

Binokular: bis zu 20-fache Vergrößerung

1 Lupen und ihre Vergrößerungen

Praktikum

Die Kirsche

A Untersuchung einer Kirschblüte

Material Kirschblüten, Papier, Klebstoff, Lupe, Pinzette, Rasierklinge, schneidfeste Unterlage, durchsichtiges Klebeband

Durchführung

- Betrachte mit der Lupe den Bau der Staubblätter und des Stempels der Kirschblüte. Streife mit dem Finger über den Staubbeutel. Beschreibe deine Beobachtungen. Nenne Eigenschaften der Pollen.
- Fertige ein Legebild von der Kirschblüte an.
- Stelle mit der Rasierklinge (vorsichtig!) einen Längsschnitt durch die Blüte her, indem du die Blüte von oben nach unten durchschneidest. Vergleiche mit der Schemazeichnung.
- Klebe den Längsschnitt mit Klebeband in dein Heft und beschrifte ihn.

Auswertung Vergleiche das Legebild von Kirsche und Tulpe. Welche Gemeinsamkeiten und welche Unterschiede erkennst du?

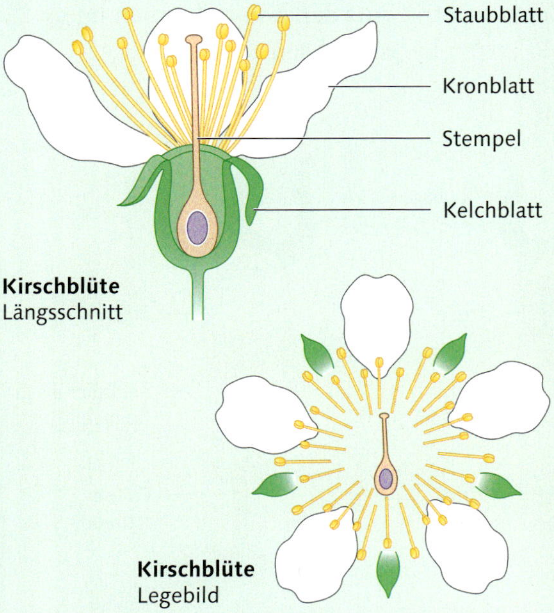

1 Längsschnitt und Legebild einer Kirschblüte

B Beobachtungen am Kirschzweig

Material frisch erblühter Kirschzweig, Wassergefäß

Durchführung Stelle einen frisch erblühten Kirschzweig in einer Vase auf das Fensterbrett. Beobachte ihn über einige Tage hinweg. Sorge dafür, dass der Zweig stets mit ausreichend Wasser versorgt ist.

Auswertung Protokolliere deine Beobachtungen und beantworte die folgenden Fragen:

1 Wie lange dauert es vom Aufblühen bis zum Verblühen der Blüte?
2 Welche Blütenteile fallen ab, welche bleiben erhalten?
3 Wie verändert sich der Fruchtknoten im Verlauf der Zeit?

2 Kirschzweig und geöffnete Kirschblüte

Von der Blüte zur Frucht

Der ganze Kirschbaum, unter dem du stehst, scheint zu summen. An einem warmen Frühlingstag besuchen ihn unzählige Bienen. Zielstrebig steuern sie die duftenden Blüten an.

1 Eine Biene auf einer Kirschblüte

Bestäubung durch Insekten

Pflanzen, die von Bienen oder anderen Insekten bestäubt werden, haben meist auffällige, duftende Blüten. Sie locken die Insekten an. In den Blüten finden sie eiweißreichen *Pollen* und einen süßen Saft, den *Nektar*, der an der Innenseite der Kronblätter gebildet wird. Bienen sammeln Nektar, um daraus Honig herzustellen. Auf dem Weg in die Blüte bleibt Pollen von den Staublättern am Haarkleid der Bienen hängen. Besuchen sie andere Blüten der gleichen Art, werden einige Pollenkörner aus ihrem Haarkleid an der klebrigen Narbe des Stempels der neuen Blüte abgestreift. Die Blüte wird somit *bestäubt*.

Befruchtung

Aus dem Pollenkorn, das auf der Narbe liegt, wächst ein Pollenschlauch durch den Griffel bis in den Fruchtknoten. Im Innern des Fruchtknotens befindet sich eine Samenanlage, die eine Eizelle enthält. Der Pollenschlauch wächst auf die Eizelle zu. Eine männliche Keimzelle dringt aus dem Pollenschlauch in die Eizelle ein. Ihr Kern verschmilzt mit dem Kern der Eizelle. Damit ist die Eizelle *befruchtet*.

Geschlechtliche Fortpflanzung

Die Staubblätter werden als männliche Organe, die Stempel als weibliche Organe bezeichnet. Wenn bei der Zeugung von Nachkommen zwei Geschlechter beteiligt sind, spricht man von *geschlechtlicher Fortpflanzung*.

Blüten, bei denen männliche und weibliche Organe gemeinsam vorkommen, nennt man *zwittrig*. Aus den *Samen* können neue Pflanzen heranwachsen.

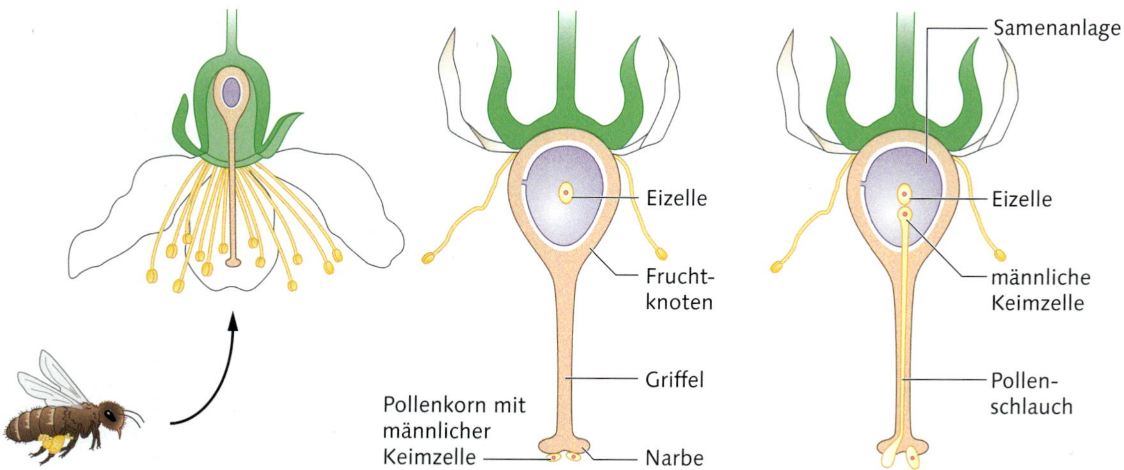

2 Von der Bestäubung zur Frucht

Verwandlung der Blüte

Nach der Befruchtung verändert sich die Blüte: Sie verblüht. Kelch-, Kron- und Staubblätter welken und fallen ab. Auch die Narbe vertrocknet. Im Innern des Fruchtknotens entwickelt sich aus der befruchteten Eizelle der Keimling. Er besitzt bereits eine Wurzel, einen Stängel und Blätter. Diese sind aber noch sehr klein.

Samen und Frucht

Der Samen besteht aus dem Keimling, einer Nährstoffreserve für dessen Entwicklung und der Samenschale.

Bei der Kirsche entsteht aus der inneren Schicht des Fruchtknotens die harte Schale des Steins um den Samen. Die mittlere Schicht lagert viel Wasser und Zucker ein. Sie wird zum süßen *Fruchtfleisch*. Die äußere Schicht entwickelt sich zur Haut der Kirsche. Der Samen und seine Hüllen bilden die Kirschfrucht. Der Reifungsvorgang dauert von Mai bis Mitte Juli. Die reifen Früchte einer Kirsche enthalten also jeweils einen einzelnen Samen, der von einer harten Steinschicht und von saftigem Fruchtfleisch umgeben ist. Man spricht, wie auch bei Pflaumen und Aprikosen, von einer *Steinfrucht*. Fällt eine reife Kirsche zu Boden, kann der Samen im nächsten Jahr keimen. Aus ihm wächst dann ein neuer Kirschbaum heran.

In Kürze

Bei der geschlechtlichen Fortpflanzung von Pflanzen sind Bestäubung und Befruchtung Voraussetzungen dafür, dass sich aus den Samenanlagen Samen entwickeln können. Sie bestehen aus Samenschale, Nährstoffreserve und dem Keimling. Teile des Fruchtknotens bilden die Hüllen, die den Samen umgeben. Samen und Hüllen bezeichnet man als Frucht.

Aufgaben

1 Beschreibe die Aufgabe der Bienen bei der Bestäubung der Kirschblüte.

2 Erläutere den Vorgang der Befruchtung. Begründe, weshalb man hier von sexueller Fortpflanzung spricht?

Exkurs **Bestäubung durch den Wind**

Bei vielen Pflanzen, zum Beispiel der Birke, übernimmt der Wind den Transport von Pollenkörnern auf die Narbe. Blüten, die vom Wind bestäubt werden, sind meist klein und unscheinbar. Sie produzieren jedoch riesige Mengen von Pollenkörnern, sodass zur Blütezeit oft ganze Blütenstaubwolken in der Luft zu beobachten sind. Durch die große Menge an Pollen ist es wahrscheinlich, dass trotz dieser eher zufälligen Verbreitung Pollen auf die klebrigen Narben fast aller weiblichen Blüten gelangt.

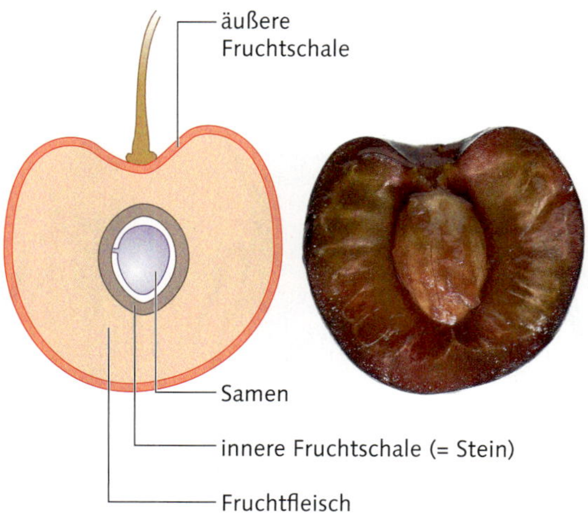

Die Honigbiene

Wenn du im Sommer durch die Landschaft gehst, kannst du an den Rändern von Rapsfeldern Bienenstöcke entdecken, die ein Imker aufgestellt hat. Von außen unscheinbar, offenbart ein Bienenstock im Innern eine faszinierende und fremdartige Welt.

1 Bienenstöcke am Rapsfeld

Blick in den Bienenstock
Blickt man gemeinsam mit einem Imker in einen Bienenstock, kann man mehrere nebeneinanderhängende Holzrähmchen erkennen. In diesen Rähmchen haben die Bienen Waben aus Wachs gebaut. Sie bestehen aus Tausenden sechseckigen Hohlräumen, den Zellen. Auf ihnen drängen sich die Bienen dicht an dicht.

Leben im Bienenvolk
In jedem Bienenstock lebt ein *Bienenvolk*. Es setzt sich aus *Arbeiterinnen, Drohnen* und der *Bienenkönigin* zusammen. Die Arbeiterinnen sind unfruchtbare Weibchen und die kleinsten und zahlenmäßig häufigsten Bienen im Bienenvolk. Während des Sommers können es über 50 000 sein. Zu ihren Aufgaben gehören unter anderem das Sammeln von Nektar und Pollen, das Pflegen und Füttern der Larven und das Bewachen des Fluglochs.

Die männlichen Tiere, die Drohnen, findet man nur in geringer Zahl. Sie sind größer als die Arbeiterinnen, haben große Augen und einen plumpen Körper. Ihre einzige Aufgabe ist die Begattung einer jungen Königin. Im Herbst werden die Drohnen aus dem Stock vertrieben und sie sterben.

Die Besonderheit der Königin
Die Aufgaben aller Bienen eines Volkes sind aufeinander abgestimmt. Es herrscht Arbeitsteilung. Eine solche Gemeinschaft von Insekten wird als *Insektenstaat* bezeichnet.

Die Königin ist meist von einer Schar Arbeiterinnen umgeben, die sie versorgen. Viele Imker markieren sie mit einem Farbplättchen, da es sonst sehr schwierig ist, diese einzelne große Biene zu finden. Die Königin ist das einzige fruchtbare Weibchen im Bienenvolk. Alle Nachkommen stammen von dieser Königin ab. Sie legt pro Tag über 1500 Eier.

2 Blick in einen Bienenstock: Rähmchen mit Waben

3 Honigbienen (Arbeiterin, Drohn und Königin)

4 Bienenkönigin, umringt von Arbeiterinnen

Vom Nektar zum Honig

Beim Besuch einer Blüte saugt die Biene mit ihrem Saugrüssel den Nektar in ihren *Honigmagen*.

Voll beladen mit Nektar und Pollen kommen die Bienen vom Sammelflug zu ihrem Stock zurück. Sie informieren die anderen Sammelbienen über ergiebige Futterquellen. Andere Bienen nehmen ihnen den gesammelten Pollen oder den Nektar ab. Der Pollen dient als eiweißhaltige Nahrung für die heranwachsenden Bienen. Der Nektar wird im Honigmagen mit eiweißhaltigen Stoffen der Bienen angereichert, anschließend in die Waben eingelagert und durch die Verdunstung von Wasser eingedickt. Die nun mit Honig gefüllten Waben werden mit einem Wachsdeckel verschlossen. Der Honig dient in der kalten und blütenlosen Zeit als Nahrung.

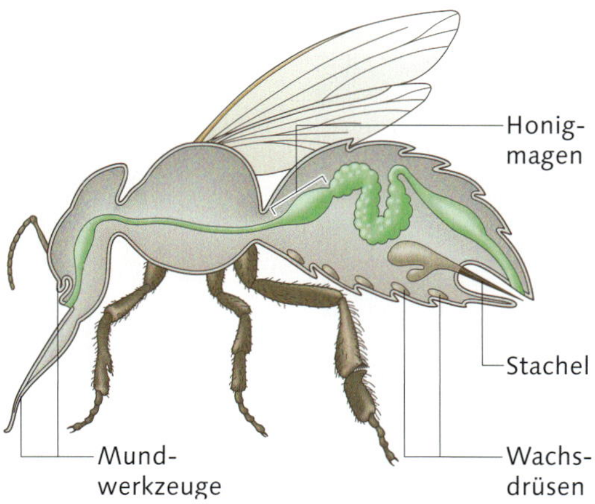

5 Besondere Organe der Honigbiene

Der Imker entnimmt im Spätsommer einen großen Teil des Honigs. Als Ersatz hierfür gibt er den Bienen Zuckerwasser.

Ohne Bienen weniger Obst

Viele Blütenpflanzen werden von Honigbienen bestäubt. Dabei werden Pollenkörner auf die Narbe einer Blüte übertragen. Erst jetzt ist die Entwicklung von Samen und Früchten möglich. Als »Gegenleistung« für diesen Dienst erhalten die Bienen Nektar und Pollen.

Fällt wegen eines Kälteeinbruchs die Bestäubung durch Bienen aus, weil diese bei niedrigen Temperaturen nicht ausfliegen, geht der Ernteertrag stark zurück oder entfällt ganz. Die Landwirtschaft ist bei der Bestäubung von Nutzpflanzen, wie zum Beispiel Raps, Erdbeeren oder Äpfel, auf Bienen angewiesen. Die Bienenvölker am Feldrand sind also nicht nur für den Imker, sondern auch für den Landwirt besonders nützlich.

In Deutschland schätzt man den Nutzwert der Bienen auf etwa vier Milliarden Euro. Damit sind sie nach Rindern und Schweinen das drittwichtigste Nutztier.

In Kürze

Honigbienen sind Staaten bildende Insekten. Ein Bienenvolk besteht aus einer Königin, einigen Drohnen und Tausenden Arbeiterinnen. Beim Sammeln von Nektar und Pollen erbringen Bienen eine wichtige Bestäubungsleistung.

Aufgaben

1 Beschreibe den äußeren Bau der drei Bienenwesen. Nenne ihre Aufgaben im Bienenvolk.

2 Begründe, weshalb Bienenstöcke in der Nähe von Rapsfeldern und Obstplantagen aufgestellt werden.

Verbreitung von Samen und Früchten

1 Wie kommt die Birke auf das Dach?

Pflanzen kannst du an den ungewöhnlichsten Orten finden. So wächst Löwenzahn auch auf Mauern und Birken, manchmal sogar in Dachrinnen. Dort wurden sie sicher nicht hingepflanzt. Aber wie gelangen sie dorthin?

Fliegen und Schweben

Viele Samen werden vom Wind verbreitet. Die *Flugfrüchte* des Löwenzahns besitzen einen Schirm aus kleinen Härchen, der sie im Wind wie ein Fallschirm durch die Luft trägt.

Die dünnen Häute der Samen von Birke und Feldulme wirken wie die Flügel eines Segelfliegers. Mit dem Wind gleiten sie durch die Luft. Die Früchte von Ahorn und Esche dagegen haben nur einen Flügel. Sie drehen sich wie der Rotor eines Hubschraubers, wenn sie zur Erde schweben.

Die Pflanzen produzieren sehr viele Samen. Dadurch erhöht sich die Wahrscheinlichkeit, dass sie auf fruchtbaren Boden fallen.

Streuen und Schleudern

Einige Pflanzen sorgen selbst für die Verbreitung ihrer Samen. In den reifen *Schleuderfrüchten* des Springkrauts entsteht beim Trocknen im Innern eine Spannung. Ist diese groß genug oder werden die Früchte berührt, platzt die Frucht auf und schleudert die Samen meterweit weg. Wenn sich die reifen Samenkapseln des Mohns im Wind neigen, verstreuen sie ihre Samen. Auch Glockenblumen und Löwenmäulchen besitzen solche *Streufrüchte*.

Schwimmen und Tauchen

Viele Wasserpflanzen wie der Wasserhahnenfuß und die Seerose bilden *Schwimmfrüchte*. Ihre Hohlräume sind mit Luft gefüllt. Dadurch treiben sie auf dem Wasser und können verbreitet werden. Kokosnüsse gelangen so oft über Tausende Kilometer zu neuen Stränden.

2 Das Springkraut hat Schleuderfrüchte.

3 Der Klatschmohn hat Streufrüchte.

4 Eichhörnchen legt Wintervorrat an.

Fressen und Verschleppen

Viele Pflanzen bilden farbige und schmackhafte Früchte. Dadurch werden Tiere angelockt, die sie verbreiten. Manchmal verlieren die Tiere Früchte beim Transport. Fressen sie die Früchte, werden die unverdaulichen Samen später mit dem Kot ausgeschieden. Einige Tiere, wie die Eichhörnchen, vergraben Samen als Wintervorrat. Da nicht alle Vorräte gefressen werden, können die übrigen im Frühjahr keimen. Andere Pflanzen wie das Schneeglöckchen, das Veilchen und die Taubnessel haben an ihren Samen fetthaltige Anhängsel, die den Ameisen als Nahrung dienen. Sie transportieren die Samen zu ihrem Bau. Dabei gehen einige verloren, die dann keimen können.

Klettfrüchte bleiben mit ihren Haken im Fell von Tieren hängen und werden so verbreitet.

5 Ameise trägt Samen mit Fettanhängsel.

Basiskonzept Struktur und Funktion

Die Samen und Früchte der Pflanzen sind sehr unterschiedlich aufgebaut. Sie werden auf sehr vielfältigen Wegen verbreitet. Samen, die von Tieren verbreitet werden, haben eine unverdauliche Schale. So werden die Samen, nachdem sie gefressen wurden, unversehrt wieder ausgeschieden. Der Bau und die Beschaffenheit der Samen, also ihre *Struktur*, ermöglichen ihre jeweilige Verbreitungsart. Das ist die *Funktion*. Diese Zusammenhänge, bei denen die Struktur bestimmte Funktionen ermöglicht, gibt es bei allen Lebewesen.

Reisen und Transportieren

Auch der Mensch verbreitet die Samen vieler Pflanzen unbeabsichtigt. In den Profilen von Schuhen können die Samen des Breitwegerichs transportiert werden. Ebenso verbreiten Autos, Eisenbahnen, Schiffe und Flugzeuge viele Samen weltweit. So wurden zum Beispiel der Riesen-Bärenklau und die Kanadische Goldrute unbewusst in Deutschland eingeschleppt. Hier breiten sie sich aus und verdrängen heimische Pflanzen.

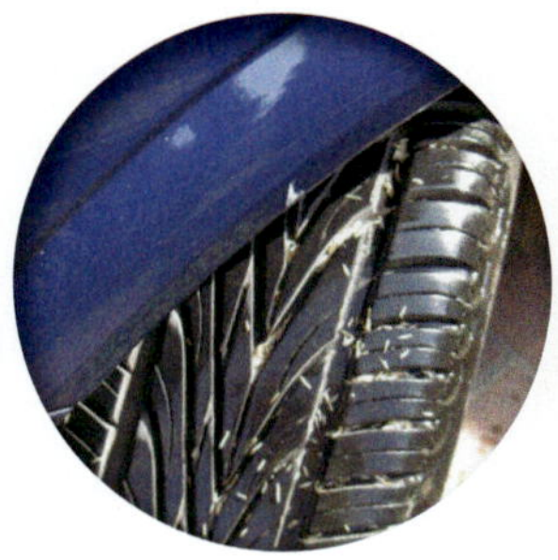

In Kürze

Früchte und Samen können durch Wind, Wasser, Tiere und den Menschen verbreitet werden. Die Verbreitungsart hängt vom Bau der Samen ab. Je mehr Samen produziert werden, desto größer ist die Wahrscheinlichkeit, dass sie auf fruchtbarem Boden landen.

Aufgaben

1 Beschreibe Beispiele für die verschiedenen Verbreitungsarten von Pflanzen.

2 Stelle Vermutungen darüber auf, weshalb für Pflanzen eine möglichst weite Verbreitung ihrer Samen von Vorteil ist.

3 Begründe, weshalb die Birke in Bild 1 in der Dachrinne wachsen kann.

Samen

A Flugverhalten von Früchten

Material Flugfrüchte verschiedener Waldbäume (Bergahorn, Linde, Hainbuche, Esche, Birke), Stoppuhr, Schere

Durchführung
- Lasst aus etwa zwei Meter Höhe nacheinander verschiedene Flugfrüchte zu Boden fallen. Beobachtet und vergleicht ihr Flugverhalten.
- Wiederholt den Versuch. Messt nun die Zeit mit der Stoppuhr, die jeder Samen für die gleiche Strecke benötigt. Protokolliert eure Beobachtungen und Messergebnisse.
- Entfernt mit einer Schere die Flugvorrichtungen der Früchte. Wiederholt den Versuch und messt wieder die Zeit. Protokolliert eure Beobachtungen.

Auswertung
1. Begründet die unterschiedlichen Flugzeiten.
2. Erläutert die Aufgaben der Flugvorrichtungen der Früchte.

1 Flugfrüchte verschiedener Pflanzen:
A Bergahorn; B Hainbuche; C Linde; D Esche; E Birke

2 Papiermodell einer Flugfrucht des Ahorns

B Bau eines Hubschraubermodells

Material Papier (DIN A5), Schere, Büroklammer

Durchführung
- Zeichne die Linien wie in Bild 2 auf dein Papier und schneide das Papier an den roten Linien ein. Die zwei Seitenteile des »Fußes« werden an den grünen Linien gefaltet. Unten wird eine Büroklammer angehängt. Die beiden Flügel müssen in die entgegengesetzte Richtung gefaltet werden.
- Lass deinen Papierflieger aus circa zwei Meter Höhe zu Boden fliegen. Beobachte.
- Wiederhole den Flugversuch, nachdem du die Büroklammer entfernt hast.

Auswertung
1. Beschreibe das unterschiedliche Flugverhalten.
2. Vergleiche die Bestandteile des Papierfliegers mit einer Ahornfrucht.

3 Große Klette und Frucht

C Die Klettfrucht

Material Früchte der Großen Klette, Klettverschluss, Lupe

Durchführung
- Betrachte die Frucht der Großen Klette mit der Lupe. Schaue genau die Enden der Fruchtblätter an.
- Betrachte die Teile eines Klettverschlusses mit der Lupe und zeichne sie.

Auswertung
1 Beschreibe die Klettmechanismen der Pflanze und des Klettverschlusses.
2 Beschreibe, wie die Früchte der Klette verbreitet werden.
3 Stelle Vermutungen auf, wie sich die Samen vom Fell lösen können.

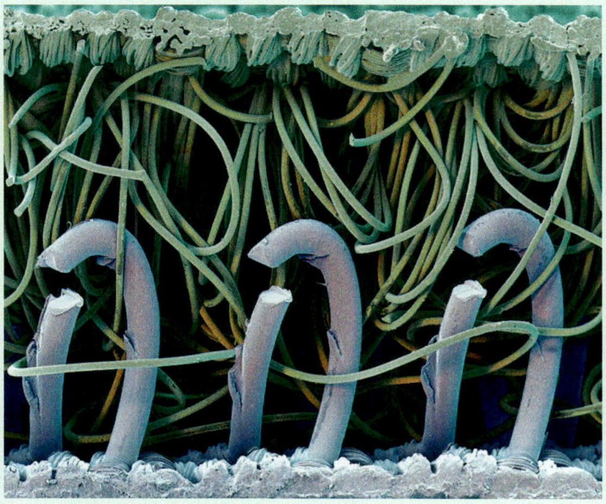

4 Mikroskopische Aufnahme: Klettverschluss

5 Scharfer Mauerpfeffer

D Verbreitung bei Regen

Material reife Früchte des Scharfen Mauerpfeffers, Petrischale, Wasser

Durchführung
- Betrachte die trockenen Früchte des Mauerpfeffers genau und zeichne eine Frucht.
- Fülle die Petrischale zur Hälfte mit Wasser. Lege einige Früchte hinein.
- Protokolliere deine Beobachtungen.

Auswertung
1 Erkläre die Verbreitung des Mauerpfeffers.
2 Da Mauerpfeffer an trockenen Wegrändern und auf Mauern und Felsen wächst, kannst du nun begründen, bei welchem Wetter die Samen verbreitet werden.

6 Scharfer Mauerpfeffer:
A Blütenstand; B Fruchtstand; C Frucht

Methode

Wie Naturwissenschaftler Lösungen finden

Hast du schon mal beobachtet, dass Grassamen auf Gartenerde keimen? Auf asphaltierten Wegen keimen die Samen aber nicht. Was sind die Voraussetzungen, damit Samen keimen? Biologen wollen das Leben auf der Erde verstehen. Wie alle Naturwissenschaftler beobachten sie die Natur, stellen Fragen und suchen deren Antworten. Dabei gehen sie nach einem festen Schema vor.

1 Beobachten Wenn du mit offenen Augen durch die Natur gehst, kannst du viele Dinge beobachten. Dazu musst du nur genau hinsehen. Auch Unwichtiges kann wichtig sein.

2 Fragen formulieren Leite aus deinen Beobachtungen Fragen ab. Formuliere die Fragen möglichst genau. Sie sollten nach einem bestimmten Ziel fragen.

3 Hypothesen aufstellen Versuche auf der Grundlage deiner Beobachtungen begründete Vermutungen aufzustellen. Das sind Hypothesen. Um diese Hypothesen zu überprüfen, plant man einen Lösungsweg. Dies kann zum Beispiel ein Versuch sein.

2 Die Grassamen sind gekeimt.

1 Im Garten wurde Rasen gesät.

4 Versuch planen Überlege dir einen Versuch, mit dem man die Hypothesen überprüfen kann. Beginne dazu ein Versuchsprotokoll wie in Bild 3.

5 Versuch durchführen Führe den Versuch nach der Anleitung durch. Arbeite sorgfältig und sauber. Räume nach dem Versuch alle Materialien wieder weg. Protokolliere deine Messergebnisse in einer Tabelle.

6 Beobachtungen protokollieren Alle Veränderungen, die du während eines Versuchs sehen kannst, sind Beobachtungen. Dabei können auch scheinbar unwichtige Beobachtungen später wichtig sein. Beobachte deshalb sorgfältig und protokolliere alle Veränderungen in deinem Versuchsprotokoll.

7 Fehlerdiskussion Überlege, ob es bei dem Versuch zu Fehlern in der Durchführung gekommen ist. Hast du alle Vermutungen überprüft? Falls du Fehler entdeckst, kannst du deine Planung anpassen und den Versuch erneut durchführen. Manchmal kann man auch trotz ungenauer Messergebnisse zu einem eindeutigen Versuchsergebnis gelangen.

Versuchsprotokoll

Problemfrage:

Vermutungen:

Material:
Liste alle für den Versuch nötigen Geräte und Stoffe auf.

Skizze:
Fertige eine übersichtliche Skizze mit Bleistift an. Achte darauf, dass alle Materialien in der richtigen Anordnung zu sehen sind. Beschrifte die Skizze.

Durchführung:
Beschreibe kurz und präzise die Schritte der Durchführung des Versuchs. So können auch andere diesen Versuch nach der Anleitung durchführen.

Beobachtungen:
Protokolliere deine Beobachtungen genau. Alle Veränderungen, die du während des Versuchs erkennen kannst, müssen protokolliert werden. Bei einigen Versuchen müssen auch Messergebnisse notiert werden. Dies macht man übersichtlich in einer Tabelle.

Auswertung:
Leite hier aus deinen Beobachtungen deren Bedeutung in Bezug zu den Vermutungen ab.

Antwort:
Formuliere eine Antwort auf die Problemfrage.

3 Vorlage für ein Versuchsprotokoll

8 Auswertung Deute deine Beobachtungen im Hinblick auf deine zuvor aufgestellte Hypothese. Formuliere eine Antwort auf die Problemfrage.

Aufgabe

1 Suche nach weiteren Möglichkeiten, Hypothesen auf ihre Richtigkeit zu überprüfen.

Praktikum

Keimung

Damit Samen keimen können, müssen mehrere Bedingungen erfüllt sein. Um diese Bedingungen einzeln zu untersuchen, musst du mehrere Versuche durchführen.

Material 6 Petrischalen, Kressesamen, Erde, Löffel, Wasser, Watte, Tiefkühlbeutel, Trinkhalm, Gummiband, Schuhkarton

Durchführung
In fünf Schalen werden mehrere Kressesamen ausgesät. In jeder Schale verändert man nur eine der Lebensbedingungen Wasser, Erde, Luft, Licht oder Wärme. Alle Petrischalen werden mit der jeweils fehlenden Bedingung beschriftet.

A Wasser
Fülle eine Schale mit trockener Erde und lege die Samen darauf.

B Erde
Lege eine Schale mit feuchter Watte aus und gib die Samen darauf.

C Luft
Fülle eine Schale mit feuchter Erde und gib die Samen darauf. Stelle die Schale in einen Tiefkühlbeutel und sauge die Luft mit einem Trinkhalm heraus. Verschließe den Beutel möglichst luftdicht mit einem Gummiband.

D Licht
Fülle eine Schale mit feuchter Erde und gib die Samen darauf. Stelle die Schale in einem Schuhkarton dunkel.

E Wärme
Fülle eine Schale mit feuchter Erde und gib die Samen darauf. Stelle die Schale in einen kalten, hellen Raum.

F Kontrollversuch
- Fülle eine weitere Schale mit feuchter Erde und gib die Samen dazu. Biete Luft, Licht und Wärme.
- Prüfe nach 3 bis 7 Tagen in jeder Schale, wie viele Samen gekeimt sind. Vergleiche die Keimlinge miteinander.
- Protokolliere deine Beobachtungen in einer Tabelle.

Auswertung
Welche Bedingungen müssen erfüllt sein, damit Samen keimen können?

1 Versuch ohne Wasser

2 Versuch ohne Erde

3 Versuch ohne Luft

4 Versuch ohne Licht

5 Versuch ohne Wärme

6 Kontrollversuch

Die Keimung der Feuerbohne

»Chili con Carne« ist ein südamerikanisches Nationalgericht, das auch bei uns gerne gegessen wird. Eine wichtige Zutat ist die Feuerbohne. Sie stammt aus Südamerika, wo sie schon seit 8000 Jahren angebaut wird. Feuerbohnensamen enthalten viele Nährstoffe und können getrocknet einfach und lange gelagert werden.

1 Samen der Feuerbohne

Der Nährstoffvorrat dient dem Keimling

Im Innern jeder Bohne ist ein winziger *Keimling* angelegt. Steckt man eine Bohne in feuchte Erde, so nimmt sie Wasser auf und fängt an zu *quellen*. Damit beginnt die *Keimung*: Die *Keimwurzel* bricht durch die *Samenschale* und wächst mit der Schwerkraft nach unten in die Erde. Der *Keimstängel* streckt sich entgegengesetzt und zieht dabei die beiden *Keimblätter* aus der Samenschale. Die Stärkereserven in den beiden Keimblättern benötigt der Keimling zum Wachsen, bis er die ersten Laubblätter gebildet hat.

Die Feuerbohne ist eine Kletterpflanze

Die Feuerbohne ist eine schnell wachsende, buschige Kletterpflanze. Sie windet sich an Gegenständen empor. Die Blüten sind feurig rot oder weiß. Aus den bestäubten Blüten wachsen lange Hülsenfrüchte mit den neuen Bohnensamen heran.

In Kürze

Die Keimung der Bohnensamen beginnt mit der Quellung. Dann treiben die Keimwurzel und der Keimstängel aus. Die in den Keimblättern gespeicherten Nährstoffe werden vom Keimling während der Keimung zum Wachstum genutzt.

Aufgaben

1 Beschreibe in Stichpunkten den Vorgang der Keimung.

2 Wenn die ersten Laubblätter gebildet werden, verschwinden die Keimblätter. Suche nach einer Begründung.

2 Die Keimung der Feuerbohne

Wie Pflanzen wachsen

A Wir messen das Pflanzenwachstum

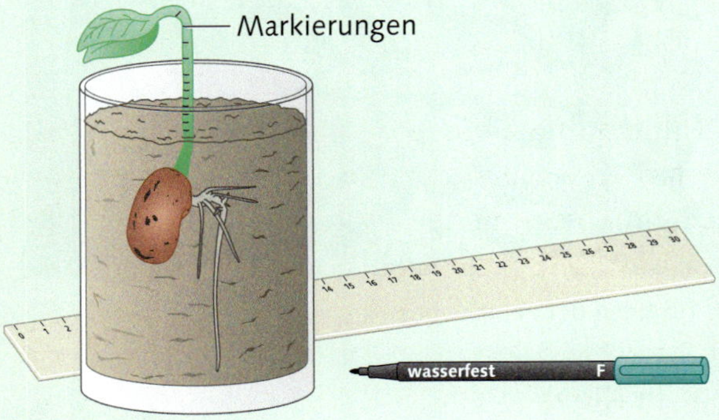

1 Stängelwachstum

Material Becherglas, feuchte Erde, gequollene Samen der Feuerbohne, wasserfester Stift, Lineal

Durchführung Fülle das Becherglas mit feuchter Erde. Drücke eine Bohne am Rand des Glases in die Erde, sodass du sie sehen kannst. Stelle das Glas hell und warm. Halte die Erde im Glas feucht. Warte, bis der Keimstängel zwei Zentimeter aus der Erde ragt. Zeichne mit einem wasserfesten Stift im Abstand von zwei Millimetern Markierungsstriche vorsichtig auf den Keimstängel.

Miss täglich zwei Wochen lang die gesamte Länge des Stängels und die Abstände zwischen den Markierungen. Beobachte auch das Längenwachstum der Keimwurzel. Protokolliere deine Beobachtungsergebnisse in einer Tabelle.

Auswertung Beschreibe das Wachstum des Keimstängels. Erstelle wie im Beispiel unten eine Wachstumskurve.

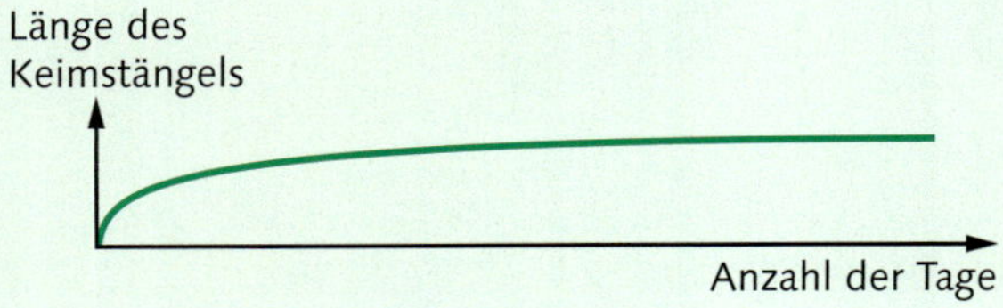

2 Beispiel für eine Wachstumskurve

B Pflanzen orientieren sich zum Licht

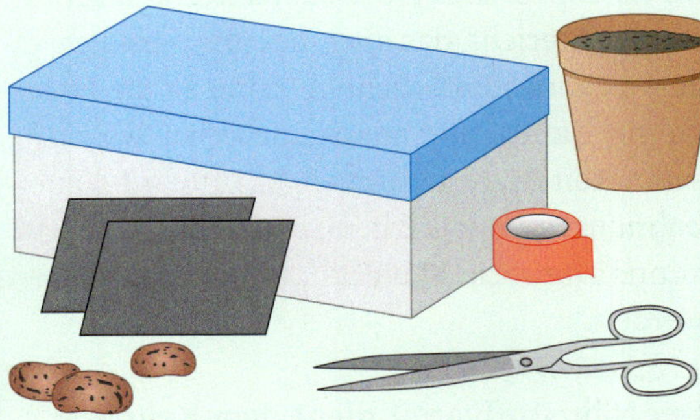

3 Material zum Versuch

Material Blumentopf, feuchte Erde, gequollene Samen der Feuerbohnen, Schuhkarton, Pappstreifen, Schere, Klebeband

Durchführung Pflanze die Samen in den Blumentopf. Warte, bis sich ein Keimling entwickelt hat. Klebe zwei Streifen Pappe versetzt in den Karton, sodass ein Labyrinth entsteht. In eine Ecke des Deckels schneidest du ein Loch. Stelle den Topf mit dem Keimling in den Schuhkarton. Lege den Deckel auf den Schuhkarton, sodass das Loch dem Keimling gegenüberliegt. Stelle den Schuhkarton an einen hellen, warmen Platz. Halte die Erde im Blumentopf feucht. Betrachte nach einer Woche die Pflanze im Schuhkarton.

Auswertung Beschreibe und zeichne das Wachstum der Pflanze. Erkläre das Wachstum der Pflanze im Labyrinth.

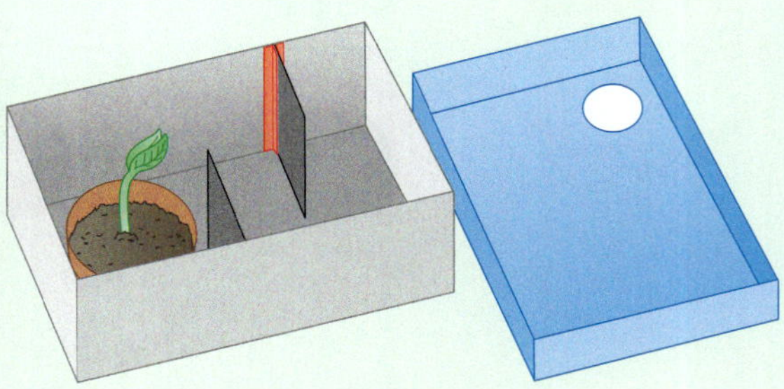

4 Pflanzen orientieren sich zum Licht.

Vermehrung ohne Samen

Die meisten Blütenpflanzen vermehren sich geschlechtlich, indem sich aus den bestäubten Blüten Früchte und Samen entwickeln. Einige Pflanzen können sich aber auch ohne Samen fortpflanzen. Diese *ungeschlechtliche Fortpflanzung* ermöglicht es ihnen, sich schnell an einem Standort auszubreiten.

Sprossausläufer
Die Erdbeere bildet *Sprossausläufer,* aus denen *Ableger* hervorgehen. Wenn die bogenförmigen Sprosse mit ihren Spitzen den Boden erreichen, beginnen sie zu wurzeln und bilden neue Sprosse. Auch die Grünlilie bildet an langen Sprossausläufern Ableger.

Bildung von Brutknospen
Die Brutblattpflanze bildet am Rand ihrer Blätter kleine Ableger. Das sind winzige Pflanzen mit Wurzeln und Blättern. Wenn sie auf die Erde fallen, wachsen sie schnell fest und entwickeln sich zu ausgewachsenen Pflanzen.

Stecklingsvermehrung
Viele Pflanzen kann man durch *Stecklinge* vermehren. Die Blätter der Begonie bilden Wurzeln, wenn man sie in feuchte Erde steckt. Daraus wachsen neue Begonien heran. Da man Blätter in die Erde steckt, nennt man sie *Blattstecklinge.* Bei der Weide oder der Geranie reicht es aus, einen Zweig in Wasser zu stellen. Es bilden sich neue Wurzeln. Man spricht hier von *Sprossstecklingen.*

Knollen und Zwiebeln

Pflanzen wie die Kartoffel oder die Tulpe bilden unterirdisch *Knollen* oder *Zwiebeln.* Aus jeder Knolle oder Zwiebel kann sich eine neue Pflanze entwickeln. An den Kartoffelknollen gibt es sichtbare Vertiefungen, die als »Augen« bezeichnet werden. In diesen Vertiefungen sitzen Seitenknospen, aus denen sich Sprosse und Blätter entwickeln.

In Kürze
Manche Pflanzen können sich auch ungeschlechtlich vermehren. Dazu bilden sie Knollen, Zwiebeln, Ausläufer oder Ableger. Bestimmte Pflanzen lassen sich auch über Stecklinge vermehren.

Aufgabe

1 Zäune, die aus in die Erde gesteckten Weidezweigen bestehen, schlagen aus und bekommen grüne Blätter. Erkläre.

1 Ableger der Grünlilie

2 Ableger der Brutblattpflanze

3 Blattsteckling der Begonie

Bestimmungsmerkmale

1 Wilde Möhre

Die Wilde Möhre gehört zur Pflanzenfamilie der Doldenblütengewächse. Im Bau der Blüten, aber auch der Blätter zeichnen sich die Angehörigen einer Pflanzenfamilie durch typische Merkmale aus.

Willst du den Namen einer Pflanze herausfinden oder bestimmen, zu welcher Familie oder Art eine bestimmte Pflanze gehört, musst du deren typische Merkmale erkennen. Dazu schaut man sich meist die Blüten und Blätter genauer an. Es reicht nicht aus, ein einziges Merkmal, beispielsweise die Blütenfarbe, zu beachten. Die ganze Pflanze, zumindest aber ihre oberirdischen Teile, müssen bei der Bestimmung berücksichtigt werden.

Bau der Blüten

Blüten bestehen meist aus Kelchblättern, Kronblättern, Staubblättern und dem Stempel. Blüten, die sowohl Staubblätter als auch einen Stempel besitzen, bezeichnet man als *zwittrige* Blüten. Männliche Blüten haben zwar Staubblätter, aber keinen Stempel. Weibliche Blüten besitzen einen Stempel, Staubblätter fehlen.

Neben dem Geschlecht unterscheiden sich Blüten auch im Hinblick auf ihre Symmetrie. Beispielsweise erkennt man beim Wiesensalbei *achsensymmetrische* Blüten, die sich in einer Ebene spiegeln. Die *drehsymmetrische* Blüte des Gänseblümchens spiegelt sich dagegen in vielen Ebenen.

Viele Blüten – ein Blütenstand

Ein weiteres Bestimmungsmerkmal ist die Anordnung der Blüten. Selten stehen die Blüten einzeln, meist sind sie zu mehreren in *Blütenständen* angeordnet. *Traube, Ähre* und einfache *Dolde* bezeichnet man als einfache Blütenstände. *Rispe* und Dolde sind zusammengesetzte Blütenstände. Bei manchen Arten stehen die Blüten in Körbchen, die von Hüllblättern umgeben sind.

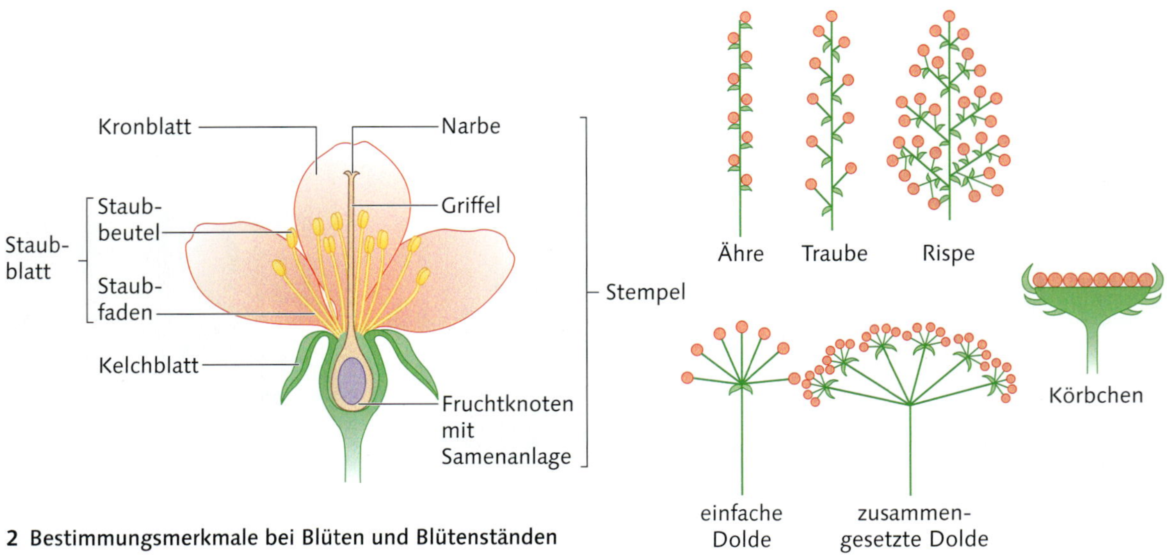

2 Bestimmungsmerkmale bei Blüten und Blütenständen

Aussehen der Laubblätter

Die Gestalt der Blätter kann sehr unterschiedlich sein. Bei einfachen Blättern ist die Blattfläche ungeteilt, der Rand jedoch oft *gelappt, gekerbt, gebuchtet, gezähnt* oder *gesägt*. Zusammengesetzte Blätter bestehen aus mehreren voneinander getrennten Blättchen. Sie werden als *gefingerte* oder *gefiederte* Blätter bezeichnet. Auch der Verlauf der Blattadern oder die Beschaffenheit der Blattoberfläche sind wichtige Merkmale.

Beschaffenheit des Stängels

Der Stängel kann rund oder kantig, glatt oder fein behaart sein. Ein weiteres Bestimmungsmerkmal ist die Stellung der Blätter am Stängel. Sie können *gegenständig, wechselständig* oder *quirlständig* sein.

In Kürze

Der Bau und die Anordnung der Blüten sowie die Blattform und Blattstellung sind eindeutige Bestimmungsmerkmale.

Aufgabe

1 Sammle Blätter, Blüten und Blütenstände verschiedener Pflanzen und untersuche sie auf ihre Merkmale. Zeichne und beschreibe sie und verwende dabei die hier aufgeführten Begriffe.

3 Blattmerkmale

Methode

Pflanzen bestimmen

Bestimmung nach Blüte und Standort

Die Namen häufiger Pflanzen kann man meist auf einfache Weise mit einem Bildbestimmungsbuch herausfinden. Da jedem Betrachter zunächst die Blütenfarbe auffällt, ist sie das leitende Merkmal. Für eine genaue Bestimmung müssen aber noch weitere Aspekte berücksichtigt werden, zum Beispiel der Standort und die Blütenform.

Zum Bestimmen ist es nicht nötig, die Pflanze abzupflücken!

Hast du auf einer Wiese beispielsweise eine gelb blühende Pflanze gefunden, kannst du so vorgehen:

1 Welche Farbe haben die Blütenblätter? Suche im Buch die Markierungen, die der Blütenfarbe entsprechen.

2 Wo wächst die Pflanze? Suche in der Kopfzeile den Standort.

3 Welche Form hat die Blüte? Auf den Seiten befinden sich verschiedene Blütensymbole. Über die Form der Blüte gelangst du zu verschiedenen Fotos oder Zeichnungen. Vergleiche sie mit der gefundenen Pflanze.

2 Bestimmungsbuch mit farbigen Randleisten und Blütensymbolen

1 Bestimmen von Pflanzen im Gelände

Weitere interessante Informationen kannst du dem Text des Buches entnehmen. Diese zusätzlichen Informationen erleichtern das Bestimmen. So erfährst du zum Beispiel etwas über den Zeitpunkt der Blüte, den typischen Geruch der Pflanze und ob diese möglicherweise giftig ist.

Mit etwas Übung findet man sich im Bestimmungsbuch immer schneller zurecht.

Mögliche Probleme

Zwar ist die Bestimmung mit einem Bildbestimmungsbuch meist schnell und auch eindeutig. Mitunter bleiben aber Zweifel, da die gefundene Pflanze mit keinem der Bilder übereinstimmt. Dies kann mehrere Gründe haben. Manchmal sieht die Pflanze auf dem Bild vielleicht etwas größer oder kleiner aus als die echte Pflanze. Oder ihre Wuchsform ist unterschiedlich.

Handelt es sich bei der gefundenen Pflanze um eine seltene Pflanze, kann es sein, dass sie gar nicht im Bestimmungsbuch enthalten ist.

Manchmal sehen sich Bilder verschiedener Pflanzen sehr ähnlich, sodass sie leicht verwechselt werden können.

Methode

Bestimmung mit einem Bestimmungsschlüssel

Der Umgang mit einem Bestimmungsschlüssel ist eine eindeutigere Methode der Pflanzenbestimmung.

Solche Schlüssel sind wie ein regelmäßig verzweigter Baum aufgebaut. An jeder Verzweigungsstelle gibt es zwei Entscheidungsmöglichkeiten: Entweder trifft das eine genannte Merkmal zu oder das andere. So geht man Schritt für Schritt weiter, bis man zum Namen der gesuchten Pflanze gelangt.

Da ein Bestimmungsschlüssel alle typischen Merkmale der einzelnen Arten enthält, lernt man diese bei der Bestimmung kennen. Meist liefern auch hier Blüten und Blätter die Bestimmungsmerkmale.

Für einige der etwa 100 einheimischen Lippenblütler ist in Bild 3 ein Bestimmungsschlüssel zusammengestellt.

A Weiße Taubnessel
B Kriechender Günsel
C Gundermann
D Wiesensalbei
E Rote Taubnessel

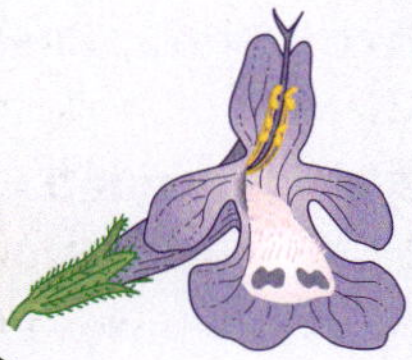

Start

- Blüten nur mit deutlicher Unterlippe → **Kriechender Günsel**
- Blüten mit deutlicher Ober- und Unterlippe
  - Blätter nicht nesselartig, Blüten blau oder blauviolett
    - Blätter rundlich nierenförmig, Stängel niederliegend → **Gundermann**
    - Blätter länglich, oval, Stängel aufrecht → **Wiesensalbei**
  - Blätter nesselartig, Blüten andersfarbig
    - Blätter lang zugespitzt, Blüten weiß → **Weiße Taubnessel**
    - Blätter eiförmig-dreieckig, Blüten purpurrot → **Rote Taubnessel**

3 Bestimmungsschlüssel für häufige Lippenblütengewächse

Ein Herbar anlegen

Eine Sammlung von Blättern hilft dir, die Pflanzen deiner Umgebung kennenzulernen. Hast du ein solches Blattherbar erst einmal begonnen, bekommst du einen Überblick über die Pflanzenwelt der Umgebung.

Im Folgenden wird dir gezeigt, wie du die Blätter dauerhaft aufheben kannst.

Material Du benötigst eine Pflanzenpresse. Diese kannst du aus zwei Holzplatten und einem Stapel Tageszeitungen selbst herstellen. Zum Beschweren kann man Steine oder dicke Bücher verwenden. Später brauchst du noch DIN-A4-Zeichenkarton, durchsichtige Klebestreifen und Stifte.

1 Verschiedene Laubblätter

Durchführung

A Sammeln und Bestimmen

Pflanzen sind Lebewesen! Überlege dir daher genau, was du sammeln möchtest. Nimm so wenig Blätter wie nötig! Folgende Fragen können dir bei der Auswahl der Pflanzen helfen:

- Welche Pflanzen sind bei euch häufig?
- An welchen Standorten kommen sie vor?

Versuche die Standorte zu beschreiben und mache dir Notizen.

Bestimme die Pflanzen gegebenenfalls mit dem Bestimmungsbuch.

B Trocknen und Pressen

Trockne die Blätter vor dem Aufkleben gut, sonst rollen sie sich später ein. Lege sie dazu zwischen einen Stapel Zeitungen, den du oben mit einer Holzplatte bedeckst und mit einem Stein beschwerst.

Je länger die Blätter trocknen, umso besser ist es. Mindestens zwei Wochen sind dafür notwendig.

2 Schrittfolge für ein Herbar

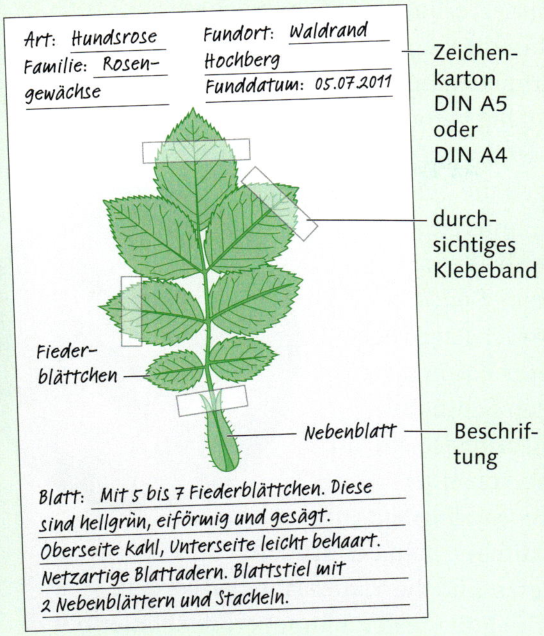

3 Fertiger Herbarbogen

4 Ausstellung im Klassenraum

C Beschriften

Notiere auf dem Blatt Datum und Fundort.

Beschreibe Blattform, Blattrand, Blattoberfläche, Behaarung und den Verlauf der Blattadern. Denkbar ist auch eine Beschriftung mit dem Computer.

D Aufkleben

Jedes Blatt wird einzeln auf einen Zeichenkarton im Format DIN A4 gelegt. Klebe das Laubblatt mit durchsichtigen Klebestreifen vorsichtig auf den Zeichenkarton.

Denke daran, dass das Laubblatt nach dem Trocknen hart ist und leicht bricht.

Ergebnisse vorstellen Überlegt euch, wie ihr eure Ergebnisse vorstellen könnt. Vielleicht gestaltet ihr mit einigen besonders schönen Blättern eine kleine Ausstellung im Klassenraum oder im Schulgebäude.
Später kannst du die Sammlung in einer Mappe aufbewahren oder die Wände deines Zimmers damit verschönern.

Pflanzenfamilien – eine Auswahl

Lippenblütengewächse

Die Lippenblütengewächse sind leicht zu erkennen: Die verwachsenen Kronblätter ihrer Blüten bilden eine *Oberlippe* und eine *Unterlippe*. In der Blüte verborgen liegt der Fruchtknoten, meist mit einem langen Stempel. Die Sprossachse ist vierkantig und innen hohl. Lippenblütengewächse haben gekerbte oder gezähnte Blätter. Immer zwei Blätter stehen einander gegenüber, einmal nach links und rechts, dann nach vorne und hinten. Beim Zerreiben entwickeln die Blätter einen jeweils typischen, würzigen Geruch.

Bekannte einheimische Arten sind Pfefferminze, Taubnesseln und Goldnessel, Wiesensalbei und Gundermann. Zu den Gewürzpflanzen zählen Bohnenkraut, Majoran, Thymian und Basilikum. In der Heilkunde werden Melisse und Wiesensalbei bei der Behandlung von Infektionen eingesetzt. Tee aus Pfefferminzblättern wirkt beruhigend und lindert Verdauungsstörungen. Lavendel und Rosmarin sind Bestandteile von Parfüms.

Schmetterlingsblütengewächse

Schmetterlingsblütengewächse haben spiegelsymmetrische Blüten. Die Kronblätter sind auffällig geformt: Das große, obere Kronblatt bildet die *Fahne*. Seitlich sitzen die beiden *Flügel*. Die unteren zwei Kronblätter sind zu einem *Schiffchen* verwachsen. Wegen dieser Form, die an einen Schmetterling erinnert, spricht man von einer *Schmetterlingsblüte*. Im Schiffchen sind der Fruchtknoten und die Staubblätter verborgen.

Die Früchte der Schmetterlingsblütler nennt man *Hülsen*. Im Innern der Hülsen befinden sich die Samen.

Bekannte Vertreter der Familie sind Bohnen, Erbsen, Linsen und Sojabohnen. Ihre *Hülsenfrüchte* sind nährstoffreiche Nahrungsmittel.

Häufige heimische Wildpflanzen sind Wicke und Klee, aber auch Luzerne und Lupine. Sie sind als Futterpflanzen für Tiere sehr geschätzt.

Zu den Schmetterlingsblütengewächsen gehören neben krautigen Pflanzen auch Bäume und Sträucher wie zum Beispiel die Robinie, viele Ginsterarten und der giftige Goldregen.

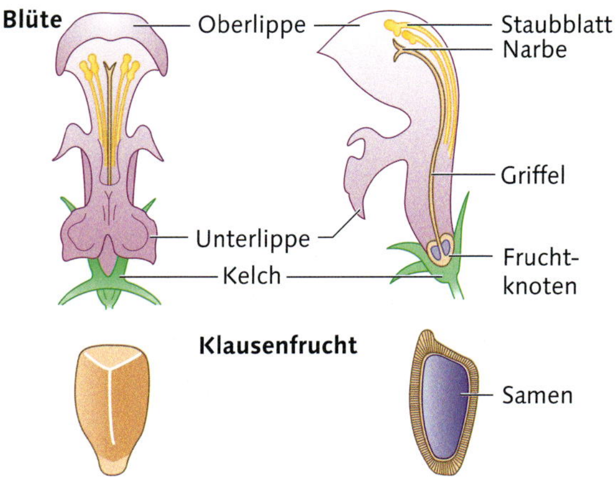

1 Blüte und Frucht der Lippenblütengewächse

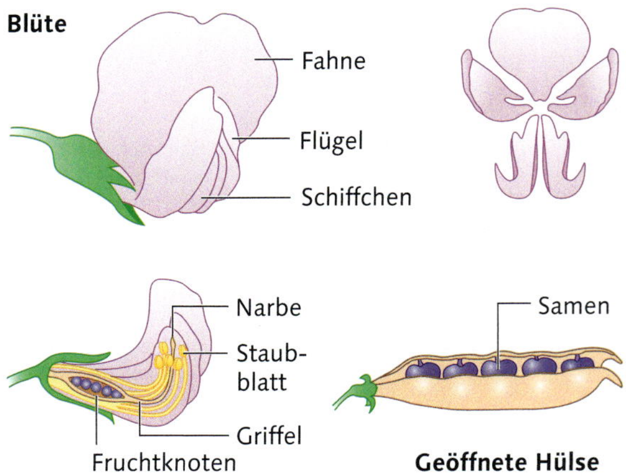

2 Blüte und Frucht der Schmetterlingsblütengewächse

Korbblütengewächse

Die Korbblütengewächse besitzen einen Blütenstand, den man für eine einzige Blüte halten könnte. Beispielsweise finden sich über 100 kleine Einzelblüten im »Kopf« der Sonnenblume. Da diese Blüten wie in einem Korb angeordnet sind, fasst man solche Pflanzen zur Familie der Korbblütengewächse oder *Korbblütler* zusammen.

Bei der Sonnenblume bilden *Zungenblüten* mit ihren gelben Blütenblättern einen auffälligen Rand. Dieser lockt Insekten zur Bestäubung an. Im Innern stehen viele kleine unauffällige *Röhrenblüten* dicht beieinander. Ihre Kelchblätter und winzigen Kronblätter sind jeweils zu einer Röhre verwachsen. Im Innern befinden sich Fruchtknoten und Staubblätter. Aus den Röhrenblüten entstehen nach der Bestäubung viele Früchte.

Bekannte Vertreter sind neben der Sonnenblume zum Beispiel Löwenzahn, Gemeine Wegwarte und Wiesenschafgarbe.

Der Mensch nutzt Teile einiger Korbblütengewächse als Nahrung, aber auch als Heilmittel oder Gewürzpflanze.

Rosenblütengewächse

Die Familie der Rosenblütengewächse ist sehr vielgestaltig. Ihr gehören neben Heckenrose, Erdbeere und Brombeere auch Obstbaumarten wie Apfel, Birne, Pfirsich, Pflaume und Kirsche an.

Außerdem sind viele Wildkräuter und Heilpflanzen Rosenblütengewächse. Allen gemeinsam ist eine Blütenhülle aus fünf Kelchblättern und fünf Kronblättern. Die Blätter der Blütenhülle sind nicht miteinander verwachsen. Nach innen folgt ein Kranz aus vielen Staubblättern. Der Blütenboden ist angefüllt mit zahlreichen Fruchtknoten.

Die Früchte der Rosenblütengewächse werden *Nuss* oder *Nüsschen* genannt. Der Blütenboden verdickt sich zum Fruchtfleisch und schließt die Nüsschen im Innern ein. Man spricht daher von einer *Sammelfrucht*.

Aufgaben

1 Vergleiche die Merkmale der dargestellten Blütenpflanzen mit Hilfe einer Tabelle.

2 Zungenblüten sind unfruchtbar. Begründe diesen Sachverhalt.

3 Erläutere die Bedeutung der Rosenblütengewächse.

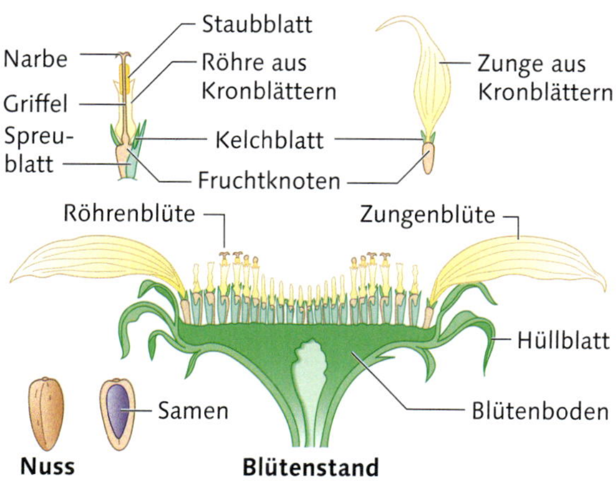

3 Blüte und Frucht der Korbblütengewächse

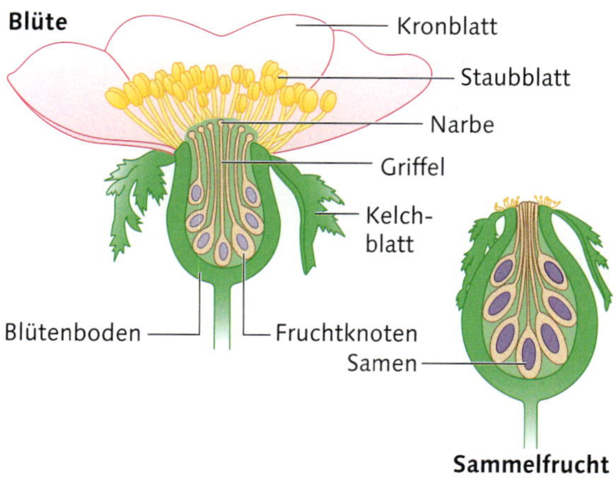

4 Blüte und Frucht der Rosenblütengewächse

Pflanzen in der Umgebung

1 Der Grundbauplan von Blütenpflanzen

1 Bau einer Blütenpflanze

In Bild 1 ist eine typische Blütenpflanze dargestellt.

a Benenne die einzelnen Organe dieser Blütenpflanze.

b Ordne den einzelnen Bestandteilen entsprechende Funktionen zu.

2 Fortpflanzung bei Pflanzen

a Beschreibe die beiden Bilder unten.

b Welche Form der Fortpflanzung ist hier dargestellt?

c Nenne zwei weitere Beispiele dieser Fortpflanzungsform bei Pflanzen.

2 Fortpflanzung beim Geldbaum, Blatt auf dem Boden (A), junger Geldbaum (B)

3 Der Bau der Blüten

3 Legebild einer Apfelblüte

Bild 3 zeigt das Legebild einer Apfelblüte.

a Ordne das Blütendiagramm einer Pflanzenfamilie zu. Begründe deine Entscheidung.

b Nenne drei Vertreter dieser Pflanzenfamilie.

c Übertrage folgende Tabelle in dein Heft und vervollständige sie:

Teile einer Blüte und ihre Funktion

Blütenteil	Farbe	Funktion
Fruchtblatt		
	Gelb	
		Schutz

d Leite aus dem Legebild unten die Blütenmerkmale der Kreuzblütengewächse ab.

4 Legebild einer Kreuzblüte

4 Früchte und Samen

5 Welche Flugfrucht passt zu welchem Flugobjekt?

a Ordne den Flugfrüchten in Bild 5 ein Flugobjekt zu. Begründe.
b Stelle Vermutungen an, welche Verbreitungsform der Samen der Teufelskralle in Bild 6 nutzt. Nenne weitere Verbreitungsformen.

6 Samen der Teufelskralle

Auf den Punkt gebracht

Pflanzen in der Umgebung

- Bäume, Sträucher und Kräuter gehören zu den Blütenpflanzen. Trotz unterschiedlichen Aussehens ist der Grundbauplan aller Blütenpflanzen gleich.

- Die drei Grundorgane einer Blütenpflanze sind Wurzel, Sprossachse und Blatt. Sie erfüllen unterschiedliche Funktionen für die Pflanze.

- Blüten dienen der geschlechtlichen Fortpflanzung. Bei der Bestäubung gelangt Pollen auf die Narbe des Stempels. Bei der anschließenden Befruchtung verschmelzen Pollenkern und Samenanlage. Jetzt entstehen Früchte mit Samen. Diese werden durch Tiere, Wind oder Wasser verbreitet.

- Samen enthalten neben dem Embryo Nährstoffe, die der Keimling während der Keimung zum Wachstum benötigt.

- Blütenpflanzen werden nach entsprechenden Blütenmerkmalen in bestimmte Pflanzenfamilien eingeteilt.

- Pflanzen können sich auch ohne Samen vermehren. Man bezeichnet dies als ungeschlechtliche Fortpflanzung.

Bau und Leistungen des menschlichen Körpers

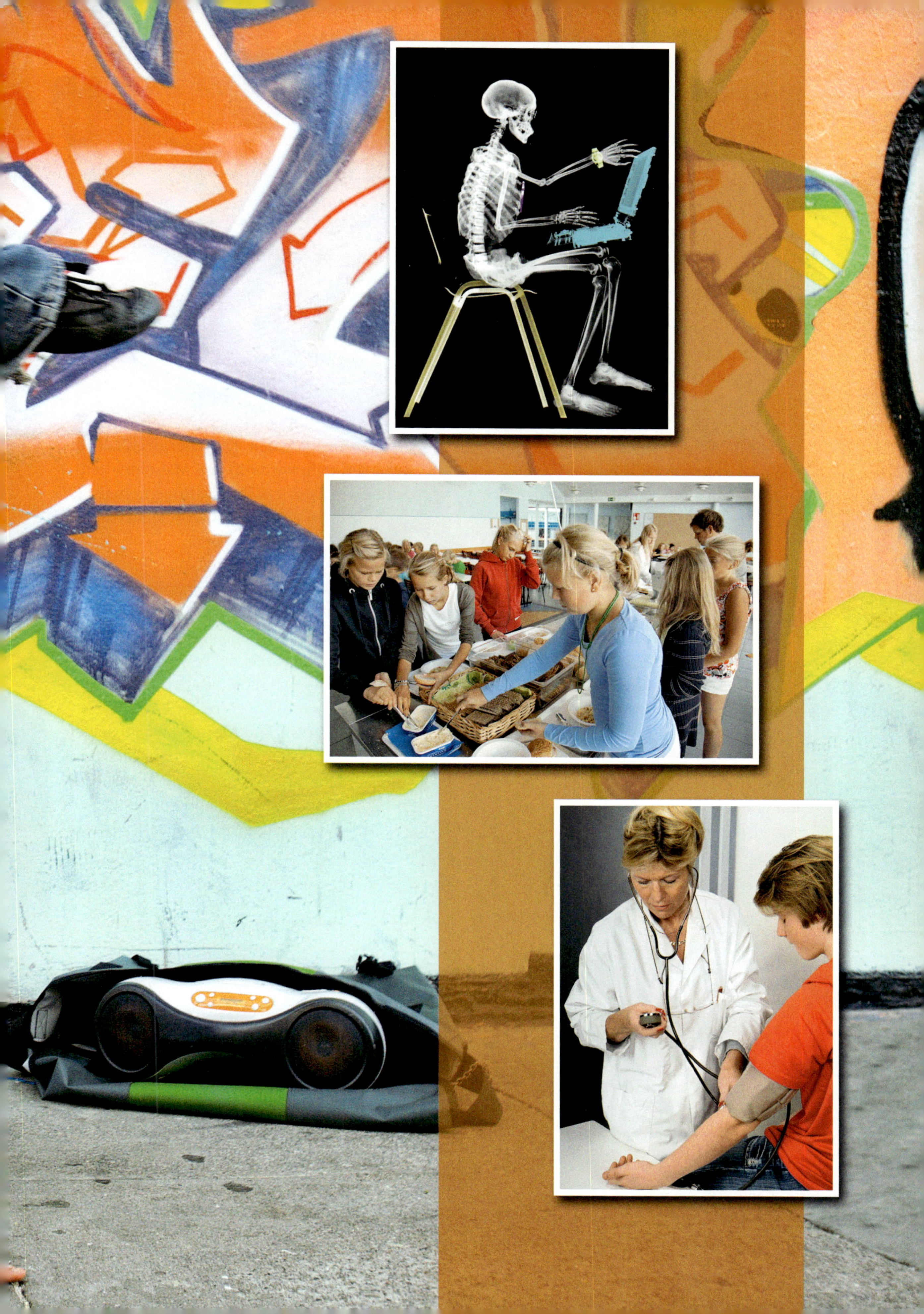

Nahrung liefert Energie und mehr

Frische Erdbeeren, leckere Backwaren oder eine komplette Mahlzeit – all dies gehört zu einem genussvollen Leben. Menschen müssen, um zu überleben, mehrmals am Tag essen. Weißt du, warum das so ist?

1 Essen – Genuss und Energie

Alles eine Frage der Energie

Egal ob man schläft, in der Schule arbeitet oder Sport treibt, der Körper benötigt dabei immer Energie. Die erforderliche Energie ist in der Nahrung gespeichert. Bestimmte Bestandteile der Nahrung dienen hauptsächlich als Energielieferanten. Sie werden als *Betriebsstoffe* bezeichnet. Ähnlich dem Kraftstoff für ein Auto, stellen sie dem Körper Energie bereit.

Energie kommt in verschiedenen Formen vor

Licht, Strom und Bewegung sind sehr unterschiedliche Energieformen. Vereinfacht kann man sagen, dass Energie die Fähigkeit ist, Arbeit zu verrichten. Die Sonne liefert für das Leben auf der Erde die benötigte Energie. Pflanzen bilden mit Hilfe der Sonnenenergie energiereiche Stoffe, die in den Pflanzenteilen gespeichert werden. Diese gespeicherte Energie können wir durch unsere Nahrung aufnehmen und zum Beispiel in Bewegungsenergie oder Wärmeenergie umwandeln. Dabei geht die Energie nie verloren, sondern wird immer nur von einer Form in eine andere umgewandelt. Der Energiegehalt von Lebensmitteln wird mit den Maßeinheiten Joule oder Kalorien, ihre Nährwerte meist in den größeren Einheiten Kilojoule (kJ) oder Kilokalorie (kcal) angegeben.

Der Energiebedarf ist unterschiedlich

Der Energiebedarf eines Menschen ist abhängig von seiner Lebensweise. Wer körperlich aktiv ist und sich viel bewegt, setzt mehr Energie um als Menschen, die viel sitzen und wenig Sport treiben. Aber auch Alter, Geschlecht und Körpergewicht spielen eine große Rolle. So erfordert das Wachstum in Kindheit und Jugend sehr viel Energie. Mit zunehmendem Alter sinkt der Energiebedarf. Männer haben einen etwas höheren Energiebedarf als Frauen, da sie meist etwas mehr Muskelmasse besitzen.

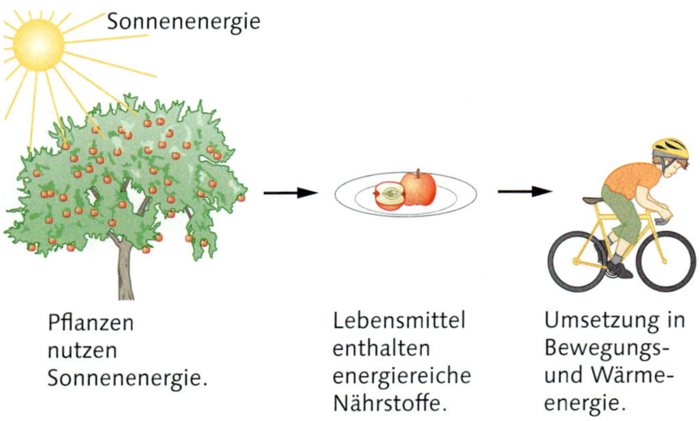

2 Lebensmittel enthalten gespeicherte Energie.

Durchschnittlicher Gesamtumsatz an Energie pro Tag

Alter	weiblich kJ/kcal	männlich kJ/kcal
4–7	580/1400	6200/1500
7–10	7000/1700	7900/1900
10–13	8300/2000	9500/2300
13–15	9100/2200	11200/2700
15–19	8300/2000	10400/2500
über 65	6600/1600	8300/2000

3 Der Energiebedarf ist auch vom Lebensalter abhängig.

Im Schlaf wird Energie umgesetzt

Auch in völliger Ruhe, zum Beispiel im Schlaf, braucht der Körper Energie, um alle Lebensvorgänge wie den Herzschlag, die Atmung und die Gehirntätigkeit sowie die Körpertemperatur aufrechtzuerhalten. Die Energiemenge, die ein Mensch in Ruhe in 24 Stunden benötigt, nennt man *Grundumsatz*. Der Grundumsatz in einer Stunde beträgt pro Kilogramm Körpergewicht ungefähr 4,18 Kilojoule oder 1 Kilokalorie. Ein Mensch mit einem Körpergewicht von 50 Kilogramm hat in 24 Stunden einen Grundumsatz von ca. 5000 Kilojoule oder 1200 Kilokalorien.

Aktivität benötigt mehr Energie

Jede körperliche oder geistige Aktivität erhöht den Energiebedarf, denn es muss zusätzliche Energie bereitgestellt werden. Je nach Anstrengung sind die Energiemengen, die erforderlich sind, sehr unterschiedlich. Um beispielsweise eine halbe Stunde zu schwimmen, wird zusätzlich eine Energiemenge von 1300 Kilojoule oder 320 Kilokalorien benötigt. Die Energiemenge, die zusätzlich zum Grundumsatz hinzukommt, wird als *Leistungsumsatz* bezeichnet. Die Gesamtmenge an Energie, die ein Mensch braucht, setzt sich also aus Grund- und Leistungsumsatz zusammen. Dies ist dann der *Gesamtumsatz*.

Energiebedarf bei verschiedenen Tätigkeiten (30 min)		
	1300 kJ	320 kcal
 mittleres Tempo	1580 kJ	380 kcal
	250 kJ	60 kcal
 15 km/h	830 kJ	200 kcal
	1080 kJ	260 kcal
	800 kJ	190 kcal
	380 kJ	90 kcal
	170 kJ	40 kcal

4 Die Tätigkeit bestimmt den Energiebedarf.

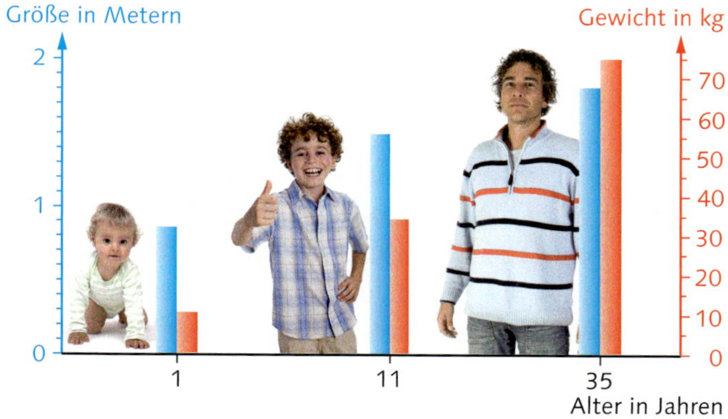

5 Entwicklung von Körpergewicht und Körperlänge

Der Körper – eine ständige Baustelle

Der Körper wird ständig aufgebaut und erneuert. Dies geschieht ein ganzes Leben lang. Besonders gut erkennbar ist das am Wachstum von Haaren und Fingernägeln oder bei der Wundheilung. Stoffe, aus denen sich ein Körper aufbaut oder erneuert, werden als *Baustoffe* bezeichnet. Sie sind auch in der Nahrung enthalten. Betrachtet man die Entwicklung in der Kindheit und Jugend wird klar, dass hier große Mengen Baustoffe erforderlich sind, um zum Beispiel das Knochenwachstum und damit das Körperwachstum sowie die Gewichtszunahme zu ermöglichen.

In Kürze

Die Nahrung liefert dem Körper Betriebsstoffe und Baustoffe. Der Energiebedarf, auch als Gesamtumsatz bezeichnet, errechnet sich aus der Summe von Grund- und Leistungsumsatz.

Aufgaben

1 Wie viel Energie enthalten zwei Tafeln Schokolade? Vergleiche mit deinem Tagesbedarf. Nimm Bild 3 zu Hilfe.

2 Jakob fährt jeden Tag 15 Minuten mit dem Rad in die Schule. Berechne mit Hilfe von Bild 4 seinen Energiebedarf für den Schulweg.

3 Iss, Kind, iss – damit aus dir was wird! Erläutere diese Aussage mit Hilfe von Bild 5.

Nährstoffe in unserer Nahrung

Die Lebensmittel in dem reich gefüllten Einkaufswagen unterscheiden sich in Farbe, Form und Geschmack deutlich. Jedoch enthalten alle Waren, die du siehst, fast immer die gleichen Inhaltsstoffe in unterschiedlicher Zusammensetzung und Menge. Diese bezeichnet man als Nährstoffe.

1 Lebensmittel liefern vor allem Nährstoffe.

Kohlenhydrate

Kohlenhydrate sind wichtige Energielieferanten für den Menschen. Sie liefern die Energie, die für die Muskel- und Gehirntätigkeit benötigt wird. Besonders in pflanzlichen Lebensmitteln kommen sie in großen Mengen vor. Die Kohlenhydrate Zucker und Stärke sind in vielen Lebensmitteln enthalten, wie zum Beispiel Brot, Nudeln und Reis. Aber auch Süßigkeiten enthalten viele Kohlenhydrate, hier vor allem in Form von Zucker. Ein Gramm Kohlenhydrate liefert dem Körper 17 Kilojoule oder 4 Kilokalorien.

Fette

Fette sind für den Körper von besonderer Bedeutung, da sie zum einen Energie liefern und zum anderen auch als Baustoff wichtig sind. Unter der Haut dient Fett als Speicherstoff und als Schutz vor Wärmeverlusten, aber auch als Stoßdämpfer an Ferse und Ballen. Öle und Butter liefern viel Fett. In Wurst- oder Käsesorten sind Fette oft versteckt enthalten. Sie sind mit 38 Kilojoule oder 9 Kilokalorien pro Gramm die energiereichsten Nährstoffe.

Eiweiße

Eiweiße dienen dem menschlichen Körper als Baustoffe. In der Kindheit und Jugend ist eine gute Versorgung mit Eiweißen besonders wichtig, da hier das Körperwachstum am größten ist. Eiweißreiche Lebensmittel sind Fleisch, Fisch, Käse und Milchprodukte.
Aber auch pflanzliche Lebensmittel wie Linsen, Bohnen und Soja enthalten viel Eiweiß. Ein Gramm Eiweiß liefert dem Körper 17 Kilojoule oder 4 Kilokalorien.

In Kürze

Kohlenhydrate, Fette und Eiweiße sind die wichtigsten Bestandteile der Nahrung.
Sie werden als Nährstoffe bezeichnet. Sie liefern dem Körper Energie und Baustoffe.

Aufgaben

1 Begründe, warum Neugeborene und Kleinkinder einen sehr hohen Eiweißbedarf haben.
2 Betrachte die Nährstoffangaben auf Lebensmittelverpackungen. Nenne Lebensmittel, die besonders viele Nährstoffe einer Gruppe enthalten.
3 Vor dem Wettkampf essen Sportler bevorzugt Kohlenhydrate. Begründe.

Praktikum

Nährstoffe nachweisen

Erstelle eine Tabelle, in der du alle getesteten Lebensmittel sowie die Versuchsergebnisse einträgst. Protokolliere deine Beobachtungen.

Lebensmittel	Stärke	Fett	Eiweiß
Milch			
Nudeln			

2 Dokumentation der Versuchsergebnisse

1 Stärkenachweis

Material Petrischalen, Pipette, Lugol'sche Lösung, Milch, Butter, Kartoffeln, Reis, Nudeln, Linsen (alle gekocht), Weißbrot, Salami, Käse, Gurke, Apfel

Sicherheitshinweis: Lugol'sche Lösung ist gesundheitsschädlich.

Durchführung Gib jeweils zwei Tropfen Lugol'sche Lösung auf die zu testenden Lebensmittel.

Auswertung Stärke verfärbt die Lösung dunkelviolettblau.

2 Fettnachweis

Material Papier, Haarföhn, Stift, Milch, Butter, Kartoffeln, Nudeln, Linsen (beide gekocht), Salami, Käse, Nüsse, Gurke, Apfel

Durchführung Drücke und reibe das Testmaterial auf ein Blatt Papier. Markiere die Stelle mit einem Kreis und schreibe auf, welches Material du getestet hast. Lass die Proben trocknen. *Tipp:* Ein Föhn trocknet die Proben rasch.

Auswertung Fett hinterlässt auf Papier einen bleibenden durchscheinenden Fleck.

3 Eiweißnachweis

Material Reagenzgläser, Glasstab, Pipette, Essigessenz, Wasser, Milch, Apfelsaft, Sojamilch, Linsen (gekocht, püriert und filtriert)

Durchführung Fülle die Reagenzgläser 4 cm hoch mit dem Testlebensmittel. Gib jeweils 10–15 Tropfen Essig hinzu und rühre mit dem Glasstab um.

Auswertung Eiweiße verklumpen nach Zugabe von Essig. Dabei entstehen kleine Flocken in der Flüssigkeit.

zum Stärkenachweis

zum Fettnachweis

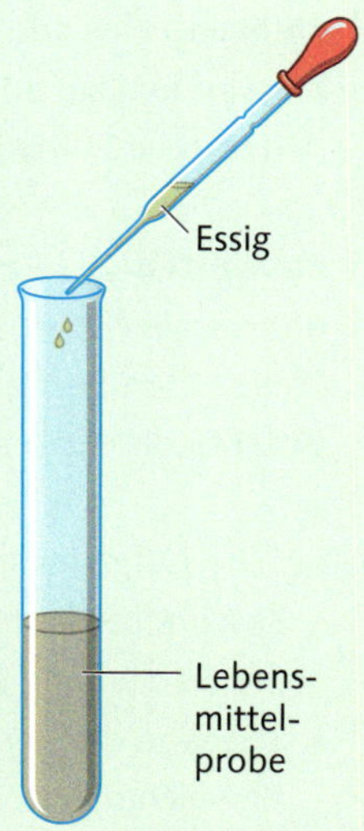

zum Eiweißnachweis

1 Versuchsmaterialien

Ein Diagramm auswerten

Die Zusammensetzung von Lebensmitteln wird oft in Tabellen oder Diagrammen dargestellt. Meist werden die einzelnen Anteile der verschiedenen Nährstoffe für bestimmte Lebensmittel aufgeführt. Um die Zusammensetzung aller Nährstoffe in einem Lebensmittel oder den Anteil bestimmter Nährstoffe herauszufinden, musst du diese Diagramme auswerten. Dabei helfen dir die folgenden Schritte:

1 Thema erfassen Notiere zuerst das Thema des Diagramms. Die Überschrift und der Diagrammuntertitel geben dir Auskunft darüber, was in dem Diagramm dargestellt ist.

2 Beschreiben Beschreibe jetzt die Form der Darstellung. Um welche Art von Diagramm handelt es sich?

3 Legende und Achsen einbeziehen
Die Legende liefert weitere Einzelheiten zum Thema und zu den Inhalten des Diagramms. Bestimmte Farben oder Symbole stehen für die einzelnen Inhalte. An den Achsen kannst du die verwendeten Maßeinheiten, wie zum Beispiel Gewichts- und Zeiteinheiten, ablesen.

4 Ablesen Lies nun die verschiedenen Werte ab. Verwende dazu immer die richtigen Maßeinheiten oder Zeitwerte.

5 Auswerten Bewerte die abgelesenen Daten und vergleiche sie mit anderen Informationen. Stelle einen Bezug zu deinem Vorwissen her. Beachte die vorgegebene Aufgabenstellung.

Mögliche Aufgabenstellungen können sein:
- Beschreibe die Informationen, die du aus der Darstellung gewinnen kannst.
- Benenne die Regelmäßigkeiten oder Abweichungen, die du erkennen kannst.
- Ziehe Schlussfolgerungen aus dem Diagramm und erläutere diese.

Bei der Auswertung eines Diagramms helfen dir vielleicht folgende Satzanfänge:
- Es werden Informationen über …
- In der Legende werden … dargestellt.
- Besonders interessant ist, dass …
- Die höchsten/niedrigsten Werte besitzen …
- Der Vergleich von …
- Folgende Aussage kann man treffen …

__1. Thema__ Zusammensetzung eines Brötchens bezogen auf Nährstoffe und Wasser

__2. Beschreiben__ Es handelt sich um ein Säulendiagramm.

__3. Legende und Achsen erklären__ Kohlenhydrate sind in Grün, Eiweiße in Rot, Fette in Gelb und Wasser ist in Hellblau dargestellt. Die verwendete Maßeinheit ist Gramm bezogen auf 100 Gramm Brötchen.

__4. Ablesen__ 100 Gramm Brötchen enthalten 58 Gramm Kohlenhydrate, 7 Gramm Eiweiße, 1 Gramm Fett und 34 Gramm Wasser.

__5. Auswerten__ Durch die Höhe der Säulen wird deutlich, dass ein Brötchen fettarm, aber kohlenhydratreich ist. Kohlenhydrate liefern Energie, daher ist ein belegtes Brötchen zum Frühstück oder als Picknick gut geeignet.

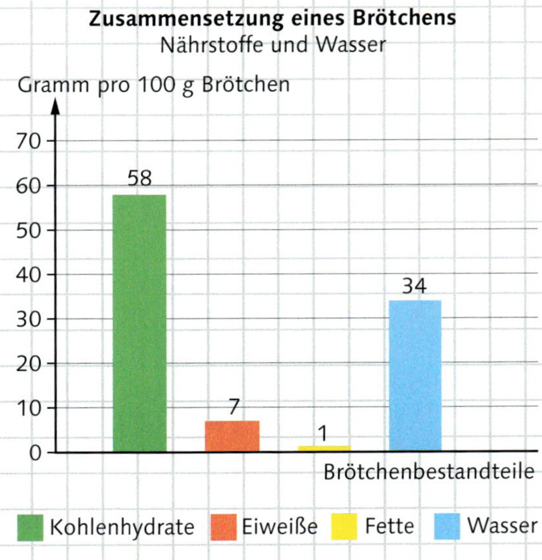

1 So kann eine Auswertung aussehen.

Zusammensetzung verschiedener Lebensmittel
Nährstoffe und Wasser

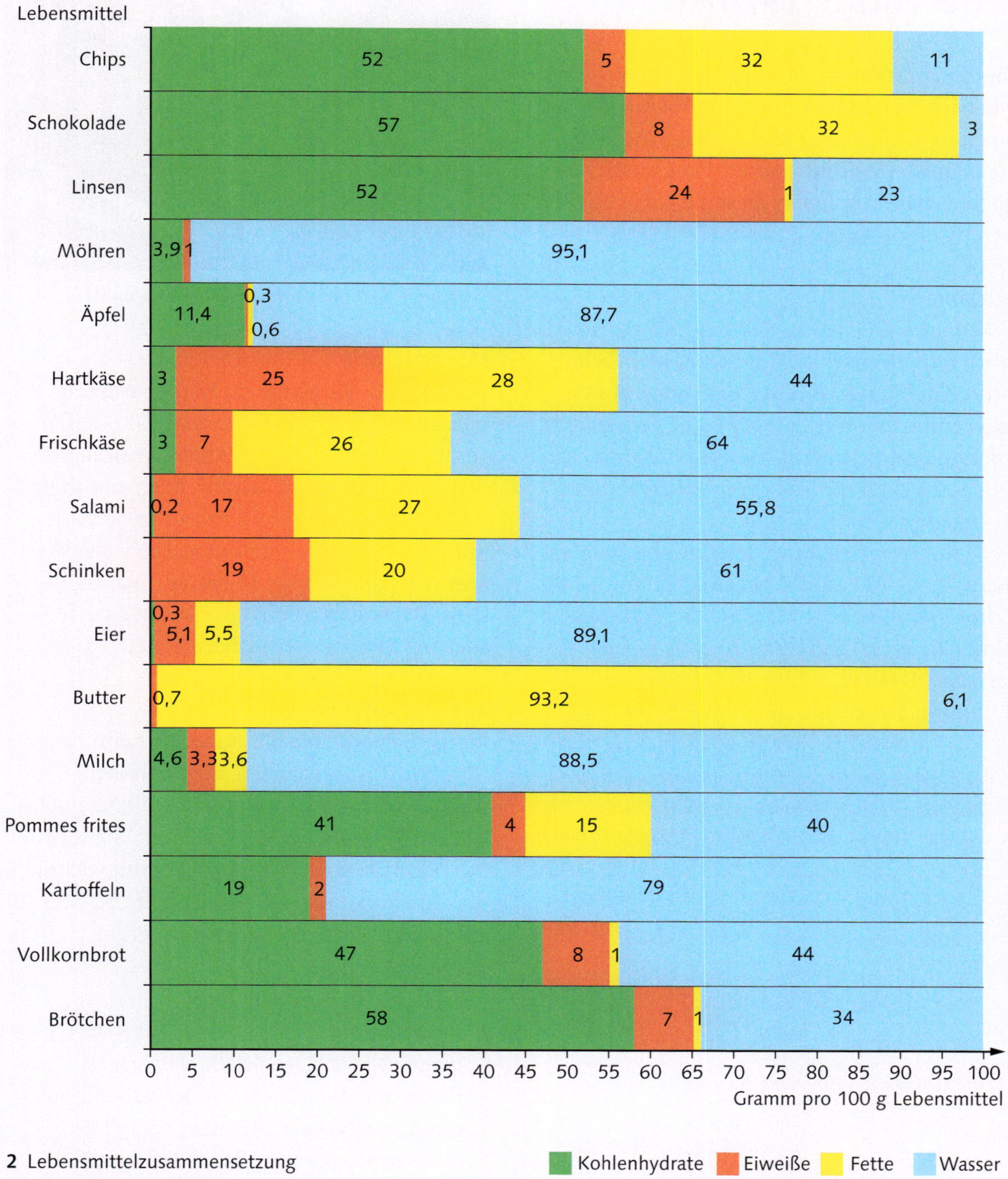

2 Lebensmittelzusammensetzung

Aufgabe

1 Werte das oben stehende Diagramm schriftlich aus. Beachte dabei folgende Aufgabenstellungen:
- Benenne die Lebensmittel, die viele versteckte Fette enthalten.
- Linsen sind ein ganz besonderes pflanzliches Lebensmittel. Erläutere.
- Äpfel und Möhren sind auf einer Wanderung an einem warmen Sommertag eine gute Ergänzung des Picknicks. Begründe.

Vitamine, Mineralstoffe und Ballaststoffe

Bei Vitaminen und Mineralstoffen denkst du vielleicht nur an Obst und Gemüse. Doch auch in Fleisch- und Milchprodukten sind viele dieser Stoffe enthalten. Eine ausgewogene Ernährung liefert diese Stoffe in ausreichender Menge.

Vitamine

Vitamine sind lebensnotwendig, da sie für viele Stoffwechselvorgänge unentbehrlich sind. Sie müssen mit der Nahrung aufgenommen werden. Obwohl nur geringste Mengen eines Vitamins notwendig sind, ist ein Mangel oft mit schweren Erkrankungen verbunden.

Vitamine werden mit den Großbuchstaben A, B, C, D, E, F und K gekennzeichnet. Viele Vitamine sind wärme- oder lichtempfindlich. Bei zu starkem Erhitzen werden sie zerstört. Deshalb sollten viele Lebensmittel kühl und dunkel gelagert werden.

Inhaltsstoff	wird benötigt für	enthalten in
Vitamin A	Sehen, Haut	Möhre, Paprika, Tomate, Butter, Milchprodukte
Vitamin B	Wachstum, Denken, Nervensystem	Fleisch, Eier, Gemüse, Nüsse, Vollkornprodukte
Vitamin C	Knochen, Zähne, Blut, Abwehrkräfte	Zitrusfrüchte, Brokkoli, Tomate, Kartoffel
Vitamin D	Knochenaufbau	Milchprodukte, Eier
Folgende Stoffe kommen in Verbindungen vor:		
Calcium	Zähne, Knochen	dunkelgrünes Gemüse, Milchprodukte, Hülsenfrüchte
Magnesium	Muskeln	Vollkornprodukte, Blattgemüse
Natrium	Wasserhaushalt, Nervensystem	Kochsalz
Eisen	Blutbildung, Sauerstoff-versorgung	Fleisch, Eier, Hülsenfrüchte, grünes Blattgemüse
Fluor	Zähne	Trinkwasser, Fisch

2 Bedeutung einiger Vitamine und Mineralstoffe

1 Vitamin- und mineralstoffreiche Lebensmittel

Mineralstoffe

Die meisten Vorgänge im Körper können nur ablaufen, wenn neben den Nährstoffen genügend *Mineralstoffe* vorhanden sind. Von den Mineralstoffen Calcium, Magnesium und Natrium benötigen wir nur wenige Gramm pro Tag. Von Eisen und Fluorid müssen wir aber nur ganz wenige Milligramm aufnehmen. Deshalb werden diese Mineralstoffe auch als *Spurenelemente* bezeichnet.

Ballaststoffe

Einige Bestandteile der Nahrung kann unser Körper nicht verarbeiten, aber dennoch sind sie wichtig: Unverdauliche Pflanzenteile werden als *Ballaststoffe* bezeichnet. Sie regen die Darmtätigkeit an und sind somit wichtig für die Verdauung. Da Ballaststoffe im Magen aufquellen, wird das Sättigungsgefühl schneller erreicht.

In Kürze

Vitamine und Mineralstoffe sind lebensnotwendig. Sie müssen mit der Nahrung aufgenommen werden. Ballaststoffe sind für die Darmtätigkeit und das Sättigungsgefühl wichtig.

Aufgabe

1 Auf langen Seereisen war die Mannschaft früher durch die Krankheit Skorbut gefährdet. Sie tritt durch Vitamin-C-Mangel auf und führt zu Muskelschwund und hohem Fieber. Überlege Gegenmaßnahmen und begründe.

Zur Diskussion

Nährwerttabellen geben wichtige Informationen

Bewusste Ernährung beginnt heute schon beim Einkauf. Nur wem bekannt ist, was in Lebensmitteln enthalten ist, kann sich ausgewogen und gesund ernähren.

Nährwerttabellen geben Informationen

Nährwerttabellen informieren über die Zusammensetzung sowie die Energiemenge der Nahrung bezogen auf 100 Gramm. Besonders wichtig ist die Angabe des Energiegehalts. Daran kann man abschätzen, ob die empfohlene tägliche Energiemenge eingehalten wird. Viele Hersteller geben weitere wichtige Informationen wie den Gehalt an Vitaminen, Mineralstoffen und Ballaststoffen an. Kohlenhydrate und Fette werden teilweise noch in Untergruppen aufgegliedert.

Eine Vielzahl von Darstellungsformen

Die Art und Weise der Darstellung von Nährwertangaben ist nicht vorgeschrieben. Oft sind sie sehr klein und an wenig auffälligen Stellen abgebildet, zum Beispiel auf der Seite, der Rückseite oder dem Boden der Verpackung. Einen schnellen Überblick über den Energiegehalt einer Portion des Lebensmittels geben die Kurzinformationen auf der Verpackung. Entscheidend ist hier die Portionsgröße, die gewählt wurde. Das können manchmal sehr geringe Mengen sein. Zudem werden bestimmte nicht gesundheitsförderliche Inhaltsstoffe genannt, wie zum Beispiel Zucker.

Durchschnittliche Nährwerte	100 g	1 Portion 50 g	GDA pro Portion	GDA*
Brennwert	1438 kJ	719 kJ	9 %	
	341 kcal	170 kcal		2000 kcal
Eiweiß	9,6 g	4,8 g	10 %	50 g
Kohlenhydrate	61,3 g	30,6 g	11 %	270 g
davon Zucker	24,7 g	12,4 g	14 %	90 g
Fett	6,3 g	3,2 g	5 %	70 g
davon gesättigte Fettsäuren	1,1 g	0,6 g	3 %	20 g
Ballaststoffe	7,7 g	3,9 g	15 %	25 g
Natrium	0,065 g	0,033 g	1 %	2,4 g
Kochsalz	0,16 g	0,08 g	1 %	6 g

*GDA: Richtwert für die Tageszufuhr eines Erwachsenen basierend auf einer Ernährung von 2000 kcal. Der persönliche Bedarf variiert nach Alter, Geschlecht und körperlicher Aktivität.

1 Nährwertangaben geben wichtige Verbraucherinformationen.

2 Ein prüfender Blick beim Einkauf

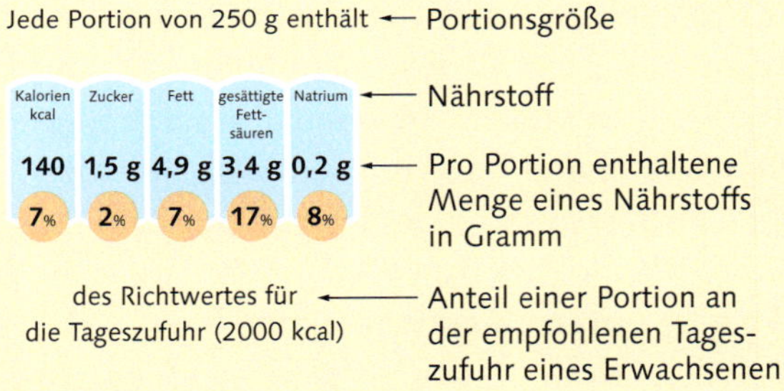

3 Kurzüberblick

Informationen für Betroffene

Einige Stoffe wie Milchzucker und Weizenkleber sind für manche Menschen unverträglich. Allergien und Krankheiten wie zum Beispiel die Zuckerkrankheit (Diabetes) nehmen immer mehr zu. Die Betroffenen müssen sich nach bestimmten Regeln ernähren. Durch ausführliche Nährwerttabellen können sie Lebensmittel auswählen, die verträglich sind.

Aufgaben

1 Sammle Nährwerttabellen von drei Süßigkeiten und vergleiche diese Berichte.

2 Begründe, warum es wichtig ist, dass Nährwerttabellen auf den Verpackungen abgebildet sind.

Zähne bilden das Gebiss

Wenn du herzhaft in einen Apfel beißt, können dabei Kräfte entstehen, die einer Gewichtskraft von bis zu 120 kg entsprechen. Das kommt dem Gewicht von etwa 15 Schulrucksäcken gleich. Wie muss ein Zahn gebaut sein, um diesen hohen Belastungen dauerhaft standhalten zu können?

1 Alina lässt sich den Apfel schmecken.

Aufbau eines Zahns

Jeder Zahn lässt sich in drei Teile gliedern: die *Zahnkrone,* den *Zahnhals* und die *Zahnwurzel.* Die Zahnkrone ist der obere sichtbare Teil des Zahnes. Sie bildet die Kaufläche und ist vom *Zahnschmelz* schützend umhüllt. Zahnschmelz ist die härteste Substanz, die der menschliche Organismus herstellen kann. Darunter befindet sich das etwas weichere Zahnbein. Die Zahnwurzel ist mit einer dünnen Schicht Zahnzement überzogen und im Kiefer verankert. In jede Zahnhöhle führen Blutgefäße und Nerven. Die Blutgefäße dienen der Versorgung des lebendigen Zahnes.

Es gibt unterschiedliche Zähne

Mit den am weitesten aus dem Kiefer herausragenden spitzen *Eckzähnen* halten wir die Nahrung fest. Sobald sich der Mund weiter schließt, beißen die *Schneidezähne* mit ihren schmalen, gerippten Kanten ein Stück aus der Nahrung ab. Hinter den Eckzähnen befinden sich die *Backenzähne.* Ihre Oberfläche ist im Vergleich zu den Schneide- und Eckzähnen flach und breit. Während des Kauens wird das abgebissene Stück mit Hilfe der Zunge zwischen den Backenzähnen hin und her geschoben und dabei zerkleinert sowie mit Speichel vermischt. Schneidezähne, Eckzähne und Backenzähne bilden zusammen das *Gebiss.* Aufgrund seines Aufbaus und der Funktion seiner Zähne bezeichnet man es als Allesfressergebiss.

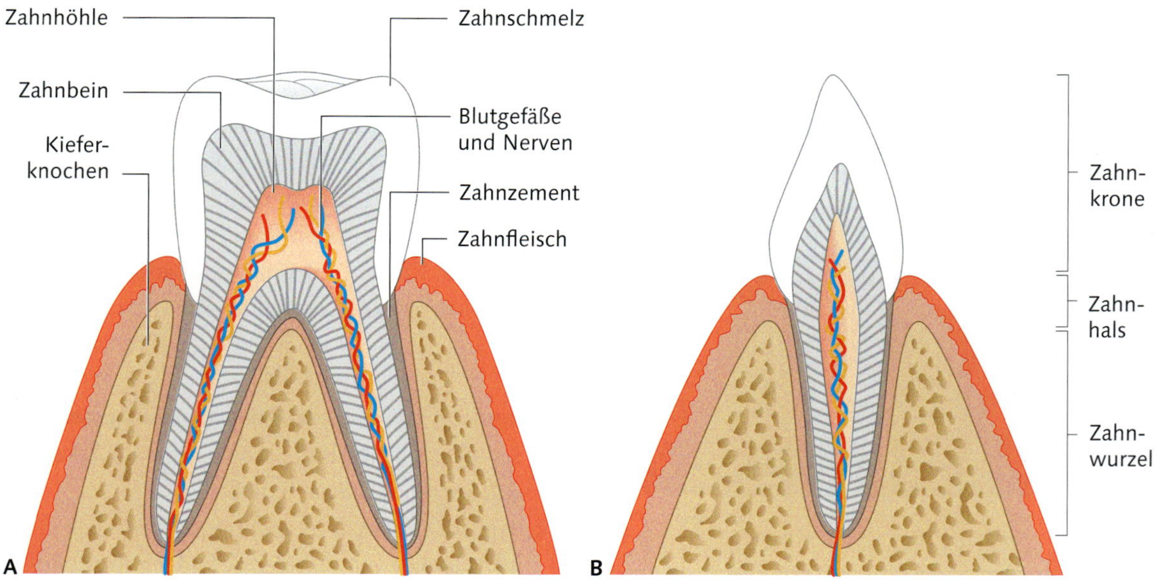

2 Aufbau eines Backenzahnes (A) und eines Eckzahnes (B)

Das erste Gebiss

In der Regel werden Menschen zahnlos geboren. Im Alter von etwa zweieinhalb Jahren ist das *Milchgebiss* mit 20 Zähnen meist komplett. Gleichzeitig bilden sich im Kiefer bereits die Zähne des *Erwachsenengebisses*. Dies wird nötig, weil sich der Ober- und der Unterkiefer vergrößern. Zwischen dem 6. und 8. Lebensjahr werden die Wurzeln der Milchzähne langsam abgebaut. Die betroffenen Zähne beginnen zu wackeln. Die herauswachsenden zweiten Zähne drücken die Milchzähne nach und nach aus dem Kiefer und ersetzen sie.

Das zweite Gebiss

Das Erwachsenengebiss hat maximal 32 Zähne. Die Anzahl der Schneide- und Eckzähne bleibt im Vergleich zum Milchgebiss gleich. Im Ober- und Unterkiefer kommen auf jeder Seite zwei Backenzähne hinzu. Ab dem 16. Lebensjahr bekommen einige Jugendliche hinter den letzten Backenzähnen jeweils noch einen zusätzlichen Backenzahn, den *Weisheitszahn*.

Zahnschema

Bei zahnärztlichen Untersuchungen spricht der Arzt für uns meist in Rätseln: Er verwendet für die Zähne bestimmte Zahlenkombinationen. Dazu wird das Gebiss in Ober- und Unterkiefer und in linke und rechte Seite eingeteilt. Die Zähne werden jeweils von den Schneidezähnen beginnend nach hinten durchnummeriert.

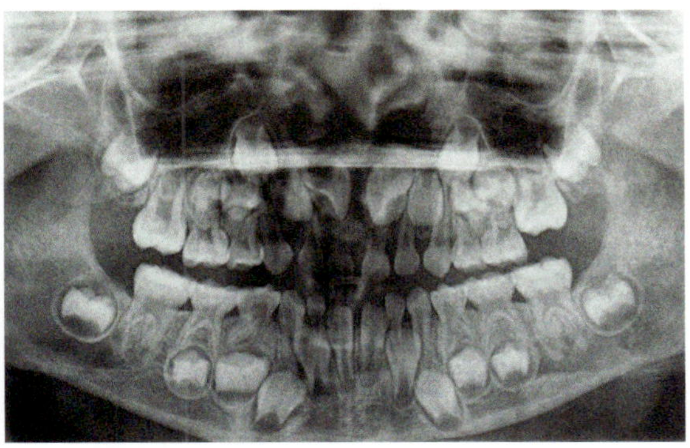

3 Röntgenbild eines Kinderkiefers

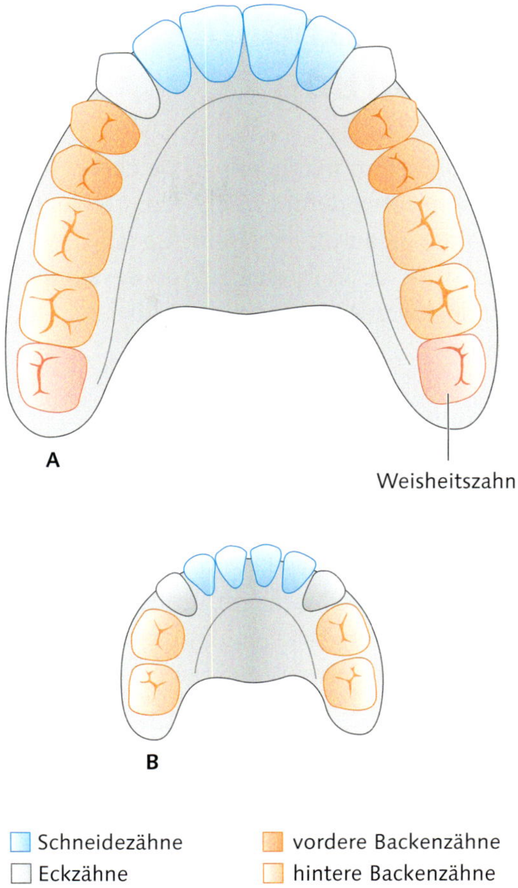

4 Anordnung der Zähne im Oberkiefer:
A Erwachsenengebiss; B Milchgebiss

In Kürze

Schneidezähne, Eckzähne und Backenzähne bilden zusammen das Gebiss. Der harte Zahnschmelz schützt das weichere Zahnbein vor Abnutzung. Mit Zahnhals und -wurzel ist der Zahn im Kiefer verankert. Zwischen dem 6. und 8. Lebensjahr kommt es zum Zahnwechsel vom Milch- zum Erwachsenengebiss.

Aufgaben

1 Vergleiche das Milch- mit dem Erwachsenengebiss. Notiere Gemeinsamkeiten und Unterschiede in einer Tabelle.

2 Benenne die Zähne im Röntgenbild von rechts nach links.

3 Erläutere die Redewendung »Da muss man sich durchbeißen!« und suche nach weiteren Sprichwörtern zum Thema Zähne.

Die Umwandlung der Nahrung

Hast du dir schon mal überlegt, welchen Weg ein Pausenbrot in deinem Körper zurücklegt? Nährstoffe, die du mit der Nahrung zu dir nimmst, müssen in ihre einzelnen Bestandteile zerlegt werden. Das geschieht bei der Verdauung.

Verdauung beginnt im Mund
Das Kauen der Nahrung regt die Speicheldrüsen an, sodass sich Nahrung und Speichel zu einem schluckbaren Nahrungsbrei vermischen. Kaut man das Brot lange, schmeckt es süßlich, weil die Stärke im Brot schon im Mund teilweise in Zucker zerlegt wird. Verantwortlich dafür ist ein im Speichel enthaltenes *Enzym*.

Förderband Speiseröhre
Die Speiseröhre ist von Muskeln ringförmig umhüllt. Nach dem Schlucken wird der Speisebrei durch rhythmisches Zusammenziehen der Muskeln in einer wellenförmigen Bewegung in den Magen gedrückt. Das funktioniert sogar, wenn man auf dem Kopf steht.

Sammelstelle Magen
Der etwa zwei Liter fassende Magen ist ein Hohlmuskel. In den Drüsen der Magenwand wird der *Magensaft* produziert. Er besteht aus Enzymen und verdünnter Salzsäure. Durch Zusammenziehen des Magens werden Nahrung und Magensaft gut durchmischt. Die Enzyme beginnen mit der Zerlegung der Eiweiße. Die Säure tötet viele mit der Nahrung aufgenommene Krankheitserreger ab. Die Magenschleimhaut verhindert, dass die eigene Magensäure die Magenwand angreift.

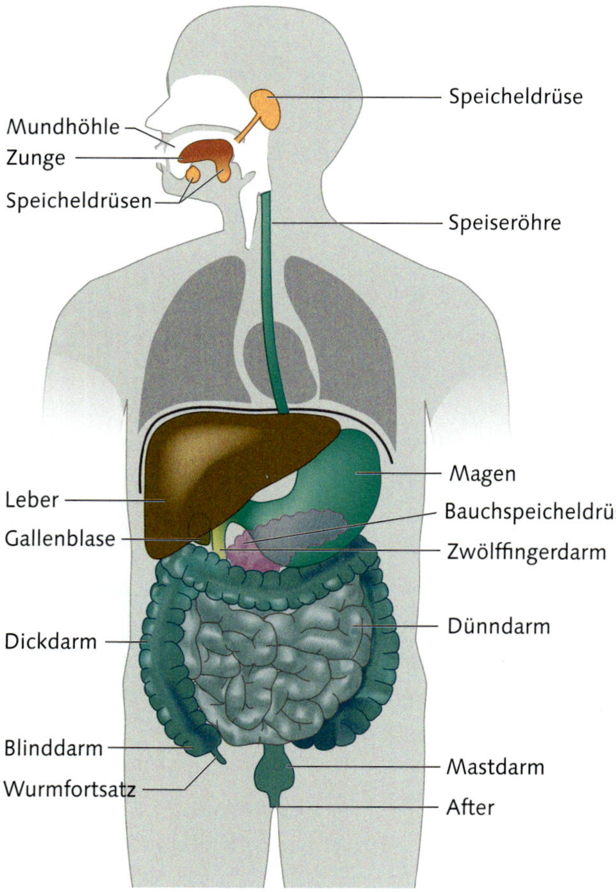

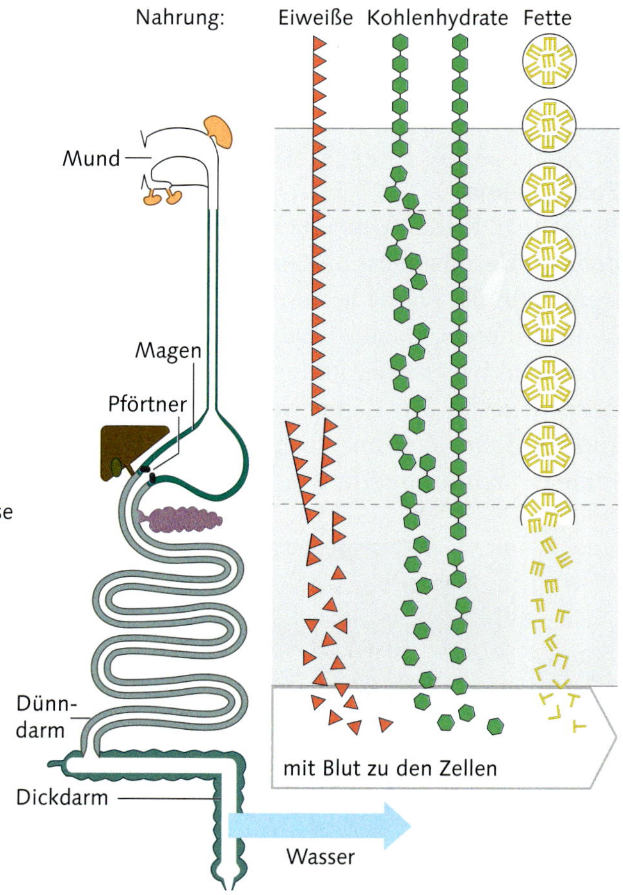

1 Verdauungssystem des Menschen

Aufspaltung im Dünndarm

Portionsweise entlässt der Schließmuskel des Magens, der *Pförtner*, den Nahrungsbrei in den *Zwölffingerdarm*. Dies ist der erste Abschnitt des Dünndarms. Hier münden die Ausführgänge von Gallenblase und Bauchspeicheldrüse. Die Gallenflüssigkeit dient dazu, dass sich die wasserunlöslichen Fette in kleinste Fetttröpfchen aufteilen. Erst jetzt können die Verdauungssäfte der Bauchspeicheldrüse die Fette vollständig zerlegen.

Durch wellenförmige Bewegungen der Dünndarmwand wird der Speisebrei durch den etwa vier Meter langen Darm weiterbefördert. Auf dem Weg erfolgt die endgültige Zerlegung von Eiweißen und Kohlenhydraten.

Aufnahme ins Blut

Die Innenseite des Dünndarms ist gefaltet. Jede Falte besitzt noch zusätzliche Ausstülpungen, die *Darmzotten*. Dadurch vergrößert sich die Kontaktfläche zwischen Nahrungsbrei und Darmwand auf ein Vielfaches. Diese Oberflächenvergrößerung ermöglicht eine weitgehend vollständige Aufnahme der zerlegten Nährstoffe, Vitamine und Mineralstoffe ins Blut.

Der nährstoffarme Nahrungsbrei gelangt anschließend in den Dickdarm.

Exkurs Oberflächenvergrößerung

Durch die Faltung der Darmwand und durch die Darmzotten wird die Oberfläche des Dünndarms sehr stark vergrößert. So ergibt sich auf einer Länge von sieben Metern Dünndarm eine Fläche von über 2000 Quadratmetern. Dies entspricht in etwa der Fläche eines Eishockeyfeldes. Durch diese Oberflächenvergrößerung können die zerlegten Nährstoffbausteine fast vollständig vom Darminnern ins Blut aufgenommen werden.

Je größer eine Oberfläche ist, desto mehr Stoffe können an ihr ausgetauscht werden. Dieses Bauprinzip findet man bei vielen Organen von Lebewesen verwirklicht.

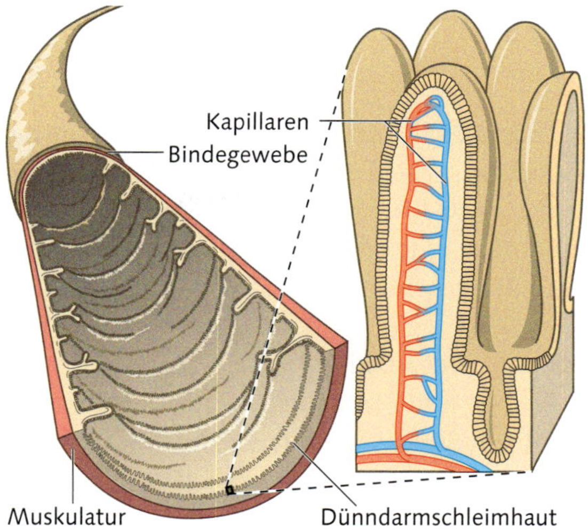

2 Dünndarm und Darmzotten

Wasserentzug im Dickdarm

Auf dem Weg durch den etwa 1,5 Meter langen, muskulösen Dickdarm werden Wasser und Mineralstoffe aufgenommen und die unverdaulichen Reste zu Kot eingedickt. Dieser wird bis zu seiner Ausscheidung über den *After* im *Mastdarm* gesammelt. Am Übergang vom Dünndarm in den Dickdarm liegt der Blinddarm, der im Wurmfortsatz endet. Besonders im Jugendalter kann es in diesem Darmabschnitt zu schmerzhaften Entzündungen kommen.

In Kürze

Bei der Verdauung werden die Nährstoffe durch Enzyme in ihre kleinsten Bausteine zerlegt. Dieser Vorgang beginnt bereits im Mund, wird im Magen fortgesetzt und endet im Dünndarm. Durch die große Oberfläche des Dünndarms können die Nährstoffbausteine fast vollständig ins Blut aufgenommen werden. Im Dickdarm werden den unverdaulichen Resten Wasser und Mineralstoffe entzogen.

Aufgaben

1 Beschreibe den Weg deines Pausenbrotes durch den Körper.

2 Zeige auf, welche Rolle die Bauchspeicheldrüse bei der Verdauung spielt.

3 Nenne für jeden Nährstoff den Ort, an dem seine Verdauung beginnt.

Gesunde Ernährung

Nachdem Nelly mit ihren Hausaufgaben fertig ist, bekommt sie Lust auf etwas Süßes. Sie geht zum Kühlschrank und beißt mit Genuss ein großes Stück Schokolade von der Tafel ab. Das hat sie sich verdient.

1 Schokolade muss manchmal sein.

Essen ist notwendig
Nahrungsmittel enthalten die zum Leben wichtigen Stoffe in unterschiedlicher Zusammensetzung. Für eine ausgewogene und gesunde Ernährung ist es deshalb wichtig, die tägliche Nahrung richtig zusammenzustellen. Die *Ernährungspyramide* gibt dazu Hinweise. Lebensmittel, die auf den breiteren Stufen unten stehen, sollten häufig gegessen oder getrunken werden. Je weiter oben in der Pyramide die Lebensmittel eingeordnet sind, umso weniger sollte man davon essen.

Fette stehen an der Spitze
Fette und Öle sind sehr energiereiche und wertvolle Stoffe für den Körper. Nimmt man aber zu viel auf, können sie zu Übergewicht und Krankheiten führen. Einige Vitamine können nur in Anwesenheit von Fetten aufgenommen werden. Knabbereien und viele Süßigkeiten enthalten meist sehr viel Fett. Sie sind nicht verboten, sollten aber die Ausnahme bleiben.

Mittelbau Eiweiße
Unser Körper benötigt Eiweiße für sein Wachstum, für den Muskelaufbau und für Stoffwechselvorgänge. Milchprodukte, Fisch und Fleisch enthalten viel Eiweiß. Man muss daher relativ wenig von diesen Lebensmitteln essen, um den Bedarf zu decken.

Energielieferanten Getreide
Weizen, Roggen und Reis liefern Kohlenhydrate in Form von Stärke und damit Energie für den Körper. Man sollte so oft wie möglich auf Vollkornprodukte zurückgreifen. Sie enthalten mehr Vitamine, Mineral- und Ballaststoffe als bearbeitetes Getreide.

Basis Obst und Gemüse
Zu jeder Mahlzeit sollten Obst und Gemüse gehören. Ob gekocht oder in Form von Rohkost: Sie tragen dazu bei, den täglichen Bedarf an Vitaminen, Mineral- und Ballaststoffen zu decken.

Funktion des Wassers im Körper
Zu einer gesunden Ernährung gehören eineinhalb bis zwei Liter Flüssigkeit pro Tag. Durch die Abgabe von Urin und Kot, aber auch durch Schwitzen und Atmen verliert der Köper etwa zweieinhalb Liter Wasser am Tag. Dieser Verlust muss durch Essen und Trinken wieder ausgeglichen werden. Am besten sind Wasser, zuckerarme Fruchtschorlen und Früchtetees.

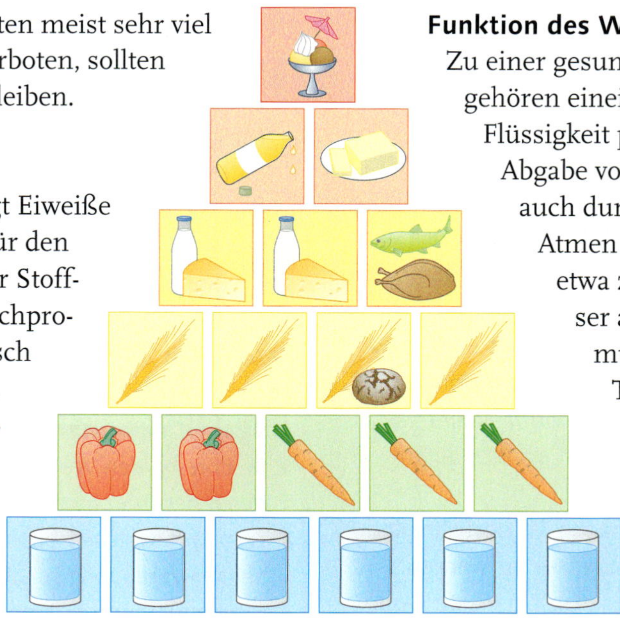
2 Die Ernährungspyramide

Esskultur

Nach einem anstrengenden Schultag hat der Körper einiges an Energie umgesetzt. Ein gemeinsames und ausgewogenes Mittagessen in der Familie oder unter Freunden dient nicht nur der Nahrungsaufnahme und Energiegewinnung, sondern kann auch lustig und unterhaltsam sein. Aufgrund von Zeitmangel, Bequemlichkeit oder fehlenden Kochkenntnissen kommt immer häufiger stark bearbeitetes und verändertes Essen auf den Tisch. Bei der Herstellung von Fertiggerichten gehen viele wichtige Inhaltsstoffe verloren oder werden zerstört. Mit künstlichen Geschmacksverstärkern und Aromastoffen wird versucht, dies auszugleichen.

Die richtige Verteilung der Mahlzeiten

Für eine gesunde Ernährung ist aber nicht nur wichtig, was, sondern auch wie regelmäßig und wie viel man isst.

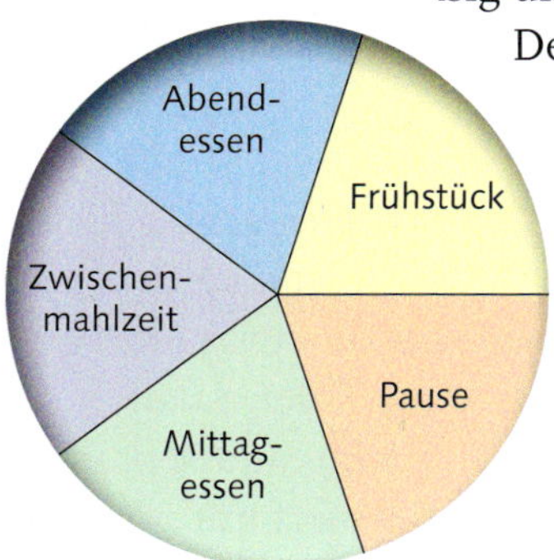

Der Tag sollte stets mit einem Frühstück beginnen, damit dem Körper ausreichend Energie für die bevorstehenden Aufgaben zur Verfügung steht. Zur Pause können die bereits verbrauchten Stoffe durch ein gesundes Pausenbrot wieder aufgefüllt werden. Auch die folgenden Mahlzeiten sollten nicht ausgelassen werden, damit dem Körper den ganzen Tag genügend Energiereserven zur Verfügung stehen.

Der Vorteil von kleinen Portionen

Durch mehrere kleinere Mahlzeiten bleibt die notwendige Leistungsfähigkeit des Körpers erhalten. Kleinere Portionen werden außerdem leichter verdaut und sind deshalb weniger belastend für den Körper. Ein voller und mit schwer verdaulicher Kost gefüllter Magen macht dagegen müde und träge.

3 Gemeinsames Mittagessen

In Kürze

Zu einer gesunden Ernährung gehören eine abwechslungsreiche Nahrungsauswahl nach der Ernährungspyramide, ausreichend Flüssigkeit und eine gleichmäßige Verteilung der Mahlzeiten. Naturbelassene Nahrungsmittel enthalten mehr wertvolle Stoffe als Fertigprodukte oder Fast Food.

Regeln für die gesunde Ernährung

- Ernähre dich abwechslungsreich.
- Iss weniger, dafür aber häufiger.
- Achte auf ausreichende Eiweißversorgung.
- Beschränke dich bei den Fetten.
- Iss möglichst jeden Tag Obst, Gemüse und Vollkornprodukte.
- Greife selten zu Süßigkeiten.
- Trinke ausreichend viel, aber meide stark zuckerhaltige und alkoholische Getränke.

Aufgaben

1 Erstelle ein Plakat zur gesunden Ernährung nach der Ernährungspyramide.

2 Notiere in einer Tabelle drei Tage lang den Inhalt deiner täglichen Mahlzeiten. Überprüfe deine Gewohnheiten anhand der Regeln für gesunde Ernährung.

Praktikum

Gesunde Ernährung

Planung Wie ein guter Start in den Tag aussieht, könnt ihr in der Klasse ausprobieren. Plant ein gemeinsames gesundes Frühstück. Ihr könnt zum Beispiel die beiden Rezepte auf dieser Seite zubereiten. Bevor ihr beginnt, solltet ihr überprüfen, ob ihr alle benötigten Zutaten zur Verfügung habt.

Durchführung Stellt alle Zutaten bereit und wiegt sie nach den Vorgaben ab. Achtet auf die notwendige Hygiene: Wascht euch nach jedem Arbeitsgang gründlich die Hände.

A Kräuterquark

1 Kräuterquark

Zutaten (für vier Portionen) 250 Gramm Magerquark, 2 Becher Joghurt, 2 kleine Zwiebeln, 1 Knoblauchzehe, Schnittlauch, Petersilie, Salz, Pfeffer und Vollmilch

Zubereitung Verrührt Quark und Joghurt miteinander. Gebt Milch dazu, bis eine cremige Masse entstanden ist. Schält und schneidet die Zwiebeln in kleine Würfel. Die Knoblauchzehe wird geschält und gepresst. Wascht und schneidet den Schnittlauch. Nun vermischt ihr alle Zutaten und würzt den Quark mit wenig Salz und Pfeffer. Zur Dekoration könnt ihr gewaschene Petersilie auf den fertigen Quark legen.

B Obstsalat

2 Zubereitung von Obstsalat

Zutaten (für vier Portionen) 2 Bananen, 2 Äpfel, 4 Kiwi, $1/2$ Ananas, 10 Erdbeeren, 2 Orangen, Honig, Zitronenmelisse. Nach Saison oder Geschmack sind auch andere Früchte möglich.

Zubereitung Die Früchte werden gewaschen, geschält und zerkleinert. Presst eine Orange aus und verrührt den Saft mit etwas Honig. Die andere Orange kommt in den Salat. Gebt den Saft über die Früchte und hebt ihn mit einem Löffel unter. Garniert mit Zitronenmelisse.

3 Eine Portion Obstsalat

Haltbarkeit und Aufbewahrung
Die Speisen sollten möglichst verbraucht werden. Die Reste müsst ihr auf jeden Fall abgedeckt in den Kühlschrank stellen.

Ernährung

Die Werbung vermittelt uns die Vorstellung, dass wir uns mit Fast Food bedenkenlos ernähren können. Aber ist Fast Food tatsächlich so unbedenklich?

1 Fast-Food-Menü

1 Energiebedarf und Ernährung

Ein Fast-Food-Menü besteht aus einem großen Hamburger, Chicken Sticks, Pommes frites (mit Ketch-up und Mayonnaise), großer Cola, Salat, Obst und Joghurtdrink. Es hat etwa 6700 kJ (1600 kcal).

a Berechne, wie lange du unten stehende Aktivitäten ausüben musst, um den Energiegehalt dieses Menüs umzusetzen.

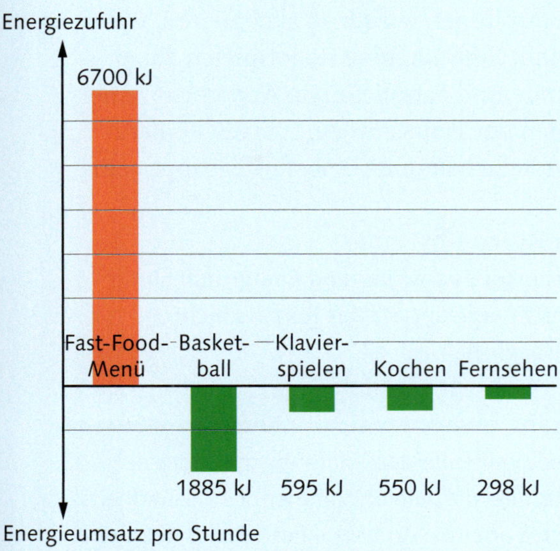

2 Durchschnittlicher Energieumsatz bei verschiedenen Tätigkeiten in einer Stunde

2 Auswirkung der Nahrung und der Essgewohnheiten auf das Befinden

Fast Food und Fertiggerichte enthalten im Vergleich zu Vollkornprodukten deutlich weniger Ballaststoffe.

a Erläutere mit Hilfe des Diagramms 3, welche Auswirkungen die Aufnahme von Vollkornprodukten auf das Hungergefühl haben. Vergleiche sie mit der Wirkung von ballaststoffarmen Gerichten.

b Erkläre, warum häufiger Konsum von Fast-Food- und Fertigprodukten das Risiko, übergewichtig zu werden, erhöht.

c Nenne mit Hilfe von Bild 4 zwei mögliche Gründe, warum mehrere kleinere Mahlzeiten am Tag für die Leistungsbereitschaft besser sein könnten als wenige große.

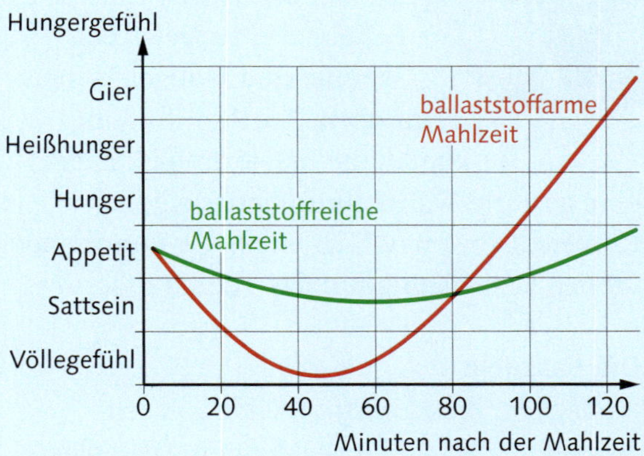

3 Hungergefühl in Abhängigkeit von der Mahlzeit

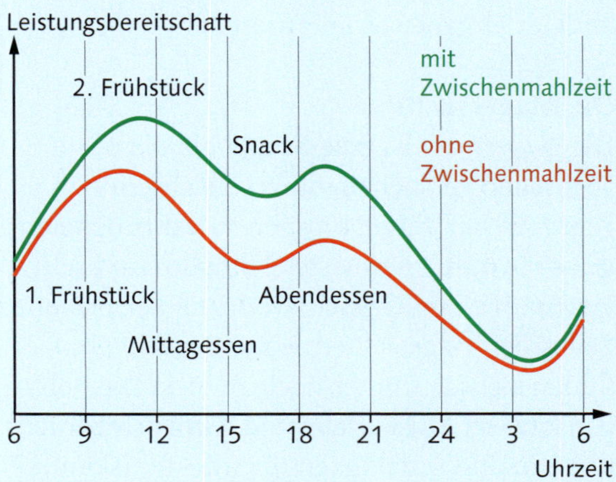

4 Leistungsbereitschaft in Abhängigkeit vom Essverhalten

Wenn Essen zum Problem wird

Malena ist 13. Jeden Morgen der gleiche Ablauf: Nach einem Blick in den Spiegel fühlt sie sich zu dick. Das Gewicht, das die Waage anzeigt, bestätigt scheinbar ihr Gefühl. Hat sie ihrer Meinung nach einmal zu viel gegessen, denkt sie, alle Leute starren sie an, weil sie zu dick ist.

Störung der Energiebilanz

Eine *Essstörung* liegt vor, wenn Energiezufuhr und Energieumsatz des Körpers nicht ausgeglichen sind. Wird dem Körper mehr Energie zugeführt, als er benötigt, wird er übergewichtig. Bekommt er zu wenig oder die falsche Nahrung, führt das zu Gewichtsverlust und Mangelerscheinungen. Auslöser für eine krankhafte Essstörung ist meist eine gestörte Wahrnehmung des eigenen Körpers. Denken und Handeln der Betroffenen drehen sich ständig um das Thema Essen.

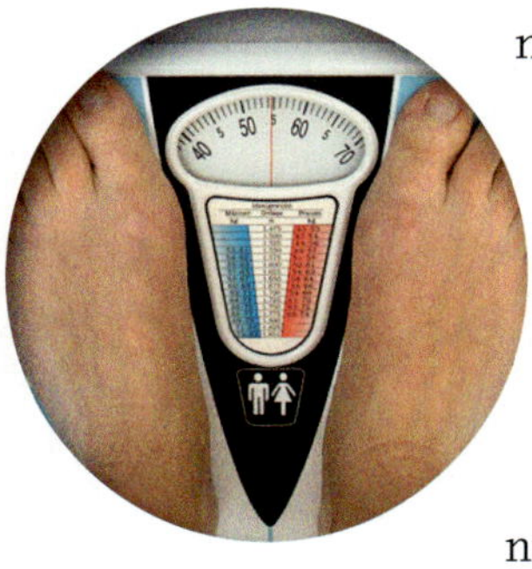

Die Esssucht

Menschen, die an *Esssucht* leiden, essen zwanghaft und zu große Mengen. Die Folgen dieser Störung sind häufig Übergewicht, Erkrankungen zum Beispiel der Gelenke oder anderer Organe sowie Einsamkeit.

Die Magersucht

Die *Magersucht* ist eine Krankheit, bei der Menschen versuchen, durch die absolute Kontrolle der aufgenommenen Nahrungsmenge sowie durch bewusstes Hungern und sehr viel Sport einen Gewichtsverlust zu erreichen. Selbst bei festgestelltem Untergewicht empfinden sie sich immer noch zu dick. Die Folgen sind oft Muskelschwund, Unfruchtbarkeit und erhöhte Anfälligkeit für Infektionskrankheiten.

1 Der tägliche Blick in den Spiegel

Die Ess-Brech-Sucht

Bei der *Ess-Brech-Sucht* haben Betroffene große Angst vor einer Gewichtszunahme. Sie greifen zu Abführmitteln oder erbrechen sich absichtlich. Die dadurch nach oben beförderte Magensäure führt zu Schäden an der Speiseröhre und den Zähnen. Darüber hinaus beeinträchtigt ständiges Erbrechen den Wasser- und Mineralstoffhaushalt des Körpers. Dies kann sogar zu Herzversagen führen.

Es gibt Hilfe

Der erste Schritt, etwas gegen eine Essstörung zu tun, ist die Einsicht der Betroffenen, dass sie Hilfe brauchen und diese auch annehmen müssen. Eine Therapie versucht das Selbstwertgefühl zu steigern. Ziel ist es, dass sich die Betroffenen wieder so akzeptieren, wie sie sind. Eine wichtige Rolle spielen dabei Freunde und Familie. Erste Ansprechpartner können der Hausarzt, eine staatliche Beratungsstelle oder eine Selbsthilfegruppe sein.

In Kürze

Bei einer Essstörung sind Energieaufnahme und Energieumsatz des Körpers nicht ausgeglichen.

Aufgabe

1 Finde mit Hilfe des Telefonbuches oder des Internets die Telefonnummer des Gesundheitsamtes oder die Adresse einer Selbsthilfegruppe heraus.

Schönheitsideale im Wandel

Modezeitschriften, Models auf dem Laufsteg, Werbung und Fernsehshows möchten uns den perfekten Menschen vermitteln. Wer schön ist, hat es leichter, erfolgreich und beliebt zu sein. Kann man diesem Bild nicht entsprechen, sinkt das Selbstbewusstsein. Doch was ist überhaupt »schön«?

Schönheit im Wandel der Zeit

In der Antike bezeichnete man jugendliche und athletische Körper als schön. Ein dicker Bauch war ein Zeichen für Verweichlichung. Im Mittelalter sollten schöne Frauen mädchenhaft wirken, kleine Brüste und ein schmales Becken besitzen. Weiße Haut galt als besonders attraktiv. Mit Beginn der Neuzeit waren rundliche Körper ein Zeichen von Schönheit, Gesundheit und Wohlstand. Später trugen die Frauen die Brust weit oben. Die Taille war schmal, die Hüfte deutlich breiter. Um diese unnatürliche Sanduhrform zu erreichen, schnürten sich die Damen in enge Korsetts. Heute gelten leicht gebräunte, sportliche und jugendliche Körper als schön.

Gibt es eine Definition für Schönheit?

Forscher fanden heraus, dass wir alles Symmetrische als schön empfinden. Eine makellose Haut gehört ebenso dazu. Unbewusst verbinden wir mit diesen genannten Faktoren Gesundheit.

Doch niemand sollte sich durch Models und Stars in den Medien verunsichern lassen. Ein Pfund mehr oder weniger zu akzeptieren gehört zu einem gesunden Selbstbewusstsein. Ein Mensch hat neben seinem Aussehen noch andere Werte, die ihn attraktiv und liebenswert erscheinen lassen.

1 On the catwalk

2 Schönheit im Wandel der Zeit

Bau und Funktion der Atmungsorgane

Beim Tauchen musst du immer wieder auftauchen, um Luft zu holen. Du kannst die Luft nicht sehr lange anhalten. Nach kurzer Zeit musst du, ob du willst oder nicht, wieder atmen. Du atmest ständig – meist unbewusst – ob du wach bist oder schläfst.

1 Der Schwimmer holt tief Luft.

Nichts als Luft

Luft sieht man nicht, denn sie ist farblos und geruchlos. Der Hauptbestandteil unserer Luft ist das Gas Stickstoff. Außerdem enthält sie Sauerstoff, nur sehr wenig Kohlenstoffdioxid und einige andere Gase. Die Luft ist also ein Gemisch aus verschiedenen Gasen.

Die Lunge funktioniert wie ein Blasebalg

Die Lunge hat keine Muskeln, sodass sie sich nicht selbst weiten und Luft einsaugen kann. Unter der Lunge ist das *Zwerchfell* durch den Körper gespannt. Diese nach oben gewölbte Muskelschicht trennt Brust- und Bauchraum. Spannt sie sich, so drückt sie nach unten. Dadurch wird die Lunge wie ein Blasebalg gedehnt. Es strömt Luft ein. Beim Ausatmen entspannt sich das Zwerchfell wieder und wölbt sich nach oben. Dabei entweicht die Luft aus der Lunge. Diesen Vorgang nennt man *Bauchatmung*.

Gleichzeitig weitet sich der Brustkorb nach vorne und oben. Bei der *Brustatmung* heben viele kleine Muskeln zwischen den Rippen, die *Zwischenrippenmuskulatur*, die Rippen an und vergrößern dadurch den Brustkorb. Auf diese Weise wird die Lunge erweitert und Luft strömt ein. Beim Ausatmen senkt sich der Brustkorb und drückt die Luft aus der Lunge.

Der Weg der Luft in die Lunge

Durch Nase und Mund gelangt die Atemluft in den Körper. Die Schleimhaut der *Nasenhöhle* befeuchtet die Luft und wärmt sie an. Am Schleim bleiben Staub und Krankheitserreger hängen. Dies geschieht in abgeschwächter Form auch in der *Mundhöhle*.

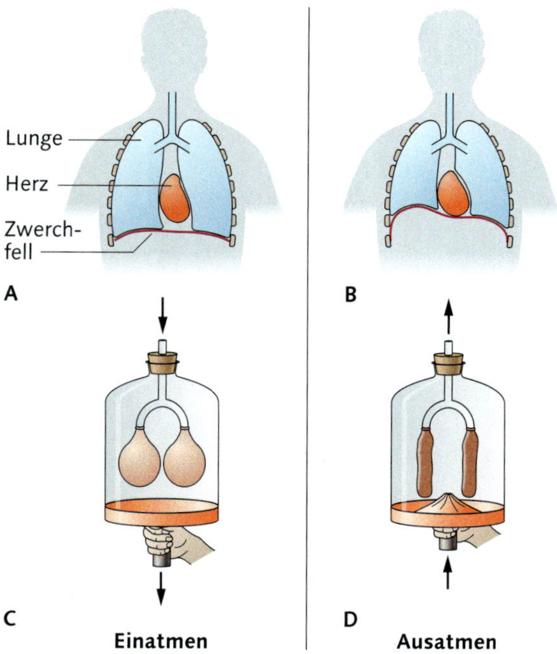

2 Bauchatmung. A Schema; B Modell

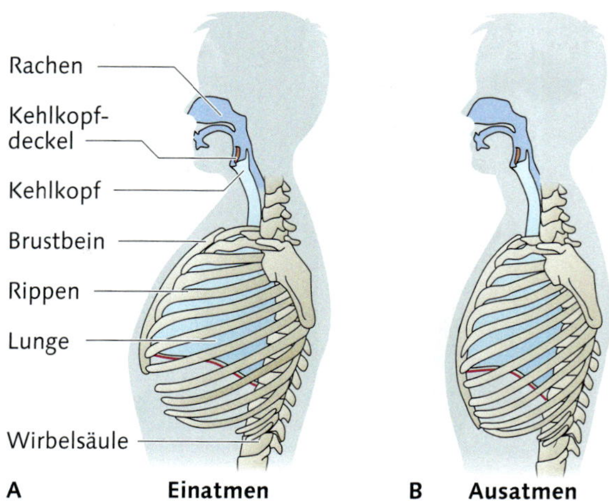

3 Brustatmung (Schema)

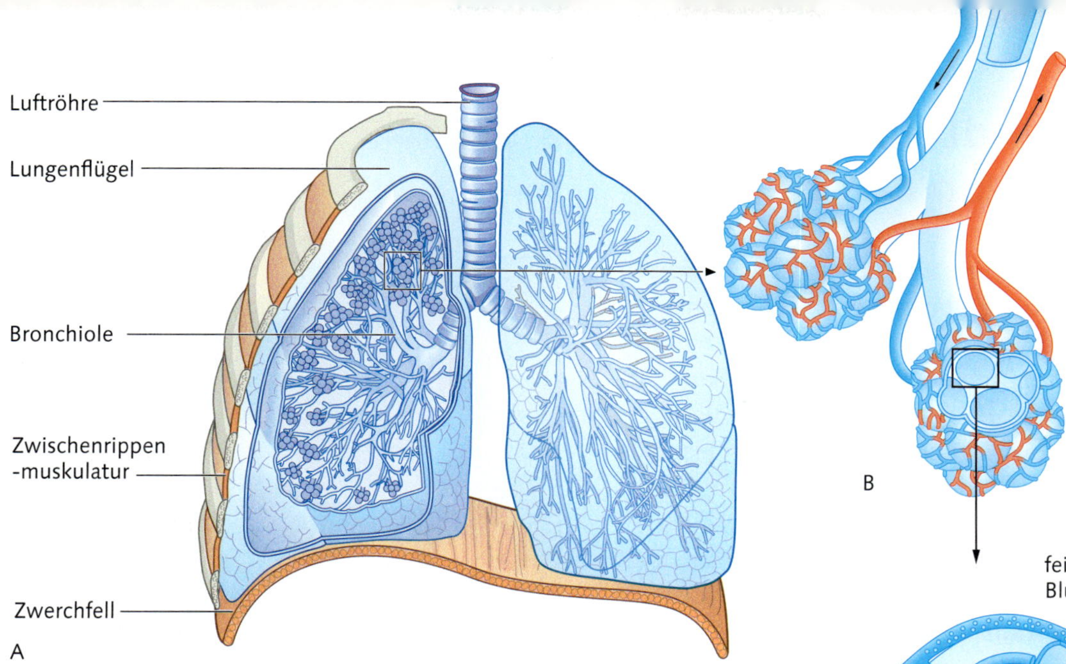

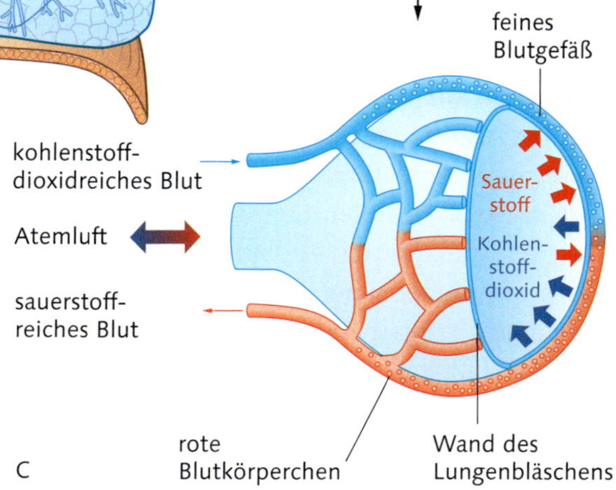

4 Atmungsorgane. A Lunge; B Lungenbläschen mit Kapillaren; C Gasaustausch

Durch den *Rachen* gelangt die Luft vorbei am *Kehlkopf* in die *Luftröhre*. Beim Schlucken wird sie vom *Kehldeckel* verschlossen. An ihrem Ende gabelt sie sich in zwei Äste, die *Bronchien*. Sie führen in die Lungenflügel und verzweigen sich in immer dünnere Röhrchen. Die kleinen *Lungenbläschen* am Ende der Röhrchen sind von feinen Blutgefäßen, den *Kapillaren*, umhüllt. Etwa 250 Millionen Lungenbläschen befinden sich in jedem Lungenflügel. Zusammen entspricht ihre Fläche der Größe eines Volleyballfeldes. Diese Oberflächenvergößerung ermöglicht einen bestmöglichen Gasaustausch.

Gasaustausch in der Lunge

Beim Einatmen gelangt sauerstoffreiche Luft bis in die Lungenbläschen. Durch ihre hauchdünnen Wände wird der Sauerstoff ins Blut aufgenommen und zu den Zellen des Körpers transportiert. Sie brauchen Sauerstoff, um aus Nährstoffen Energie freizusetzen. Dabei entsteht Kohlenstoffdioxid. Es wird von den Zellen an das Blut abgegeben. Das kohlenstoffdioxidreiche Blut fließt zurück zur Lunge. Dort wird das Kohlenstoffdioxid gegen Sauerstoff ausgetauscht und ausgeatmet.

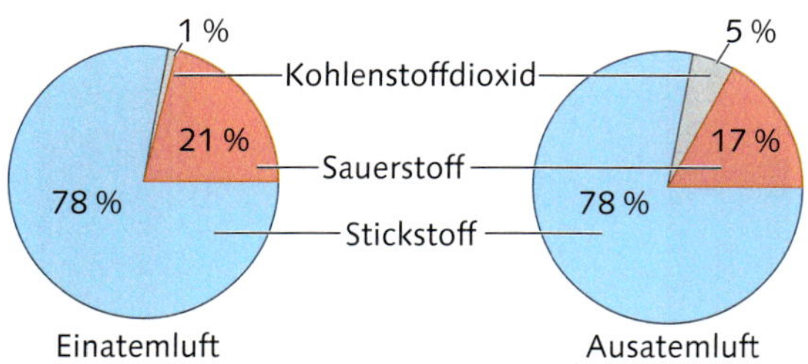

5 Zusammensetzung der Atemluft

In Kürze

Die Luft wird durch die Bauch- und Brustatmung in die Lunge gesaugt. Sie gelangt über die Luftröhre und die Bronchien in die Lungenbläschen. Hier nimmt das Blut Sauerstoff auf und gibt Kohlenstoffdioxid ab.

Aufgaben

1 Wenn man Sport treibt, muss man schneller atmen. Erkläre.

2 Skizziere den Kreislauf des Gasaustauschs in der Lunge und den Körperzellen.

Bestandteile und Aufgaben des Blutes

Ein großer Blutverlust, wie etwa nach einem Unfall, kann für einen Menschen lebensgefährlich sein. Ein Erwachsener hat etwa fünf Liter Blut in seinem Körper. Bei großem Blutverlust ersetzen Ärzte es durch eine Bluttransfusion aus Blutspenden. Damit jederzeit ausreichend Blutkonserven zur Verfügung stehen, spenden viele Menschen freiwillig Blut. Dieses Blutspenden kann Leben retten.

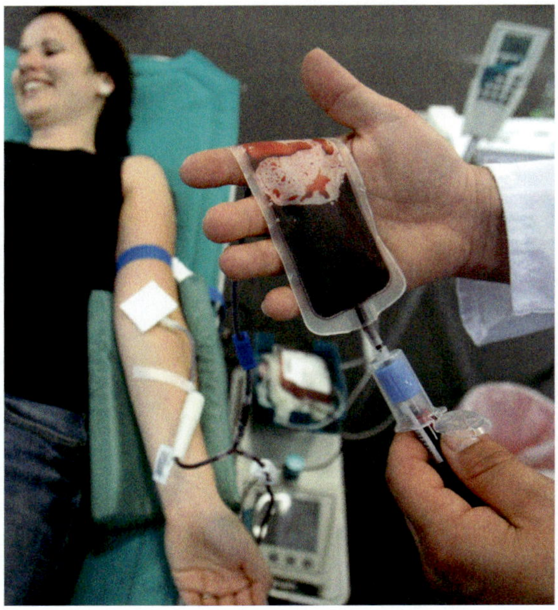

1 Blutspenden rettet Leben.

Blut als Transportmittel

Der gesamte Körper ist von einem dichten Netz aus Blutgefäßen, den Adern, durchzogen. Deshalb blutet man bei Verletzungen. Das Blut transportiert zerlegte Nährstoffe, Vitamine, Salze, Sauerstoff und Kohlenstoffdioxid zu allen Organen. Außerdem bringt es die Abfallstoffe des Körpers zu den Ausscheidungsorganen. Auch Wirkstoffe wie *Hormone* und Enzyme werden durch den Körper transportiert. Darüber hinaus reguliert das Blut die Körpertemperatur. Es verteilt die Wärme, die bei der Energiegewinnung im Körper entsteht.

Zusammensetzung des Blutes

Wenn man frisches Blut in einem Standzylinder eine Zeit lang stehen lässt, setzen sich seine festen Bestandteile, die *Blutzellen,* nach unten ab. Darüber kann man eine gelbliche Flüssigkeit, das *Blutplasma,* erkennen. Blutplasma besteht vor allem aus Wasser und enthält darüber hinaus die verdauten Nährstoffe ebenso wie Mineralstoffe und Vitamine. Im Blutplasma ist außerdem der Gerinnungsstoff *Fibrinogen* gelöst. Entfernt man das Fibrinogen, erhält man das *Blutserum.*

Rote Blutkörperchen

Die *roten Blutkörperchen* geben dem Blut seine Farbe. Ein Tropfen Blut enthält ungefähr

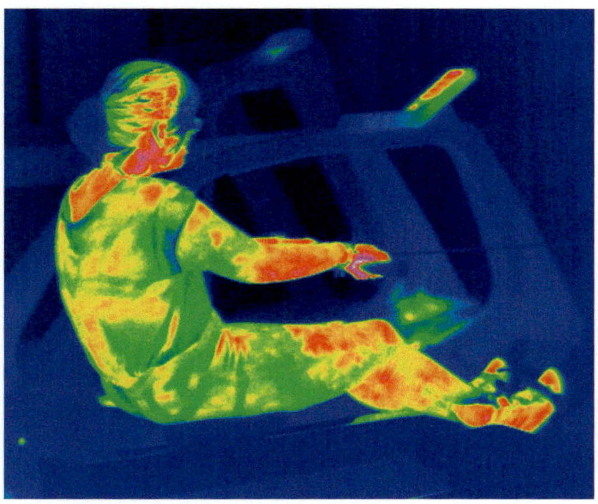

2 Wärmeverteilung durch das Blut

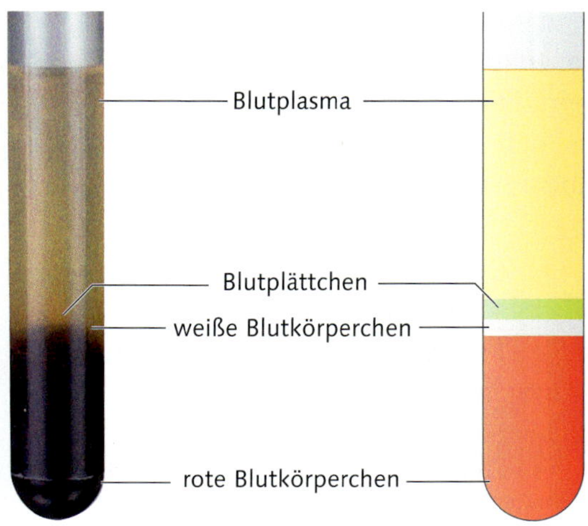

3 Abgesetztes Blut

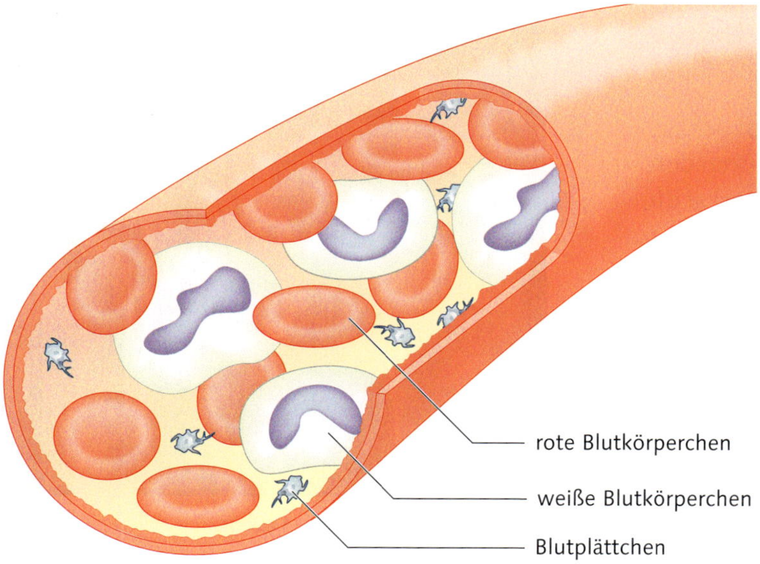

4 Blutgefäß mit Blutzellen

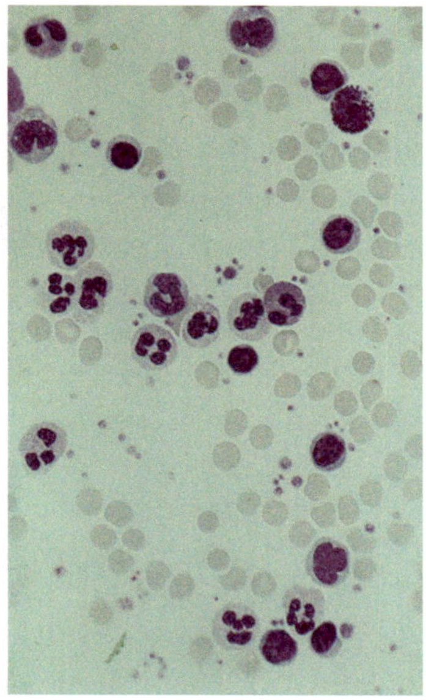

5 Mikroskopischer Blutausstrich

250 Millionen rote Blutkörperchen. Sie haben eine scheibenartige, eingedellte Form und enthalten den roten Farbstoff Hämoglobin. Dieser bindet Sauerstoff und ist für seinen Transport zuständig. Die roten Blutkörperchen transportieren auch einen Teil des Kohlenstoffdioxids von den Zellen zur Lunge. Der größte Teil wird aber im Blutplasma transportiert.

Weiße Blutkörperchen

Die *weißen Blutkörperchen* bilden das Abwehrsystem des Menschen, denn sie bekämpfen Krankheitserreger. Sie sind unregelmäßig geformt. Einige von ihnen können die Blutbahn verlassen. Weiße Blutkörperchen fressen die Krankheitserreger und Fremdkörper, die in den Körper eingedrungen sind.

Blutplättchen und Fibrinogen

Das Blut enthält außerdem viele kleine Bruchstücke von Zellen, die *Blutplättchen*. Sie zerfallen dort, wo eine Blutbahn verletzt wird. Dabei entstehen Stoffe, die die Blutgerinnung in Gang setzen. Sie bewirken, dass aus dem gelösten Fibrinogen im Blutplasma Fibrinfäden entstehen, die ein Netz an der Wunde bilden. In diesem Netz verfangen sich die Blutzellen und die Wunde wird verschlossen.

In Kürze

Das Blut besteht aus dem Blutplasma und den Blutzellen. Das Blutplasma transportiert viele gelöste Stoffe und reguliert die Körperwärme. Die roten Blutkörperchen transportieren den Sauerstoff von der Lunge zu den Zellen im Körper. Weiße Blutzellen bilden das Abwehrsystem des Körpers. Blutblättchen tragen dazu bei, dass offene Wunden geschlossen werden.

Aufgaben

1 Nenne die Blutbestandteile und ihre Aufgaben.
2 Ausdauersportler besitzen eine größere Anzahl an roten Blutkörperchen. Erkläre.
3 Begründe, weshalb ein hoher Blutverlust bei einem Unfall lebensgefährlich sein kann.

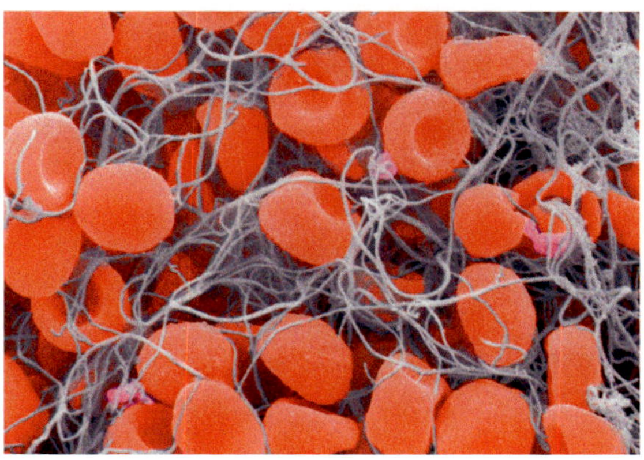

6 Eine Wunde wird verschlossen.

Herz und Blutkreislauf

Während deines gesamten Lebens schlägt dein Herz und pumpt das Blut durch den Körper. Wenn du Sport treibst, merkst du, dass sich dein Herzschlag beschleunigt. Im Schlaf schlägt das Herz ruhig und regelmäßig. Ärzte können deine Herztätigkeit in einer Kurve sichtbar machen.

Der Aufbau des Herzens

Das Herz ist ein etwa faustgroßer *Hohlmuskel*. Er funktioniert wie eine Pumpe. Dazu verdickt sich der Muskel bei jedem Herzschlag und drückt das Blut aus dem Herzen in die *Arterien*, also in alle Blutgefäße, die vom Herzen wegführen. Adern, die zum Herzen hinführen, nennt man *Venen*.

Das Herz liegt in der Mitte des Brustkorbs. Der hohle Innenraum wird durch die *Herzscheidewand* in zwei Hälften geteilt. Jede dieser Hälften besteht aus einem *Vorhof* und einer *Herzkammer*. Vorhof und Herzkammer sind durch die *Segelklappen* voneinander getrennt. Diese verhindern, dass das Blut aus der Herzkammer zurück in den Vorhof fließt. Ebenso funktionieren die *Taschenklappen* zwischen den Herzkammern und den Arterien.

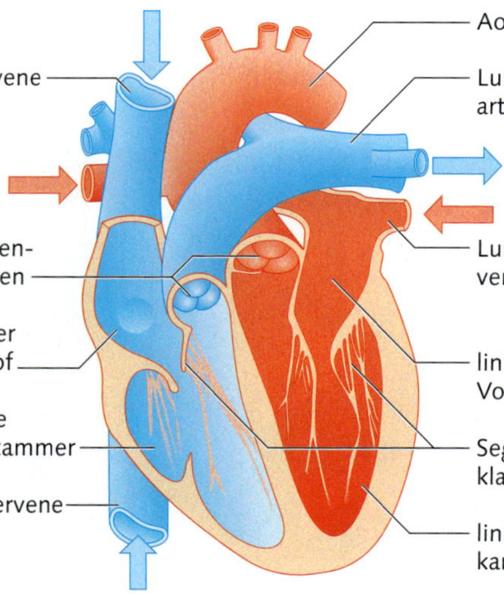

2 Der Aufbau des Herzens

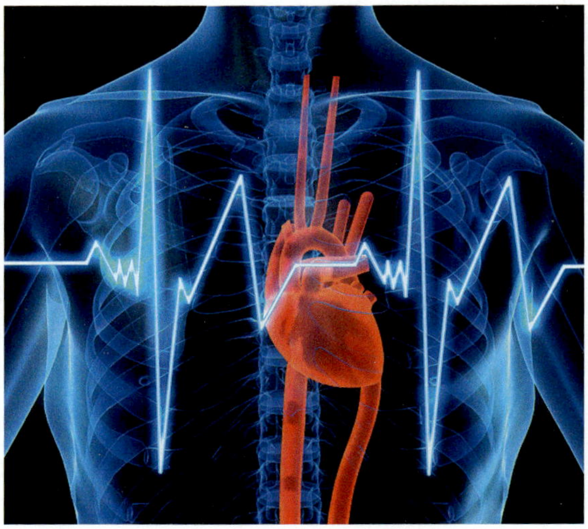

1 Das Herz als Motor des Lebens

Der Körperkreislauf

Wenn sich der Herzmuskel anspannt, wird das Blut aus der linken Herzkammer in die *Körperarterie* gepresst. Auf ihrem Weg durch den Körper verzweigt sie sich in immer dünnere Adern. Diese führen ins Gehirn, in die Muskeln und zu allen anderen Organen. Die dünnsten Adern nennt man *Kapillaren*. Durch ihre dünnen Wände gibt das Blut Nährstoffe und Sauerstoff an die Zellen der Organe ab. Gleichzeitig werden Kohlenstoffdioxid und andere Abfallstoffe aus den Zellen aufgenommen. Das sauerstoffarme Blut fließt durch Venen zurück zum Herzen. Über die *Körpervene* gelangt das Blut durch den rechten Vorhof in die rechte Herzkammer. Damit ist der Körperkreislauf geschlossen.

Der Lungenkreislauf

Aus der rechten Herzkammer wird das sauerstoffarme Blut in die Lungenarterie gepumpt. Auch hier verhindert eine Segelklappe, dass es zurück in den rechten Vorhof fließt. Beim Schließen der Herzklappen entstehen die Herztöne, die der Arzt mit dem Stethoskop hören kann. Das Blut wird zur Lunge geleitet. Hier gibt es das Kohlenstoffdioxid an die Luft im Lungenbläschen ab. Gleichzeitig nimmt es Sauerstoff aus den Lungenbläschen auf. Von hier aus gelangt das Blut über die Lungenvene zurück in die linke Vorkammer des Herzens.

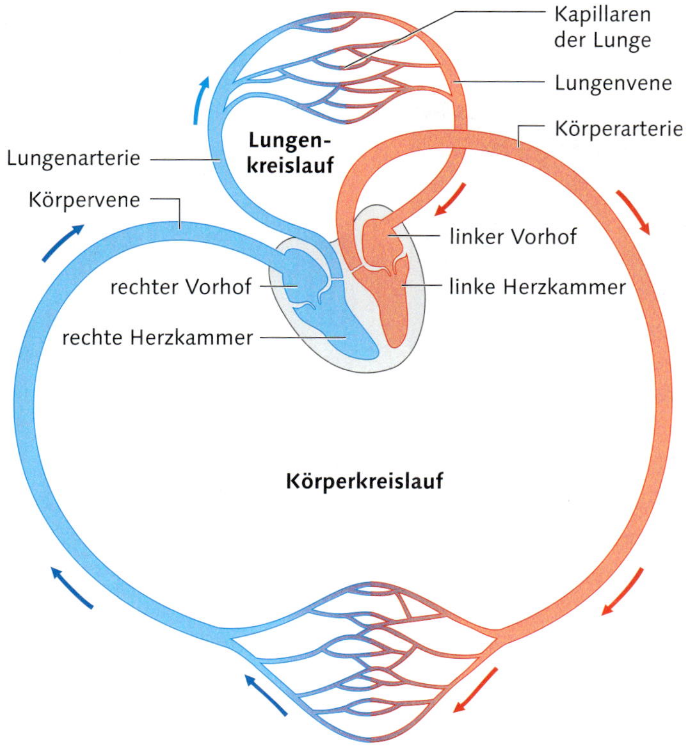

3 Schematische Darstellung des Blutkreislaufs

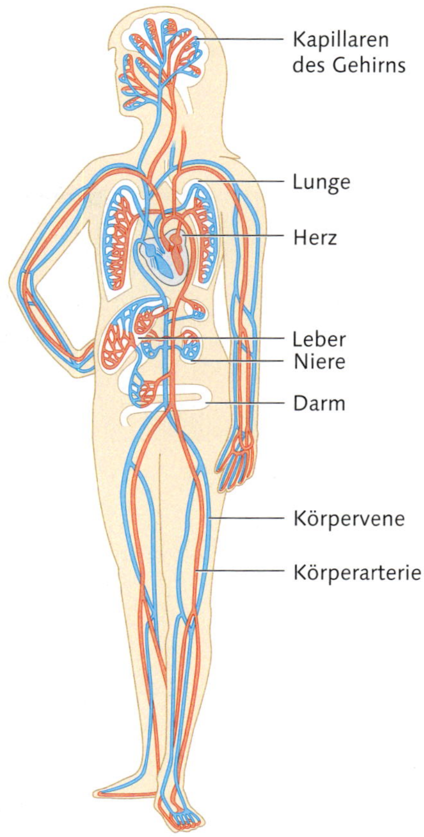

4 Der Blutkreislauf im Körper

Erkrankungen des Herz-Kreislauf-Systems

Durch zu wenig Sport, Rauchen oder Übergewicht kann das Herz-Kreislauf-System erkranken. Sehr weit verbreitet sind in der heutigen Zeit Bluthochdruck, Schlaganfall und Herzinfarkt. Diese Krankheiten treten vermehrt auf, wenn sich in den Arterien Fette ablagern. Solche Ablagerungen werden häufig durch zu viel Stress begünstigt und können sogar zum Tod führen. Durch eine gesunde Ernährung, regelmäßigen Sport und ausreichende Erholung kann man Erkrankungen des Herz-Kreislauf-Systems vorbeugen.

In Kürze

Das Blut wird, angetrieben durch die Kraft des Herzens, in einem doppelten Kreislauf durch den Körper gepumpt. Das sauerstoffreiche Blut fließt durch den Körperkreislauf zu den Organen. Hier nimmt es Kohlenstoffdioxid auf. Im Lungenkreislauf gibt es dieses wieder ab und nimmt Sauerstoff auf.

Aufgabe

1 Beschreibe den Weg des Blutes durch den Körper möglichst ausführlich.

Exkurs System

Der Mensch atmet sauerstoffreiche Luft ein. In der Lunge wird der Sauerstoff ins Blut aufgenommen. Das Blut transportiert den Sauerstoff zu allen Organen. Ebenso befördert es die Bausteine der Nährstoffe, die bei der Verdauung ins Blut aufgenommen werden, zu den Zellen. Hier werden sie mit Hilfe des Sauerstoffs in Energie umgesetzt. Dabei entsteht Kohlenstoffdioxid, das zurück zur Lunge transportiert wird.

Der Blutkreislauf mit dem Herzen als Antrieb bildet ein System. Alle Teile eines Systems stehen in enger Beziehung zueinander und sind voneinander abhängig. Auch die Verdauungsorgane und das Skelett mit den Muskeln bilden solche Systeme. Der menschliche Körper bildet mit allen Organsystemen einen Organismus.

Praktikum

Atmung und Blutkreislauf

1 Pulsmessung

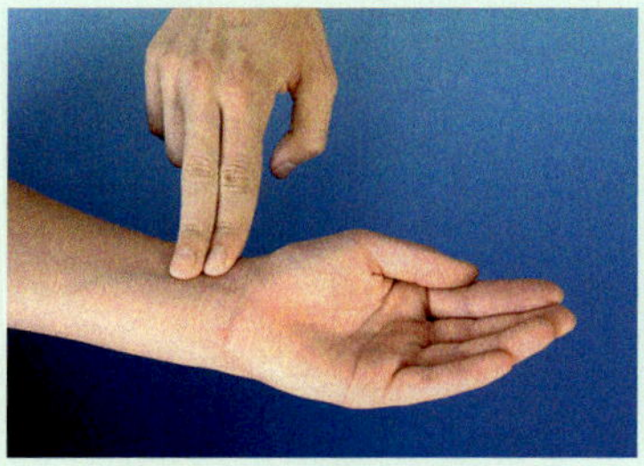

1 Ertasten des Pulsschlags

Material Stoppuhr

Durchführung Setze dich auf einen Stuhl. Zähle eine Minute lang deine Atemzüge. Miss die Zeit mit der Stoppuhr. Protokolliere in einer Tabelle.
Ertaste am Handgelenk deinen Pulsschlag mit Zeige- und Mittelfinger. Zähle die Pulsschläge eine Minute lang. Protokolliere die Anzahl. Mache 15 Kniebeugen und miss erneut deinen Pulsschlag und die Anzahl deiner Atemzüge in einer Minute. Halte auch diese Messergebnisse in der Tabelle fest.

	Atemzüge	Pulsschlag
Ruhe		
Belastung		

2 Protokoll der Messergebnisse

Auswertung

1 Stelle die Messwerte in einem Balkendiagramm dar.
2 Vergleiche die Messwerte.
3 Erkläre die unterschiedlichen Messergebnisse.

2 Lungenvolumen messen

3 Versuchsaufbau

Material Becherglas (5 l), große Schüssel, Schlauch, Mundstücke, Deckel für Becherglas, Wasser

Durchführung Fülle die Schüssel zur Hälfte und das Becherglas bis zum Rand mit Wasser. Decke das Becherglas ab und stelle es vorsichtig umgekehrt in die Schüssel. Führe das Ende des Schlauchs unter das Becherglas. Hole so tief wie möglich Luft und blase alle Luft durch den Schlauch in das Becherglas. Lies an der Skala ab, wie viel Luft im Becherglas ist. Wiederhole den Versuch. Atme dazu normal ein.

Auswertung

1 Begründe, weshalb es wichtig ist, das Lungenvolumen zu bestimmen.
2 Suche einen Weg, deine täglich verbrauchte Luftmenge zu errechnen.
3 Erkläre, weshalb Ausdauersportler ein größeres Lungenvolumen haben.

3 Ein- und Ausatemluft

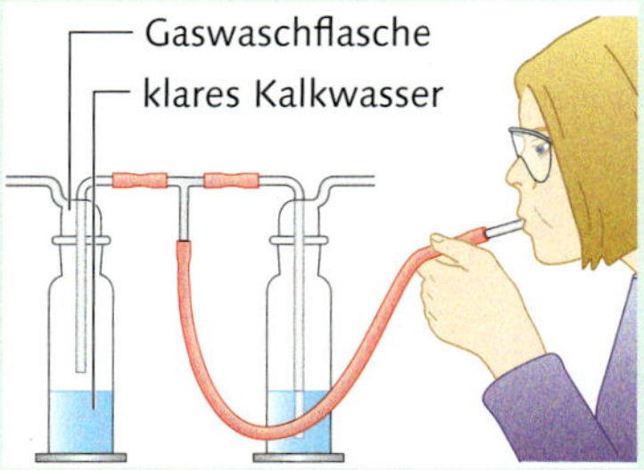

4 Versuchsaufbau

Material Gaswaschflasche, Luftpumpe, Schlauchstück, Strohhalm, Kalkwasser, Schutzbrille

Durchführung Baue den Versuch wie in Bild 4 auf. Schließe zunächst die Luftpumpe an den Schlauch an und sauge Luft an. Protokolliere deine Beobachtungen. Entferne die Luftpumpe und atme mehrere Male in das Mundstück aus. Protokolliere deine Beobachtungen.

Sicherheitshinweise
Kalkwasser ist ätzend!
Schutzbrille verwenden.
Beachtet die Strömungsrichtungen der Gaswaschflasche!

Auswertung

1 Kalkwasser ist eine klare Flüssigkeit, die sich trübt, wenn Kohlenstoffdioxid hindurchgeleitet wird. Ziehe Rückschlüsse aus der Veränderung des Kalkwassers bei den beiden Teilversuchen.

Aufgaben

Blut und Blutkreislauf

Wahrscheinlich hat dein Arzt bei dir schon einmal die Herztöne abgehört, deinen Puls gemessen und vielleicht auch das Blut in einem Labor untersuchen lassen.

1 Bluttransport

Die Druckwelle, die das Herz beim Auspressen des Blutes erzeugt, kann man in den Aterien als Puls spüren. Dazu zieht sich die Ringmuskelschicht der Arterien hinter dem aus dem Herzen kommenden Blutschwall zusammen. So wird das Blut nach vorne gedrückt. Für den Rücktransport durch Venen sind keine weiteren Muskeln nötig. Da neben jeder Vene eine Arterie liegt, drückt die Welle der Arterienmuskeln auch die Venen zusammen. Das Blut wird auf diese Weise auch hier weitertransportiert. Taschenklappen in den Venen verhindern das Zurückfließen des Blutes.

a Ordne den Buchstaben in den Bildern 1 und 2 die entsprechenden Begriffe aus dem Text zu.

2 Blutgasanalyse

Im Labor werden nicht nur die Blutzellen gezählt, sondern auch die Konzentrationen an Sauerstoff und Kohlenstoffdioxid bestimmt. Aus diesen Werten kann der Arzt ablesen, ob der Gasaustausch in der Lunge einwandfrei funktioniert. Ein Modell aus einem Luftballon und einem Gummischlauch helfen dir, diesen Gasaustausch besser zu verstehen.

a Nenne die Bauteile der Lunge, die durch den Luftballon und den Gummischlauch jeweils dargestellt werden.

b Beschreibe mit Hilfe des Modells den Gasaustausch in der Lunge. Zeichne dazu wie in Bild 3 zwei Kammern. Trage die wandernden Teilchen ein. Beschrifte die Zeichnung.

c Leite aus den Abbildungen Eigenschaften ab, die Lunge und Kapillare besitzen müssen, damit der Gasaustausch stattfinden kann.

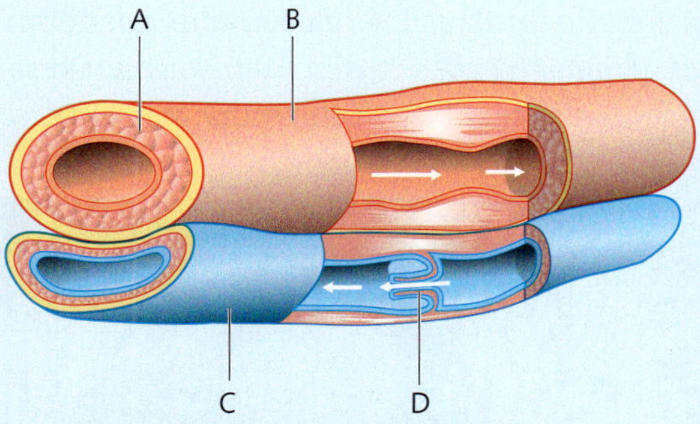

1 Bluttransport in den Arterien und Venen

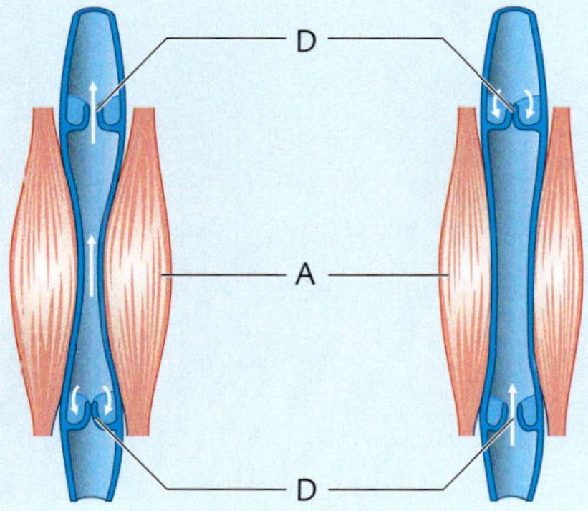

2 Bluttransport in Venen, unterstützt durch Arterien und Venenklappen

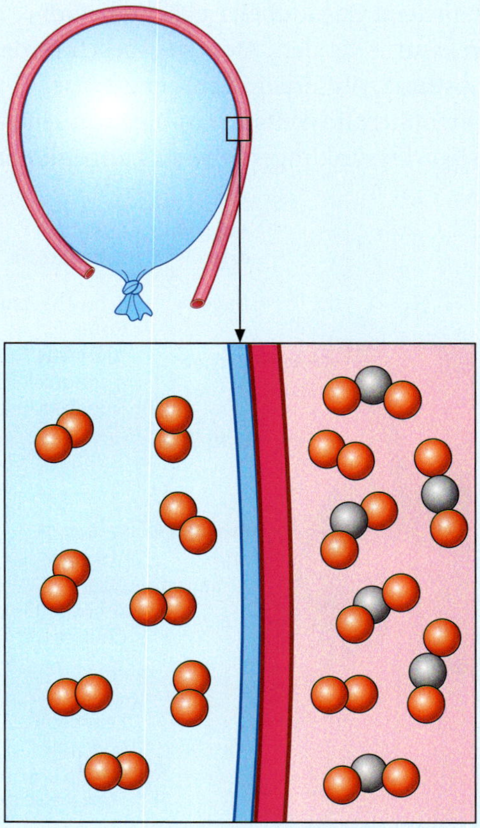

3 Luftballonmodell der Lunge

Gefahren für die Atmungsorgane

Neuerdings kleben auf den Windschutzscheiben vieler Fahrzeuge rote, gelbe oder grüne Aufkleber. Nur Fahrzeuge mit schadstoffarmen Motoren dürfen die grüne Umweltzone in Städten durchfahren. Damit möchte man erreichen, dass die Konzentration des Feinstaubs in der Luft verringert wird. Feinstaub kann mit der Atemluft in unsere Atemwege gelangen und dort Erkrankungen verursachen.

1 Umweltplaketten für Umweltzonen

Schadstoffe in der Luft

Feinstaub besteht aus winzig kleinen, festen Teilchen, die in der Luft schweben und für unsere Augen nicht sichtbar sind. In Städten entsteht er vor allem durch menschliche Einwirkungen, die Industrie und den Straßenverkehr. Untersuchungen zeigen, dass Feinstaub, den wir mit der Atemluft aufnehmen, verschiedene Gesundheitsschäden hervorrufen kann: Allergien, Atemwegsbeschwerden und Asthma. Außerdem führt er zu einer erhöhten Sterblichkeitsrate infolge von Herz-Kreislauf-Erkrankungen und zu Lungenkrebs.

Neben dem Feinstaub gibt es noch zahlreiche andere *Schadstoffe* in der Luft. Sie sind in den *Abgasen* von Kraftfahrzeugen und Industrieanlagen, in Farben und Klebstoffen, aber auch im Tabakrauch enthalten.

Schadstoffe im Tabakrauch

Mit dem Tabakrauch werden sehr viele Stoffe eingeatmet, die die Gesundheit gefährden. Die bekanntesten sind *Teerstoffe* und *Nikotin*. Die Teerstoffe im Rauch verkleben und zer-stören die *Flimmerhärchen* in den Atemwegen. Diese befinden sich auf den Schleimhäuten von

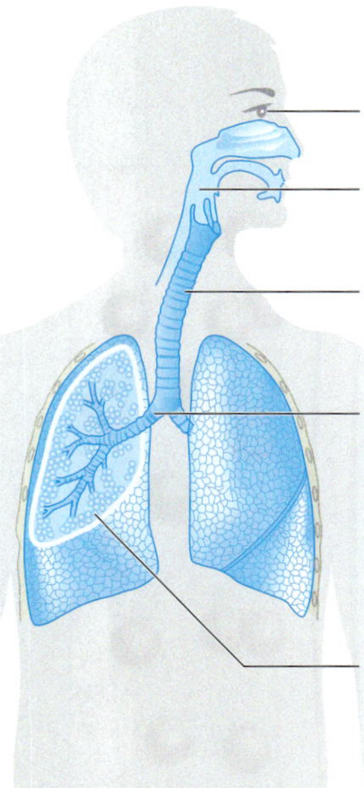

Angriffsorte	Luftschadstoffe
Augen Rachen Luftröhre	Schwebestaub Ozon Aldehyde Ammoniak Salpetersäure
Bronchien und Nebenäste	Feinstaub (10 µm) Ozon Schwefeldioxid Chlorgas
Lungenbläschen	Feinstaub (2,5 µm) Ozon Stickstoffdioxid

2 Gefahren durch Schadstoffe aus der Luft

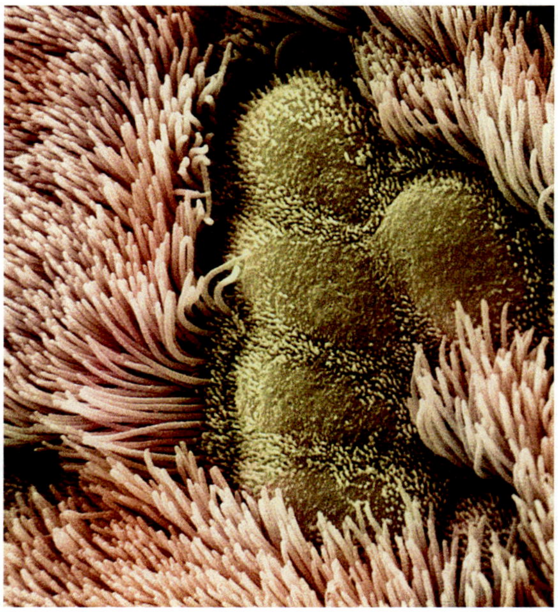

3 Flimmerhärchen und Schleim produzierender Bereich der Lunge

4 Rauchen in der Clique: Dazugehören ist alles?

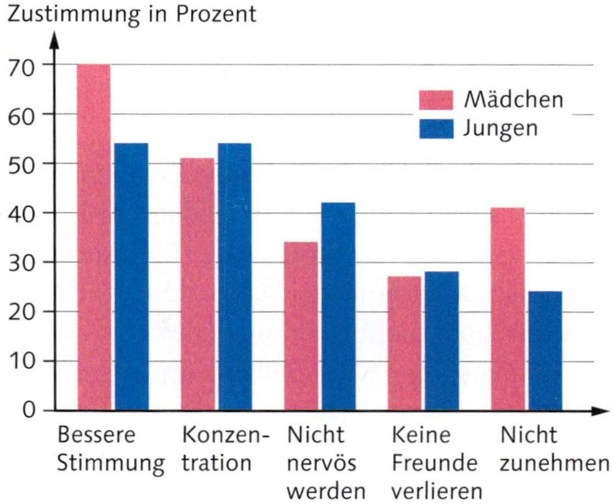

5 Gründe fürs Rauchen

Nase, Rachen, Luftröhre sowie Lunge und filtern normalerweise die meisten Schadstoffe aus der Atemluft. Verlieren sie ihre Funktion, gelangen mehr Schadstoffe und Krankheitserreger in den Körper. Der Körper versucht sie mit einer erhöhten Schleimbildung und durch starkes Husten auszuscheiden. Die Betroffenen leiden unter *Raucherhusten.*

Langzeitfolgen des Rauchens

Langzeitfolgen sind *chronische Bronchitis* und verschiedene Lungenerkrankungen. Teerstoffe wirken krebserregend. *Lungenkrebs* zählt zu den häufigsten Krebsarten; die Chance auf Heilung ist gering. Weltweit sterben jedes Jahr etwa 5 Millionen Menschen an den Folgen des Tabakkonsums. Süchtig machen Zigaretten durch das Nikotin. Es ist giftig und wird als Droge eingestuft.

Tabakrauch schädigt auch Nichtraucher

Der Tabakrauch schadet aber nicht nur dem Raucher, sondern auch seinen Mitmenschen. In einem Raum, in dem geraucht wird, atmen auch die Nichtraucher die schädlichen Stoffe ein. Sie *rauchen passiv* mit. So können auch bei ihnen Erkrankungen der Atmungsorgane bis hin zum Lungenkrebs entstehen. Deshalb bestehen heute immer mehr Menschen auf rauchfreie Räume. Sie fühlen sich durch den Tabakrauch belästigt oder gefährdet.

Warum Jugendliche rauchen

Viele Jugendliche wollen zunächst einmal nur ihre Neugier befriedigen. Sie wollen wissen, wie sich das anfühlt: Eine Zigarette rauchen. Einige stellen fest, dass es ihnen gar nicht schmeckt, und lassen dann die Finger davon. Andere dagegen rauchen vor allem in ihrer Clique weiter, weil sie dazugehören möchten und dabei ein angenehmes Gefühl empfinden. Sie wollen vielleicht auch zeigen, dass sie auf dem Weg sind, die Welt der Erwachsenen zu erobern. Wie diese nutzen sie die »Zigarettenpause«, um miteinander ins Gespräch zu kommen und Abstand von Arbeit und Stress zu gewinnen. Sie merken oft nicht, wie schnell sie die Kontrolle über das Rauchen verlieren und es schließlich zur Gewohnheit wird.

In Kürze

Die Belastung der Atemluft mit Feinstaub, Abgasen und vor allem Tabakrauch führen zu Beeinträchtigungen und Erkrankungen der Atmungsorgane. Als Folge davon können auch andere Organe geschädigt werden und erkranken.

Aufgaben

1 Nenne Gefahren für die Atmungsorgane.

2 Begründe, weshalb man in Städten Umweltzonen einrichtet.

3 Erkläre anhand von Bild 2, wie Tabakrauch die Atmungsorgane schädigt.

Alkohol kann süchtig machen

Egal ob eine Grillparty oder ein Galaabend: Alkohol scheint zu jedem feierlichen Anlass dazuzugehören. Alkohol gilt als Genussmittel und hebt die Stimmung. Das macht zwar Spaß, ist aber nicht ganz ungefährlich. Auch eine Alltagsdroge wie Alkohol kann schnell süchtig und krank machen.

1 Alkohol ist gesellschaftlich akzeptiert.

»Komm, probier doch mal!«

Im Alter zwischen 10 und 14 Jahren trinken viele Jugendliche zum ersten Mal *Alkohol* – meist auf Partys oder auch bei Familienfeiern. Man trinkt mit anderen mit, weil man dazugehören möchte, um Hemmungen abzubauen, seine Grenzen auszutesten oder einfach um zu erfahren, wie sich das anfühlt: eine Flasche Bier oder ein Glas Wein trinken. Aber je früher man damit beginnt, desto größer ist die Gefahr von Missbrauch, Abhängigkeit und gesundheitlichen Folgeschäden.

Wie Alkohol wirkt

Alkohol wird über die Schleimhäute im Mund, Magen und Darm sehr schnell in das Blut aufgenommen und im gesamten Körper verteilt. In geringer Menge wirkt er anregend und stimmungshebend. Schon nach dem ersten Glas beginnt die Wirkung auf Körper und Gehirn.

Bei übermäßigem Alkoholkonsum kommt es zu Störungen der Wahrnehmung, der Aufmerksamkeit, der Urteilskraft und der Sprache. Schließlich stellen sich Ermüdung und Benommenheit ein. Betrunkene reagieren langsamer. Im Straßenverkehr kann dies zu schweren Unfällen führen. Die Wirkung des Alkohols lässt nach einiger Zeit nach, weil er im Körper abgebaut wird. Dennoch werden bei jedem Alkoholrausch das Gehirn, die Leber und viele andere Organe auf Dauer geschädigt. Bei einem sehr hohen Alkoholspiegel im Blut kann es sogar zur Bewusstlosigkeit bis hin zum Tod kommen.

2 Das kann dumm enden!

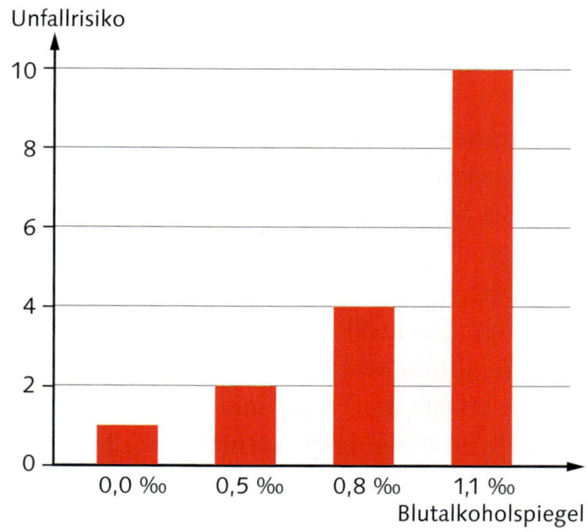

3 Alkohol erhöht das Unfallrisiko.

Alkohol macht süchtig

Häufiger Konsum von Alkohol führt dazu, dass Menschen *süchtig* werden. Ihr Gehirn stellt sich auf regelmäßiges Trinken ein. Nach einiger Zeit ist es so sehr an die Zufuhr von Alkohol gewöhnt, dass es nicht mehr ohne ihn auskommt. Man zählt Alkohol deshalb zu den Alltagsdrogen. Wird dem Gehirn die Droge vorenthalten oder die Zufuhr verringert, treten *Entzugserscheinungen* wie Nervosität, Aggressivität, Angstzustände und Wahnvorstellungen auf.

Abhängigkeit – körperlich und seelisch

Grundsätzlich unterscheidet man zwei Arten von Abhängigkeit: *Körperliche Abhängigkeit* heißt, dass der Körper die Droge braucht wie die tägliche Nahrung. Wird sie nicht regelmäßig genommen, kommt es oft zu schmerzhaften Entzugserscheinungen. Der Süchtige nimmt die Droge dann nicht mehr, um angenehme Gefühle hervorzurufen, sondern um den qualvollen Entzugserscheinungen zu entgehen. Dazu benötigt er aber immer größere Mengen. *Seelische Abhängigkeit* bedeutet, dass man nur noch mit Hilfe der Droge mit sich und der Welt zufrieden ist. Im Laufe der Zeit entsteht der Zwang, immer wieder nach ihr zu greifen. Seelisch Abhängige kommen meist nicht mehr ohne fremde Hilfe von ihrer Sucht los.

5 Alkoholsucht macht einsam!

Jugendliche sind besonders gefährdet

Das Gehirn von Jugendlichen befindet sich noch in der Entwicklung und verändert sich schneller als das von Erwachsenen. Erfahrungen mit Drogen wie Alkohol werden daher schneller und langfristig im Gehirn gespeichert. So entsteht ein *Suchtgedächtnis*, das meist ein Leben lang besteht.

Sucht macht einsam

Alkoholabhängigkeit beeinträchtigt neben der Gesundheit auch soziale Verhaltensweisen und die freie Entfaltung einer Persönlichkeit. Oft werden die Beziehungen zu Freunden und Bekannten zerstört. Aber auch die Familie und das gesamte Umfeld werden in Mitleidenschaft gezogen.

4 Alkohol macht dich kaputt.

In Kürze

Alkohol gehört zu den Alltagsdrogen. Er kann körperlich und seelisch abhängig machen.

Aufgaben

1 Alkohol macht süchtig. Erkläre.

2 Sammle Beispiele dafür, welche Auswirkungen übermäßiger Alkoholkonsum haben kann.

3 *Keine Macht den Drogen!* Entwirf ein Plakat, das Jugendliche dazu motivieren soll, auf übermäßigen Alkoholkonsum zu verzichten. Stellt eure Entwürfe in der Schule aus.

Knochen bilden das Skelett

Dein Körper wird in Schädel, Rumpf und Gliedmaßen unterteilt. Dein *Skelett* wird aus über 220 Knochen gebildet. Es stützt deinen Körper und schützt deine inneren Organe.

Knochen und ihre Aufgaben

Am Bau der Knochen lassen sich deren Aufgaben erkennen: Röhrenförmige Knochen halten großen Belastungen stand. Die flachen, plattenartigen Knochen schützen wichtige Organe. Die kleinen, unregelmäßig geformten Knochen sind besonders beweglich.

Schädelskelett

Der Schädel ist aus einzelnen Knochenplatten zusammengesetzt. An den Nahtstellen greifen diese wie Puzzlestücke ineinander. Der Schädel schützt das Gehirn. Der Unterkiefer ist als einziger Schädelknochen beweglich.

Rumpfskelett

Die Wirbelsäule ist die zentrale Achse des Körpers, trägt den Schädel, stützt den Körper und schützt wichtige Nervenbahnen. Die Rippen sind mit der Wirbelsäule und dem Brustbein verbunden und umschließen schützend die inneren Organe. Der Brustkorb ist nicht starr und lässt dadurch Atembewegungen zu. Der *Schultergürtel* besteht aus Schulterblättern, Schlüsselbeinen und Brustbein. Er verbindet das Rumpfskelett mit dem Armskelett. Der *Beckengürtel* wird aus Beckenknochen, Kreuzbein und Steißbein gebildet. Sie sind alle miteinander verwachsen, stützen die Organe des Bauchraumes. Der Beckengürtel verbindet das Rumpfskelett mit dem Beinskelett.

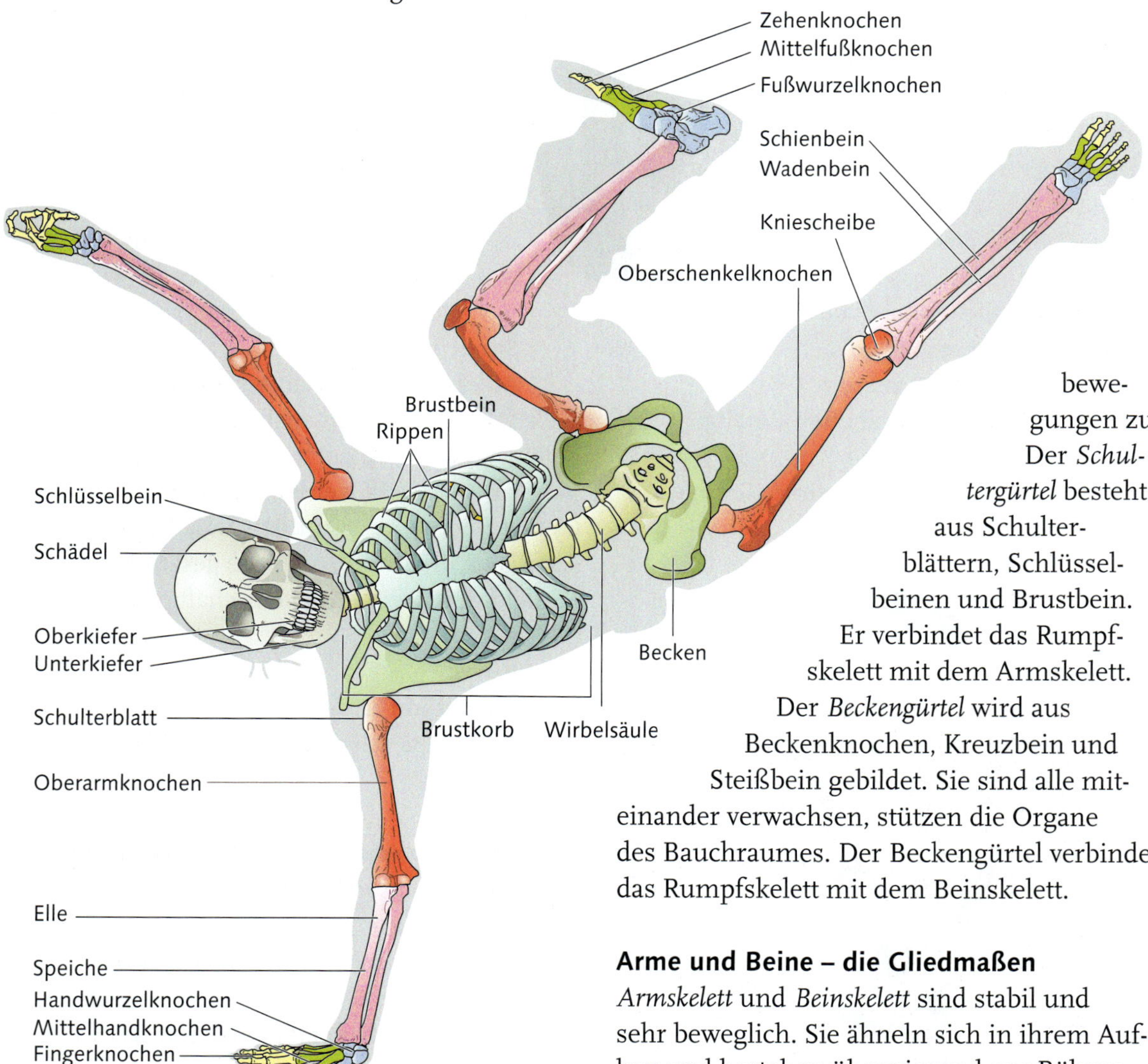

1 Skelett eines Menschen

Arme und Beine – die Gliedmaßen

Armskelett und *Beinskelett* sind stabil und sehr beweglich. Sie ähneln sich in ihrem Aufbau und bestehen überwiegend aus Röhrenknochen.

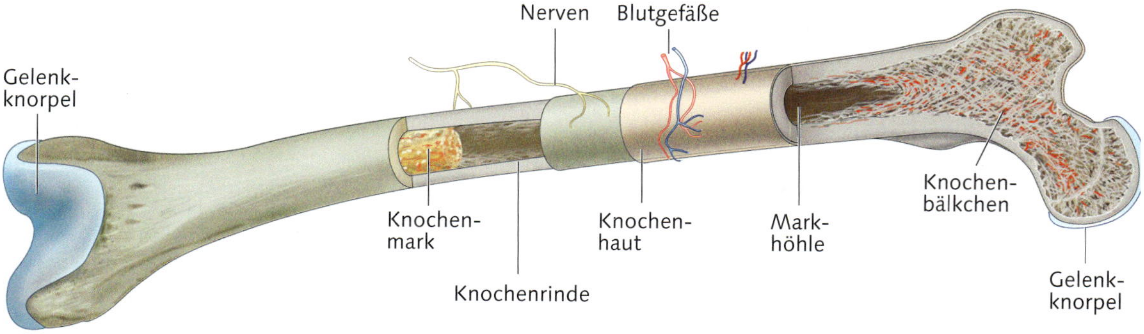

2 Aufbau eines Röhrenknochens

Aufbau von Knochen
Knochen sind sehr hart und gleichzeitig elastisch. Sie bestehen aus Knorpelmasse, in die Kalk eingelagert ist. An den Enden sind die *Knochenbälkchen* zu erkennen. Ihre Anordnung ähnelt einem Baugerüst. Die Knochenenden sind sehr stabil.

Im Innern eines Röhrenknochens befindet sich die *Markhöhle,* gefüllt mit *Knochenmark.* In manchen Bereichen des Knochenmarks werden Blutzellen gebildet. Den Randbereich, wo der Knochen massiv erscheint, nennt man *Knochenrinde.* Hier liegen die Knochenbälkchen sehr dicht zusammen. Die stabile Knochenrinde ist umgeben von einer dünnen *Knochenhaut.* Sie ist mit Blutgefäßen und *Nerven* durchzogen.

Knochen sind lebendig
Die Knochen von Kindern und Jugendlichen wachsen noch. Aber auch bei Erwachsenen wird täglich altes Knochenmaterial abgebaut und erneuert. Durch Sport werden die Knochen stärker beansprucht. Als Folge lagert sich vermehrt Kalk ein, sodass die Knochen kräftiger werden. Damit dies ohne Probleme funktioniert, muss der Knochen ernährt werden. Deshalb befinden sich im Knochen Blutgefäße, sodass er über das Blut mit Nährstoffen versorgt wird.

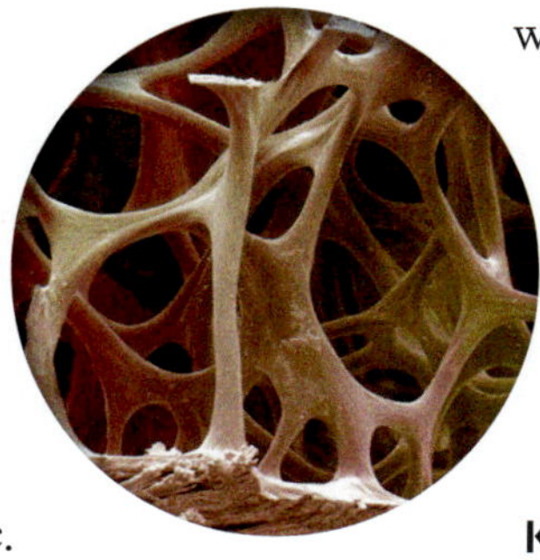

4 Knochenbälkchen, stark vergrößert

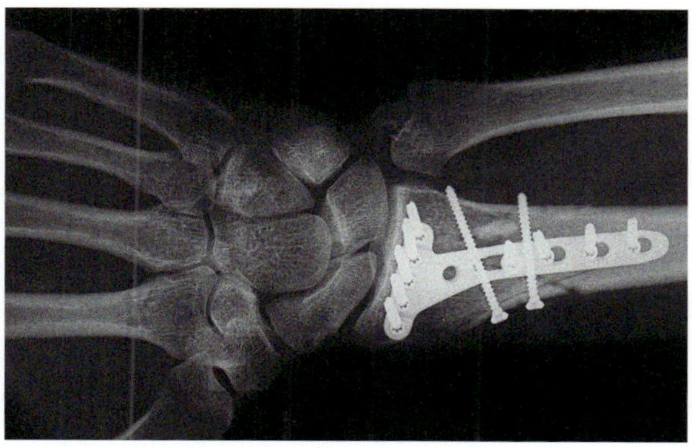

3 Röntgenbild eines operierten Knochenbruchs

Knochenbrüche verheilen
Bei einem Knochenbruch überprüft der Arzt die Bruchenden auf ihre Lage und korrigiert sie. Ein Gipsverband stützt und schützt die Bruchstelle, sodass der Knochen wieder gerade zusammenwachsen kann. Nach einiger Zeit ist der Bruch verheilt. Der Knochen kann wieder normal belastet werden.

In Kürze
Das Skelett ist die Stütze des Körpers. Es ist mit seinen unterschiedlichen Knochen sehr beweglich und schützt die inneren Organe. Knochen sind sehr stabil und elastisch. Sie sind lebendig und werden ständig umgebaut.

Aufgaben
1 Nenne Beispiele für Röhrenknochen, Plattenknochen und unregelmäßig geformte Knochen.
2 Erkläre anhand von zwei Beispielen, dass Knochen lebendig sind.

Die Wirbelsäule stützt den Körper

Drehen, recken, beugen – bei fast jeder Aktivität deines Körpers bewegt sich deine Wirbelsäule in verschiedene Richtungen mit.

Aufbau und Funktion

Die Wirbelsäule wird aus den beweglichen *Wirbelknochen,* dem *Kreuzbein* und dem *Steißbein* gebildet. Sie sind durch Bänder und Muskeln verbunden und ermöglichen die Beweglichkeit. Die Wirbelsäule bildet seitlich gesehen eine *Doppel-S-Form.* Dadurch kann sie Erschütterungen gut abfedern. Am oberen Ende der Halswirbelsäule sitzt der Schädel. Mit der Brustwirbelsäule sind die Rippen beweglich verbunden. Zusammen mit der Lendenwirbelsäule stützt sie den Rumpf. Das Kreuzbein besteht aus fünf zusammengewachsenen Wirbeln. Den unteren Abschluss der Wirbelsäule bildet das Steißbein.

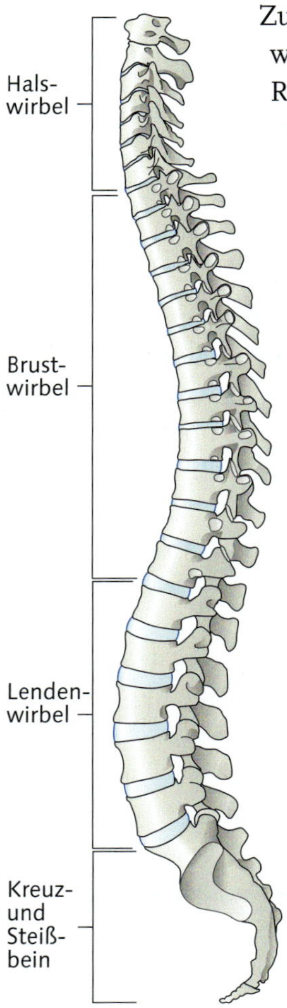

2 Die Wirbelsäule

Wirbelknochen näher betrachtet

Die Wirbelknochen bestehen aus einzelnen *Wirbelkörpern,* die wie bei einem Bauklotzturm übereinandergestapelt sind. Sie tragen zur Stützfunktion der gesamten Wirbelsäule bei. Im *Wirbelkanal* verläuft das empfindliche *Rückenmark.* Die seitlichen *Querfortsätze* schützen die austretenden *Nerven* und bilden die gelenkigen Verbindungen der Wirbelkörper untereinander und zu den Rippen. Auf der Rückseite des Wir-

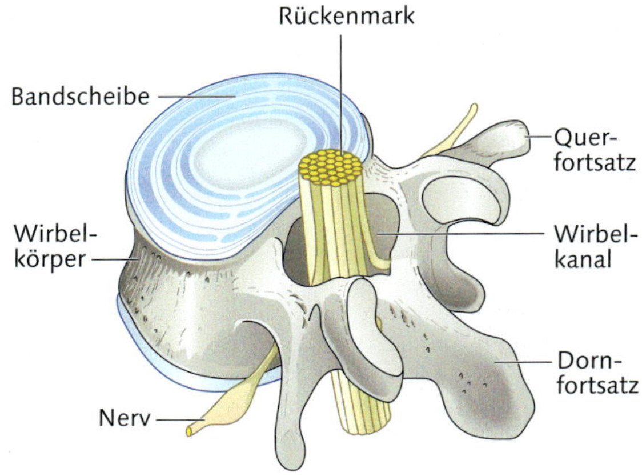

1 Aufbau Wirbelkörper

bels liegt der *Dornfortsatz.* Er bildet mit den Querfortsätzen die Ansatzpunkte für Bänder und Muskeln.

Bandscheiben sind »Stoßdämpfer«

Zwischen den Wirbelknochen liegen die *Bandscheiben.* Sie verhindern, dass die Wirbel aufeinanderreiben. Bandscheiben bestehen aus elastischen Knorpeln und enthalten viel Wasser. Bei Belastung wird ein Teil des Wassers ausgepresst. Beim Liegen saugen sie die verlorene Flüssigkeit wieder auf.

Haltungsfehler und Haltungsschäden

Durch einseitige Belastung der Wirbelsäule, wie häufiges falsches Tragen der Schultasche, wirkt auf die Wirbelsäule und das Rückenmark unnatürlicher Druck ein. So können Rückenschmerzen entstehen. Die Bandscheiben verformen sich dauerhaft. Haltungsfehler und Haltungsschäden sind die Folgen.

In Kürze

Die Wirbelsäule ist die zentrale Stütze des Körpers. Die Wirbel schützen das Rückenmark. Die Bandscheiben und die Doppel-S-Form federn Erschütterungen ab.

Aufgaben

1 Stelle Vermutungen an, weshalb die Wirbelkörper in Bild 2 unterschiedlich groß sind.

2 Erkläre, weshalb du morgens knapp zwei Zentimeter größer bist als abends.

Praktikum

Knochen, Wirbelsäule und Fußgewölbe

A Knochen sind elastisch und stabil

Material 3 ausgekochte Geflügelknochen, ein Stück Eierschale, Becherglas, Essigessenz, Gasbrenner, Tiegelzange, Messer, Schutzbrille

Durchführung Der erste Knochen bleibt unbehandelt. Lege den zweiten Knochen und die Eierschale in das Einmachglas und gib Essigessenz hinzu. Entnimm beide nach drei Tagen. Spüle mit viel Wasser und trockne sie. Halte den dritten Knochen in eine Flamme, bis er nicht mehr glüht.

Sicherheitshinweis:
Setze die Schutzbrille auf und arbeite unter dem Abzug!

Auswertung Vergleiche die drei Knochen hinsichtlich Biegsamkeit, Druck- und Schnittfestigkeit. Erkläre.

B Untersuchungen der Wirbelsäulenform

Material 3 Holzplatten gleicher Größe, dicker Blumendraht, Reißzwecke, 90 Büroklammern, Zange, Hammer, evtl. Gewichte

Durchführung Schneide mit der Zange drei 30 Zentimeter lange Drahtstücke ab. Biege an jedem Drahtstück je ein Ende zu einem Haken, das andere Ende zu einer Öse. Befestige mit der Reißzwecke und dem Hammer je einen Draht auf einer Holzplatte. Bringe die Drähte wie in Bild 2 in Form. Lege die Höhe der Haken fest und notiere sie. Hänge an jeden Haken 30 Büroklammern. Miss, wie sich die Höhe jedes Drahtstückes verändert.

Auswertung Begründe, welche Form der Wirbelsäule des Menschen entspricht. Begründe.

C Wozu besitzt der Fuß ein Gewölbe?

Material 2 gleich dicke Bücher, 1 Zeichenkarton (150 g Gewicht), Schulskelett

Durchführung Führe den abgebildeten Versuch durch und notiere deine Beobachtungen.

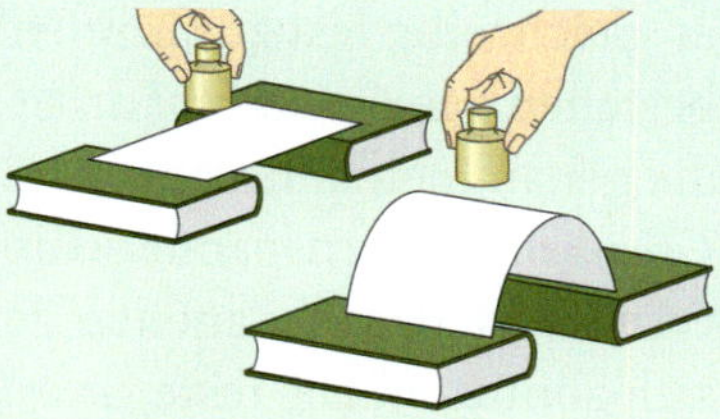

3 Modell zum Fußgewölbe

Auswertung

1 Erkläre, was der Versuch mit dem Zeichenkarton beweist.
2 Vergleiche die Form des Fußskeletts mit dem oben dargestellten Versuch. Nenne Gemeinsamkeiten und Unterschiede.
3 Ziehe Rückschlüsse, weshalb der Fuß die Form eines Gewölbes besitzt.

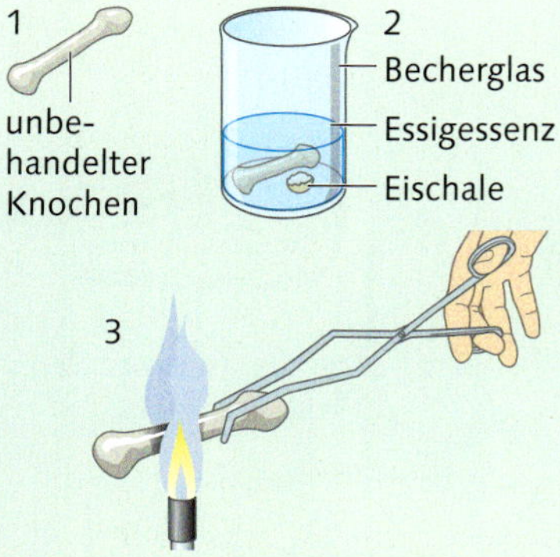

1 Bearbeitung der Gefügelknochen

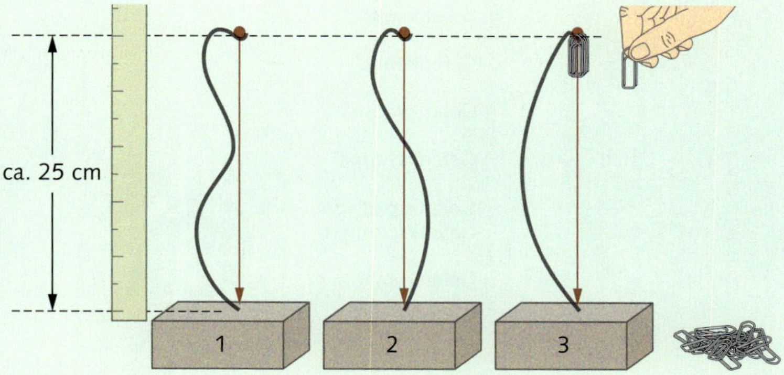

2 Wirbelsäulenmodelle

Beweglich durch Gelenke und Muskeln

1 Skateboarder mit Gelenkschützern

Tim zeigt dem Publikum atemberaubende Sprünge und Figuren in der Halfpipe. Alle Bewegungen seines Körpers sind aufeinander abgestimmt und nur möglich durch das gute Zusammenspiel seiner Knochen, Muskeln, Sehnen, Bänder und Gelenke.

Aufbau eines Gelenks

Gelenke sind die beweglichen Verbindungen von zwei oder mehreren Knochen. Sie ermöglichen dem Skelett Beweglichkeit und müssen es gleichzeitig fest zusammenhalten. Gelenke bestehen aus *Gelenkkopf* und *Gelenkpfanne,* die genau ineinanderpassen. Schützender *Gelenkknorpel* umspannt beide Enden und verhindert, dass sie aneinanderreiben und sich abnutzen. Die feste *Gelenkkapsel* und die *Gelenkbänder* sorgen dafür, dass diese Verbindung stabil bleibt. Im *Gelenkspalt* befindet sich die *Gelenkschmiere.* Sie verbessert die Beweglichkeit des Gelenks.

Verschiedene Gelenktypen

Gelenke lassen sich nicht in alle Richtungen gleich bewegen. Je nach ihrer Lage und der Anordnung ihrer Knochen gibt es verschiedene Gelenktypen. *Kugelgelenke,* wie zum Beispiel das Hüftgelenk oder das Schultergelenk, lassen besonders viele Bewegungen zu. Die Gelenke im Knie oder Ellenbogen können nur in zwei Ebenen bewegt werden. Man kann sie mit Türscharnieren vergleichen. Deshalb nennt man diese Gelenke auch *Scharniergelenke.* Es gibt im Körper noch viele weitere Gelenktypen. Meist treten sie in Kombination mit anderen Gelenktypen auf.

Muskeln bewegen den Körper

Der menschliche Körper besitzt über 600 *Skelettmuskeln,* mit denen er verschiedene Bewegungen ausführt. Sie gehören zur *willkürlichen Muskulatur.* Man kann sie nach Wunsch bewegen. Der Herzmuskel oder die Muskeln der Verdauungsorgane zählen zur *unwillkürlichen Muskulatur.*

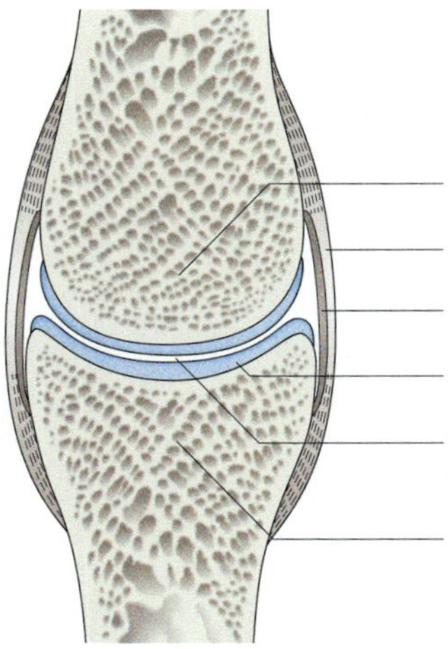

2 Feinbau eines Gelenkes

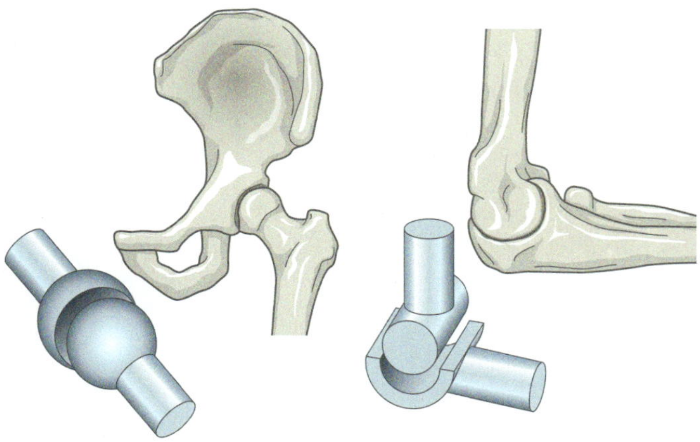

3 Verschiedene Gelenktypen: A Kugelgelenk; B Scharniergelenk

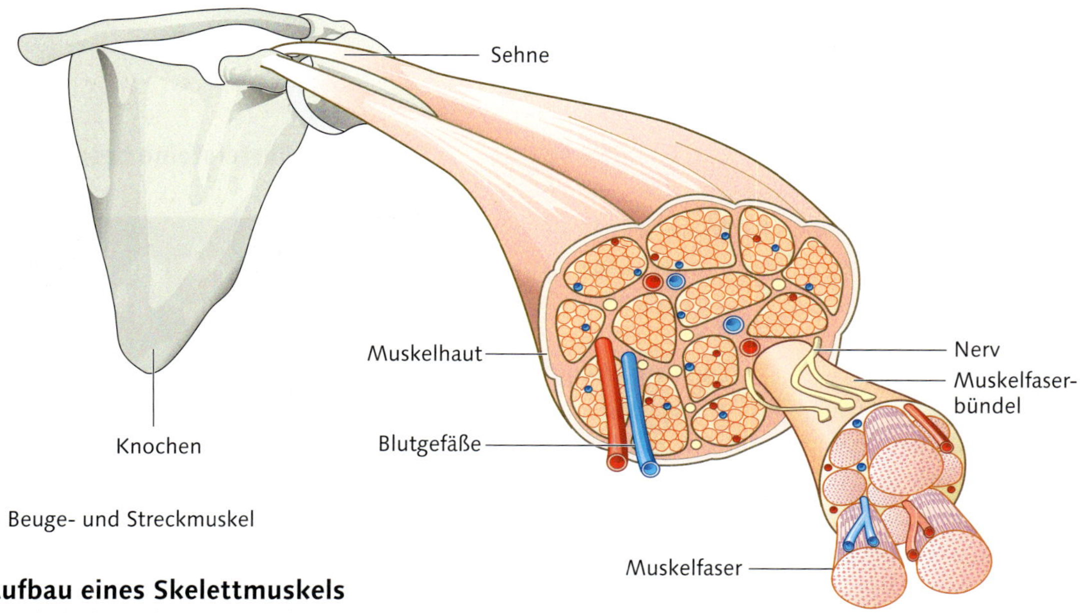

4 Beuge- und Streckmuskel

Aufbau eines Skelettmuskels

Muskeln bestehen aus vielen dünnen *Muskelfasern,* die zu *Muskelfaserbündeln* zusammengefasst sind. Mehrere Muskelfaserbündel bilden einen Muskel. Er wird von einer festen *Muskelhaut* umschlossen. Über reißfeste *Sehnen* ist der Muskel mit den Knochen verwachsen. Die Sehnen übertragen die Muskelkraft auf die Knochen.

Muskeln arbeiten zusammen

Um einen Arm zu beugen und wieder zu strecken, werden verschiedene Muskeln benötigt. Muskeln können sich nur *zusammenziehen* und sich nicht selbstständig strecken.

Wird der Oberarmmuskel oder Bizeps angespannt, ziehen sich seine Muskelfasern zusammen und der Arm wird am Ellenbogengelenk gebeugt. Den Bizeps nennt man deshalb *Beuger.* Auf der Unterseite des Oberarms liegt der Trizeps. Ist der Arm gebeugt, ist dieser Muskel erschlafft. Zum Strecken des Armes wird der Trizeps angespannt. Gleichzeitig entspannt der Bizeps. Man bezeichnet den Trizeps auch als *Strecker.* Beuge- und Streckmuskeln arbeiten paarweise und abwechselnd zusammen. Da sie in entgegengesetzter Richtung arbeiten, sind es *Gegenspieler.*

In Kürze

Gelenke und Muskeln ermöglichen die Beweglichkeit des Körpers. Durch Bänder und Sehnen sind sie mit den Knochen verbunden. Muskeln können sich nur zusammenziehen und arbeiten nach dem Gegenspielerprinzip.

Aufgaben

1 Suche für jeden Gelenktyp ein Beispiel an deinem Körper.

2 Spiele mit den Fingern auf dem Tisch Klavier und beobachte den Handrücken und den Unterarm. Erkläre deine Beobachtungen.

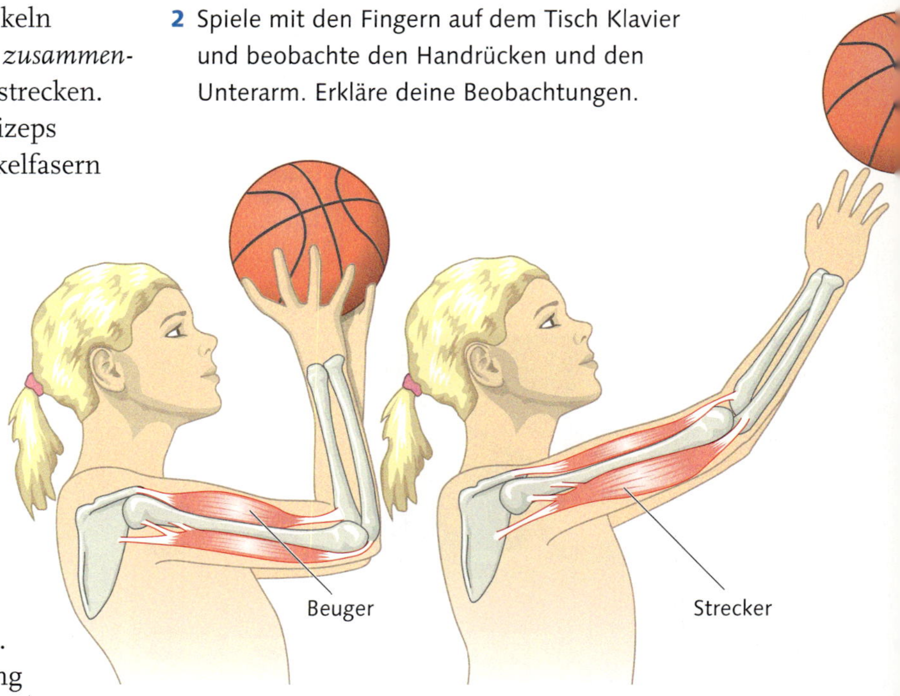

5 Zusammenspiel der Muskeln. A gebeugter Arm; B gestreckter Arm

Aktive Pause

A Ein Reisball zum Kicken

Material zwei Luftballons, Rundkornreis, Schere, Trichter

Durchführung

- Fülle mit Hilfe des Trichters den einen Luftballon mit Reis. Klopfe den Ballon auf einen Tisch, damit sich der Reis gut verteilt.
- Schneide die beiden Ballons wie in der Abbildung ab.

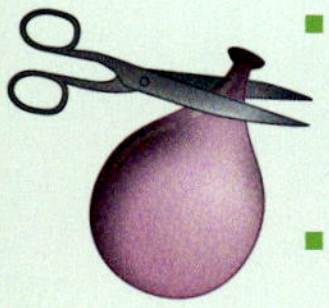

- Weite den zweiten Ballon vorsichtig und stülpe ihn dann über die Öffnung des reisgefüllten Luftballons. Jetzt kannst du alleine oder mit beliebig vielen Mitspielern Footbag spielen.
- Ziel des Spiels ist, dass der Ball nicht auf den Boden fällt.
- Spiele den Ball nur mit dem Fuß.
- Wenn ihr zu mehreren seid, wirf den Ball zu einem Mitspieler und los geht's.

1 Footbag ist cool.

B Gummitwist

Material Hosengummi oder Gummiband, mindestens drei Mitspieler

Durchführung

- Zwei Mitspieler halten das Gummiband.
- Überlegt euch verschiedene Hüpffiguren wie in Bild 2.
- Die Hüpffiguren kann man sich leichter merken, wenn man dazu einen Spruch dichtet.
- Bei einem Fehler wechselt der Springer.
- Variiert den Schwierigkeitsgrad durch unterschiedliche Hüpfhöhen: Knöchel, Wade, Knie, Oberschenkel, Taille.

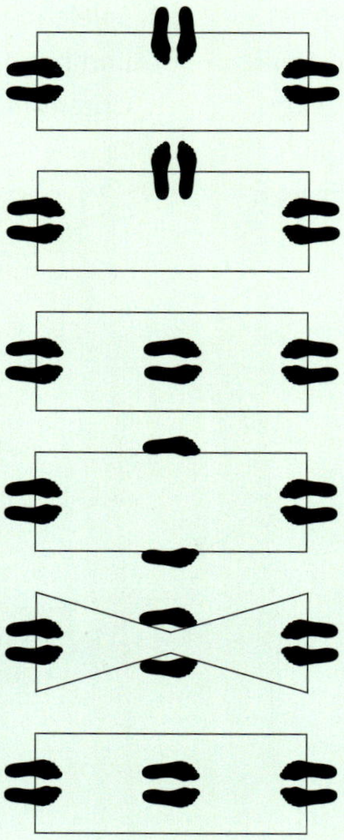

2 Gummitwist macht allen Spaß.

C Pflastersteine besetzen

Material Kreide, Spielstein, Markierungen (Stöcke oder verschiedenfarbige Steine), Gehsteig- oder Pflasterplatten

Durchführung

- Zeichnet auf die Platten ein Spielfeld. Je nach Anzahl der Spieler ungefähr 5 mal 5 Platten bei drei Spielern bis 10 mal 10 Platten bei fünf Spielern (die Felder können auch mit Kreide aufgezeichnet werden).
- Am Anfang ist es ganz leicht: Aus drei Metern Entfernung wirft der Spieler den Spielstein auf ein freies Feld und besetzt es mit seiner Markierung.
- Mit der Zeit wird es immer schwieriger, in ein freies Feld zu treffen.
- Bleibt der Spielstein in einem besetzten Feld oder außerhalb des Spielfeldes liegen, geht der Spieler in dieser Runde leer aus.
- Wer hat nach einer bestimmten Zeit oder nach einer bestimmten Rundenzahl die meisten Felder besetzt?

Fitness für die Wirbelsäule

A Aktivierung der Wirbelsäule

Material Stuhl

Durchführung
- Setze dich gerade und aufrecht auf den Stuhl. Ober- und Unterschenkel bilden einen rechten Winkel. Die Füße berühren mit der ganzen Sohle den Boden und zeigen nach vorne.
- Beuge dich *langsam* nach vorne, beginne mit dem Kopf, dann Wirbel für Wirbel langsam nach unten beugen. Kurz verharren und wieder Wirbel für Wirbel strecken. Die Arme hängen locker herunter.
- Lege die Hände nun übereinander auf die Brust. Drehe den Schultergürtel *langsam* nach links, kurz in der Endposition bleiben, dann nach rechts. Wichtig: Der Kopf bleibt dabei nach vorne gerichtet.
- Atme gleichmäßig weiter.

B Kräftigung der Wirbelsäule

Durchführung
- Grundstellung: Vierfüßlerstand
- Hebe nun den linken Arm und das rechte Bein hoch und strecke es weg. Halte diese Position für zwei bis drei Sekunden.
- Nun umgekehrt: rechter Arm und linkes Bein
- Führe diese Übung dreimal täglich mit jeweils fünf Wiederholungen pro Seite durch.

C Belastung der Wirbelsäule: richtiges Heben

Material ungefähr zehn Holzbretter (ø 10 cm, Stärke 1 cm), Schaumstoffstücke (gleiche Größe und Stärke), Gewicht

Durchführung
- Baut aus den Holzbrettern und den Schaumstoffstücken ein Wirbelsäulenmodell.
- Drückt nun mit Hilfe des Gewichts von oben auf das Modell.
- Setzt das Gewicht zentral auf und verstärkt den Druck nach unten.
- Setzt nun das Gewicht an den Rand des Wirbelsäulenmodells und drückt mit der gleichen Kraft nach unten.

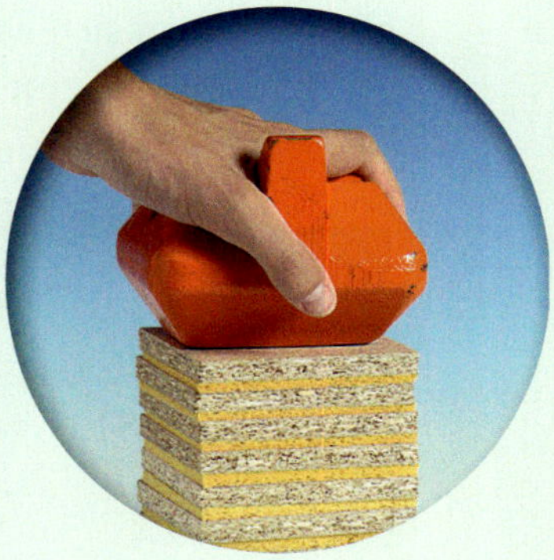

Auswertung
1. Ordnet den Bestandteilen des Modells die Bauelemente der Wirbelsäule zu.
2. Vergleicht die Wirkung des Drucks bei gleichmäßigem Druck (Gewicht in der Mitte) und bei ungleichmäßigem Druck (Gewicht außen).
3. Begründet mit Hilfe des Modellversuchs, welche der abgebildeten Personen richtig hebt.

1 Einfache Übung zur Stärkung des Rückens

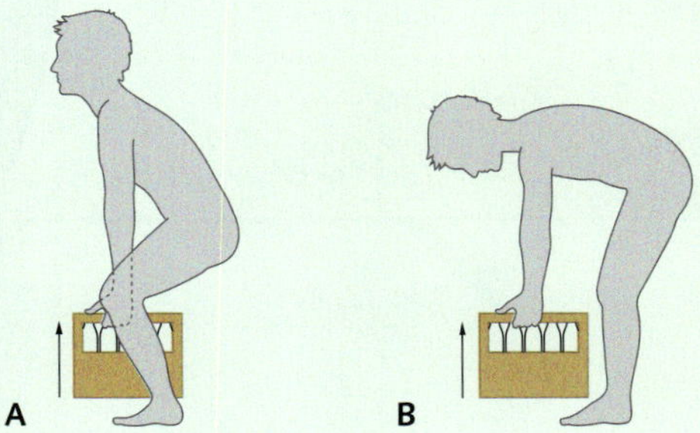

2 Wer hebt richtig?

Bewegung fördert die Gesundheit

Nina steht ungeduldig am Straßenrand hinter der Absperrung des Citylaufs. Nur noch wenige Augenblicke, dann läuft ihre Mutter winkend an ihr vorbei. Beim nächsten Citylauf will sie auch mitmachen. Sie könnte mit ihrer Mutter trainieren.

1 Gemeinsamer Citylauf mit Jung und Alt

Sport macht Spaß

Sport ist keine Frage des Alters. Jeder kann sportlich aktiv sein. Körperliche Bewegung fördert die Gesundheit und die Ausschüttung von Glückshormonen.

So fühlt man sich wohl und schlechte Laune wird vertrieben. Gemeinsam mit mehreren Menschen aktiv zu sein stärkt Beziehungen. Beim sportlichen Spiel kann man auch lernen, in einem Team zu spielen und zu arbeiten.

2 Wirkungen von Sport auf Körper und Geist

Exkurs Rückblick in die Vergangenheit
Während der Steinzeit waren Ausdauer, Kraft, Schnelligkeit und Beweglichkeit wichtige körperliche Fähigkeiten der Menschen. Als Jäger und Sammler waren sie einen großen Teil des Tages auf langen Strecken zu Fuß unterwegs, um Nahrung zu beschaffen. Erbeutete Tiere wurden auf dem Rücken ins Lager transportiert, da es kraftsparende Transportmittel noch nicht gab. Auch auf der Flucht vor gefährlichen Tieren mussten die Menschen schnell und oft lange laufen. Diese Lebensweise führte zu einer Steigerung der körperlichen Leistungsfähigkeit.

3 Höhlenmalereien mit Jagdszene

Sport als Ausgleich

In der heutigen Zeit müssen die Menschen immer weniger körperliche Arbeit ausführen. Vieles wird von Maschinen verrichtet. Dies hat zur Folge, dass die körperliche Leistungsfähigkeit sinkt. Sport kann dem aber entgegenwirken. Bereits 30 Minuten Sport am Tag helfen, den Körper fit zu halten. Viele Menschen machen heute Sport als Ausgleich zur beruflichen Arbeit.

Die Wahl der richtigen Sportart

Für welche Sportart man sich interessiert, ist von Mensch zu Mensch unterschiedlich. An erster Stelle bei der Wahl einer Sportart sollte immer der Spaß stehen. Nicht jede Sportart ist für jeden gleich gut geeignet. Bei der richtigen Sportwahl sollten einige Aspekte im Vorfeld beachtet werden: Bei Kindern und Jugendlichen ist die körperliche Entwicklung noch nicht abgeschlossen. Sie sollten sportliche Überlastung deshalb vermeiden. Sport soll die Gesundheit fördern und nicht gefährden.

In Kürze

Sport hält den Körper und den Geist jung. Richtig angewandt kann er bis ins hohe Alter zu einem gesunden Körper beitragen. Bei der Auswahl der geeigneten Sportart sollte die Gesundheit im Vordergrund stehen.

Aufgaben

1 Wer rastet, der rostet! – Erkläre, was mit diesem Sprichwort gemeint ist.
2 Ordne die Wirkungen von Sport in Bild 2 nach körperlichen und seelischen Folgen.

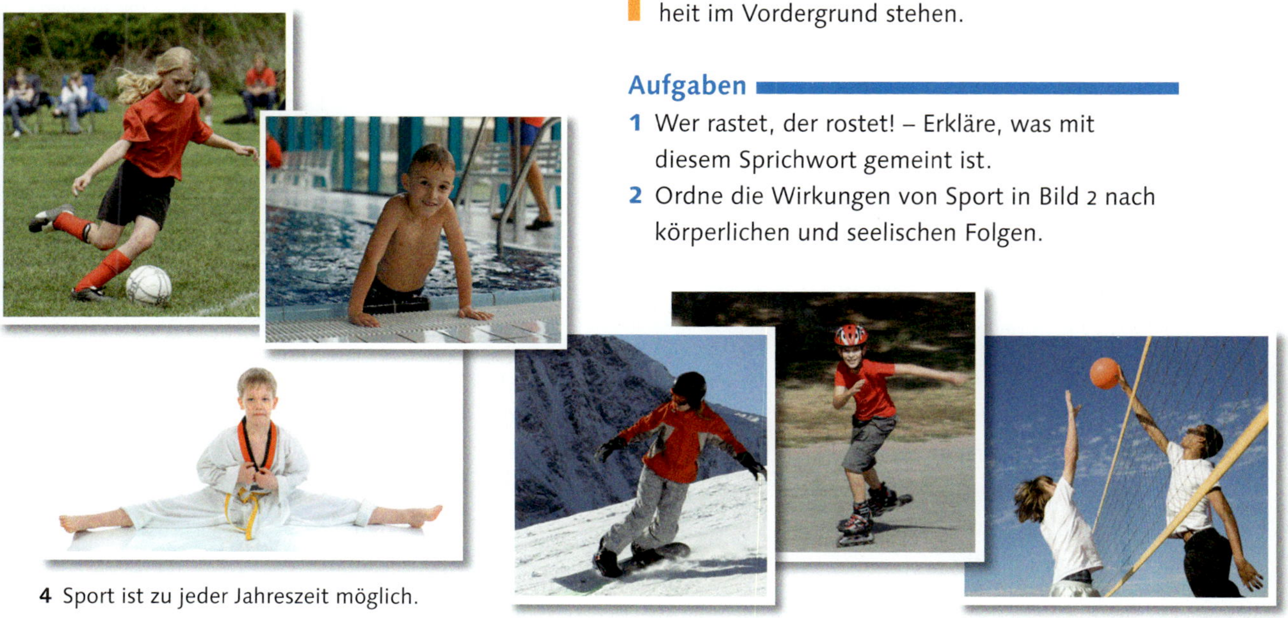

4 Sport ist zu jeder Jahreszeit möglich.

Bau und Leistungen des menschlichen Körpers

1 Ernährungspyramide

1 Die Ernährungspyramide

a Benenne die in der Ernährungspyramide dargestellten Nahrungsmittelgruppen.
b Nenne jeweils drei Beispiele für typische Nahrungsmittel jeder Gruppe.
c Ordne jeder Gruppe Nährstoffe oder andere für die Ernährung wichtige Stoffe zu, die besonders reichlich enthalten sind.

2 Das Gebiss

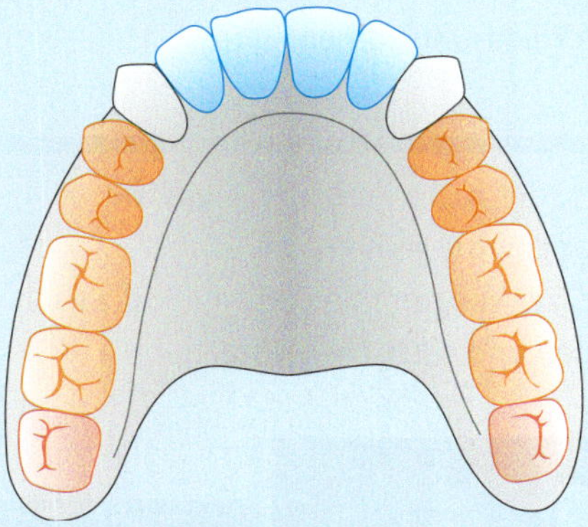

2 Ein menschliches Gebiss

a Benenne die verschiedenfarbigen Zähne im Gebiss oben und ordne ihnen jeweils eine Funktion zu.
b Gib an, um welches Gebiss es sich in Bild 2 handelt. Begründe.

3 Atmung und Verdauung

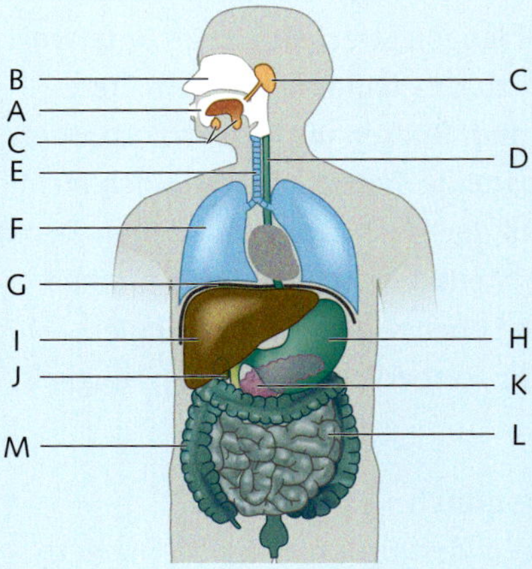

3 Atmungssystem und Verdauungssystem des Menschen

a Übertrage die Buchstaben von Bild 3 in dein Heft und benenne die Organe.
b Ordne den Organen jeweils eine Funktion zu.

Bild 4 zeigt eine Fläche ohne Einstülpungen neben einer Fläche mit Einstülpungen. An beiden Flächen sind Teilchen angeordnet.

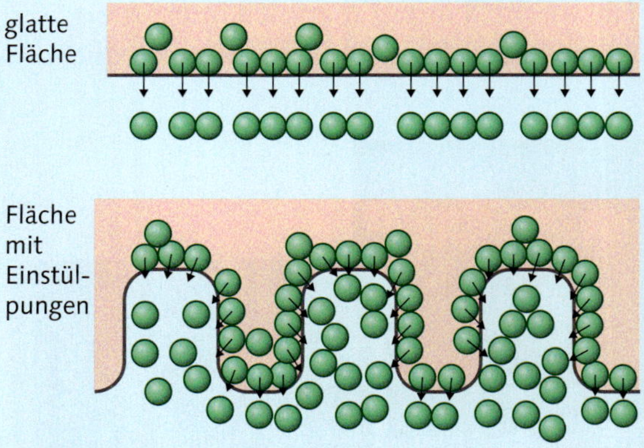

4 Welche Fläche ist größer?

c Miss die beiden Flächen aus und benenne die größere der beiden.
d Leite aus Bild 4 Vorteile einer vergrößerten Oberfläche für den Stoffaustausch ab.
e Nenne zwei Organe im Körper, deren Oberfläche auf diese Weise vergrößert ist.

4 Blutkreislauf

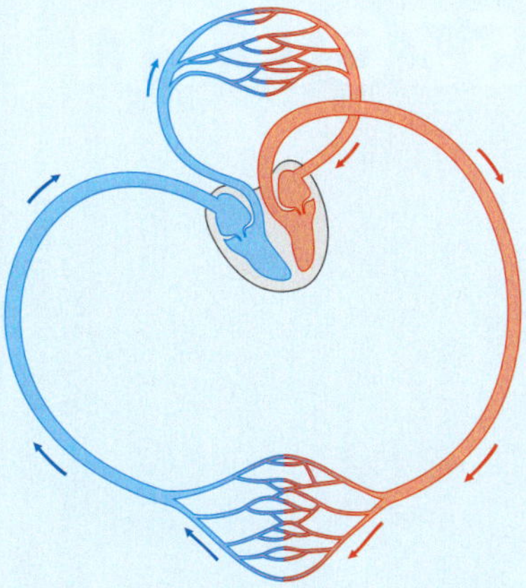

5 Der Weg des Blutes durch den Körper

Das Blut transportiert unter anderem Sauerstoff und Kohlenstoffdioxid durch den Körper.

a Nenne weitere Aufgaben des Blutes.

b Beschreibe mit Hilfe von Bild 5 den Weg des Blutes durch den Körper.

c Erläutere, wozu der Sauerstoff benötigt wird und woher das Kohlenstoffdioxid stammt.

5 Muskeln und Gelenke

6 Mädchen beim Hanteltraining

An den Gelenken spielen die Muskeln so zusammen, dass der Mensch sich bewegen kann.

a Beschreibe dies am Beispiel des Oberarms.

b Begründe, warum besonders Jugendliche auf eine gute Körperhaltung achten müssen.

Auf den Punkt gebracht

Bau und Leistungen des menschlichen Körpers

- Der Körper gewinnt die benötigte Energie aus der Nahrung.
- Die Nahrung enthält die Nährstoffe Kohlenhydrate, Fette und Eiweiße, die bei der Verdauung in kleinere Bestandteile zerlegt und so für unseren Körper nutzbar werden.
- Der Austausch von Gasen erfolgt über die Atmungsorgane. Das Blut dient als Transportmittel von Sauerstoff, Kohlenstoffdioxid sowie Nährstoffen. Es übernimmt Aufgaben bei der Abwehr von Krankheitserregern und beim Wundverschluss. Unser Herz ist ein Muskel, der das Blut in den Kreislauf pumpt.
- Die Knochen des Skeletts bieten dem Körper Halt und Schutz. Über Gelenke sind sie miteinander verbunden. Gemeinsam mit den Muskeln machen sie unseren Körper beweglich.
- Regelmäßige Bewegung und eine ausgewogene Ernährung fördern die Gesundheit des Körpers.
- Schadstoffe in der Luft, Tabakrauch und Alkohol schaden dem Körper.

Pflanzen und Tiere sind an die Jahreszeiten angepasst

Die Sonne als Motor des Lebens

Maike und Jan verbringen den warmen Frühlingstag auf einer Blumenwiese. Sie genießen die Wärme der Sonne. Mit den Sonnenstrahlen gelangt Energie auf die Erde. Wir nehmen sie als Wärme auf unserer Haut wahr. Pflanzen nutzen diese Sonnenenergie zum Wachsen.

1 Kinder genießen die Frühlingssonne.

Die Sonne als Energiequelle

Die Sonne ist die einzige Energiequelle der Erde. Man kann sich die von ihr erzeugte Energiemenge kaum vorstellen. Durch die Sonne wird der Boden aufgeheizt, dadurch kommt es unter anderem zur Windentstehung in der Atmosphäre. Auch den Wasserkreislauf treibt die Sonne an.

Alle grünen Pflanzen können Sonnenenergie aufnehmen und speichern und so für andere Lebewesen nutzbar machen. Wenn Tiere Pflanzen fressen, nehmen sie die gespeicherte Sonnenenergie auf. Auch Erdöl, Erdgas und Kohle sind aus abgestorbenen Pflanzen entstanden. Wenn wir diese fossilen Energieträger in Autos oder Kraftwerken verbrennen, machen wir die darin gespeicherte Sonnenenergie für uns nutzbar.

Kein Leben ohne Licht

Alle Pflanzen wachsen dem Licht entgegen. Zimmerpflanzen drehen ihre Blätter so, dass die Blattflächen zum Fenster zeigen. Auch Bäume stellen ihre Blätter so, dass sie alle freien Lücken zum Licht hin ausfüllen. Die Blätter stehen dann wie in einem Mosaik.
Bei vielen Bäumen findet man an der äußeren Krone dicke, kleine *Lichtblätter*. Im Innern der Krone befinden sich größere und dünnere *Schattenblätter*. So können die Bäume möglichst viel Licht aufnehmen und die darin enthaltene Energie speichern.

2 Die Sonne als Energiequelle

Was Pflanzen zum Wachsen brauchen

Vor allem im Sommer muss man die Pflanzen im Garten gießen, sonst vertrocknen sie. Aber Wasser allein genügt nicht, damit sie wachsen.

Mit diesen Versuchen kannst du herausfinden, welche Faktoren das Pflanzenwachstum bestimmen.

Material für alle Versuche: 5 Erlenmeyerkolben, destilliertes Wasser, Leitungswasser, Flüssigdünger, 5 Gemüsebohnenpflanzen mit Wurzeln, Alufolie, schwarze Pappe, Gefrierbeutel, Trinkhalm, Gummiband

1 Versuchsmaterialien

A Wasser

Durchführung Stelle die Bohnenpflanze in den Erlenmeyerkolben ohne Wasser. Verschließe ihn mit der Alufolie so, dass die Bohnenpflanze gerade im Kolben steht.

- Beschreibe deine Beobachtungen nach einer Woche.

B Licht

Durchführung Fülle den Erlenmeyerkolben mit Wasser und etwas Dünger. Stelle die Gemüsebohne in das Wasser. Verschließe den Erlenmeyerkolben mit der Alufolie so, dass die Bohnenpflanze gerade im Kolben steht. Stelle den Zylinder aus schwarzer Pappe über den Erlenmeyerkolben, sodass kein Licht zur Pflanze kommt.

- Beschreibe deine Beobachtungen nach einer Woche.

C Mineralstoffe

Durchführung Fülle den Erlenmeyerkolben mit destilliertem Wasser. Stelle die Gemüsebohne in das Wasser. Verschließe den Erlenmeyerkolben mit der Alufolie so, dass die Bohnenpflanze gerade im Kolben steht.

- Beschreibe deine Beobachtungen nach einer Woche.

D Luft

Durchführung Fülle den Erlenmeyerkolben mit Wasser und etwas Dünger. Stelle die Gemüsebohne in das Wasser. Verschließe den Erlenmeyerkolben mit der Alufolie so, dass die Bohnenpflanze gerade im Kolben steht. Stülpe den Gefrierbeutel über die Pflanze und sauge mit dem Trinkhalm vorsichtig möglichst viel Luft heraus. Dichte den Beutel mit einem Gummiband ab.

- Beschreibe deine Beobachtungen nach einer Woche.

E Kontrollversuch

Durchführung Fülle den Erlenmeyerkolben mit Wasser und etwas Dünger. Stelle die Gemüsebohne in das Wasser. Verschließe den Erlenmeyerkolben mit der Alufolie so, dass die Bohnenpflanze gerade im Kolben steht.

- Beschreibe deine Beobachtungen nach einer Woche.

2 So wird der Kontrollversuch (E) angesetzt.

Auswertung

1 Vergleiche die Beobachtungen aus den Versuchen.
2 Begründe, weshalb man bei dieser Versuchsreihe von Mangelversuchen spricht.

Funktion der Pflanzenorgane

Alle Pflanzen sind sehr vielfältig aufgebaut, aber ihr Grundbauplan ist gleich. Dies ist wichtig, weil Wurzeln, Sprossachse und Blätter bei jeder Pflanze wichtige Aufgaben übernehmen. Ohne ihre drei Grundorgane kann eine Pflanze nicht überleben.

Die Wurzel gibt Halt und nimmt Stoffe auf

Die Pflanze wird durch die stark verzweigten Wurzeln fest im Boden *verankert* und bekommt dadurch Halt. Oft haben Pflanzen eine dickere Hauptwurzel, von der viele kleine Nebenwurzeln abzweigen.

Die *Stoffaufnahme* findet über die sehr feinen *Wurzelhaare* statt. Sie befinden sich an den dünneren Nebenwurzeln. Man findet sie als weißen Flaum direkt oberhalb der *Wurzelspitze*. Über die große Oberfläche der Wurzelhaare nimmt die Pflanze Wasser und darin gelöste Mineralstoffe auf. Die Wurzelspitze wächst durch die Schwerkraft in Richtung Erde. Aus dem Innern der Wurzel wird das Wasser in die Sprossachse gedrückt. Die Wurzel wirkt dabei als *Druckpumpe*.

2 Wurzelsystem und Wurzelhaare

1 Pflanzen sind aus Wurzeln, Sprossachse und Blättern aufgebaut.

Sprossachse mit Leitungsbahnen

Der Wassertransport von den Wurzeln in die Blätter erfolgt durch *Leitungsbahnen,* die ohne Unterbrechung durch die gesamte Pflanze führen. Besonders in der *Sprossachse* befinden sich viele Leitungsbahnen, die dort zu *Leitbündeln* zusammengefasst werden. An den Blättern kann man diese Leitbündel gut als *Blattadern* erkennen. Wenn man ein Blatt des Hartriegels vorsichtig zerreißt, kann man sogar die Leitbündel herausziehen.

Funktionen des Blattes

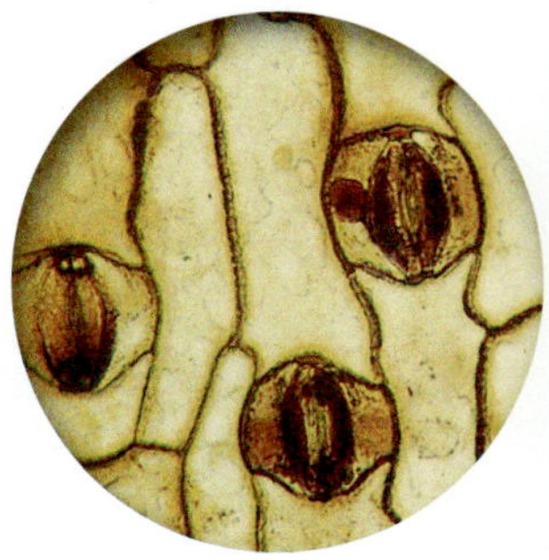

Laubblätter sind flach aufgebaut, um mit ihrer großen Oberfläche die Sonnenstrahlen aufzufangen. Mit ihrer Hilfe kann das Blatt Nährstoffe aufbauen. Dazu muss über die Blattunterseite Wasser aus der Pflanze verdunsten und Luft ausgetauscht werden. Dies geschieht über winzige *Spaltöffnungen.* Die Spaltöffnungen können sich öffnen und schließen, sodass die Wasserabgabe und der Luftaustausch reguliert werden können.

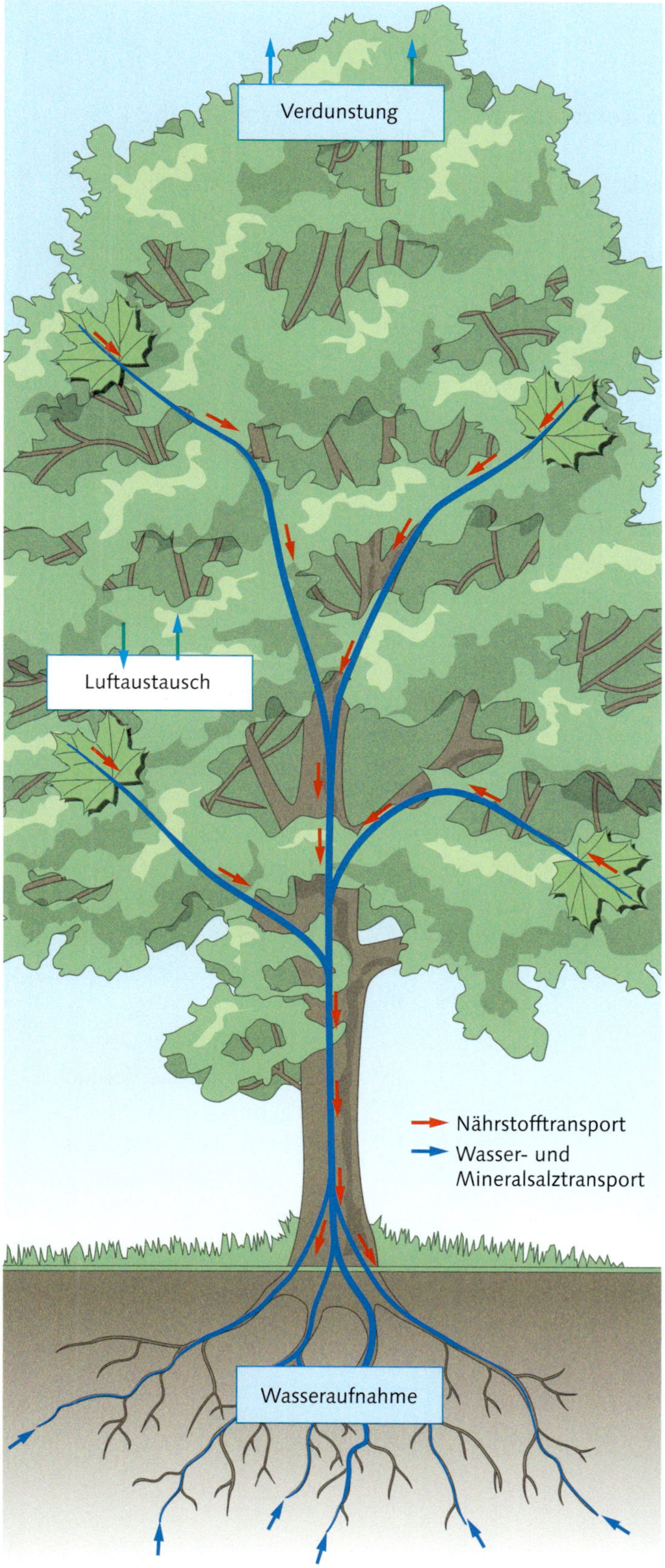

3 Stofftransport im Baum

Saugpumpe Blatt

Da an allen Blättern ständig Wasser verdunstet, entsteht wie beim Trinken mit einem Strohhalm ein *Sog*. Er reicht bei der Pflanze bis in die Wurzeln. Die Blätter wirken also als *Saugpumpe*.

Wenn Leitungsbahnen verletzt werden, wird die Wasserleitung unterbrochen. Der Pflanzenteil oberhalb der Verletzung vertrocknet. Ähnlich ist es bei einem Strohhalm mit Loch – damit kann auch kein Wasser angesaugt werden.

Luftaustausch über die Blätter

Die Pflanze benötigt nicht nur Wasser und Mineralstoffe, sondern auch Kohlenstoffdioxid aus der Luft. Die Luft kann die Pflanze über die Spaltöffnungen aufnehmen und nicht verbrauchte Bestandteile und Abfallstoffe an die Luft wieder abgeben. Mit der Luft wird auch verdunstendes Wasser über die Spaltöffnungen nach außen transportiert.

In Kürze

Die Pflanzen sind von der Wurzel bis zum Blatt von Leitungsbahnen durchzogen. Über sie werden Wasser und Mineralstoffe in der Pflanze verteilt. Über die Spaltöffnungen an der Blattunterseite kann die Pflanze Luft austauschen und Wasser abgeben.

Aufgaben

1 Liste alle Stoffe auf, die durch die Pflanze transportiert werden.

2 Ordne den Stoffen die Transportwege zu.

3 Beschreibe, wie die Mineralstoffe aus dem Boden in die Blätter einer Pflanze gelangen.

Praktikum

Wassertransport

A Wie wachsen Wurzeln?

Material Marmeladenglas, Objektträger, Filterpapier, 2 Gummiringe, Fließpapier, Pinzette, vorgekeimte Kressesamen, Wasser

Durchführung

- Baue den Versuch zum Wurzelwachstum wie in Bild 1 dargestellt auf und verschließe das Marmeladenglas.
- Betrachte nach zwei Tagen die gewachsenen Wurzeln der Kressesamen.

Auswertung

1 Vergleiche die Wurzeln der Samen nah am Wasser mit denen, die weit vom Wasser entfernt liegen.

2 Erkläre die Unterschiede. Denke dabei an die Funktion der Wurzeln.

B Wasseraufnahme

Material 2 Messzylinder (100 ml), 1 Stängel mit Wurzeln und 1 Stängel ohne Wurzeln vom Fleißigen Lieschen (etwa die gleiche Anzahl Blätter), Wasser, Öl, Folienstift

Durchführung

- Stelle je einen Stängel in einen Messzylinder. Markiere mit einem Folienstift den Wasserstand.
- Gib etwas Öl auf das Wasser, sodass die Oberfläche bedeckt ist.

Auswertung

1 Beschreibe deine Beobachtungen und begründe sie.

2 Welche Funktion der Wurzel wird hier nachgewiesen?

C Wasserabgabe

Material Cobaltchloridpapier, Klarsichtfolie, Büroklammer, Topfpflanze

3 Nachweis der Wasserabgabe

Durchführung

- Befestige auf beiden Seiten des Blattes mit Hilfe der Klarsichtfolie und den Büroklammern einen Streifen Cobaltchloridpapier.
- Betrachte am nächsten Tag das Cobaltchloridpapier.

Auswertung

1 Beschreibe das Versuchsergebnis.

2 Erkläre deine Beobachtungen. Denke dabei an die Funktion des Blattes.

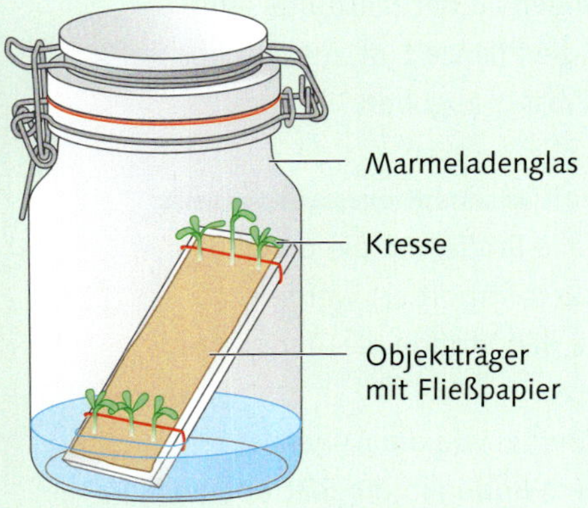

1 Versuch zum Wurzelwachstum

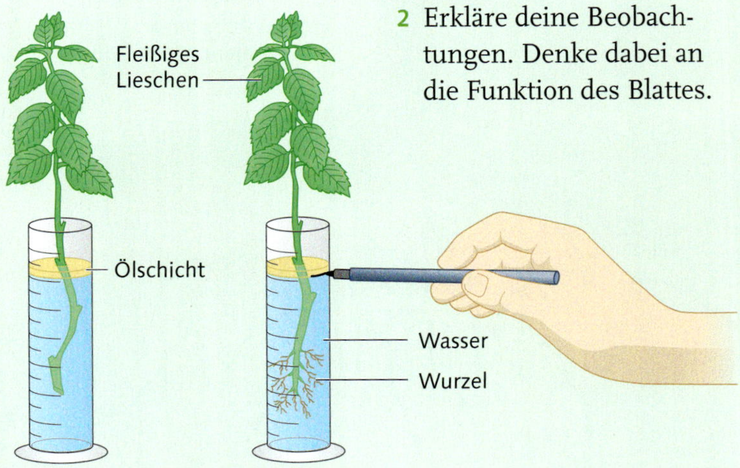

2 Nachweis der Wasseraufnahme

D Wasserleitung im Spross

Material 1 Becherglas, stark gefärbte Lösung in Blau oder Rot (Lebensmittelfarben in Wasser), Stängel mit Blättern (z. B. Fleißiges Lieschen, Zweig einer Silberpappel), Lineal

Durchführung
- Schneide den Stängel an und stelle ihn in ein Becherglas mit der farbigen Lösung. Nimm ihn nach 15 Minuten heraus und untersuche, wie weit er sich gefärbt hat. (Der Silberpappelzweig muss mit einem Messer entrindet werden.)
- Protokolliere deine Beobachtungen. Miss dazu, wie weit die Farbe im Stängel nach oben gewandert ist.

Auswertung Wie viel cm wandert das Wasser pro Minute?

E Wasserleitung zur Blüte

Material 2 Bechergläser, stark gefärbte Lösungen in Blau und Rot (Lebensmittelfarben in Wasser), Stängel mit weißer Blüte (z. B. Tulpe, Fleißiges Lieschen, Margerite, Nelke)

Durchführung
- Schneide ein kleines Stück vom Stängel ab. Teile ihn längs ca. 5 cm hoch. Stelle den frisch angeschnittenen Stängel in die Bechergläser mit den farbigen Lösungen. Eine Hälfte des Stängels taucht dabei in die rote, die andere Hälfte in die blaue Farbe.
- Betrachte die Blüte und protokolliere deine Beobachtungen alle 15 Minuten.

Auswertung Erkläre die Farbveränderungen in der Blüte.

F Verdunstung

Material 3 Messzylinder (100 ml), Wasser, 2 Stängel mit vielen Blättern, 1 Stängel mit 1 bis 2 Blättern, Folienstift, Öl, Gefrierbeutel (3 l), Gummiband

Durchführung
- Fülle alle Messzylinder zu zwei Dritteln mit Wasser. Stelle je einen Spross hinein. Markiere den Wasserstand mit einem Folienstift. Gib etwas Öl auf das Wasser, sodass die Oberfläche bedeckt ist. Stülpe einen Gefrierbeutel über einen Stängel mit vielen Blättern. Befestige ihn luftdicht mit einem Gummi am Rand des Zylinders.
- Protokolliere deine Beobachtungen nach einem Tag.

Auswertung Vergleiche und erkläre deine Beobachtungen.

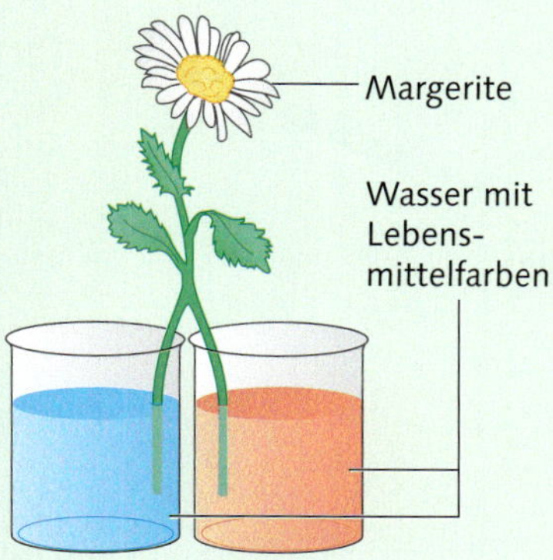

4 Versuch zur Wasserleitung

5 Versuch zur Verdunstung

Mikroskopieren

Mit dem Mikroskop kannst du Einzelheiten erkennen, die für das bloße Auge unsichtbar sind. Dabei unterscheidet sich das Mikroskop von der Lupe, weil es das Bild zweimal vergrößert: zunächst durch das *Objektiv* und anschließend durch das *Okular*. In Kriminallabors werden Mikroskope eingesetzt, um winzige Beweise sichtbar zu machen. Für Biologen ist das Mikroskop ein wichtiges Instrument, um die kleinsten Einzelheiten von Lebewesen zu untersuchen. Du kannst mit dem Mikroskop zum Beispiel den Aufbau eines Moosblättchens betrachten. Dabei gehst du folgendermaßen vor:

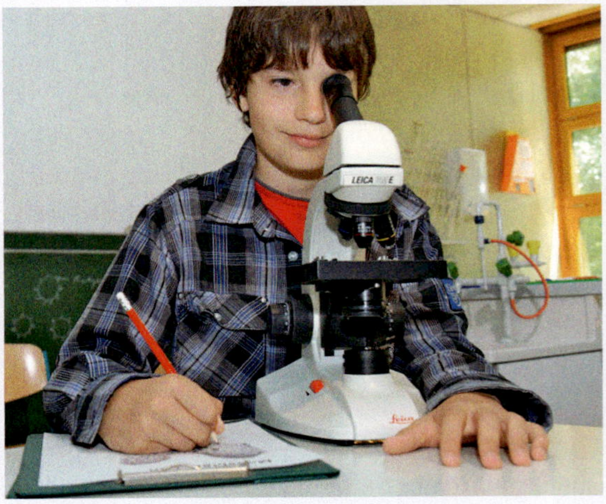

1 Schüler beim Mikroskopieren

1 Präparat herstellen Gib auf einen sauberen Objektträger mit der Pipette einen Wassertropfen. Lege ein Moosblättchen mit der Pinzette vorsichtig auf den Tropfen. Stelle ein sauberes Deckgläschen schräg an den Rand des Tropfens und senke es vorsichtig ab.

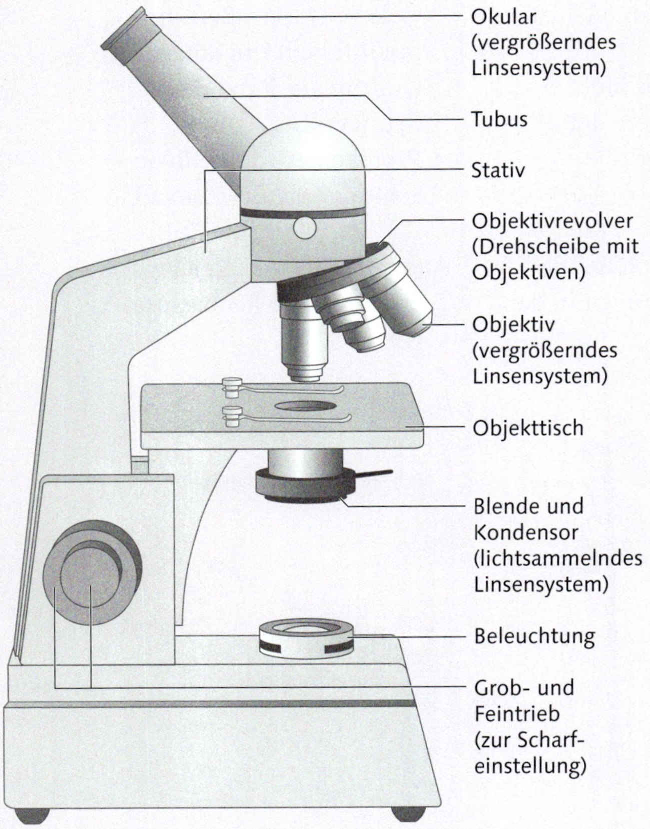

2 Schemazeichnung Mikroskop

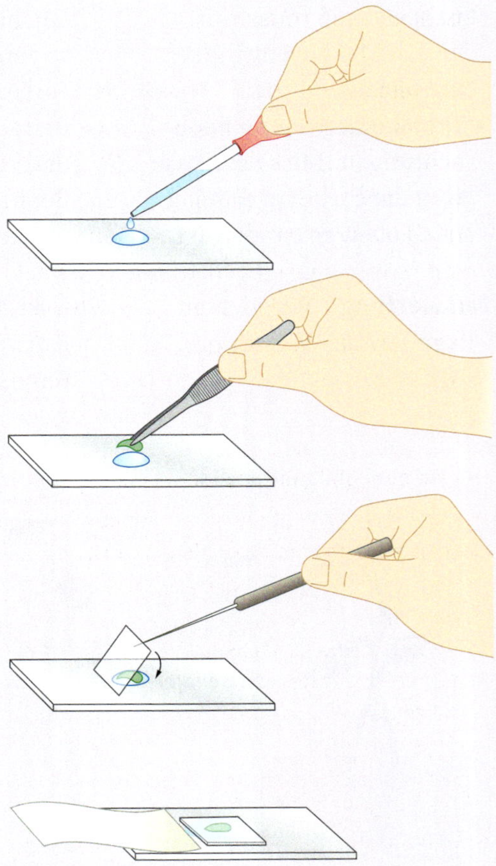

3 Herstellung des Präparats

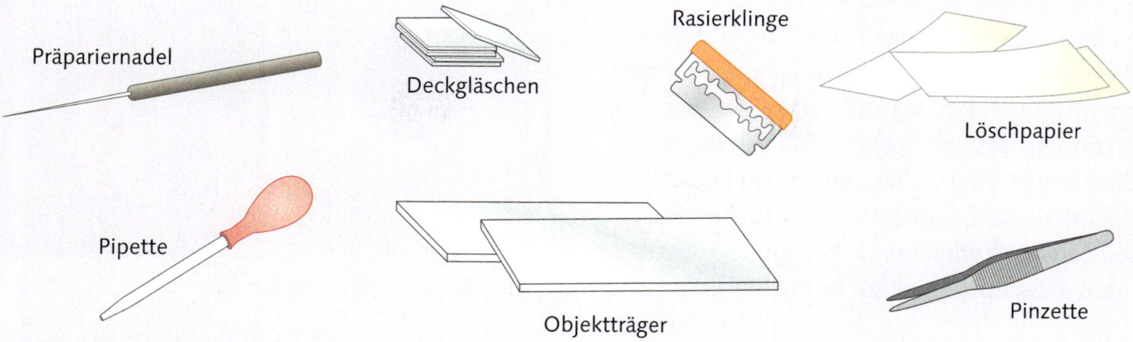

4 Material zum Mikroskopieren

2 Grundeinstellung Fahre den Objekttisch mit dem Grobtrieb ganz nach unten. Stelle die kleinste Vergrößerung ein. Schalte die Lampe ein und schließe die Blende zu einem Drittel.

3 Präparat auflegen Lege das Objekt so auf den Objekttisch, dass es über dem durchleuchteten Tischloch liegt.

4 Überblick verschaffen Drehe unter seitlicher Beobachtung den Objekttisch vorsichtig nach oben, bis sich Deckglas und Objektiv gerade noch nicht berühren. Schaue nun durch das Okular und bewege den Objekttisch mit dem Feintrieb langsam nach unten, bis das Bild scharf ist. Mit der kleinsten Vergrößerung verschaffst du dir zunächst einen Überblick über das Präparat. Nun kannst du eine besonders schöne Stelle genauer ansehen. Schiebe sie dazu in die Mitte des Bildes.

Regeln zum Umgang mit dem Mikroskop

- Trage das Mikroskop immer nur am Stativ.
- Beginne immer mit der kleinsten Vergrößerung.
- Drehe immer am Objektivrevolver, nie am Objektiv.
- Stelle das Bild zunächst mit dem Grobtrieb, dann erst mit dem Feintrieb scharf.
- Achte darauf, dass das Objektiv niemals das Objekt berührt.
- Berühre nie Okular- und Objektivlinsen mit den Fingern.
- Stelle nach dem Mikroskopieren wieder die kleinste Vergrößerung ein.

5 Vergrößern und Scharfstellen Drehe den Objekttisch nach unten. Erst jetzt darfst du am Revolver die nächste Vergrößerung einstellen. Gehe daher so vor, wie es unter 4 beschrieben ist.

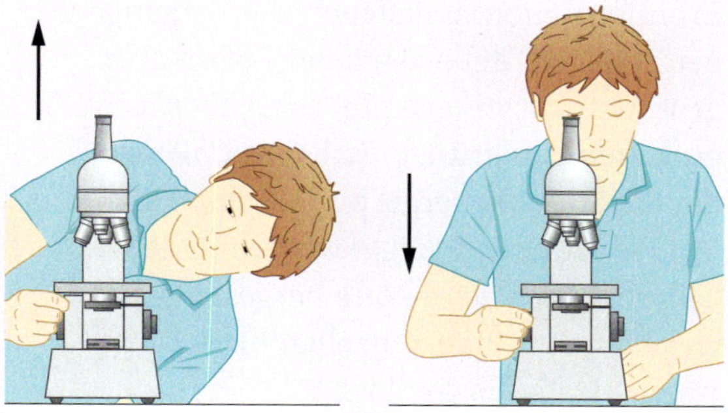

5 Scharfstellen des Bildes

6 Mikroskopische Bilder zeichnen Zeichne das Bild, das du im Mikroskop siehst, mit Bleistift auf weißes Papier. Die Strukturen sollten immer möglichst groß und genau zu erkennen sein. Jedes Bild erhält eine Überschrift und den Namen des Objekts. Auch Datum und Vergrößerung müssen auf dem Blatt vermerkt werden.

Aufgaben

1 Stelle ein Frischpräparat eines Moosblättchens her und mikroskopiere es.

2 Fertige eine Zeichnung des Moosblättchens an. Gib auch die Vergrößerung an.

Zellen von Pflanze und Tier

Wenn man Bestandteile von Lebewesen mit einem Mikroskop vergrößert, kann man erkennen, dass alle Lebewesen aus kleinsten Bausteinen, den Zellen, bestehen. Diese Zellen können sehr unterschiedlich aufgebaut sein. Selbst Zellen von Pflanzen und Tieren unterscheiden sich stark in ihrem Aufbau.

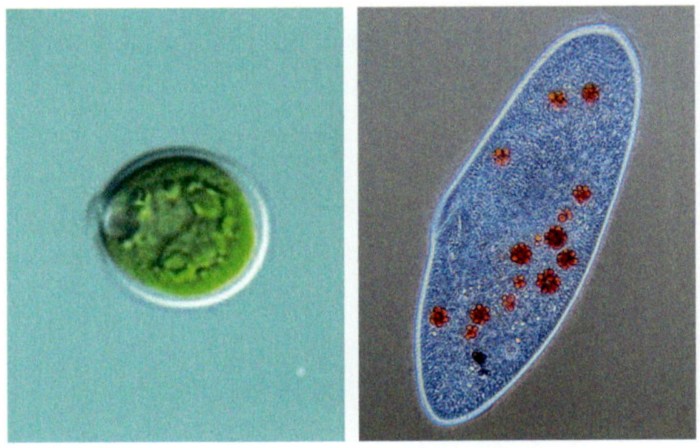

1 Pflanzliche und tierische Einzeller

Aufbau von Pflanzenzellen

Jede Pflanzenzelle besitzt eine *Zellwand.* Sie gibt ihr Stabilität. Dicht an der Zellwand befindet sich die *Zellmembran*. Gemeinsam bilden sie die äußere Begrenzung der Zelle. Durch winzige Löcher in der Zellwand, die *Tüpfel,* können benachbarte Zellen Stoffe austauschen. Alle Zellen sind mit *Zellplasma* gefüllt. Es besteht hauptsächlich aus Wasser. Im Zellplasma liegt der *Zellkern*. Er enthält die Erbinformation und steuert die Vorgänge in der Zelle. Im Zellplasma der Zellen aller grünen Pflanzenteile gibt es *Chloroplasten*. Sie enthalten den grünen Farbstoff *Chlorophyll,* der die Sonnenenergie aufnehmen kann. Mit Hilfe dieser Energie werden in den Chloroplasten Nährstoffe hergestellt. Bei vielen älteren Pflanzenzellen haben sich im Innern *Vakuolen* gebildet.

Aufbau von tierischen Zellen

Die Zellen von Tieren und Menschen haben keine feste Zellwand. Dadurch werden sie verformbar. Außerdem besitzen sie keine Chloroplasten und keine Vakuole. Sie können also keine Fotosynthese betreiben. Alle anderen Zellbestandteile der Pflanzenzellen sind bei tierischen und menschlichen Zellen jedoch auch vorhanden.

In Kürze

Zellen sind immer aus Zellmembran, Zellplasma und dem Zellkern aufgebaut. Pflanzenzellen besitzen zusätzlich Zellwand, Chloroplasten und eine Vakuole.

Aufgabe

1 Stelle alle Bestandteile der Pflanzenzellen und deren Funktionen dar.

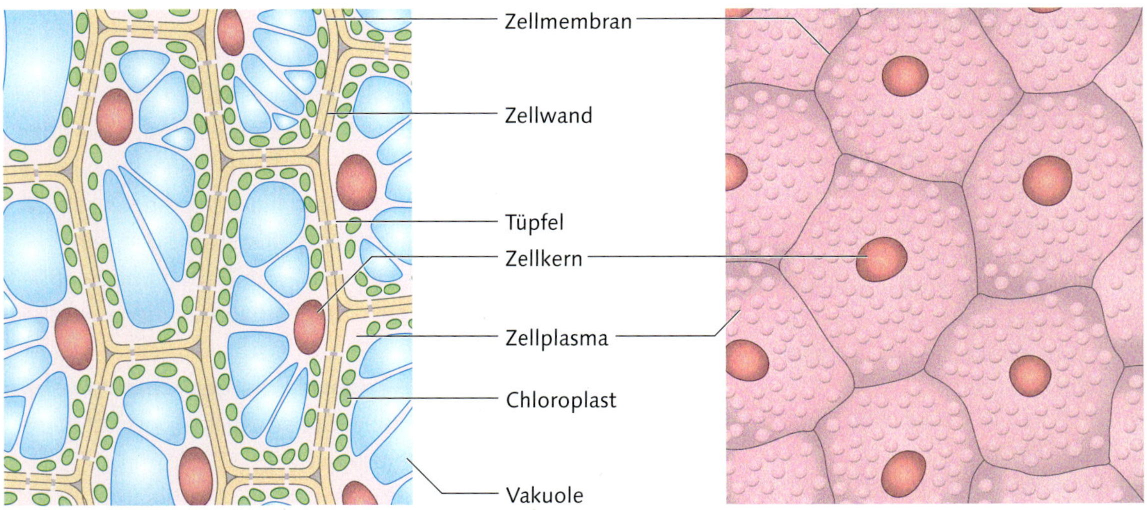

2 Pflanzliche und tierische Zellen im Vergleich

Praktikum Mikroskopieren

A Wasserpest

Material Pinzette, Wasserpest, Pipette, Objektträger und Deckgläschen

Durchführung Gib mit der Pipette einen Tropfen Wasser auf die Mitte des Objektträgers. Lege ein Blättchen der Wasserpest in den Wassertropfen und bedecke es mit einem Deckglas. Sauge das überschüssige Wasser am Rand des Deckglases vorsichtig mit etwas Küchenpapier ab. Mikroskopiere das Präparat zunächst mit der kleinsten Vergrößerung. Suche einen Ausschnitt am Rand des Blättchens. Stelle danach die nächste Vergrößerung ein. Zeichne nun einen Ausschnitt des mikroskopischen Bildes.

Auswertung Beschrifte deine Zeichnung der Pflanzenzellen.

B Zwiebelhaut

Material Küchenzwiebel, Pipette, Objektträger und Deckgläschen

Durchführung Gib mit der Pipette einen Tropfen Wasser auf die Mitte des Objektträgers. Schneide mit dem Messer ein Gittermuster in das dünne Häutchen an der Innenseite der Zwiebelschuppe. Löse mit der Pinzette vorsichtig ein Stück des Häutchens und lege es in den Wassertropfen. Bedecke das Häutchen mit einem Deckglas. Mikroskopiere das Präparat zunächst mit der kleinsten Vergrößerung. Stelle erst danach die nächste Vergrößerung ein. Zeichne nun einen Ausschnitt des mikroskopischen Bildes.

Auswertung Beschrifte deine Zeichnung der Pflanzenzellen.

C Mundschleimhautzellen

Material Strohhalm, Methylenblau, Pipette, Objektträger und Deckgläschen

Durchführung Gib mit der Pipette einen Tropfen Wasser auf die Mitte des Objektträgers. Schabe vorsichtig mit dem Ende des Strohhalms an der Innenseite deines Mundes entlang. Streiche das Abgeschabte in den Wassertropfen auf dem Objektträger. Gib einen Tropfen Methylenblau hinzu. Bedecke alles mit einem Deckglas. Mikroskopiere das Präparat zunächst mit der kleinsten Vergrößerung. Stelle erst danach die nächste Vergrößerung ein. Zeichne nun einige Zellen.

Auswertung

1 Beschrifte deine Zeichnung.
2 Vergleiche diese Zellen mit den pflanzlichen Zellen.

1 Präparation der Wasserpest

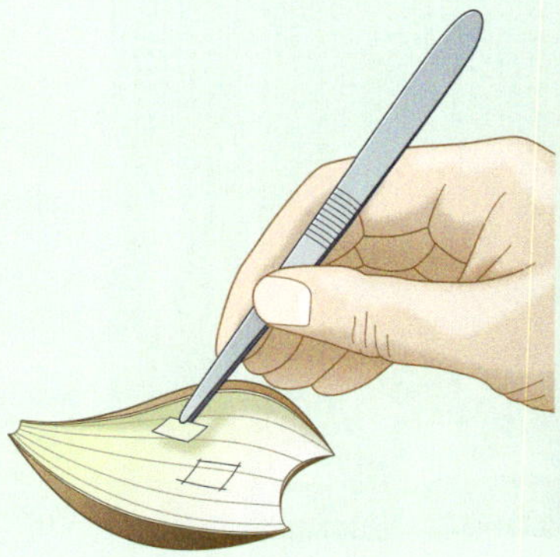

2 Präparation der Zwiebelhaut

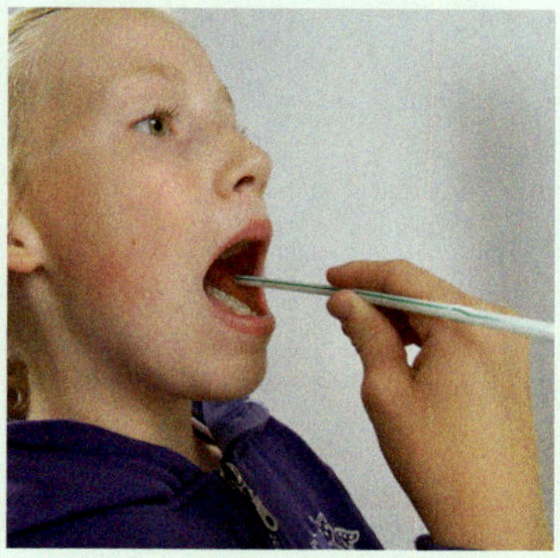

3 Abschaben von Mundschleimhaut

Bau und Funktion von Laubblättern

Alle Pflanzen besitzen grüne Blätter. Durch unterschiedliche Standortbedingungen haben sich vielfältige Blattformen entwickelt. Anhand der Form und des äußeren Baus der Blätter kann man verschiedene Pflanzenarten unterscheiden. Im Innern sind die Blätter aller Pflanzen aber sehr ähnlich aufgebaut.

1 Buche mit vielen Laubblättern

Die Begrenzung des Blattes

Oben und unten ist ein Blatt durch eine Schicht aus farblosen Zellen mit verstärkten Zellwänden begrenzt. Die *Blattoberhaut* und die *Blattunterhaut* sind von einer Wachsschicht, der *Cuticula*, überzogen. Sie schützt das Blatt vor Austrocknung. In der Blattunterhaut befinden sich Spaltöffnungen. Sie bestehen aus zwei bohnenförmigen *Schließzellen*, zwischen denen sich ein kleiner Spalt befindet. Die Größe des Spalts kann verändert werden. Dadurch wird der Austausch von Gasen und Wasserdampf reguliert.

Säulenförmige Zellen

Unter der Blattoberhaut liegt eine Reihe lang gestreckter Zellen. Sie werden als *Palisadengewebe* bezeichnet. Sie enthalten besonders viele Chloroplasten. Hier werden mit Hilfe des von oben auftreffenden Lichts energiereiche Stoffe aufgebaut.

Löchrig wie ein Schwamm

Unter dem Palisadengewebe findet man locker angeordnete, unregelmäßig geformte Zellen. Sie bilden viele Hohlräume und sind für den Gasaustausch mit der Umgebung und für die Abgabe von Wasser von großer Bedeutung. Wegen der vielen Hohlräume zwischen den Zellen wird das Gewebe *Schwammgewebe* genannt. Durch *Leitbündel*, die das Blatt durchziehen, werden Wasser, Mineralstoffe und Nährstoffe in der ganzen Pflanze verteilt.

In Kürze

Laubblätter sind aus Blattoberhaut, Palisadengewebe, Schwammgewebe und Blattunterhaut aufgebaut. Spaltöffnungen regulieren die Verdunstung und den Gasaustausch.

Aufgabe

1 Beschreibe den Schichtaufbau von Blättern.

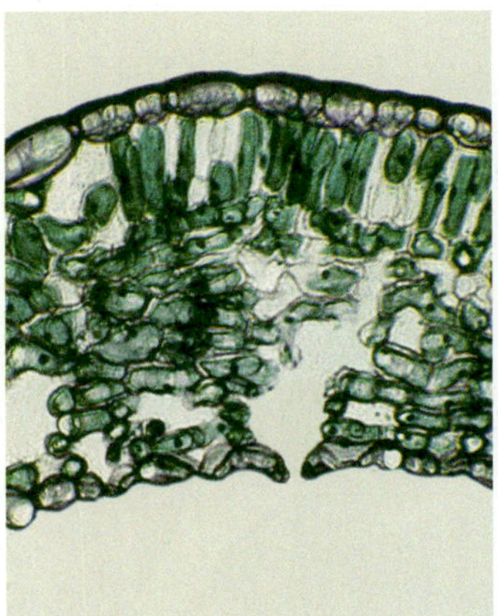

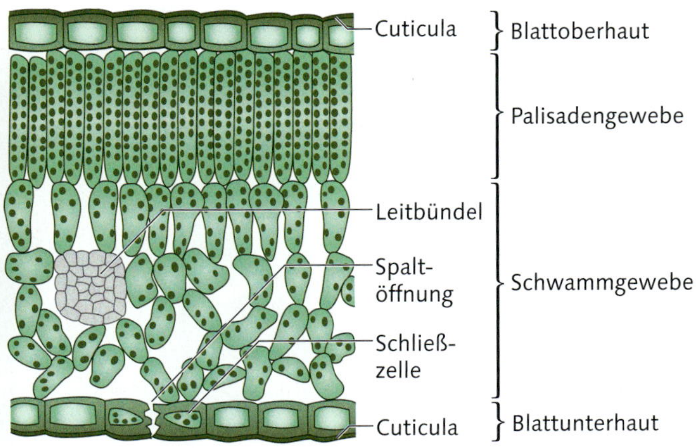

2 Querschnitt durch ein Blatt

Die Fotosynthese

Bestimmt stehen bei dir zu Hause auch Pflanzen in der Wohnung. Sie wachsen in Blumentöpfen mit Erde und müssen regelmäßig gegossen werden. Die meisten Topfpflanzen stehen auf der hellen Fensterbank im Licht.

Aufbau von Traubenzucker

Pflanzen sind die einzigen Lebewesen, die Nährstoffe selbst herstellen können. Mit Hilfe von Licht, Kohlenstoffdioxid und Wasser stellen sie Traubenzucker her. Diesen Vorgang nennt man *Fotosynthese.* Sie läuft in den Chloroplasten hauptsächlich in den grünen Blättern ab. Wasser wird über die Wurzeln aufgenommen und durch die Leitbündel im Blatt verteilt. Kohlenstoffdioxid gelangt über die Spaltöffnungen in das Schwammgewebe der Blätter. Neben Traubenzucker entsteht *Sauerstoff,* der über die Spaltöffnungen an die Luft abgegeben wird. Im Traubenzucker ist Sonnenenergie gespeichert. Er wird über die Leitbündel in der Pflanze verteilt.

Nährstoffe werden gespeichert

Aus dem Traubenzucker und den Mineralstoffen aus dem Boden können die Pflanzen alle Nährstoffe aufbauen, die sie zum Leben benötigen. Traubenzucker wird oft in den Früchten gespeichert. Ein Teil des Traubenzuckers wird in *Stärke* umgebaut und in anderen Pflanzenteilen, wie Körnern, Knollen, Zwiebeln oder Wurzeln, gespeichert. Andere Pflanzen speichern ihre Nährstoffe als Fette, zum Beispiel in Nüssen oder anderen Samen.

Kein Leben ohne Fotosynthese

Tiere und Menschen können keine Fotosynthese betreiben. Sie müssen energiereiche Stoffe mit der Nahrung aufnehmen. In den Zellen werden die Nährstoffe mit Sauerstoff abgebaut. Dabei wird Energie umgesetzt. Sie wird für alle Lebensvorgänge genutzt.

1 Topfpflanzen auf der Fensterbank

Gleichzeitig entsteht Kohlenstoffdioxid, das die Pflanzen wiederum für die Fotosynthese benötigen.

In Kürze

Pflanzen stellen aus Wasser und Kohlenstoffdioxid mit Hilfe der Chloroplasten und des Sonnenlichts Traubenzucker und Sauerstoff her. Der energiereiche Traubenzucker wird umgesetzt und zum Wachstum verwendet. Außerdem werden Nährstoffe in verschiedenen Organen gespeichert.

Aufgabe

1 Benenne Ausgangsstoffe und Produkte der Fotosynthese.

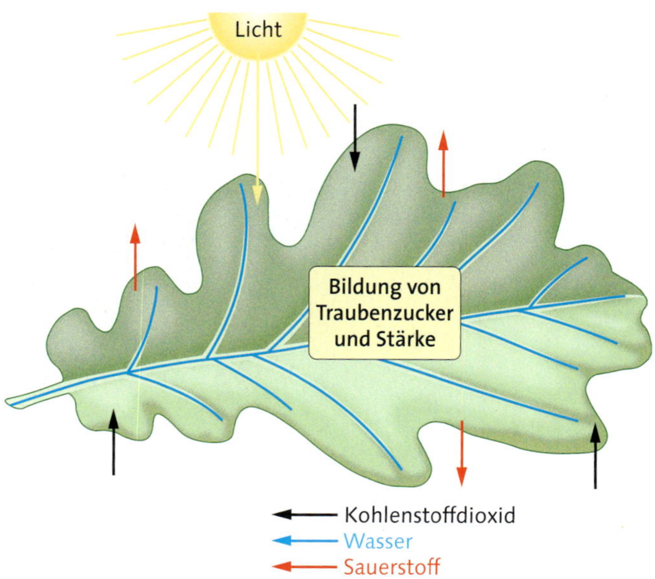

2 Fotosynthese im Blatt

Praktikum

Fotosynthese

1 Nachweis der Sauerstoffproduktion

Material Zweige der Wasserpest, Becherglas, Trichter, Reagenzglas mit Stativ, Wasser, Holzspan, Feuerzeug

Durchführung Gib mehrere Stängel der Wasserpest in ein Becherglas mit Wasser. Stülpe den Glastrichter umgekehrt über die Wasserpest, sodass er ganz untertaucht. Fülle ein Reagenzglas mit Wasser. Stülpe es unter der Wasseroberfläche über den Trichter, sodass das Wasser im Reagenzglas bleibt. Stelle den Versuch für mehrere Tage ins helle Licht.

Wenn sich das Reagenzglas mit Gas gefüllt hat, hältst du es mit dem Daumen zu und nimmst es vom Trichter.

Entzünde einen Holzspan und lass ihn kurz brennen. Puste ihn aus, sodass die Spitze noch glüht. Halte den glimmenden Holzspan in das Gas im Reagenzglas. Protokolliere deine Beobachtungen.

Auswertung Versuche deine Ergebnisse mit Hilfe der Gasentstehung bei der Fotosynthese zu beschreiben.

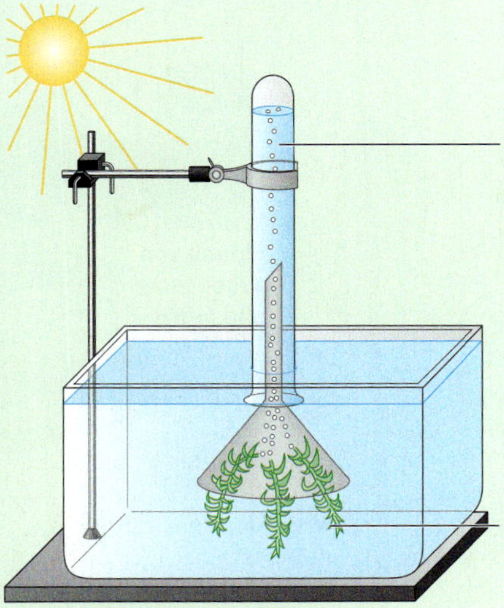

1 Skizze des Versuchsaufbaus

2 Nachweis der Stärkeproduktion

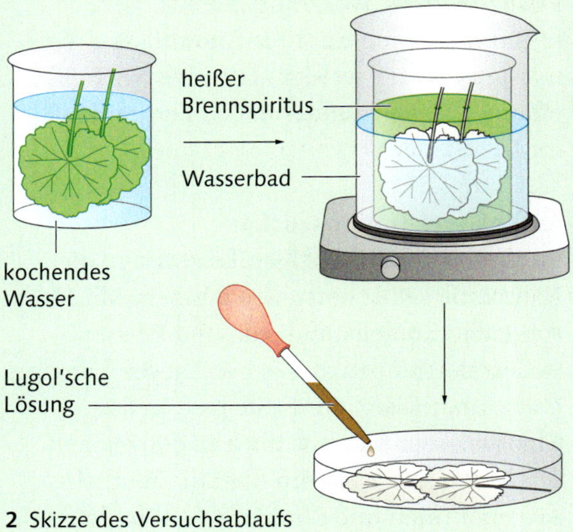

2 Skizze des Versuchsablaufs

Material Kapuzinerkresse, Alufolie, Becherglas, Heizplatte, Kochtopf, Petrischale, Pinzette, Pipette, Wasser, Brennspiritus, Lugol'sche Lösung, Speisestärke

Sicherheitshinweis:
Brennspiritus ist leicht entzündlich!

Durchführung Decke einen Streifen eines Blattes der Pflanze mit Alufolie ab. Stelle die Pflanze einen Tag lang ins Sonnenlicht. Trenne ein normales Blatt und das Blatt mit der Alufolie von der Pflanze ab. Lege sie kurz in kochendes Wasser. Stelle das Becherglas mit dem Brennspiritus in das heiße Wasser. Gib die gekochten Blätter in den heißen Spiritus, bis sie fast farblos sind. Nimm die Blätter mit der Pinzette heraus und spüle sie unter fließendem Wasser ab. Lege sie für etwa 15 Minuten in die Petrischale mit Lugol'scher Lösung.

Auswertung Gib zum Vergleich einige Tropfen der Lugol'schen Lösung auf etwas Speisestärke. Erkläre deine Beobachtungen.

Optimale Bedingungen für das Pflanzenwachstum

Du warst sicher schon einmal in einer Gärtnerei und hast die vielfältigen, schön gewachsenen Pflanzen bewundert, die dort angeboten werden. Gärtner züchten Pflanzen in Gewächshäusern, damit sie möglichst viele Pflanzen in kurzer Zeit verkaufen können.

1 Pflanzen in der Gärtnerei

1 Pflanzen in Gewächshäusern

Die Wände der Gewächshäuser bestehen aus großen Glasflächen. Die Dächer können wie Fenster geöffnet werden. Auf langen Tischen wachsen viele Pflanzen dicht nebeneinander. Automatisch gesteuerte Bewässerungssysteme versorgen sie mit Wasser. Außerdem können sie mit Kohlenstoffdioxid begast werden.

a Erläutere mit Hilfe von Bild 2, weshalb Gewächshäuser so große Glasflächen haben. Welche Bedürfnisse der Pflanzen werden hierdurch erfüllt?

b Begründe, weshalb in großen Gewächshäusern Bewässerungssysteme wichtig sind.

c Suche Gründe für das Öffnen der Dachfenster. Denke dabei an die Bedürfnisse der Pflanzen.

d Erkläre mit Hilfe der in Bild 3 dargestellten Beobachtungen, weshalb Pflanzen mit Kohlenstoffdioxid begast werden.

2 Unterschiedliche Bedürfnisse

a Gehe in eine Gärtnerei oder in die Gartenabteilung eines Baumarktes und suche eine Pflanze aus, die sich gut für deinen Klassenraum eignet.

b Informiere dich über die Bedürfnisse der Pflanze. Dabei helfen dir die Verkäufer, Schilder, Bücher oder auch das Internet.

c Erstelle einen Steckbrief zur Pflanze.

d Suche im Klassenraum einen passenden Standort für die Pflanze. Nutze dazu die Pflegeanleitung.

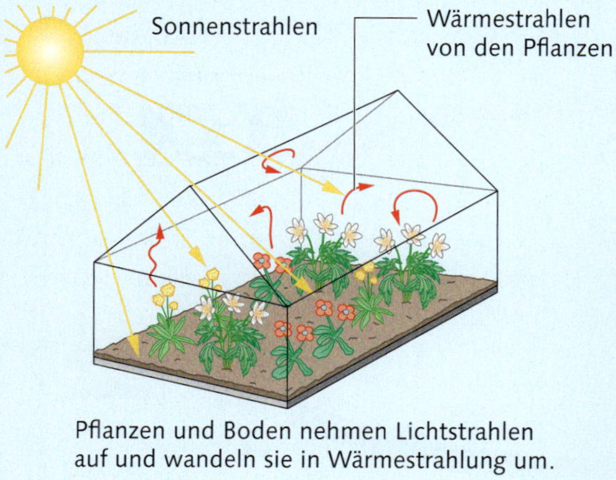

2 Wärmestrahlung im Gewächshaus

3 Geranie, mit CO_2 begast (links), und Geranie, normal gewachsen (rechts)

Bedeutung der grünen Pflanzen für das Leben

Auf der Erde leben über 500 000 verschiedene Pflanzenarten. Sie kommen überall vor: auf dem Land, im Wasser und manchmal sogar auf Tieren oder anderen Pflanzen. Ihre Größe ist genauso unterschiedlich wie ihr Aussehen.

Ein Mammutbaum kann über 100 Meter hoch wachsen. Die kleine Chorella-Alge misst nur 0,002 Millimeter.

1 Ein 100 Meter hoher Mammutbaum

Pflanzen sind die »grüne Lunge« der Erde

Viele Wälder, besonders die Regenwälder, werden häufig als »grüne Lungen« bezeichnet. Gerade in den Regenwäldern herrscht ideales Klima. Die großen Bäume mit ihren zahlreichen Blättern können sehr intensiv Fotosynthese betreiben. Sie produzieren den für uns lebenswichtigen Sauerstoff. Diesen Sauerstoff atmen Menschen und Tiere ein und nutzen ihn, um aus ihrer Nahrung Energie zu gewinnen. Dabei entsteht Kohlenstoffdioxid, das dann ausgeatmet wird. Die Pflanzen nehmen das Kohlenstoffdioxid wieder auf und setzen es bei der Fotosynthese unter anderem in Sauerstoff um. So entsteht ein Kreislauf. Viele Wälder sind aber durch den Menschen bedroht. Besonders die Regenwälder werden abgeholzt, um landwirtschaftliche Flächen zu gewinnen, Rinder zu züchten, Rohstoffe abzubauen oder das Holz zu verwenden.

Pflanzen als Nahrungsgrundlage

Während der Fotosynthese bilden Pflanzen Zucker und speichern einen Teil davon. Menschen und Tiere ernähren sich von den Pflanzen und erhalten so energiereiche Nährstoffe. In den Meeren sind Algen die Nahrungsgrundlage für viele Fische und sogar für große Wale. Der Mensch baut Pflanzen als Nahrung an. Selbst in Wüsten können Pflanzen große und lange Trockenheit überstehen und wachsen bei den seltenen Regenfällen schnell. An diesen Lebensraum sind sie zum Beispiel durch besondere Wasserspeicher in Blättern oder Wurzeln angepasst.

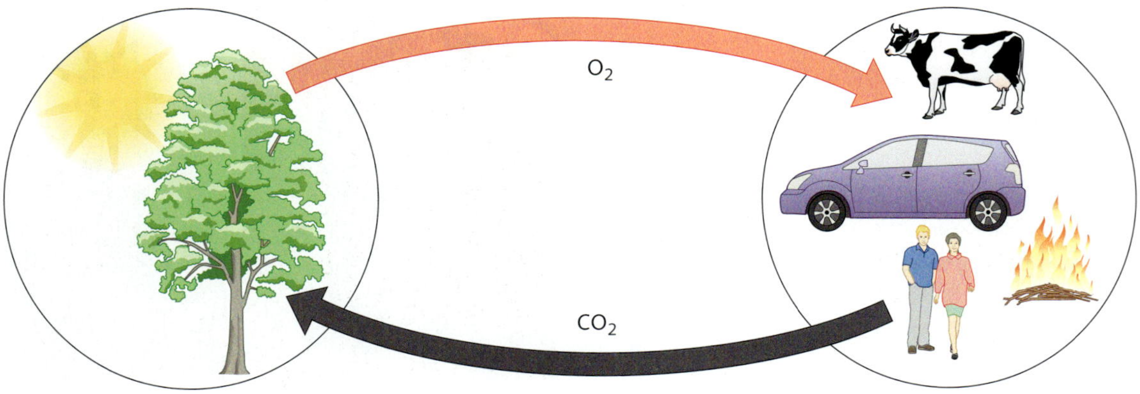

2 Sauerstoff- und Kohlenstoffdioxidkreislauf

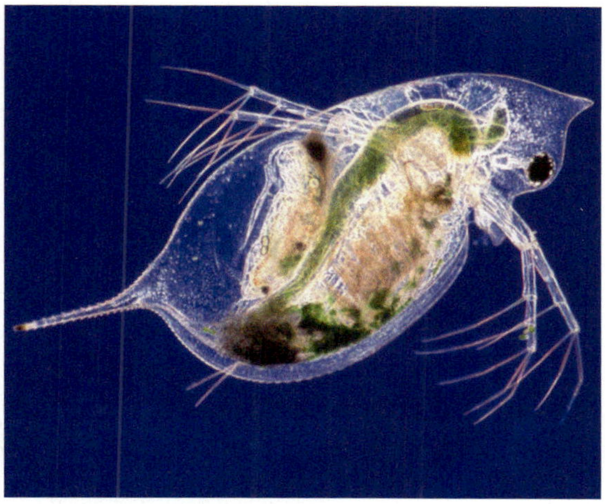

3 Wasserfloh mit Algen im Darm

Das Prinzip der Nachhaltigkeit

Vor knapp 300 Jahren wurde das Prinzip der Nachhaltigkeit zum ersten Mal formuliert. Damals konnte in Sachsen kein Silbererz mehr abgebaut werden, da kaum noch Holz zur Silbergewinnung vorhanden war. Ein Hauptmann gab die Anweisung, dass nur noch so viel Holz geschlagen werden durfte, wie in dem gleichen Zeitraum wieder nachwachsen konnte. Dieses Prinzip gilt auch heute noch. Es bezieht sich auf alle Bereiche. Ziel ist, dass die Natur und die Umwelt für die nächsten Generationen erhalten bleiben. Dazu gehört auch, dass Strom und Kraftstoffe aus nachwachsenden Pflanzen gewonnen werden.

In Kürze

Pflanzen dienen anderen Lebewesen als Nahrungsgrundlage und Sauerstofflieferant. Sie haben alle Lebensräume der Erde besiedelt. Der Mensch sollte nur so viele Pflanzen verbrauchen, wie in der gleichen Zeit wieder nachwachsen. Dadurch wird die Pflanzenwelt erhalten.

Aufgaben

1 Finde möglichst vielfältige Beispiele für Pflanzen, die die Lebensräume Meer, Regenwald und Wüste besiedeln.

2 Recherchiere nach erneuerbaren Energieformen, die dem Prinzip der Nachhaltigkeit entsprechen.

Exkurs **Stoff- und Energieumwandlung**

Wasserflöhe werden zur Reinigung von algenreichem Aquariumwasser eingesetzt. Algen wachsen bei Wärme und Licht gut und färben das Wasser grün. Da die wenigsten Aquarienfische Algen fressen, setzt man Wasserflöhe ein. Sie ernähren sich von den Algen und dienen den Fischen als Nahrung.

Pflanzen setzen während der Fotosynthese Kohlenstoffdioxid und Wasser in Zucker und Sauerstoff um. Tiere, die Pflanzen fressen, nehmen den Zucker auf und gewinnen daraus Energie. Energieärmere Stoffe und Kohlenstoffdioxid geben sie wieder an die Umwelt ab.

Alle Lebewesen nehmen Stoffe auf und wandeln sie um. Dabei gewinnen sie Energie für alle Lebensvorgänge. Die ausgeschiedenen Stoffe sind dann engergieärmer.

4 Kohlekraftwerk

5 Biodiesel als Energielieferant

Frühblüher

Wenn du im März durch den Wald spazierst, spürst du bereits die ersten wärmenden Sonnenstrahlen. Sie fallen durch die noch blattlosen Bäume direkt auf den Boden. Kaum sind die letzten Schneereste verschwunden, kannst du beobachten, wie sich am Boden ein weißer Blütenteppich ausbreitet: Die Buschwindröschen bilden fast alle gleichzeitig ihre weißen, sternförmigen Blüten aus.

1 Buschwindröschen im Frühlingswald

Bunte Blüten im Frühjahr

Zwischen dem braunen Laub auf dem Waldboden finden sich nicht nur Buschwindröschen, sondern auch gelb blühendes Scharbockskraut, blau blühende Krokusse, gelb blühende Narzissen und weiß blühende Schneeglöckchen. Wenn man genau hinhört, kann man sogar die ersten Insekten summen hören. Sie finden in den Blüten dieser *Frühblüher* ihre erste Nahrung im Jahr.

2 Frühblüher:
A Scharbockskraut; B Narzisse; C Buschwindröschen; D Krokus

Schnelles Wachstum

Frühblüher sind die ersten Pflanzen, die im zeitigen Frühjahr wachsen. Sie nutzen die immer intensiver werdenden Sonnenstrahlen, die auf den Boden treffen. Später im Sommer hat sich ein dichtes Laubdach gebildet, sodass nur noch wenig Licht bis zum Boden gelangt. Deshalb müssen die Frühblüher zu Beginn des Frühjahrs besonders schnell wachsen und blühen. Dazu benötigen sie nicht nur Licht, sondern auch Wärme und Wasser. Die Laubschicht auf dem Boden schützt die kleinen Pflanzen vor der Kälte. Da der Boden nicht mehr gefroren ist, können sie Wasser aus dem Boden aufnehmen.

Speicherorgane liefern Energie

Frühblüher benötigen Energie zum schnellen Wachstum. Diese erhalten sie aus ihren unterirdischen Speicherorganen. Das Schneeglöckchen wächst aus einer *Zwiebel* im Boden. Diese ist aus vielen fleischigen Zwiebelblättern aufgebaut, die den neuen Spross des Schneeglöckchens schützen. In den Zwiebelblättern sind Nährstoffe gespeichert, die Energie liefern. Außerdem nimmt die Zwiebel über die feinen Wurzeln am Zwiebelboden Wasser auf. Beim Wachstum werden die Nährstoffe und somit das Speicherorgan verbraucht. Später produzieren die Schneeglöckchen mit Hilfe des Sonnenlichts neue Nährstoffe. Sie werden bis zum kommenden Frühjahr in einer neuen Zwiebel gespeichert.

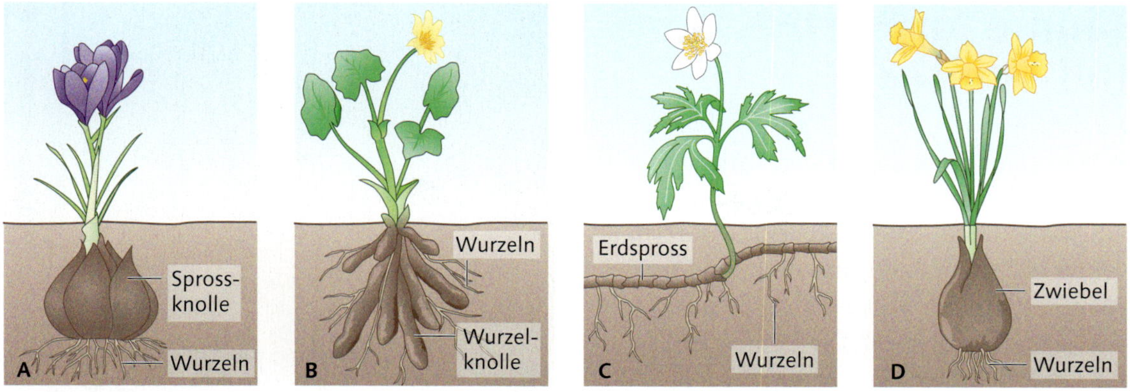

3 Frühblüher mit ihren Speicherorganen: A Krokus; B Scharbockskraut; C Buschwindröschen; D Narzisse

Verschiedenartige Speicherorgane

Bei Krokussen ist der unterirdische Teil des Stängels zu einer dicken, rundlichen *Sprossknolle* verdickt. Auch die Kartoffel ist eine Sprossknolle. Ein weiteres Beispiel für Speicherorgane sind die kleineren keulenförmigen *Wurzelknollen* des Scharbockskrauts. Buschwindröschen haben seitwärts wachsende *Erdsprosse* als Speicherorgane. Alle Speicherorgane liefern Nährstoffe für das Wachstum und werden jedes Jahr neu gebildet.

Fortpflanzung durch Erneuerung

Die Nährstoffe für das kommende Frühjahr werden beim Schneeglöckchen in einer Ersatzzwiebel gespeichert. Diese bildet sich in der verbrauchten Zwiebel. Gleichzeitig entsteht neben der Ersatzzwiebel eine Brutzwiebel. Aus dieser treibt im nächsten Frühjahr ein neues Schneeglöckchen aus. Die Blätter der alten Zwiebel vertrocknen.

Die Speicherorgane dienen den Pflanzen also auch zur Vermehrung. Selbst Tulpen und Narzissen überwintern mit Hilfe von Zwiebeln.

In Kürze

Im Frühjahr fällt viel Licht durch die laublosen Bäume auf den Boden und erwärmt ihn. Dies nutzen Frühblüher. Sie können als erste Pflanzen im Frühlingswald wachsen und blühen. Sie besitzen unterirdische Speicherorgane, in denen die Nährstoffe für das Wachstum im nächsten Jahr gespeichert werden.

Aufgaben

1 Nenne Bedingungen, die das zeitige Wachstum des Schneeglöckchens begünstigen.

2 Beschreibe die Veränderungen der Schneeglöckchenzwiebel im Jahresverlauf.

4 Das Schneeglöckchen im Jahresverlauf

Bäume im Herbst und Winter

Im Herbst leuchten die Wälder, Parks und Gärten in unseren Breiten in den bunten Farben der Bäume und Sträucher. Die Tage werden langsam kürzer und es wird kälter. Die bunte Farbenpracht zeigt uns, dass der Winter bald beginnt. Die Bäume stellen sich auf den Winter ein.

1 In einem Herbstwald

Blätter verfärben sich im Herbst

Die Blätter enthalten den grünen Blattfarbstoff *Chlorophyll*. Er ist für die Herstellung von Nährstoffen zuständig. Im Herbst baut der Baum das Chlorophyll ab. Die Abbauprodukte speichert er im Stamm und in den Wurzeln. Von dort kann er sie im nächsten Frühjahr wieder für neue Blätter verwenden. Rote und gelbe Farbstoffe, die vorher von den grünen Farbstoffen überdeckt waren, färben das Blatt nun herbstlich.

Warum fallen die Blätter ab?

Im Winter benötigt der Baum die Blätter nicht mehr. Im Gegenteil, sie würden ihm sehr schaden, denn ein Baum verdunstet im Sommer über die Blätter viele Hundert Liter Wasser am Tag. Da der Boden gefroren ist, kann der Baum über die Wurzeln nicht mehr viel Wasser aufnehmen und verdunsten lassen. Durch diese Verdunstung würde der Baum vertrocknen.

2 Beim spielen mit der Laubschicht

Außerdem ist es im Winter so kalt, dass auch das Wasser in den Blättern gefrieren würde. Da sich Wasser beim Gefrieren ausdehnt, würden die feinen Blattadern zerstört werden.

Auf den Blättern würde im Winter der Schnee liegen bleiben. Durch das Gewicht des Schnees könnten die Äste aber abbrechen.

Aus Laub wird Erde

Das Laub auf dem Boden schützt die Wurzeln vor der Kälte. Mit der Zeit wird die Laubschicht von Bodenlebewesen zu einer fruchtbaren Humusschicht abgebaut. Sie enthält wichtige Mineralstoffe, die der Baum im Frühjahr zum Wachstum benötigt.

Sollbruchstellen der Blätter

An den Stellen, wo vorher die Blätter an den Ästen saßen, findet man nun *Blattnarben*. Bevor die Blätter endgültig abfallen, bildet der Baum zwischen Blatt und Zweig eine Korkschicht. Sie ist die »Sollbruchstelle«, an der die Blätter sich vom Zweig lösen. Durch die Korkschicht ist der Zweig vor eindringenden Krankheitserregern geschützt. Außerdem kann so kein Wasser aus dem Zweig verdunsten.

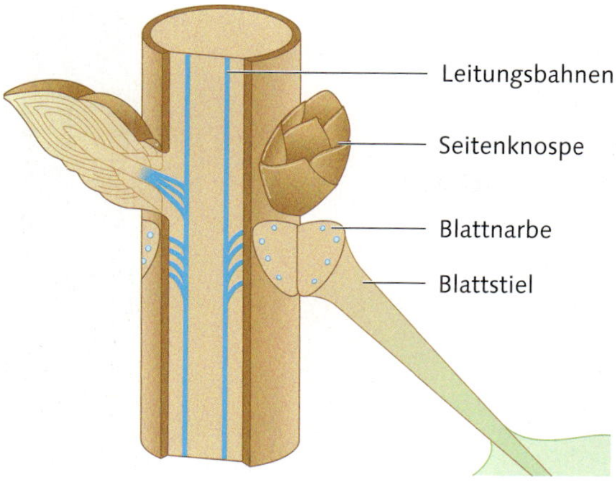

3 Blattnarbe mit Leitungsbahnen

5 Nadelbäume im Schnee

Winterruhe in den Knospen

Nach dem Laubfall beginnt die Winterruhe des Baumes. In den Knospen sind die Blätter und die Blüten für das nächste Jahr angelegt. Es gibt Seitenknospen und Gipfelknospen. Gipfelknospen stehen immer am Ende eines Zweiges. Seitenknospen wachsen in den Blattachseln. Die Knospen sind von harten, oft verharzten oder behaarten Knospenschuppen umhüllt. Diese schützen die zarten Blattanlagen vor Kälte, Austrocknung und eindringenden Bakterien. Die Harze schützen die Knospen außerdem vor Rehen und anderen Waldbewohnern, denen unverharzte Knospen als Nahrung dienen.

4 Kastanienzweig mit Seitenknospen und Endknospen

Nadelbäume bleiben grün

Im Gegensatz zu Laubbäumen werfen Nadelbäume ihre Nadeln im Winter nicht ab. Deshalb nennt man sie immergrüne Bäume. Die Nadeln sind, anders als die großen Laubblätter, sehr schmal und mit einer dicken, wachsartigen Schutzschicht bedeckt. Dadurch kann auch im Winter über ihre kleine Oberfläche nur sehr wenig Wasser verdunsten. Die Nadeln sind so schmal, dass der Schnee an ihnen abrutschen kann.

An der Unterseite der Tannennadeln sind Wachsstreifen erkennbar. Diese schützen vor Kälte und dienen als zusätzlicher Verdunstungsschutz im Winter. Der einzige Nadelbaum, der seine Nadeln abwirft, ist die Lärche.

In Kürze

Laubbäume und Sträucher verlieren im Herbst ihre Blätter, um sich im Winter vor Kälte, Schnee und Wasserverlust zu schützen. In ihren Knospen sind bereits die neuen Triebe, Blätter und Blüten für das Frühjahr vorbereitet. Nadelbäume werfen ihre Blätter nicht ab, da sie im Winter vor Kälte und Trockenheit geschützt sind.

Aufgaben

1 Erläutere, warum Laubbäume im Herbst ihre Blätter abwerfen.

2 Beschreibe, was im Laubblatt im Herbst passiert. Nenne Gründe für diese Vorgänge.

Das Eichhörnchen

Plötzlich knistert und raschelt es im dichten Blätterdach des Baumes hoch über dir. Neugierig schaust du nach oben – und da siehst du den Unruhestifter, ein Eichhörnchen. Kopfüber läuft es schnell den Baumstamm nach unten. Fast sieht es so aus, als wolle es nachsehen, wer da seine Ruhe stört.

Ein Leben auf Bäumen

Eichhörnchen zählen zu den bekanntesten Tieren unserer Heimat. Man findet sie in Wäldern, Parks und Gärten, also überall dort, wo Bäume sind. Hier suchen sie ihre Nahrung, bringen ihre Jungen zur Welt und ziehen sie groß. Als gewandte, flinke Kletterer sind sie gut vor ihren Feinden geschützt.

Körperbau und Bewegung

Eichhörnchen gehören zu den Wirbeltieren. Ihre leichten Knochen und die langen, kräftigen Hinterbeine ermöglichen es ihnen, elegant von Ast zu Ast zu springen. Die langen Krallen an Fingern und Zehen geben sicheren Halt beim Klettern. Kennzeichnend ist der große, buschige Schwanz. Er dient zum Halten des Gleichgewichts und bei den weiten Sprüngen als Steuerruder. Er wirkt aber auch als Fallschirm, wenn sie auf der Flucht vor Feinden einfach vom Baum in die Tiefe springen.

Erkennen der Umwelt

Eichhörnchen haben große Augen, die seitlich am Kopf sitzen. Dadurch blicken sie in alle Richtungen, ohne den Kopf zu drehen. Mit ihren Pinselohren können sie sehr gut hören. Die über den ganzen Körper verteilten Tasthaare verbessern die Orientierung im Ast- und Blattgewirr der Bäume. Ihr guter Geruchssinn hilft bei der Nahrungssuche.

1 Das Eichhörnchen ist ein Baumbewohner.

Fortpflanzung der Eichhörnchen

Eichhörnchen sind Einzelgänger. Nur während der Zeit zwischen Paarung und Geburt der Jungen leben Männchen und Weibchen zusammen. Für die Aufzucht der Jungen bauen sie einen *Kobel*. Das ist ein aus Zweigen, mit Moos und Gras gepolstertes, geschlossenes Baumnest. Hier bringt das Weibchen bis zu sechs Junge zur Welt. Etwa sieben Wochen lang werden sie gesäugt. Während dieser Zeit entwickeln sich die nackt und blind geborenen Jungen zu selbstständigen Tieren. Eichhörnchen sind *Säugetiere* und *Nesthocker*.

2 Der Kobel, das »Nest« eines Eichhörnchens

Ein Gebiss für harte Schalen

Die Nahrung der Eichhörnchen besteht vor allem aus Samen, die von harten Schalen umgeben sind. Mit ihren vier langen und kräftigen *Nagezähnen* gelingt es den Tieren, die festen Schalen zu knacken. Beim Nagen nutzen sich die Zähne ständig ab. Das ist aber kein Problem, da Nagezähne im Gegensatz zu unseren Zähnen ständig nachwachsen. Tiere mit solchen Zähnen nennt man *Nagetiere*.

Eichhörnchen im Winter

Vor dem Winter fressen sich Eichhörnchen eine Speckschicht an. Als Wintervorrat vergraben sie zusätzlich Samen im Waldboden. Die kalte Jahreszeit verbringen die gleichwarmen Tiere hauptsächlich schlafend in ihrem Baumnest. Dabei verändern sich Körpertemperatur, Herzschlag und Atmung kaum. Von Zeit zu Zeit erwachen die Eichhörnchen und verlassen den Kobel, um nach Nahrung zu suchen. Anschließend schlafen sie weiter. Man sagt deshalb: Eichhörnchen halten *Winterruhe*.

In warmen Wintern schlafen Eichhörnchen nur wenig. Dann sind sie auf der Suche nach der Nahrung, die sie im Herbst als Wintervorrat vergraben haben. Sie finden aber nicht alle Samen wieder. Aus vielen der nicht gefundenen Bucheckern oder Eicheln wachsen im Frühjahr neue Buchen und neue Eichen heran. So sorgen Eichhörnchen dafür, dass sich ihr Lebensraum, der Wald, ständig erneuert und neue Früchte trägt.

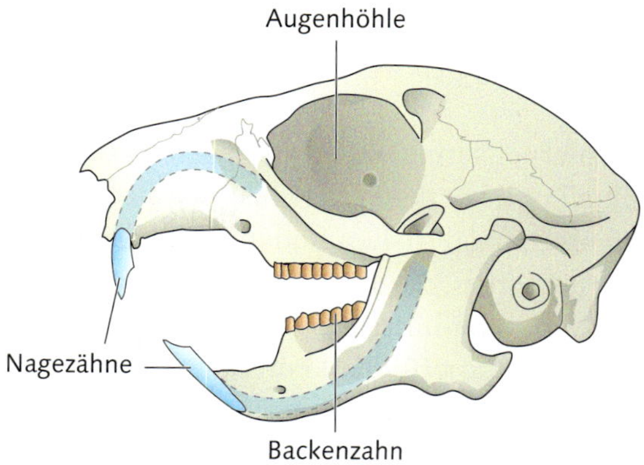

3 Schädel und Gebiss eines Eichhörnchens

In Kürze

Eichhörnchen verbringen ihr gesamtes Leben auf Bäumen. Daran ist ihr Körper bestens angepasst. Die Jungen kommen im Kobel zur Welt. Sie sind Nesthocker. Eichhörnchen gehören zu den Nagetieren. Die großen Nagezähne wachsen ständig nach. Die kalte Jahreszeit überdauern sie in Winterruhe.

Aufgaben

1. Begründe, weshalb es für Eichhörnchen, die in Gefangenschaft gehalten werden, lebensbedrohend ist, wenn sie nur weiches Futter bekommen.
2. »Squirrel« ist die englische Bezeichnung für Eichhörnchen. Im Englischen bedeutet *to squirrel away* »auf die hohe Kante legen«. Suche nach einer Erklärung für diese Redewendung.
3. Biber, Hamster, Mäuse und Ratten gehören wie die Eichhörnchen zu den Nagetieren. Nenne mögliche Gemeinsamkeiten dieser Tiergruppe.

Exkurs Hartes zu öffnen will gelernt sein

Junge Eichhörnchen müssen erst lernen, wie sie die harte Schale einer Nuss knacken. Dies kann man gut erkennen, wenn man mehrere geöffnete Schalen miteinander vergleicht. Junge Eichhörnchen hinterlassen Nagespuren, die kreuz und quer auf der Schale verlaufen. Sie brauchen bis zu 15 Minuten, um die Nuss zu öffnen. Bei erfahrenen Tieren dauert es kaum eine Minute. Sie wissen genau, wo sie nagen müssen, um die Schale rasch zu öffnen.

Methode

Informationen im Internet beschaffen

Im Internet kannst du zu vielen Themen schnell und bequem eine Fülle an Informationen und Materialien finden. Aber nicht alle Informationen, die dort angeboten werden, sind wahr oder hilfreich. Du solltest sie deshalb sorgfältig prüfen. Wenn du zum Beispiel mehr über die Überwinterungsstrategien von Eichhörnchen oder von anderen Säugetieren herausfinden möchtest, kannst du bei deiner Recherche wie folgt vorgehen:

1 Suchmaschine für Schüler: Die Blinde Kuh

1 Problemstellung Zu Beginn jeder Recherche muss immer eine genau formulierte Aufgabe oder Frage stehen. Überlege genau, was du eigentlich wissen willst, zum Beispiel: *Wie überleben Tiere den Winter?*

2 Suche Am einfachsten ist die Suche mit Hilfe einer Suchmaschine. Die bekanntesten Suchmaschinen sind »Google«, »Fireball« oder »Lycos«. Es gibt auch Suchmaschinen speziell für Schüler und Jugendliche, zum Beispiel »Die Blinde Kuh«, »Helles Köpfchen«, »fragFINN« oder »ecosia«.
Du kannst auch bei Institutionen, wie dem »Bund Naturschutz« oder »NABU« suchen. Eine Liste aller Suchmaschinen findest du über »Google«.

3 Suche eingrenzen Bei der ersten Sucheingabe stellst du fest, dass dir die gewählte Suchmaschine eine unüberschaubar große Menge von Treffern liefert. Um sie alle zu lesen, bräuchtest du vermutlich mehrere Tage oder noch länger. Je mehr Wörter du als Suchbegriffe eingibst, desto größer ist die Trefferzahl. Deshalb musst du deine Suchfrage. Du musst sie vereinfachen. Zum Beispiel könntest du *»Säugetiere im Winter«* eingeben.
Noch genauer wird es, wenn du nur nach einem bestimmten Tier fragst, zum Beispiel *»Eichhörnchen im Winter«*. Du kannst deine Suche auch durch Eingabe von »+« präzisieren: *»Eichhörnchen+Winter«*.

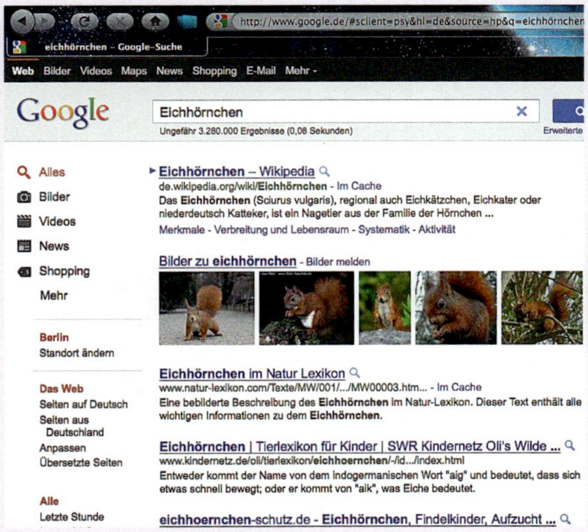

2 Internetsuche mit Google

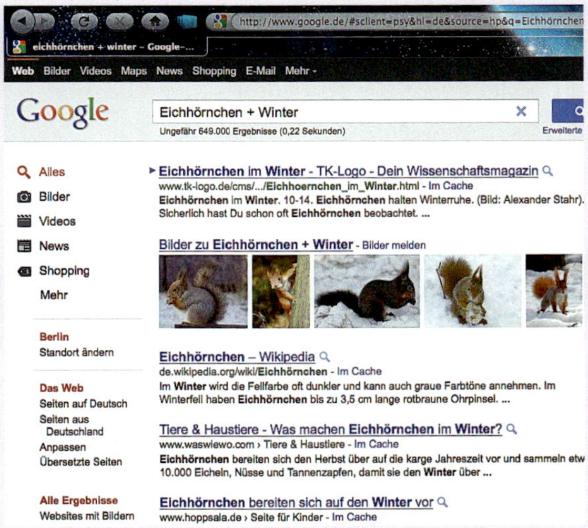

3 Genaue Suchbegriffe verfeinern die Suche.

4 Bildersuche Unter der Rubrik »Bilder« kannst du mit Hilfe von Google gezielt Bilder suchen. Dazu gibst du im Suchfeld den entsprechenden Begriff ein. Markiere das gewünschte Bild durch einen Klick mit der rechten Maustaste. Du kannst die Bilder zum Beispiel in einem Ordner speichern oder direkt in den Text kopieren. Suchst du die Bilder unter *»www.flickr.com«*, dann siehst du gleich, ob du sie herunterladen und verwenden darfst.

4 Bildersuche bei Flickr

5 Ergebnisse ansehen und bewerten
Um die gefundenen Materialien auf ihre Verwendbarkeit hin zu überprüfen, musst du dir folgende Fragen stellen:

- Helfen mir die angebotenen Texte, Tabellen oder Bilder, die gestellte Frage zu beantworten oder die Aufgabe zu lösen?
- Sind die gefundenen Informationen richtig? Das kannst du feststellen, indem du sie mit anderen Quellen vergleichst.
- Kann man zum Beispiel in einem »Forum« auch Fragen an Experten richten?
- Welche Links liefern zusätzliche Informationen oder helfen weiter?
- Welche Informationen kann ich übernehmen?

Besonders interessante Textstellen kannst du farbig markieren, um sie später schnell zu finden.

6 Auswerten Fasse nun die ausgewählten Textstellen zur Beantwortung der gestellten Frage mit eigenen Worten zusammen. Durch Ausdrucken der im Internet gefundenen Bilder kannst du deine Aussagen ergänzen und Zusammenhänge verdeutlichen. Achte aber stets darauf, dass du nur solche Bilder anklickst, die ausdrücklich zum Herunterladen freigegeben sind.

7 Zitieren und Quellenangabe Bei umfangreicheren Antworten ist es manchmal besser, die eigenen Aussagen durch wörtliche Zitate zu ergänzen. In diesem Fall musst du die Textstelle in Anführungszeichen setzen und unbedingt die Internetquelle angeben, in der du dieses Zitat oder die Textstelle gefunden hast. Außerdem musst du das Datum nennen, an dem du den Text heruntergeladen hast. Die Quellenangabe beginnt mit dem Namen und Vornamen des Verfassers sowie dem Titel des Artikels. Allgemein sieht die Quellenangabe so aus: *Name, Vorname: Titel. URL (Datum des Zugriffs)* URL beginnt immer mit: http://www.... Auch die Bildquellen musst du in dieser Form angeben.

Aufgaben

1 Beschaffe dir Informationen aus dem Internet zu der Frage »Wie überstehen Tiere den Winter?«. Stelle die Ergebnisse in Form eines Plakats dar.

2 Du sollst herausfinden, ob es giftige Säugetiere gibt. Beschreibe, wie du vorgehst, um dazu im Internet zu recherchieren.

3 Wenn du bei einer Suchmaschine den Begriff »Kiefer« eingibst, erhältst du hauptsächlich Informationen über einen heimischen Nadelbaum. Du möchtest dich aber über den Begriff »Kiefer« informieren, den dein Zahnarzt meint. Wie recherchierst du im Internet, damit du möglichst genaue Informationen darüber erhältst? Beschreibe den Vorgang.

Der Maulwurf

In den Gärten, Parks oder auf Wiesen hast du sicherlich schon einmal kleine Erdhügel gesehen. Sie verraten dir, dass hier ein Maulwurf seinen unterirdischen Bau gegraben hat.

Körperbau des Maulwurfs

Der Maulwurf ist an das Leben in der Erde gut angepasst. Sein Körper ist etwa 15 Zentimeter lang und walzenförmig. Der Kopf endet mit einer nach vorn verlängerten Nase. Der Körper ist mit einem schwarzen, samtartigen Fell bedeckt, das ihn warm hält und vor Kälte schützt. Das Fell hat keine Strichrichtung, sodass sich die dicht stehenden Haare in jede Richtung legen können. So kann sich der Maulwurf in seinen Gängen problemlos vorwärts und rückwärts fortbewegen.

Hände zum Graben

Besonders auffällig sind seine Vorderbeine, die zu kräftigen *Grabhänden* umgebildet sind. Die Handflächen werden durch einen zusätzlichen Fingerknochen, dem *Sichelbein,* noch vergrößert. Alle Finger haben scharfe Krallen und sind durch Häute miteinander verbunden. So entsteht – ähnlich wie eine Baggerschaufel – eine große Grabhand.

2 Maulwurf

1 Wiese mit Maulwurfshügeln

Ein Leben in der Erde

Der unterirdische Bau eines Maulwurfs ist ein weit verzweigtes Gangsystem, das bis zu 60 Zentimeter tief unter der Erde liegen kann. Es dient als Wohnraum und Jagdrevier. Im Mittelpunkt befindet sich der *Wohnkessel,* der mit Gras, Moos und anderen Pflanzenteilen ausgepolstert ist. Er dient als Ruheort. Um den Wohnkessel herum verläuft ein Rundgang, von dem die verschiedenen Laufgänge zum Jagdrevier führen. *Vorratskammern* und eine *Tränke* gibt es ebenfalls. Maulwürfe sind Einzelgänger.

Nur über der Erde ist er eine leichte Beute für Greifvögel, Marder und Katzen.

Jagd und Ernährung

Bei regelmäßigen Kontrollgängen durchstreift der Maulwurf alle drei bis vier Stunden seine *Jagdgänge.* Dort erbeutet er die eingedrunge-

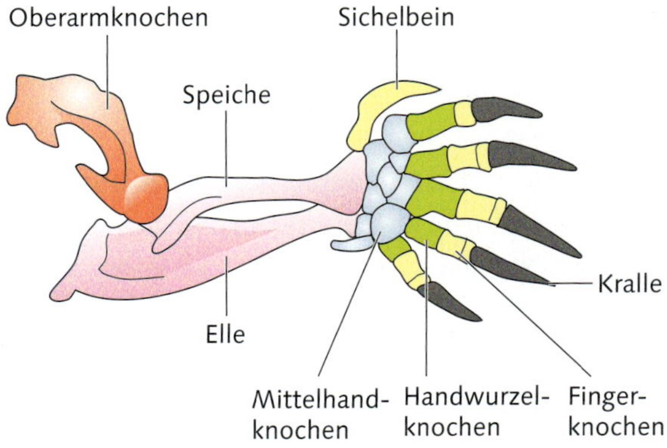

3 Grabbein des Maulwurfs

nen Tiere wie Insektenlarven, Regenwürmer, Käfer, Asseln und Spinnen. Auch junge Mäuse vertilgt er gern. Er hat ein typisches *Insektenfressergebiss.* Dieses erkennt man an den nadelspitzen Zähnen. Mit diesen Zähnen knackt er die Panzer von Insekten. Regenwürmer lähmt er mit einem Biss, sodass sie noch leben, aber sich nicht mehr in der Erde vergraben können. Er lagert sie in seiner Vorratskammer. Maulwürfe halten keinen Winterschlaf.

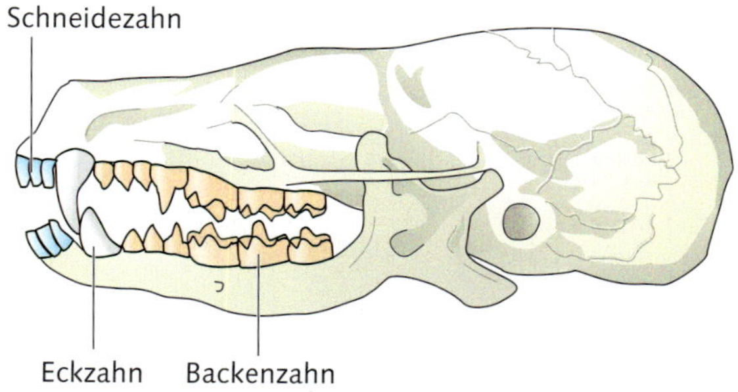

4 Schädelskelett des Maulwurfs

Sinnesleistungen

Der Maulwurf nimmt den Geruch der Beutetiere durch den Boden hindurch wahr. Obwohl ihm die Ohrmuscheln fehlen und die Ohröffnungen vom Fell bedeckt sind, hört er selbst die leisesten Geräusche. Sein Tastsinn ist besonders gut ausgeprägt. Er hat zum Tasten eine *Rüsselscheibe* an der Spitze seiner Nase. Zusammen mit den zahlreichen *Tasthaaren* an Kopf und Händen spürt er die geringsten Erschütterungen. Die stecknadelkopfgroßen Augen liegen geschützt im Fell verborgen. Er kann nur schlecht sehen.

Fortpflanzung

Während der Paarungs- und Aufzuchtzeit leben Maulwürfe paarweise in einem Bau. Im Frühsommer bringt das Weibchen drei bis sechs nackte und blinde Junge zur Welt. Sie werden etwa fünf Wochen gesäugt. Nach acht Wochen suchen sie sich als Einzelgänger ein eigenes Revier.

In Kürze

Maulwürfe haben ein Insektenfressergebiss. Sie leben in unterirdischen Gangsystemen. Durch ihren walzenförmigen Körper, die Grabhände, das Fell ohne Strich und den feinen Geruchs- und Tastsinn sind sie sehr gut an das Leben in der Erde angepasst.

Aufgaben

1 Nenne Merkmale des Maulwurfs, die seine Angepasstheit an seine Lebensweise aufzeigen.
2 Notiere die einzelnen Bereiche des Gangsystems mit der jeweiligen Funktion.
3 Beschreibe, wie ein Maulwurfshügel entsteht.

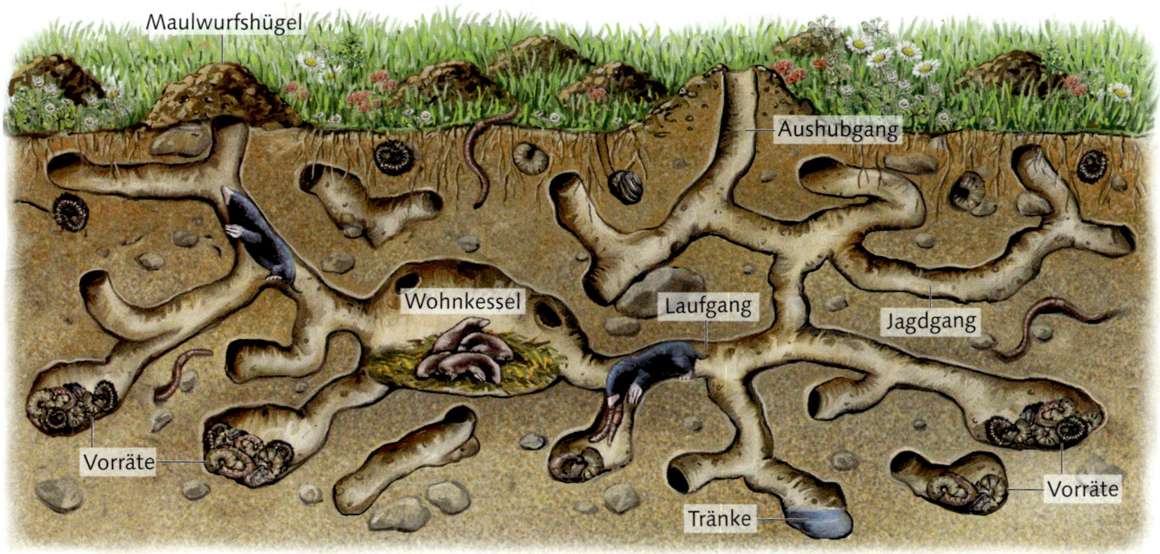

5 Gangsystem eines Maulwurfs

Fledermäuse

1 Fledermaus im Flug

Die Frage, ob Fledermäuse tatsächlich Menschenblut saugen, beschäftigt viele Menschen. In Wirklichkeit gibt es nur drei blutsaugende Fledermausarten. Sie leben in Mittel- und Südamerika und sind für den Menschen ungefährlich. Bei uns sind zum Beispiel das Große Mausohr und die Zwergfledermaus heimisch.

Fell und Flügel

Der Rumpf von Fledermäusen ist mit einem kurzhaarigen Fell bedeckt. Ihre Vordergliedmaßen sind zu Flügeln umgebildet. Zwischen den stark verlängerten Mittelhand- und Fingerknochen sowie zwischen Arm-, Bein- und Schwanzskelett ist eine durchblutete *Flughaut* gespannt. Nur die Daumen und die Füße schauen aus der Haut hervor. Sie dienen dem Tier zum Festhalten, Kriechen und Klettern. Fledermäuse besitzen ein *Insektenfressergebiss* und ernähren sich von Mücken, Fliegen, Käfern und Nachtfaltern, die sie auf ihren nächtlichen Jagdflügen erbeuten.

Mit den Ohren »sehen«

Fledermäuse sind nachtaktive Tiere, die aber bereits in der Dämmerung mit der Jagd beginnen. Mit ihren kleinen Augen können sie nur schlecht sehen, trotzdem finden sie in der Dunkelheit ihre Beute und können Hindernissen ausweichen. Wie gelingt ihnen das? Während des Fluges stoßen die Fledermäuse in kurzen Abständen hohe Töne aus, die für uns

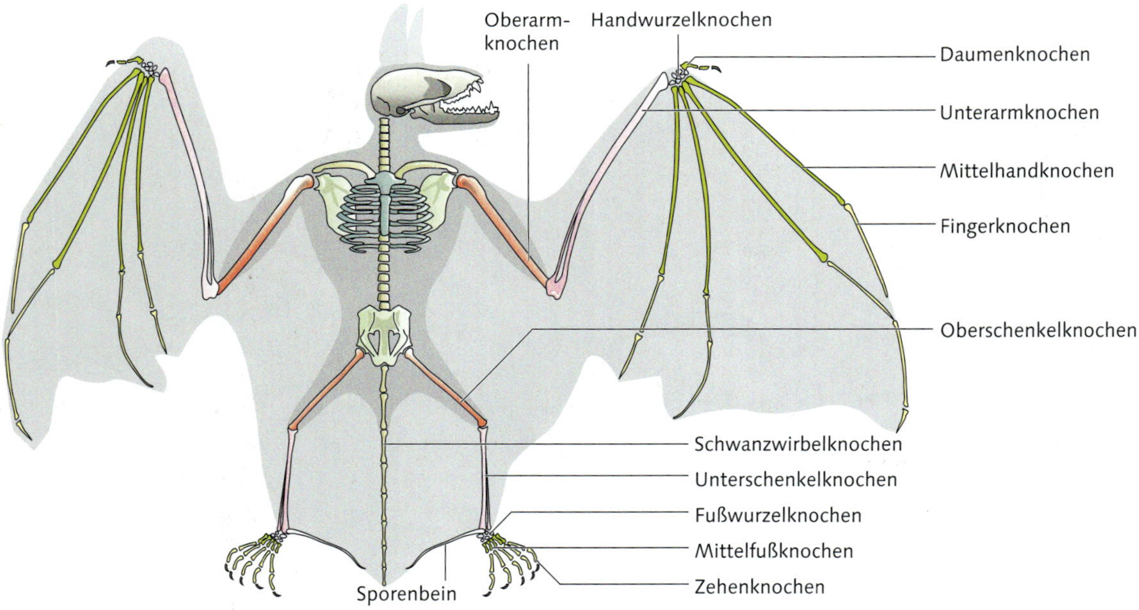

2 Skelett einer Fledermaus

nur mit technischen Mitteln hörbar sind. Solche hohen Töne nennt man *Ultraschall*. Trifft dieser Ultraschall auf ein Hindernis oder Beutetier, so wird er als Echo zurückgeworfen und von den großen Ohren der Fledermäuse aufgefangen. Anhand der Richtung und Stärke des Echos erkennen die Fledermäuse, wo und wie weit entfernt ein Gegenstand ist, welche Größe er hat und wie er sich bewegt. Sie nehmen ihre Umwelt als »Hörbild« wahr und passen ihr Flugverhalten daran an. Diese Art der Orientierung nennt man *Echopeilung*.

Fortpflanzung

Im Frühjahr bringt das Fledermausweibchen ein Junges zur Welt. Die Muttertiere bilden größere Gemeinschaften. Die Jungtiere sind noch nackt und blind. Sie klammern sich am Fell der Mutter fest und werden in den ersten Wochen gesäugt. Fledermäuse gehören zu den *Säugetieren*. Nach sieben Wochen können sich die Jungtiere selbst versorgen.

Fledermäuse in Gefahr

Die meisten Fledermäuse schlafen tagsüber in dunklen Verstecken. Man findet sie in Höhlen, unter Dachziegeln, in Türmen und auf Dachböden oder auch in hohlen Bäumen. Mit ihren Füßen krallen sie sich fest und hängen dort ruhend mit dem Kopf nach unten. Um den Winter zu überstehen, halten Fledermäuse in Höhlen *Winterschlaf*. Dort bilden sie große Kolonien und wärmen sich gegenseitig. Da geeignete Unterschlupfmöglichkeiten immer mehr verschwinden und ihre Beutetiere mit Giften bekämpft werden, ist ihr Bestand stark gefährdet. Deshalb stehen sie unter Naturschutz.

In Kürze

Fledermäuse sind die einzigen Säugetiere, die aktiv fliegen können. Sie sind Insektenfresser und jagen nachts ihre Beute. Im Dunkeln orientieren sie sich durch Echopeilung.

Aufgaben

1 Nenne die besonderen Angepasstheiten der Fledermaus an ihren Lebensraum.

2 Vergleiche den Flügel einer Fledermaus mit deinem Arm. Notiere Unterschiede und Gemeinsamkeiten.

3 Beschreibe, wie sich Fledermäuse in der Dunkelheit orientieren.

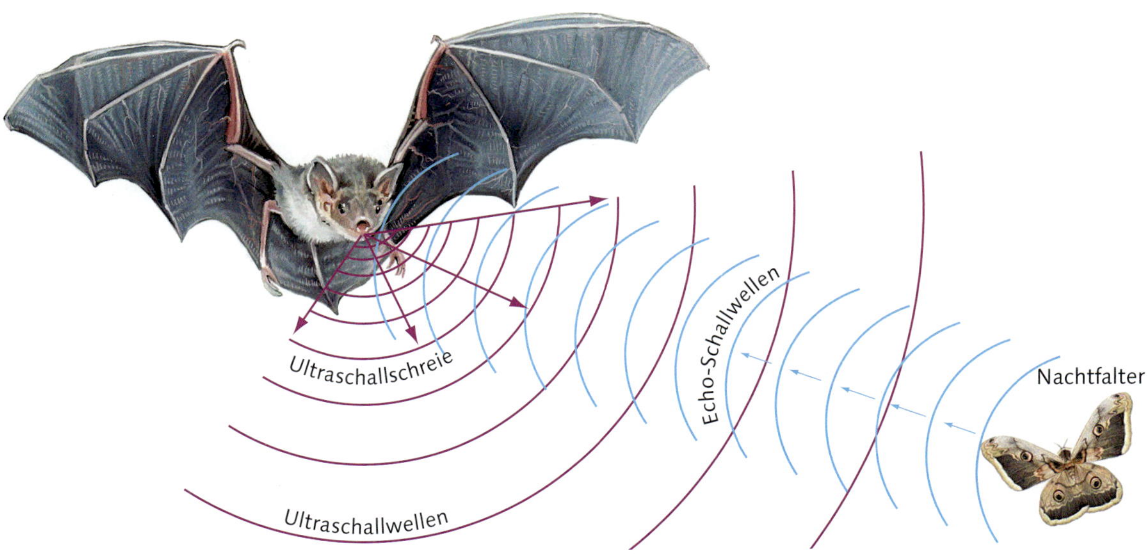

3 Mithilfe der Echopeilung ortet die Fledermaus bei Dunkelheit die Beute.

Aufgaben

Zur Ernährung von Säugetieren

1 Gebiss und Ernährung

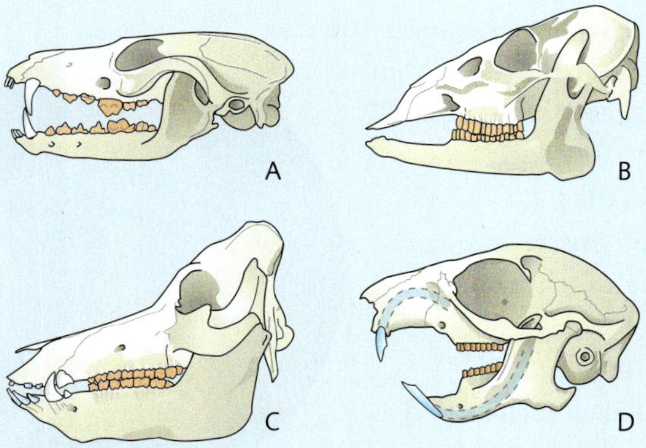

1 Verschiedene Gebisstypen

Wovon sich Säugetiere hauptsächlich ernähren, erkennt man besonders gut an ihrem Gebiss.

a Die oben abgebildeten vier Gebisstypen kann man in drei große Gruppen einteilen. Mit den drei Bezeichnungen wird ausgedrückt, wovon sich diese Tiere hauptsächlich ernähren. Benenne die drei Gebisstypen. Welche Ziffer gehört zu welchem Gebisstyp?

b Anhand von Gebissen kann man auch etwas über die Lebensweise der Tiere aussagen. Ordne die folgenden Aussagen über die Tiere dem jeweiligen Gebiss zu:

- Der Rehbock frisst zum Beispiel Blätter, Eicheln, Gräser sowie Knospen und Triebe von Sträuchern.
- Der Biber ernährt sich ausschließlich von Pflanzen aus dem Uferbereich sowie von Feldfrüchten.
- Auf dem Speiseplan des Igels stehen alle Arten von Insekten. Aber auch über Regenwürmer, Schnecken, Kröten und Schlangen macht er sich her.
- Der Baummarder jagt Waldvögel und kleinere Säugetiere, vor allem Eichhörnchen. Auch Früchte frisst er.

2 Was Knochen alles verraten

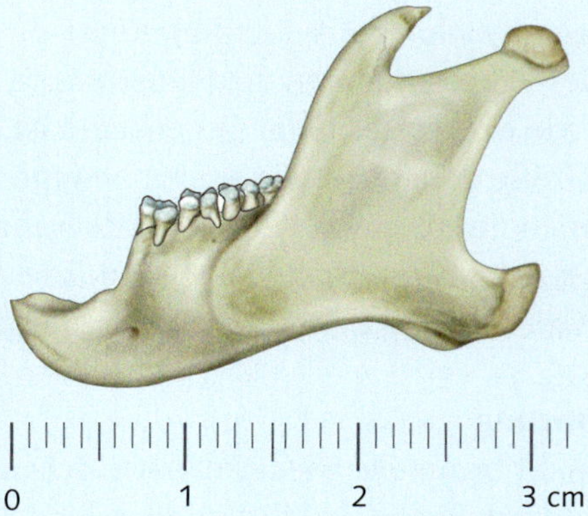

2 Zu welchem Tier gehört der Knochen?

Den oben abgebildeten Knochen hast du im Wald gefunden.

a Um welchen Knochen des Schädels handelt es sich bei deinem Fund? Begründe deine Antwort.

b Was kannst du ganz allgemein über das Tier aussagen, zu dem dieser Knochen gehörte? Stelle Vermutungen an.

c Um welches Waldtier könnte es sich dabei gehandelt haben? Begründe deine Vermutung.

d Informiere dich im Schulbuch über dieses Tier. Berichte kurz über seine Lebensweise und seine Ernährung. Von wem könnte das Tier gefressen worden sein? Begründe deine Vermutung.

e Sieh dir die Zähne in Bild 3 unten an. Stelle Vermutungen an, welcher dieser Zähne in Bild 3 fehlt.

f Beschreibe, wozu dieser Zahn dient.

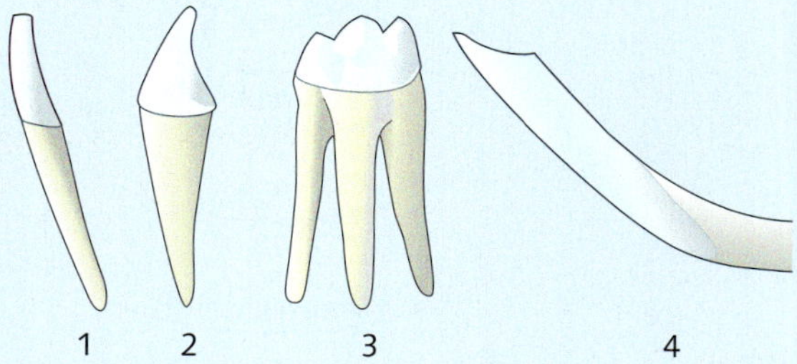

3 Welcher Zahn gehört dem Tier?

3 Ernährung und Darmlänge

Säugetiere fressen außer Holz, je nach ihrer Art, alle pflanzlichen und tierischen Stoffe. Pflanzliche Nahrung ist schwerer zu verdauen als tierische. Sie muss daher länger im Darm der Pflanzenfresser verbleiben als die fleischliche Nahrung im Darm der Fleischfresser. Somit kann man einen Zusammenhang zwischen Darmlänge und der Hauptnahrung eines Tieres herstellen.

a Ordne den Tieren in Bild 5 die jeweils richtige Darmlänge zu. Begründe deine Zuordnung.

b Stelle deine Zuordnung mit Hilfe eines Säulendiagramms dar. Übernimm dazu die Vorlage.

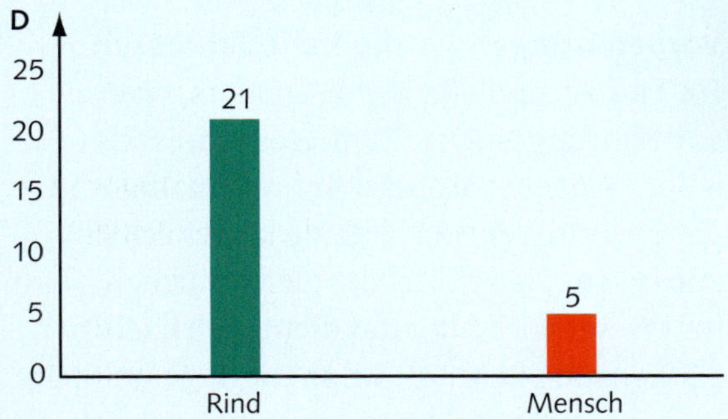

4 Verhältnis Körperlänge zu Darmlänge

c Werte das Säulendiagramm aus. Formuliere einen Merksatz, der den Zusammenhang zwischen der Nahrung und der Darmlänge eines Tieres beschreibt.

d Es ist nicht ganz einfach, den Menschen eindeutig als Fleisch-, Alles- oder Pflanzenfresser einzuordnen. Wo steht er deiner Meinung nach genau? Begründe.

e Berechne die Darmlänge der Lebewesen.

4 Ernährung und Lebensweise

6 Der Koalabär

7 Das Faultier

Die Koalabären in Australien ernähren sich fast nur von jungen Eukalyptusblättern. Diese enthalten äußerst wenig Nährstoffe.

a Koalas bewegen sich sehr wenig und wenn, dann nur sehr langsam. Suche nach einer Erklärung.

b Stelle Vermutungen an, weshalb sich Faultiere kaum bewegen. Begründe, weshalb der Name »Faultier« nicht ganz zutreffend ist.

Werte für D
27 mal Körperlänge
14 mal Körperlänge
6 mal Körperlänge
4 mal Körperlänge

5 Darmlängen verschiedener Lebewesen

Das Igeljahr

Es ist Nacht. Im Garten sucht ein Igel nach Nahrung. Neben Insekten ernährt er sich auch von Schnecken, Spinnen, Regenwürmern und selten von Obst. Igel sind nachtaktive Einzelgänger. Sie leben in Gärten, Parks oder an Waldrändern. Tagsüber schlafen Igel in einem Nest aus trockenem Laub.

1 Igel auf Futtersuche

Durch Stacheln geschützt

Der Rücken des Igels ist vom Kopf bis zum Schwanz mit mehreren Tausend Stacheln bedeckt. Der Igel kann vor Feinden mit seinen kurzen Beinen nicht fliehen. Deshalb richtet er bei Gefahr die Stacheln auf und rollt sich zu einer Stachelkugel ein. Die meisten Angreifer können sie nicht durchdringen.

Im Sommer ist Paarungszeit

Im Juni wandern die Igelmännchen umher und kämpfen gegeneinander um ein Weibchen. Nach der Begattung bauen die Igelweibchen ein geschütztes Nest unter Laubhaufen. Dort bringen sie im August fünf bis sieben Junge zur Welt. Igel gehören zu den Säugetieren. Die Jungen werden nach der Geburt sechs bis sieben Wochen von der Mutter gesäugt. Ihre Augen öffnen sich nach drei Wochen. Igeljunge sind Nesthocker. Nach etwa sieben Wochen können sie sich selbst versorgen.

Vorbereitungen für die kalte Jahreszeit

Im Herbst sind alle Igel besonders intensiv auf Nahrungssuche. Zu dieser Jahreszeit ist das Angebot an Insekten reichhaltig und die Igel müssen sich eine dicke Fettschicht anfressen. Sie schützt die gleichwarmen Tiere im Winter vor Kälte und dient gleichzeitig als Nahrungsreserve. Wenn die Tage im Spätherbst kürzer und kälter werden, baut sich jeder Igel ein trockenes, vor Nässe und Kälte geschütztes Nest. Geeignete Plätze finden sie in dichtem Gebüsch, Laub- oder Komposthaufen. Deshalb sollten Holzhaufen vor dem Abbrennen erst umgeschichtet werden. Oft überwintern Igel auch in verlassenen Kaninchenbauten.

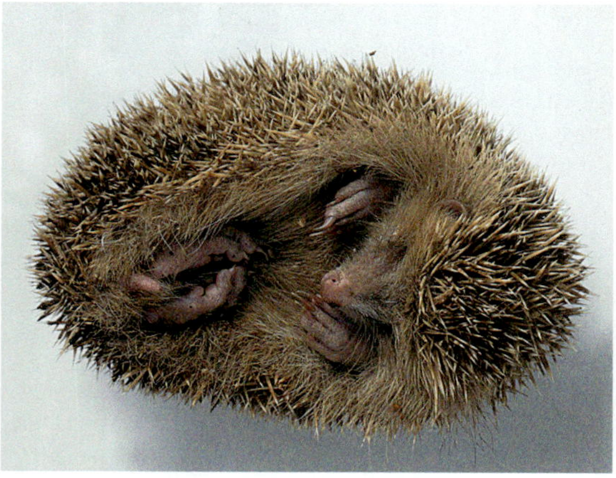

2 Eingerollter Igel von unten

3 Igelmutter mit Jungtieren

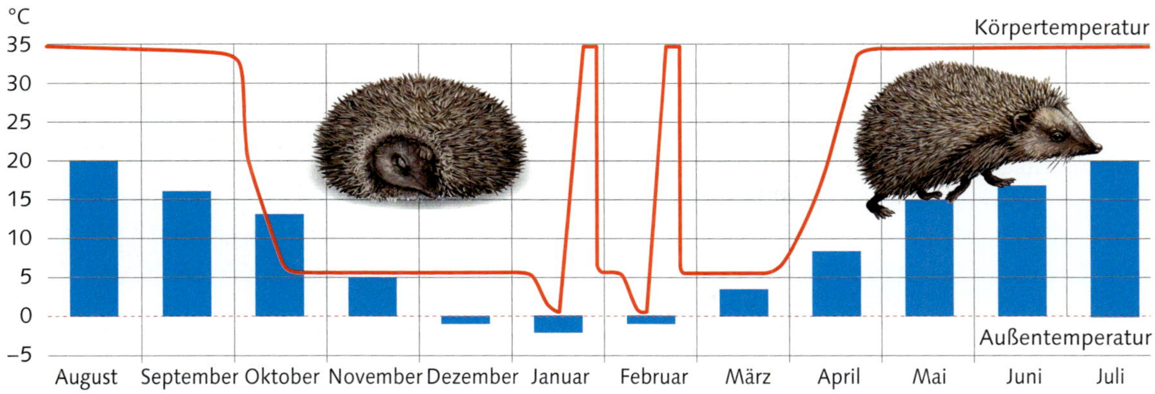

4 Körpertemperatur des Igels im Jahresverlauf

Igel im Winter

Wenn die Temperatur im November häufig unter 10 °C fällt, rollt sich der Igel in seinem Nest zu einer Kugel zusammen. So verbringt er die Zeit bis zum nächsten März im *Winterschlaf*. Dabei sinkt seine Körpertemperatur auf ungefähr 5 °C ab. Auch die Anzahl der Herzschläge vermindert sich von 200 auf zwei bis zwölf Schläge pro Minute. Er atmet nur noch sehr wenig. So spart der Igel Energie. Während des Winterschlafs erhält er die benötigte Energie aus einem Fettdepot unter den Stacheln am Rücken. Dieses weiße Fett dient nicht nur als Nahrungsreserve, sondern schützt auch vor Kälte.

Erwachen im Winter

Manchmal erwachen Igel für kurze Zeit aus dem Winterschlaf. Dann benötigt der Igelkörper besonders viel Energie. Diese liefert ihm ein spezielles braunes Fett, das zwischen den Schultern und am Hals eingelagert ist. Das Wachwerden schützt den Igel vor dem Erfrieren, da die Körpertemperatur kurzzeitig wieder auf 35 °C erhöht wird.

Erwachen im Frühling

Wenn die Igel zwischen März und April aus ihrem Winterschlaf erwachen, haben sie etwa ein Drittel ihres Körpergewichts verloren. Dann finden sie jedoch reichlich Nahrung, um ihre Energiereserven wieder aufzufüllen. Sobald ein Igel aufwacht, erhöhen sich Körpertemperatur, Herzschlag und Atmung.

Gefährdung des Igels

Viele Igel werden jedes Jahr von Autos überfahren, während sie auf der Suche nach Nahrung über eine Straße laufen. Da sie sich vor Angreifern zusammenrollen und nicht fliehen, stellen Autos eine besondere Gefahr dar.

Igel finden in unseren aufgeräumten, laubfreien Gärten oft keine Schlafmöglichkeiten mehr. Ebenso fehlen ihnen die Hecken zwischen den Äckern und Wiesen.

Durch den Einsatz von Giften zur Schädlingsbekämpfung wird die Nahrung der Igel vergiftet.

In Kürze

Igel fressen vor allem Insekten. Ihre Stacheln schützen sie vor Feinden. Igel halten Winterschlaf. Dabei werden der Herzschlag und die Atmung stark heruntergesetzt. Die Jungen werden nach der Geburt sechs bis sieben Wochen gesäugt. Igel sind besonders durch Autos gefährdet.

Aufgaben

1 Werte das Diagramm in Bild 4 aus. Suche nach Gründen, warum nicht alle Igel den Winterschlaf überleben.

2 Gerade im Herbst, aber auch im Sommer liegen oft tote Igel auf den Straßen. Begründe.

3 Beschreibe einen igelfreundlichen Garten.

Schutz vor Kälte

Wir Menschen ziehen uns dicke Pullover, Jacken und Stiefel an, wenn uns kalt ist. Tiere können dies nicht. Mit den folgenden Versuchen kannst du herausfinden, welche Strategien Tiere zum Schutz vor Kälte entwickelt haben.

A Je enger desto wärmer

Material großes Becherglas, 10 Reagenzgläser, 3 Thermometer, Gummiband, Eiswasser, Wasserkocher, warmes Wasser (60 °C)

Durchführung Fülle alle Reagenzgläser mit warmem Wasser. Binde neun von ihnen mit dem Gummiband zusammen. Stelle alle Reagenzgläser in das große Becherglas. Fülle das Eiswasser in das Becherglas. Miss die Temperatur alle drei Minuten:
- in dem einzelnen Reagenzglas,
- in dem mittleren Reagenzglas,
- in einem der Randreagenzgläser.

Protokolliere deine Messergebnisse in einer Tabelle.

Auswertung
1 Erstelle ein Kurvendiagramm aus den Messergebnissen (pro Reagenzglas eine andere Farbe).
2 Erkläre das enge Zusammenstehen vieler Tiergruppen im Winter.

B Isolierung schützt vor Kälteverlust

Material 6 Bechergläser (600 ml), 6 Bechergläser (250 ml), 6 Thermometer, 6 Styropordeckel mit Loch, glatte Schnur, flauschige Wolle, Öl, Wasser, Wasserkocher

Durchführung Fülle jedes große Becherglas mit folgendem Material: Luft, kaltes Wasser, glatte Schnur, flauschige Wolle, nasse Wolle, Öl. Stelle in jedes Becherglas ein kleineres Becherglas, sodass es vom Füllmaterial gleichmäßig umgeben ist. Erwärme Wasser im Wasserkocher auf 60 °C. Verteile das heiße Wasser auf die kleinen Bechergläser. Verschließe sie mit einem Styropordeckel und stecke ein Thermometer durch das Loch. Lies die Temperatur alle drei Minuten ab, bis sich das Wasser im letzten Becherglas auf 20 °C abgekühlt hat. Protokolliere die Messergebnisse in einer Tabelle.

Auswertung
1 Erstelle ein Kurvendiagramm aus den Messergebnissen (pro Becherglas eine andere Farbe).
2 Überlege, welche Materialien sich am besten als Schutz vor Kälte eignen.
3 Übertrage das Modell auf die Wirklichkeit. Vergleiche die Füllmaterialien mit Tieren im Winter.

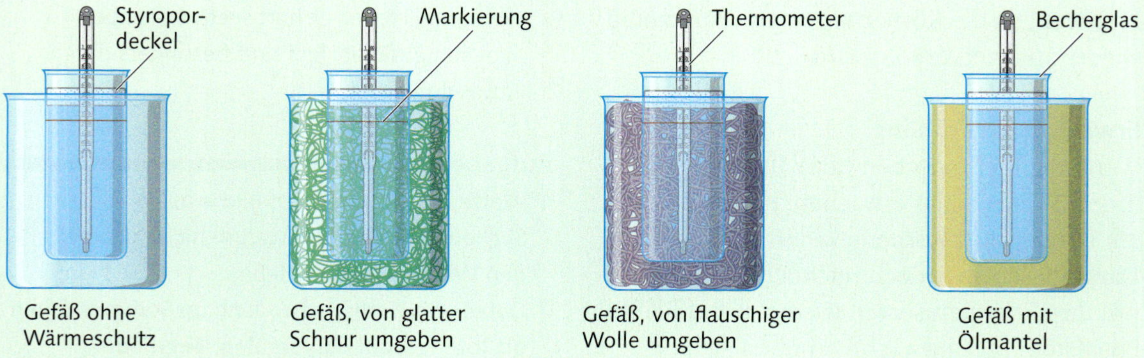

1 Modellversuch zur Wärmeisolierung

Säugetiere im Winter

1 Warmes Winterfell

Fast alle Säugetiere wechseln vor dem Winter ihr Fell. Dieses Winterfell ist besonders dicht und schützt dadurch besser vor der Kälte.

a Beschreibe die Unterschiede zwischen dem Sommerfell und dem Winterfell des Hermelins.

b Erkläre den Zusammenhang zwischen den dichten Wollhaaren und Luft als schlechtem Wärmeleiter.

c Nenne Gründe, weshalb es so wichtig ist, dass die Grannenhaare wasserabweisend sind. Erläutere.

d Nenne Gründe, die für den Farbwechsel des Hermelinfells sprechen.

2 Überwinterungsstrategien

Säugetiere überwintern auf unterschiedliche Arten. Einige sind den gesamten Winter aktiv, andere halten Winterschlaf. In den Diagrammen sind die Körpertemperatur und die Herzschläge pro Minute im Jahresverlauf für das Eichhörnchen und die Fledermaus angegeben.

a Vergleiche die Kurven von Eichhörnchen und Fledermaus miteinander.

b Ordne den beiden Tierarten jeweils eine Überwinterungsstrategie zu.

c Eichhörnchen ernähren sich von Nüssen und Samen. Fledermäuse sind Insektenfresser. Suche Zusammenhänge zwischen der Nahrung und der Überwinterungsstrategie.

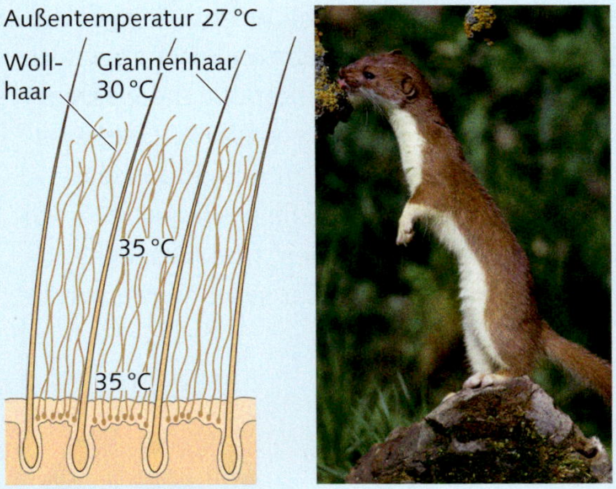

1 Hermelin im Sommerfell

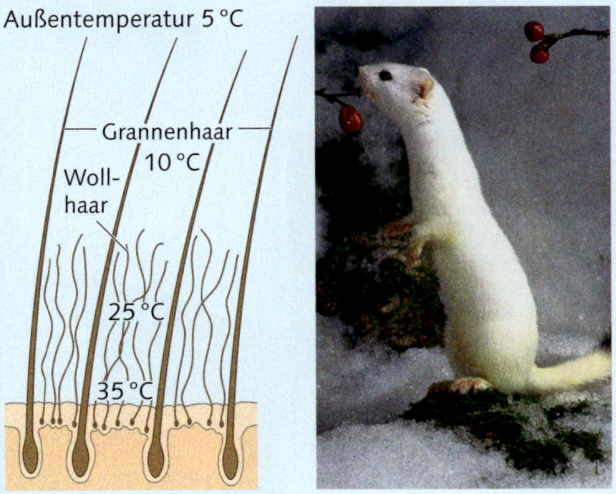

2 Hermelin im Winterfell

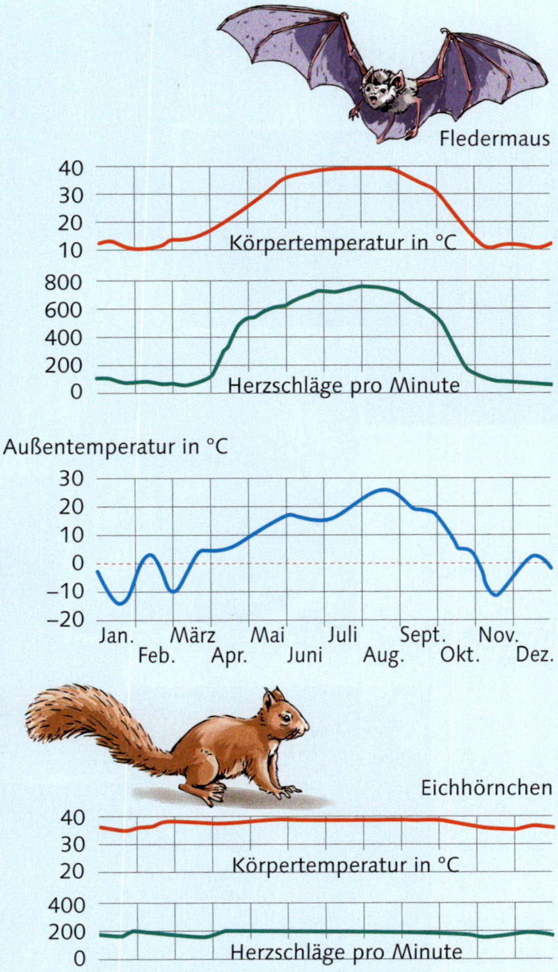

3 Körpertemperatur und Herzschläge von Eichhörnchen und Fledermaus im Jahresverlauf

Exkurs

Schutz bedrohter Säugetiere

In der Roten Liste sind alle gefährdeten Tierarten aufgeführt. Sie soll zum Beispiel Politikern Entscheidungshilfen für die Aufstellung von Artenschutzprogrammen liefern. Von unseren 93 heimischen Säugetierarten ist rund die Hälfte gefährdet. Viele sind sogar vom Aussterben bedroht. Bedrohte Tierarten wie Fischotter, Fledermaus, Wildkatze oder Wolf stehen unter Naturschutz. Doch auch ihre Lebensräume müssen bewahrt werden, damit sie überleben können. Dazu werden vielfach Naturschutzgebiete eingerichtet.

1 Die Rote Liste gibt Auskunft über gefährdete Tier- und Pflanzenarten.

Der Feldhamster – Meister der Vorratshaltung

Der Feldhamster ist in Europa stark gefährdet. Sein Lebensraum sind fruchtbare Felder. Durch die moderne Erntetechnik wird dieser Lebensraum jedoch mehr und mehr zerstört. Die Erntemaschinen hinterlassen die Felder komplett leer geräumt, sodass der Feldhamster keinen Schutz vor Feinden findet. Da kaum Körner zurückbleiben oder schnell wieder untergepflügt werden, findet er nicht ausreichend Nahrung für seine Wintervorräte.

2 Bedrohte Säugetiere:
- **A** Fischotter
- **B** Fledermaus
- **C** Wildkatze
- **D** Wolf
- **E** Feldhamster
- **F** Biber
- **G** Luchs

Der Biber – unser größtes Nagetier
Der Biber lebt in Feuchtgebieten, an Bächen und Flüssen. Biber bauen Dämme und Burgen aus Bäumen, die sie mit ihren ständig nachwachsenden Nagezähnen fällen. So tragen sie zur Gewässerreinigung und zum Hochwasserschutz bei. Wegen ihres besonders dichten Fells und ihres schmackhaften Fleischs wurden sie in Deutschland so stark bejagt, dass sie ausstarben. Außerdem hat der Mensch ihren Lebensraum durch Flussbegradigungen und den Bau von Straßen zerstört. Seit einigen Jahren werden Biber aus nördlichen Ländern wieder erfolgreich bei uns angesiedelt.

Der Luchs – unsere größte Raubkatze
Den Luchs erkennt man an dem beige bis rotbraun getupften Fell und den charakteristischen Pinseln auf den Ohren. In Deutschland war der Luchs ausgerottet. Ursache hierfür war die Verfolgung durch den Menschen. Wegen seines Fells und auch aus Angst wurde er unerbittlich gejagt. In einigen Mittelgebirgen Deutschlands hat man den Luchs inzwischen wieder angesiedelt. Der Luchs jagt nachts Rehe, Füchse, Kaninchen und Vögel. Für den Menschen stellt er keine Gefahr dar.

Bedrohung durch den Menschen
Die größte Bedrohung unserer Säugetierarten geht von uns Menschen aus, indem wir ihre Lebensräume zerstören. So werden durch Flussbegradigungen wichtige Überschwemmungsgebiete in Flussnähe beseitigt. Der Verlust dieser Auenlandschaften zerstört den Lebensraum vieler Tiere. Sie finden an den verbleibenden Flussufern kaum Nahrung, Schutz und Unterschlupf.

Die moderne Landwirtschaft gefährdet die Tiere durch Überdüngung, Gifte, Maschinen und einseitige, großflächige Bewirtschaftung. Auf Straßen und an Gleisen besteht die Gefahr, überfahren zu werden.

Nicht wenige Menschen haben Angst vor wilden Raubtieren. Allein aus diesem Grund wurden viele Arten gejagt.

3 Nationalpark Eifel

Schutzmaßnahmen
Naturschutzverbände, wie der NABU und der WWF, helfen den bedrohten Tierarten, indem sie viele Aktionen organisieren und durchführen. Sie werden dabei von der Politik unterstützt. Zu diesen Schutzmaßnahmen zählen Wiederansiedlungen, wie zum Beispiel bei Luchs und Biber. Inzwischen gibt es sehr viele Artenschutzgesetze, die von den Bürgern und der Wirtschaft beachtet werden müssen. In Wäldern werden häufig schwer zugängliche Bereiche sich selbst überlassen, sodass naturnahe Waldgebiete entstehen. Entlang von Autobahnen werden Zäune errichtet, sodass die wandernden Tiere nicht auf die Straßen laufen können.

NABU

Schutzgebiete
Die Flächen der Naturschutzgebiete wurden in den letzten Jahren immer weiter ausgedehnt. Dabei handelt es sich um Bereiche, in denen der Lebensraum von Pflanzen und Tieren besonders geschützt werden muss. Hier können Pflanzen und Tiere ohne Gefährdung durch den Menschen leben. Neben sehr vielen kleinen oder größeren Natur- und Landschaftsschutzgebieten in jeder Stadt gibt es auch sehr große Schutzgebiete, die Nationalparks. Der Nationalpark Eifel ist der größte in Nordrhein-Westfalen.

Methode

Ein Plakat erstellen

Du kennst Plakate meist als Werbung für bestimmte Produkte oder Veranstaltungen. Besonders auffällig sind die großen Fotos und die klaren Überschriften. Auch im Biologieunterricht kannst du Plakate gestalten, um die Klasse über ein Thema zu informieren.

A Vorbereitung

1 **Informationen beschaffen** Suche in Fachbüchern und dem Internet nach Informationen zu deinem Thema.

2 **Texte strukturieren** Lies alle Texte gründlich und teile sie in Abschnitte ein. Ordne den Abschnitten Überschriften zu und unterstreiche wichtige Schlüsselbegriffe.

3 **Inhalte ordnen** Bringe die Abschnitte und Inhalte nach Wichtigkeit in eine sinnvolle Reihenfolge.

4 **Skizze erstellen** Fertige eine grobe Skizze des Plakats auf einem DIN-A4-Blatt an, auf dem du den Platz für deine Unterpunkte aufteilst.

B Gestaltung

1 **Überschrift** Finde eine passende Überschrift für dein Thema und schreibe sie groß und deutlich auf das Plakat.

2 **Unterpunkte** Verteile die Unterpunkte sinnvoll strukturiert unter der Überschrift. Notiere die Inhalte kurz und eindeutig darunter. Meist sind Stichpunkte übersichtlicher.

3 **Schrift** Schreibe groß und mit dicken Stiften. Achte darauf, dass sich die Farbe vom Untergrund abhebt.

4 **Fotos und Zeichnungen** Stelle viele Informationen durch aufgeklebte Fotos oder ordentliche Zeichnungen dar. Sie helfen beim Erklären, Verstehen und Behalten.

Aufgabe

1 Gestalte ein Informationsplakat zu einem Säugetier. Suche dir dazu ein Tier aus, das dich besonders interessiert, oder eins, das bedroht ist und auf der Roten Liste steht.

Der Große Panda

Körperbau
- *Familie der Großbären*
- *1,70 Meter groß*
- *100–160 Kilogramm schwer*
- *dichtes, wolliges Fell*
- *Grundfarbe weiß; Arme, Beine, Ohren und Augen schwarz*
- *Vorderpfoten mit einer Art Daumen*

Ernährung
- *Der Panda ernährt sich fast ausschließlich von Bambus.*
- *20–30 Kilogramm am Tag*
- *Er frisst meistens im Sitzen*

WWF

Fortpflanzung
- *Einzelgänger*
- *Paarungszeit: Frühling*
- *vier Monate Schwangerschaft*
- *ein bis zwei Junge*

Lebensraum
Lebt in den westlichen Bergwäldern Chinas.

Bedrohtes Säugetier
Weltweit leben ungefähr 1500 Tiere in Freiheit.
Er ist in China gesetzlich geschützt. Auch sein Lebensraum, die Bambuswälder, sind geschützt.

1 Wie gestalte ich ein Informationsplakat zum Großen Panda?

Merkmale der Säugetiere

Skelett
Kennzeichnend für das Skelett der Säugetiere ist die *Wirbelsäule*. Als Stütze durchzieht sie den gesamten Körper. Je nach der Art der Ernährung gibt es unterschiedliche Gebissarten: Fleischfressergebiss, Pflanzenfressergebiss und Allesfressergebiss.

Körperbedeckung
Alle Säugetiere haben ein *Fell* aus Haaren. Es schützt den Körper vor Wärmeverlust. Säugetiere sind *gleichwarme* Tiere. Sie haben stets eine gleichbleibend hohe Körpertemperatur. Ihr Körper wird durch eine mehr oder weniger dicke Hautschicht zusätzlich isoliert. Bei einigen Säugetieren ist das Fell zurückgebildet.

Atmung
Säugetiere atmen durch *Lungen*. Hier erfolgt der *Gasaustausch:* Das Blut nimmt beim Atmen Sauerstoff aus der Atemluft auf und gibt beim Ausatmen Kohlenstoffdioxid ab.

Fortbewegung
Die vier senkrecht stehenden Beine heben den Säugetierkörper deutlich vom Boden ab. Abhängig von der Lebensweise können Säugetiere mit ihren Gliedmaßen laufen, klettern, graben, schwimmen oder fliegen.

Fortpflanzung und Entwicklung
Fast alle Säugetiere sind *lebend gebärend*. Die Weibchen umsorgen nach der Geburt ihre Jungen und säugen sie mit Milch aus ihren *Milchdrüsen*. Sie betreiben *Brutpflege*. Eine Besonderheit stellen die *Beuteltiere* oder *Beutelsäuger* dar. Bei der Geburt sind die Jungen sehr klein und noch unterentwickelt. Sie wandern sofort in den Beutel der Mutter und saugen sich an einer ihrer Zitzen fest.

Vielfalt
Weltweit gibt es über 5000 verschiedene Säugetierarten. Ihre Größe reicht von wenigen Zentimetern bei der Etruskerspitzmaus bis zu 30 Metern beim Blauwal, dessen Junges, das Kalb, bei der Geburt über eine Tonne wiegt.

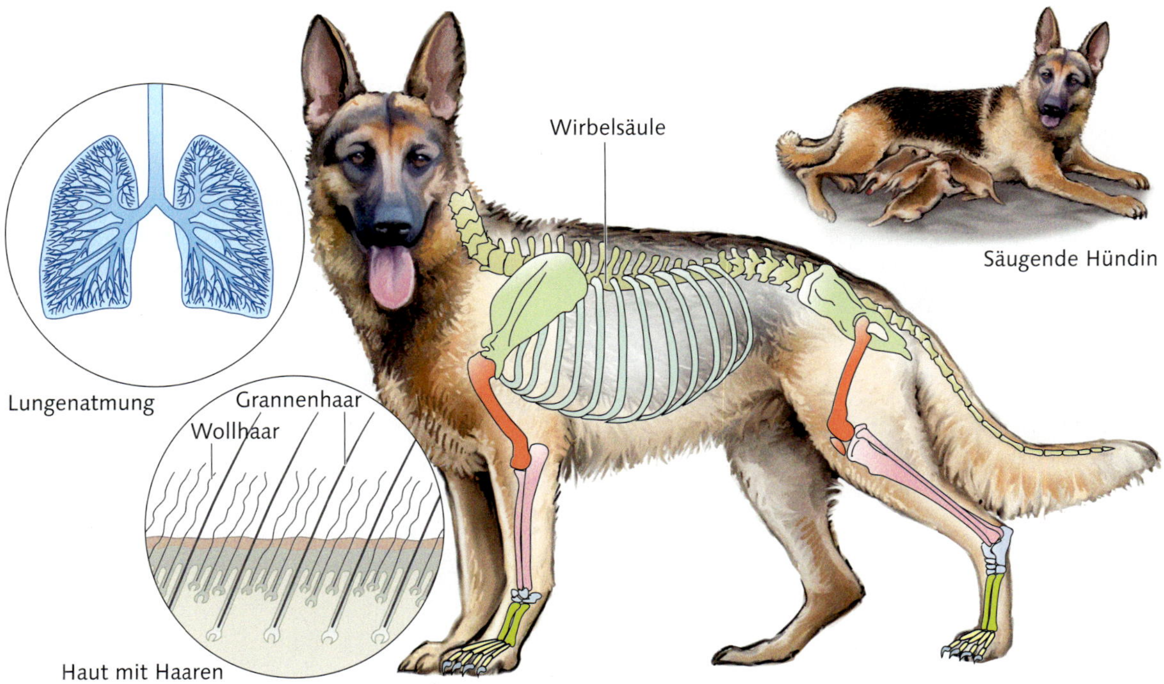

1 Merkmale der Säugetiere

Der Vogelzug

Scharen von Vögeln fliegen durch die klare Nacht. Man kann sie eher hören als sehen und ahnt: Es sind sehr viele. Die Zeit des Vogelzugs hat begonnen. Zu Tausenden verlassen die heimischen Singvögel im Spätsommer und Herbst ihre Brutgebiete. Im Winter finden sie bei uns keine Nahrung, zum Beispiel keine Insekten.

Unterschiedliches Zugverhalten

Nach ihrem Zugverhalten teilt man die Vogelarten in drei Gruppen ein. *Standvögel* bleiben ganzjährig in den Brutgebieten und verlassen sie nur selten. Als *Zugvögel* bezeichnet man Arten, die regelmäßige Wanderungen über große Strecken in den Süden durchführen. Zu den *Strichvögeln* zählt man Vögel, die keine größeren Wanderungen unternehmen, wohl aber den Landstrich wechseln. Vor allem im Winter suchen zum Beispiel Wasservögel in wärmeren Regionen nach nicht zugefrorenen Gewässern.

Erforschung des Vogelzugs

Neben der einfachen Sichtbeobachtung fangen Forscher von Vogelwarten schon seit über hundert Jahren Vögel und *beringen* sie. Die federleichten Aluminiumringe sind mit einer Nummer versehen. Sie werden um den Vogelfuß gelegt und mit einer Zange verschlossen. Die Nummer jedes Tieres wird registriert. Wer einen toten, beringten Vogel findet, wird gebeten, den Ring unter Angabe des Fundortes an die Vogelwarte zu senden. Die Auswertung vieler Funde ermöglicht es, Zugrouten verschiedener Arten herauszufinden.

1 Zugvögel vor dem Mond

Moderne Methoden der Volgelzugforscher

Größere Vögel können mit Minisendern ausgestattet werden, deren Signale von Satelliten aufgefangen werden. Mit Hilfe dieser *Satellitentelemetrie* konnten die genauen Wanderwege und -gewohnheiten erforscht werden. *Radarmessungen* ermöglichen eine Abschätzung der Anzahl der ziehenden Vögel auch in der Nacht. Außerdem geben sie Auskunft über die Flughöhe und anhand der Flugmuster auch über die Vogelarten. Diese Informationen werden auch genutzt, um Zusammenstöße mit Flugzeugen möglichst zu verhindern.

Zeit für den Abflug

Zugvögel besitzen eine angeborene »innere Uhr«, die sie zu den Zugzeiten in Unruhe versetzt. Die kürzer werdenden Tage, zurückgehende Temperaturen sowie Nahrungsmangel lösen dann den Zeitpunkt des Abflugs aus.

2 Vogel mit Minisender

Orientierung der Zugvögel

Die Richtung und die Dauer des Vogelzugs sind zu großen Teilen angeboren. Während des Flugs orientieren sich *Tagflieger* am Stand der Sonne, *Nachtflieger* an den Sternen. Das Magnetfeld der Erde können manche Vögel ebenfalls zur Navigation nutzen. Große Gebirge, Städte, Seen oder Flüsse geben den Tieren weitere Orientierungsmöglichkeiten. Fliegen die Vögel in Gruppen, so lernen die Jungvögel von den Altvögeln beispielsweise geeignete Rastplätze kennen. Andere Vögel wie der Kuckuck fliegen alleine und finden auch beim ersten Mal den Weg ins Winterquartier und zurück zu den Brutplätzen.

Nach Afrika und wieder zurück

Auf ihrem Flug in den Süden bewegen sich die Vögel auf bestimmten *Zugrouten,* die nicht immer der kürzeste Weg sind. Um nicht über das offene Meer, über Wüsten oder Gebirge fliegen zu müssen, nehmen sie Umwege von mehreren Hundert Kilometern in Kauf. Viele Zugvögel nutzen die Westroute über Frankreich, Spanien und Marokko. Die Ostroute verläuft über Südosteuropa nach Griechenland und die Türkei. Manche kleinere Arten überqueren Italien und fliegen direkt über das Mittelmeer.

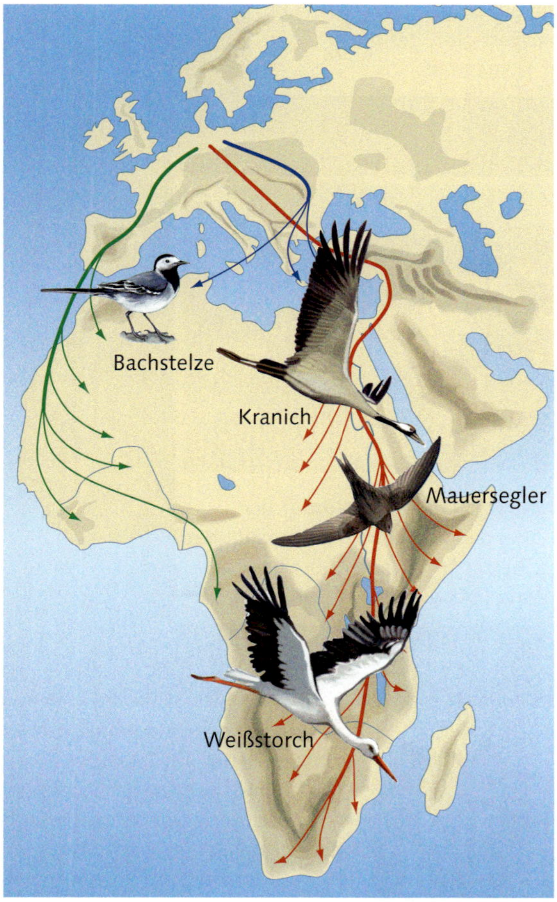

3 Überwinterungsorte verschiedener Vogelarten

Auf der Reise lauern Gefahren

Bei der Überquerung von Meeren, Wüsten oder Gebirgen drohen den Tieren vor allem bei schlechtem Wetter große Gefahren durch Erschöpfung und Nahrungsmangel.

Weitaus schwerwiegender ist die Jagd auf Singvögel in einigen Ländern und die Zerstörung von geeigneten Rastplätzen entlang der Wanderrouten.

In Kürze

Der Vogelzug ist die regelmäßige Wanderung von Vögeln zwischen ihrem Brutgebiet und einem weit entfernten Winterquartier. Die Vögel ziehen aufgrund der Nahrungsknappheit während der Wintermonate. Dabei orientieren sie sich an der Sonne, den Sternen und dem Magnetfeld der Erde. Viele Verhaltensweisen sind angeboren.

Aufgaben

1 Begründe, warum Zugvögel im Herbst ihre Brutgebiete verlassen und in warme Länder ziehen.

2 Beschreibe Möglichkeiten, wie der Vogelzug erforscht werden kann.

3 Verfolge auf einer Landkarte von Deutschland aus die Westroute und die Ostroute. Notiere die Länder, die ein Vogel dabei überfliegt.

Exkurs

Die erstaunliche Reise des Weißstorchs Nr. 14 554

Für die Satellitentelemetrie werden Vögel mit kleinen Sendern versehen. So kann das Zugverhalten über Satellit nachvollzogen werden. Die eindrucksvollen Wanderungen des Storchs mit dem Sender Nr. 14 554 wurden über vier Jahre aufgezeichnet. Dabei konnten viele bereits bekannte Erkenntnisse wie Wanderrouten, Wanderzeiten usw. bestätigt werden. Insgesamt hat sich aber gezeigt, dass das Verhalten der Tiere keinen strengen Gesetzen unterliegt, sondern sehr variabel ist.

1 Sommer 2000: Geburt und Aufwachsen In Olsztyn (Nordpolen) schlüpft der Storch und wächst heran. Er wird beringt und mit einem Sender ausgestattet, der die Nummer 14 554 trägt.

2 Herbst 2000: Erstmals nach Afrika
Am 7. September bricht der Jungstorch Richtung Südfrankreich auf. Am 7. Oktober wagt er den Flug über das Mittelmeer – in einem Bereich, in dem es weder eine Meerenge noch Inseln gibt – und erreicht nach 26,5 Stunden ununterbrochenem Flug und 752 km Tunesien.

3 Winter 2000 bis Frühjahr 2002: Nordafrika
Den Winter 2000 und den Sommer 2001 verbringt das Tier in Nordafrika. Mitten im Sommer überfliegt der Storch die Sahara und überwintert am Tschadsee.

4 Sommer 2001 bis Frühjahr 2002: Winterquartier am Tschadsee Im Frühjahr 2002 verlässt der Storch das Winterquartier und überquert wie bei seinem Hinflug die Sahara. Nach einem Zwischenstopp an der marokkanischen Küste geht es im Mai weiter nach Spanien.

5 Sommer 2002 bis Frühjahr 2003: Spanien Der gesamte Sommer und Winter wird in Spanien verbracht, das er Anfang März Richtung Osten verlässt.

6 Sommer 2003: Zurück am Geburtsort
Am 30. März 2003 reist Storch Nr. 14 554 in 30 Tagen quer durch Mitteleuropa wieder nach Nordpolen, wo er den Sommer verbringt.

7 Herbst 2003: zweiter Zug nach Afrika
Am 24. August 2003 startet der Storch und wählt die Ostroute über Rumänien und Bulgarien. Er verlässt Europa am 5. September über den Bosporus in die Türkei. Nachdem er das Mittelmeer überflogen hat, zieht der Vogel über Ägypten und den Sudan an den Tschadsee, an dem er einen Monat pausiert. Den restlichen Winter verbringt er im Westsudan.

8 Frühjahr 2004: zweite Rückkehr nach Polen Am 1. März 2004 tritt Weißstorch Nr. 14 554 seinen Rückflug an. Die erste längere Raststation ist die ägyptische Mittelmeerküste. Am 14. April trifft er wieder in Nordpolen ein.

Aufgabe

1 Du kannst mit Hilfe des Internets den Zug von Vögeln verfolgen.
Informiere dich zum Beispiel auf den Seiten des Bundesamtes für Naturschutz (BfN) oder beim Naturschutzbund (NABU).
Erstelle ein Protokoll über den Zug eines Vogels deiner Wahl.

Wechselwarme Tiere im Winter

Daniel hilft seinem Vater beim Umsetzten des Komposthaufens. Plötzlich erschrickt er, er ist auf einen Hohlraum gestoßen. Darin liegen mehrere Eidechsen dicht beieinander.

1 Zauneidechsen im Winterquartier

Lurche und Kriechtiere

Erdkröten und Eidechsen benötigen zum Überwintern frostsichere Verstecke. Das können Komposthaufen oder Erdhöhlen sein. Oft findet man Gruppen von Lurchen und Kriechtieren, die zusammen die kalte Jahreszeit überdauern. Während des Winters sinkt die Körpertemperatur dieser Tiere. Dadurch sind sie fast regungslos und nehmen keine Nahrung auf. Sie befinden sich in Winterstarre. Grasfrösche und Feuersalamander können Temperaturen bis –5 °C überleben. Ein bestimmter Stoff im Blut wirkt wie ein Frostschutzmittel und verhindert das Einfrieren.

Fische

Fische ziehen sich, je nach Art des Gewässers, in dem sie leben, in wärmere Bereiche zurück.

Karpfen suchen sich im Winter tiefe Stellen im Teich. Hier hat das Wasser immer 4 °C. Nach oben hin wird es kälter. Forellen können in schnell fließenden Gewässern überwintern, da diese im Winter nicht ganz zufrieren.

Insekten und andere Wirbellose

Zitronenfalter, Marienkäfer, Kreuzspinnen und Weinbergschnecken sind wirbellose Tiere. Auch sie müssen sich für die kalte Jahreszeit geeignete Verstecke suchen. Das können hohle Baumstümpfe, Laubhaufen, Dachböden oder ähnlich frostgeschützte Bereiche sein.

Bei einigen Insektenarten sterben die erwachsenen Tiere vor dem Winter. Nur ihre Nachkommen überleben im Larven- oder Puppenstadium. Manche Käferarten produzieren eine Art Forstschutzmittel, das das Gefrieren der Körperflüssigkeiten verhindert. Die Weinbergschnecke vergräbt sich im Boden. Zusätzlich verschließt sie ihr Haus bis zum Frühjahr mit einem Deckel aus Kalk.

2 Ein Forellengewässer im Winter

3 Weinbergschnecke mit Kalkdeckel

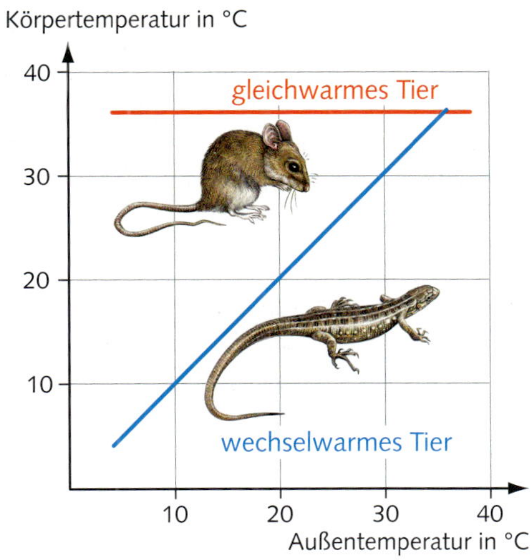

4 Körpertemperatur bei Wechsel- und Gleichwarmen

Körpertemperatur im Winter

Bei Lurchen, Kriechtieren, Fischen und Wirbellosen passt sich die Körpertemperatur an die Umgebungstemperatur an. Man bezeichnet sie deshalb als wechselwarme Tiere. Mit sinkender Körpertemperatur sinkt auch ihre Körperaktivität: Atmung, Herztätigkeit und Stoffwechsel verlangsamen sich. Die Tiere fallen in die Winterstarre.

Im Gegensatz dazu sind Säugetiere und Vögel gleichwarme Tiere. Sie halten ihre Körpertemperatur stets gleich hoch. Dazu ist Energie notwendig, die die Nahrung liefert. Zusätzlich ist ihr Körper durch Fettschichten, Fell oder Federn vor Wärmeverlust geschützt.

In Kürze

Die Körpertemperatur wechselwarmer Tiere passt sich der Umgebungstemperatur an. Bei niedrigen Temperaturen fallen sie in die Winterstarre. Herzschlag und Kreislauf verlangsamen sich. Die Tiere bewegen sich nicht mehr und nehmen keine Nahrung auf.

Aufgaben

1 Nenne zwei Möglichkeiten, wie wechselwarme Tiere die kalte Jahreszeit überstehen.

2 Erkläre, warum insbesondere Kriechtiere häufig in den warmen Zonen der Erde zu finden sind.

3 Finde mit Hilfe von Bild 5 heraus, warum Gartenteiche eine Mindesttiefe aufweisen sollen.

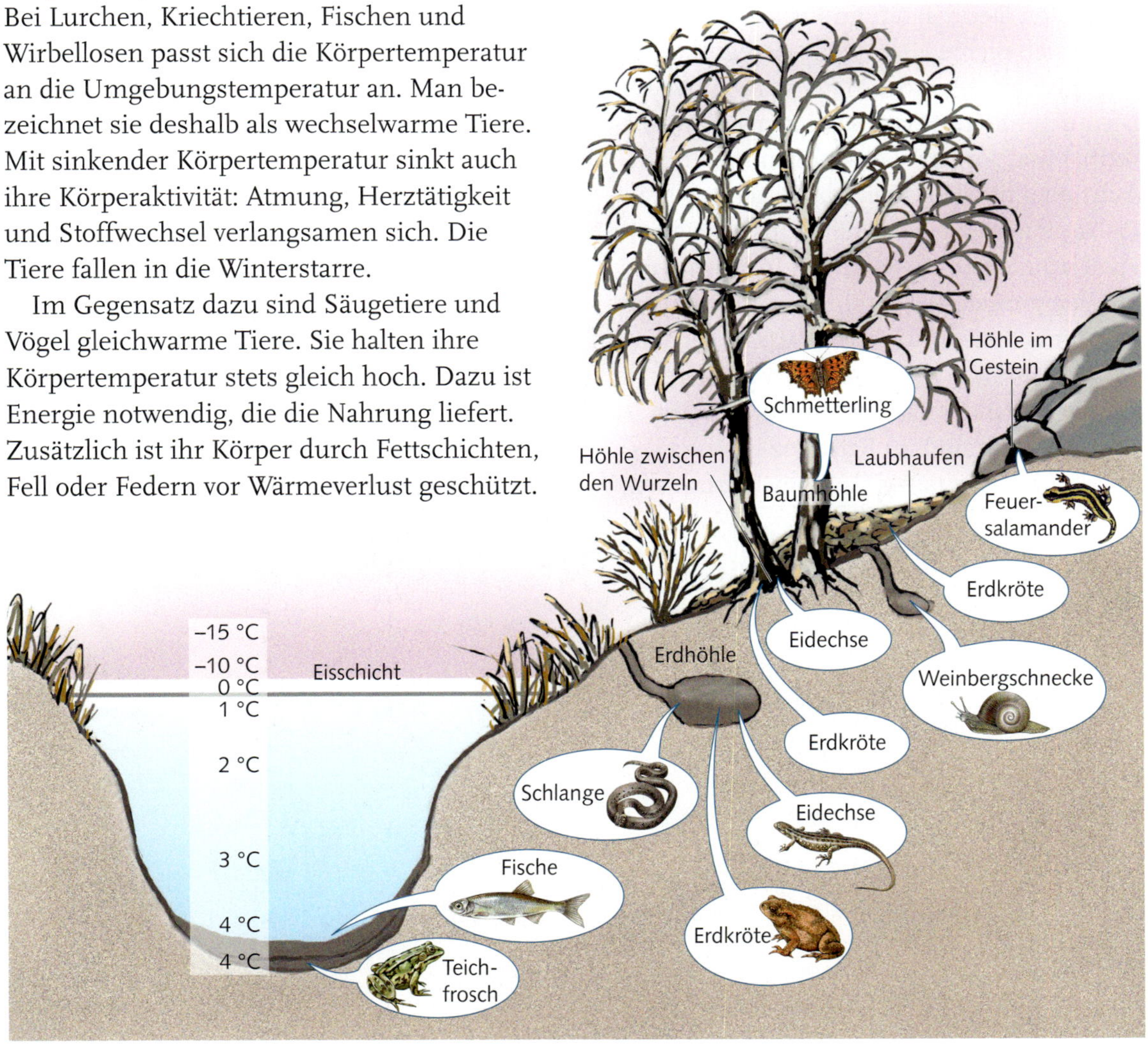

5 Winterquartiere einiger wechselwarmer Tiere

Leben in Eis und Schnee

Es ist März geworden in der Arktis. Die Eisbärenmutter hat vor zwei Monaten zwei Junge geboren. Heute sind sie das erste Mal mit ihrer Mutter unterwegs.

Leben in der Arktis

In der Arktis herrschen Temperaturen unterhalb −40 °C. Schneestürme, Packeis und endlose Eisflächen lassen diesen Lebensraum unwirklich erscheinen. Eisbären weisen Angepasstheiten auf, die es ihnen ermöglichen, hier zu überleben.

Ein Leben in klirrender Kälte

Unter den Deckhaaren im Eisbärenfell befindet sich dichte Unterwolle. Sie wird durch Talg aus Drüsen in der Haut wasserabweisend. Die luftgefüllten Haare schützen vor Wärmeverlust und sorgen beim Schwimmen für Auftrieb. Eine dicke Fettschicht schützt die Eisbären zusätzlich vor Kälte. Ihre schwarze Haut wandelt Sonnenstrahlen in Wärme um. Mit den großen, behaarten Tatzen laufen sie wie mit Schneeschuhen. Im Wasser dienen die Pfoten mit Schwimmhäuten zwischen den Zehen als Paddel. Die Ohren der Eisbären sind nur klein und ihr Schwanz ist kurz, um darüber nicht zu viel Wärme abzugeben.

1 Eisbärmutter mit zwei Jungtieren

Eisbären sind auch im Winter aktiv

Die Eisbären sind das ganze Jahr über aktiv. Am Rand des Packeises suchen sie im Sommer nach Nahrung, um Fettpolster für den Winter aufzubauen. Auf ihrem Speisezettel stehen meist Robben. Der Eisbär lauert ihnen an ihren Atemlöchern im Eis auf. Mit einem Prankenhieb zieht er eine Robbe aus dem Wasser und tötet sie.

Nachwuchs in der Schneehöhle

Die trächtigen Weibchen suchen sich vor dem Winter einen nach Süden gerichteten Hang. Dort graben sie eine Höhle und lassen sich einschneien, um ihre ein bis zwei Jungen zur Welt zu bringen. Erst vier Monate später verlassen sie die gut isolierte Schneehöhle wieder.

2 Angepasstheit des Eisbären an das Leben in der Arktis

Kaiserpinguine in der Antarktis

Die Antarktis ist mit bis zu −70 °C im Winter die kälteste Region der Erde. Hier leben die Kaiserpinguine. Sie werden bis zu 130 Zentimeter groß und 37 Kilogramm schwer. Ihre kurzen, schuppenartigen Deckfedern sind dachziegelartig angeordnet. Jede einzelne Feder wird mit Hilfe des Schnabels gut eingefettet. So kommt die Haut der Pinguine nie mit dem eisigen Wasser in Kontakt. Unter den Deckfedern liegen Daunenfedern. Sie tragen zusammen mit der dicken Fettschicht unter der Haut ebenfalls zum Kälteschutz bei. Die stark verkürzten Flügel dienen zum Steuern unter Wasser.

Fortpflanzung der Kaiserpinguine

Im Juli herrscht in der Antarktis tiefster Winter. Jetzt legt jedes Weibchen ein Ei und übergibt es dem Männchen zum Brüten. Das Männchen legt das Ei auf seine Füße und umschließt es mit seiner wärmenden Bauchfalte. Die Oberseite seiner Füße ist stark durchblutet, die Unterseite dagegen fast gar nicht. Für die nächsten 60 Tage steht das Männchen fast regungslos auf dem Eis. In dieser Zeit nimmt es keine Nahrung auf.

3 Männchen beim Brüten

4 Kindergarten der Pinguine

Aufzucht der Jungtiere

In regelmäßigen Abständen wechseln die Pinguine von den inneren, wärmeren und windgeschützten Bereichen nach außen an den Rand der Kolonie. Die Weibchen haben sich auf den langen Weg zum Meer gemacht, um Futter zu holen. Nachdem die Jungen geschlüpft sind, müssen sie gefüttert werden. Nach der Rückkehr der Weibchen suchen beide Elterntiere abwechselnd nach Nahrung für den Nachwuchs und um ihre verbrauchten Fettreserven aufzufüllen. Die Jungtiere bleiben in kleinen Gruppen, den Kindergärten, zurück. Sie stehen dicht beieinander, um sich vor Kälte und vor dem eisigen Wind zu schützen. Im Alter von sechs Monaten verlassen die Jungen die Kolonie und sind selbstständig.

In Kürze

Eisbären und Pinguine sind durch ihren Körperbau und ihr Verhalten an ein Leben in den kältesten Regionen unserer Erde angepasst. Sowohl das dichte Fell und die schwarze Haut des Eisbären als auch das Federkleid des Pinguins mit den dichten Daunenfedern und die dicken Fettpolster unter ihrer Haut schützen die Tiere vor Wärmeverlust.

Aufgaben

1 Nenne Angepasstheiten der Eisbären und der Kaiserpinguine an das Leben in der Kälte.

2 Begründe, warum der Kaiserpinguin das Ei auf seinen Füßen ausbrütet.

Leben in der Wüste

Noch vor Sonnenaufgang hat sich der Händler auf den Weg durch die Sahara nach Timbuktu gemacht. Eine lange Reise steht ihm bevor. Voll bepackt begleiten ihn seine beiden »Wüstenschiffe« auf dem Weg durch diesen Lebensraum der Extreme.

1 Karawane nach Timbuktu (Mali)

Ein Leben in Hitze und Trockenheit

Die Wüste ist gekennzeichnet durch Trockenheit und extreme Temperaturschwankungen zwischen Tag und Nacht. Dromedare weisen Angepasstheiten auf, die ihnen ein Leben in der Wüste ermöglichen.

Ihr dichtes Fell schützt die Dromedare sowohl vor Wärme als auch vor Kälte. Beim Laufen spreizen sie die Zehen ihres breiten Fußes und vergrößern so die Auflagefläche. Dadurch sinken sie im Sand nicht ein und sparen Kraft beim Laufen. Dicke Hornschwielen an Füßen und Beingelenken schützen sie vor dem heißen Sand.

Die Sinnesorgane sind besonders geschützt

Um die Sinnesorgane vor den häufigen Sandstürmen zu schützen, sind die Ohrmuscheln klein und dicht behaart. Die Augenlider tragen lange Wimpern. Die Nasenlöcher können gezielt geöffnet und verschlossen werden.

Auf das karge Nahrungsangebot eingestellt

Dromedare sind sehr genügsam. Harte Gräser und Dornenbüsche dienen ihnen als Nahrung. Mit den kräftigen Schneidezähnen im Unterkiefer beißen sie Teile der Pflanzen ab. Die Oberlippe ist gespalten und kann auseinander- und zurückgezogen werden. So ist das Maul vor Verletzungen geschützt.

2 Angepasstheiten des Dromedars an das Leben in der Wüste

Besondere Strategien der Wasserzufuhr

Dromedare können bis zu einer Woche ohne Wasser auskommen. Beim Ausatmen wird über die Nasenschleimhaut Wasser aus der Atemluft zurückgewonnen. Urin und Kot werden stark eingedickt. Beim Abbau der im Höcker gespeicherten Fettreserven wird neben Energie auch Wasser frei. Finden die Tiere eine Wasserstelle, können sie innerhalb weniger Minuten bis zu 100 Liter trinken. Ihr Magen dient ihnen so lange als Speicher, bis sich das Wasser im Körper verteilt hat.

Besonderheit der Temperaturregulation

Am Tag kann sich die Körpertemperatur des Dromedars auf bis zu 42 °C erhöhen. Erst dann beginnt es zu schwitzen, um den Körper zu kühlen. In den kalten Wüstennächten sinkt die Körpertemperatur auf etwa 32 °C. Am nächsten Tag dauert es deshalb umso länger, bis es wieder schwitzt und dadurch Wasser verliert.

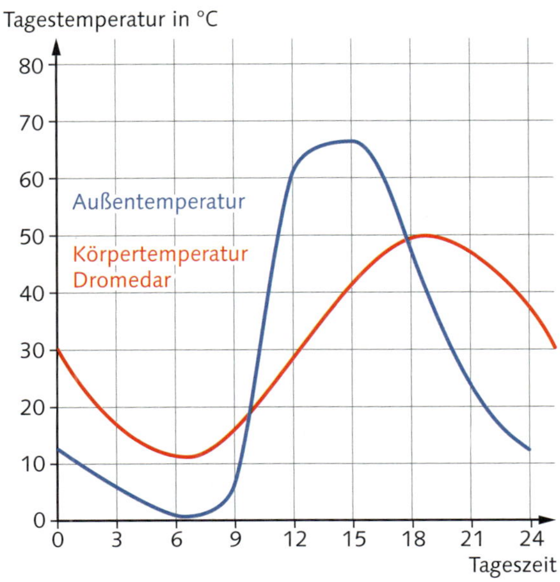

3 Körpertemperatur des Dromedars im Tagesverlauf

4 Dromedar mit Jungtier

Lebensweise der Dromedare

Dromedare sind tagaktive Tiere. Sie leben in Haremsgruppen. Diese bestehen aus mehreren Weibchen, den Jungtieren und einem Männchen. Das Weibchen bringt nach einer Tragezeit von etwa 380 Tagen meist ein Jungtier zur Welt. Das Neugeborene ist ein Nestflüchter und kann bereits nach einem Tag der Mutter folgen. Das Junge wird bis zu eineinhalb Jahre gesäugt.

Bedeutung für den Menschen

Für die Bewohner der Wüsten in Afrika und Kleinasien stellt das Dromedar seit mehr als 3000 Jahren das wichtigste Nutztier dar. Es wird häufig als Reittier eingesetzt. Ein Dromedar kann Lasten von über 200 Kilogramm tragen. Der Kot der Tiere wird als Baumaterial und zum Heizen verwendet. Außerdem liefert es den Menschen Fleisch, Milch, Leder und Wolle.

In Kürze

Dromedare sind an die Lebensbedingungen der Wüste angepasst. Für die dort lebenden Menschen sind sie ein vielfältiges Nutztier.

Aufgaben

1. Nenne die Angepasstheiten des Dromedars an seinen Lebensraum.
2. Begründe, weshalb Dromedare auch an den Ellenbogen und an der Brust Hornschwielen haben.

Angepasstheit an Kälte und Hitze

Tiere, die die extremen Lebensräume wie Wüsten und Polarregionen bewohnen, zeigen besondere Angepasstheiten. Nur so können sie in diesen Regionen überleben.

1 Lebensräume der Pinguine

Pinguine leben in ihren natürlichen Lebensräumen ausschließlich auf der Südhalbkugel der Erde.

a Ordne mit Hilfe der unteren Grafik den abgebildeten Pinguinen ihre Lebensräume zu. Die Angaben der Breitengrade helfen dir dabei.

b Überprüfe, ob es eine Abhängigkeit zwischen Körpergröße und Verbreitungsgebiet der Pinguine gibt. Formuliere dein Ergebnis in einem Satz.

c Der Galapagospinguin lebt auf den Galapagosinseln in der Nähe des Äquators. Stelle Vermutungen über die Größe des Galapagospinguins an.

2 Modellversuch zur Auskühlung

In einem Versuch hat man 80 °C heißes Wasser in verschieden großen Gefäßen abkühlen lassen. Zu bestimmten Zeiten wurde die Temperatur des Wassers gemessen. Die Ergebnisse siehst du in der Tabelle.

Erkalten von Wasser in verschieden großen Gefäßen

	100 ml	250 ml	1000 ml
nach 5 Minuten	70 °C	73 °C	75 °C
nach 10 Minuten	67 °C	69 °C	73 °C
nach 15 Minuten	57 °C	66 °C	71 °C
nach 20 Minuten	54 °C	64 °C	69 °C

a Erstelle mit den Werten aus der Tabelle ein Kurvendiagramm. Verwende für jedes Gefäß eine andere Farbe.

b Werte das Diagramm aus und versuche dein Ergebnis aus Aufgabe 1b zu begründen.

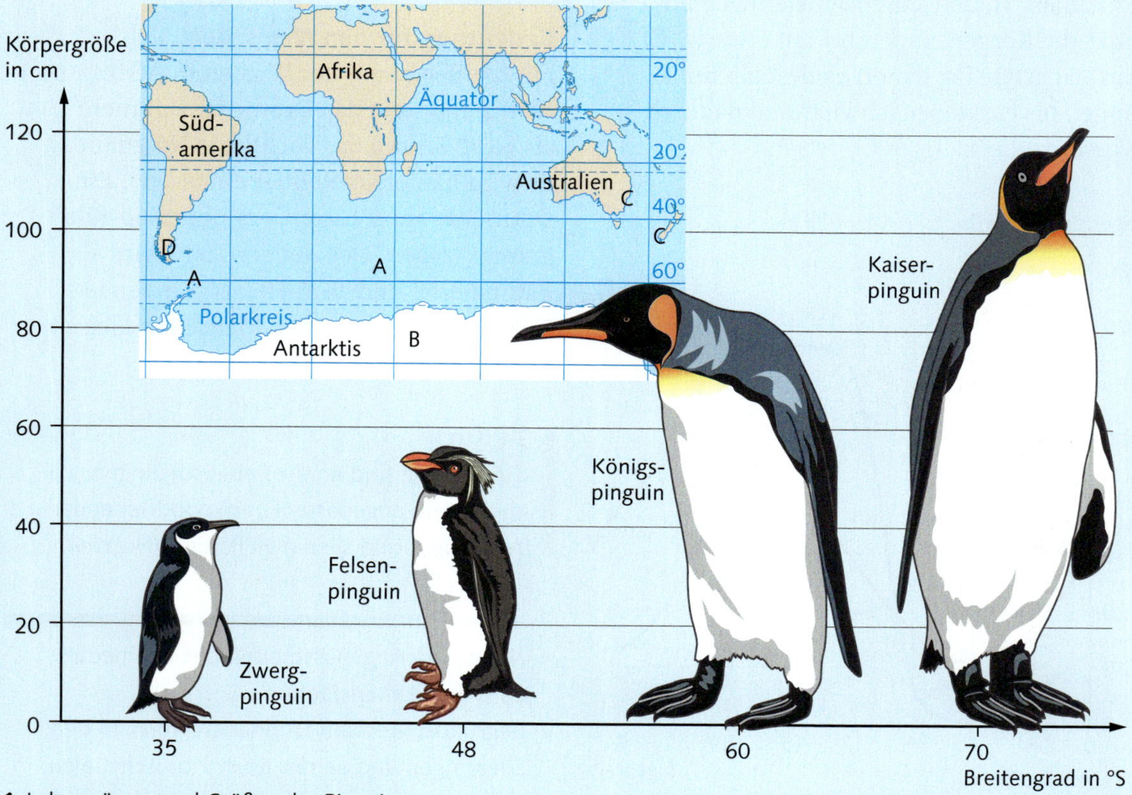

1 Lebensräume und Größen der Pinguine

3 Modellversuch dunkles Fell

2 Seeelefant beim Sonnenbaden

Seeelefanten leben in der Antarktis.

a Warum haben Seeelefanten dunkles Fell? Formuliere eine Hypothese zu dieser Frage.

b Überlege dir einen geeigneten Versuchsaufbau, um die Hypothese zu überprüfen. Wähle dazu aus den unten dargestellten Materialien die aus, die du benötigst.

c Fertige eine Skizze deines Versuchsaufbaus an.

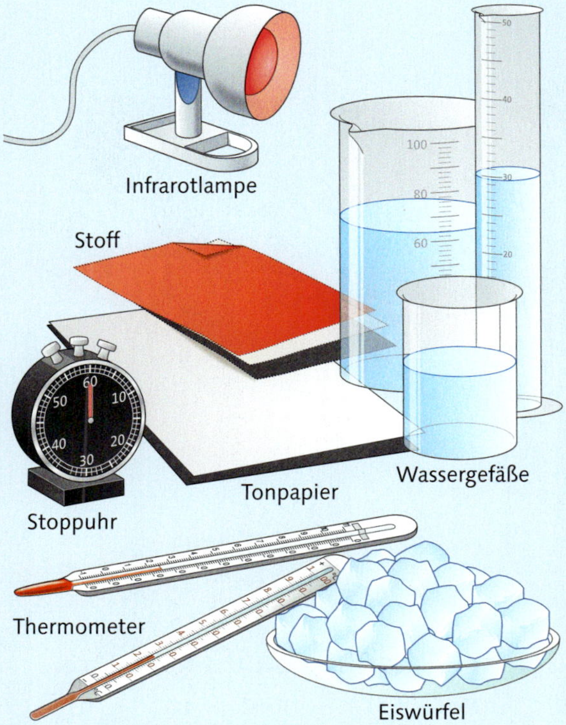

3 Mögliche Versuchsmaterialien für Aufgabe 3

4 Regelung der Körpertemperatur

Für Tiere, die in sehr heißen oder sehr kalten Gebieten leben, ist es besonders wichtig, ihre Körpertemperatur, unabhängig von der herrschenden Außentemperatur, stets auf einem gleichbleibend hohen Wert zu halten. Wir Menschen regulieren unsere Körpertemperatur durch Schwitzen oder durch Zittern. Tiere ohne Schweißdrüsen nutzen andere Mechanismen:

4 Zwei Fuchsarten in verschiedenen Lebensräumen

a Beschreibe, worin sich die beiden Füchse auffallend voneinander unterscheiden.

b Körperanhänge wie Beine oder Ohren sind von sehr vielen Blutgefäßen durchzogen. Blut transportiert unter anderem auch Wärme durch den Körper. Die Bilder zeigen einen Polarfuchs und einen Wüstenfuchs oder Fennek. Ordne jedem Buchstaben das richtige Tier zu. Begründe.

c Fennek und Polarfuchs unterscheiden sich auch in der Länge ihrer Beine. Gib an, welche der beiden Fuchsarten deiner Meinung nach die kürzeren Beine hat. Begründe.

d Vergleiche den bei uns lebenden Rotfuchs mit dem Fennek und dem Polarfuchs.

Pflanzen und Tiere sind an die Jahreszeiten angepasst

1 Frühblüher nutzen Licht im Wald

Buschwindröschen findet man häufig in Laubwäldern. Sie blühen und wachsen zeitig im Frühjahr. Im März bilden fast alle gleichzeitig ihre weißen, sternförmigen Blüten aus. Ihre unterirdischen Speicherorgane kann man im gesamten Jahr im Erdboden
finden.

a Erkläre mit dem Diagramm in Bild 1, welchen Vorteil es für die Frühblüher hat, direkt nach dem Winter auszutreiben und zu blühen.

b Erläutere, weshalb Frühblüher im Sommer nicht mehr auf dem Waldboden wachsen.

c Frühblüher wachsen in vielen Laubwäldern, aber nicht in Nadelwäldern. Begründe.

d Erkläre, wie sich die Frühblüher auch ohne Samen verbreiten können.

e Benenne und beschreibe verschiedene Speicherorgane von Frühblühern.

f Beschreibe das Leben eines Schneeglöckchens im Jahresverlauf. Verwende dabei auch die Begriffe Brutzwiebel und Ersatzzwiebel.

2 Lebensbedingungen im Aquarium

2 Das Leben im Aquarium

In einem Aquarium betreiben Pflanzen Fotosynthese. Fische, Schnecken und andere Tiere müssen atmen und ernähren sich häufig von Algen und Pflanzenresten.

a Beschreibe die besonderen Lebensbedingungen in einem Aquarium für die Pflanzen.

b Erkläre den Vorgang der Fotosynthese unter Wasser.

c Stelle den Kreislauf von Sauerstoff und Kohlenstoffdioxid zwischen Pflanzen und Tieren im Aquarium in einem Schaubild dar.

1 Lichtintensität in einem Laubwald im Jahresverlauf

3 Spaltöffnungen

3 Seerosen leben auf und im Wasser.

a Suche eine Erklärung, weshalb die Blätter der Seerose auf der Wasseroberfläche schwimmen können.

b Die Spaltöffnungen der Seerosenblätter befinden sich auf der Oberseite. Erkläre.

4 Lebensbedingungen im Winter

Tiere, die in der kalten Jahreszeit nicht ausreichend Nahrung finden, überstehen den Winter auf unterschiedliche Weise.

a Nenne mögliche Überwinterungsstrategien.

b Ordne die Tiere in Bild 4 einer Überwinterungsstrategie zu. Begründe.

Schwalbe Insekten, die auf ihrem Speiseplan stehen, findet die Schwalbe im Winter in Afrika.

Siebenschläfer Das Nagetier übersteht den Winter ohne Vorräte. Fast auf 0 °C fällt die Körpertemperatur ab. Die Atmung verringert sich auf 1–2 Atemzüge pro Minute.

Teichmolch Die Tiere ziehen sich Ende Herbst in einen frostsicheren Unterschlupf zurück. Manche überwintern nicht an Land, sondern im Gewässer.

Dachs Für die kalte Jahreszeit frisst er sich reichlich Speck an, ehe er sich in einen frostfreien Bau zurückzieht.

Auf den Punkt gebracht

Pflanzen und Tiere sind an die Jahreszeiten angepasst

- Ohne die grünen Pflanzen wäre kein tierisches und menschliches Leben auf der Erde möglich. Die Fotosynthese liefert sowohl Menschen als auch Tieren energiereiche Nährstoffe und Sauerstoff.

- In den grünen Blättern stellen Pflanzen bei der Fotosynthese energiereichen Traubenzucker und Sauerstoff her. Dazu benötigen sie Wasser, Kohlenstoffdioxid und Sonnenlicht.

- Über die Spaltöffnungen am Blatt werden Kohlenstoffdioxid und Sauerstoff ausgetauscht. Wasser kann verdunsten.

- Pflanzen können mit Hilfe von Speicherorganen überwintern. Durch den Verlust der Blätter und die Bildung von Knospen können viele Pflanzen den Winter überstehen.

- Tiere haben unterschiedliche Überwinterungsstrategien entwickelt. Sie reichen von körperlichen Anpassungen bis zum aktiven Aufsuchen eines vor Frost sicheren Ortes.

Sinnesorgane und Sinnesleistungen im Vergleich

Sinnesorgane als Fenster zur Welt

Ein Kinobesuch ist etwas Besonderes. Ein guter Film und dazu eine Tüte Popcorn: Das macht Spaß. Dabei strömen viele Eindrücke auf dich ein. All diese Informationen, die du mit Hilfe deiner Sinnesorgane aufnimmst, ermöglichen dir erst, dass du den Film sehen, die Geräusche hören und mit deinem Freund darüber reden kannst.

1 Im Kino strömen viele Reize auf dich ein.

Unterschiedliche Reize

Ständig strömen aus unserer Umwelt viele Informationen auf uns ein. Die Art der Information kann sehr unterschiedlich sein. Im Kino spielt das Licht, das über einen Projektor an die Leinwand geworfen wird, eine große Rolle. Licht ist ein *Reiz*.

Weitere Reize sind Schall, Schwerkraft, Temperatur, Druck und chemische Stoffe. Unter einem Reiz versteht man physikalische oder chemische Einwirkungen, die wir aufnehmen und verarbeiten können. Ultraschall oder Infrarotlicht liegen außerhalb des für uns wahrnehmbaren Bereiches. Es sind für uns ebenso keine Reize wie der Magnetismus oder die Radioaktivität.

Aufgaben der Sinnesorgane

Alle *Sinnesorgane* sind in der Lage, Reize aufzunehmen. Dabei ist jedes Sinnesorgan so gebaut, dass es nur bestimmte Reize empfangen kann. So spricht das Auge nur auf Licht an, nicht aber auf Schall.

Die eigentliche *Wahrnehmung* der Reize findet im Gehirn statt. Hier können aber weder Schall noch Licht oder andere Reize direkt verarbeitet werden. Daher müssen sie in den Sinnesorganen in *elektrische Impulse* umgewandelt werden. Dies geschieht in den jeweiligen *Sinneszellen*. Sinnesorgane besitzen außerdem auch besondere Einrichtungen, die helfen, die Reize aufzunehmen.

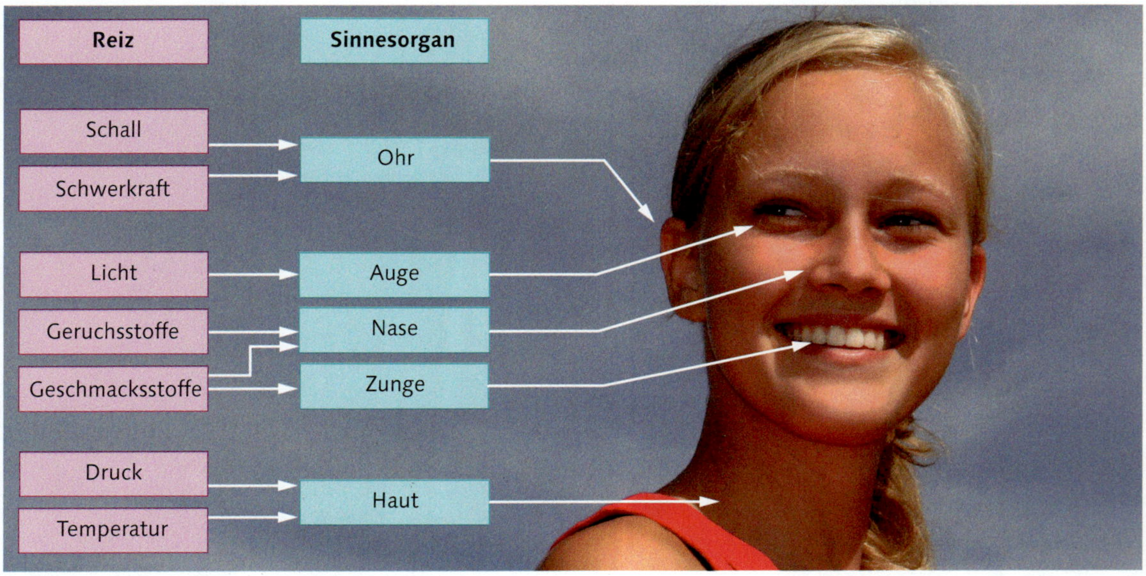

2 Reize und aufnehmende Sinnesorgane

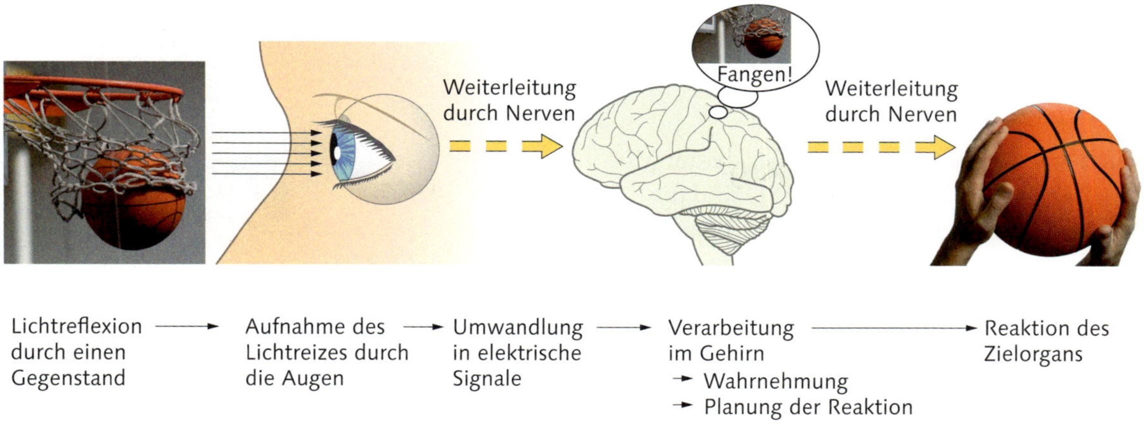

3 Informationsverarbeitung am Beispiel Licht

Wahrnehmung im Gehirn

Nerven leiten die elektrischen Impulse zum Gehirn weiter, wo sie verarbeitet werden. Durch diesen Prozess entsteht die eigentliche Information: Wir nehmen etwas wahr. Darüber hinaus werden die Informationen mit bereits Bekanntem verglichen und bewertet. Als wichtig erachtete Informationen werden gespeichert. Unwichtiges wird uns gar nicht bewusst oder wir vergessen es sofort wieder.

Antwort auf Reize: die Reaktion

Erfordert ein Reiz eine Reaktion, so wird diese im Gehirn geplant und in Form von elektrischen Impulsen verschlüsselt. Diese Impulse verlassen das Gehirn über andere Nervenbahnen und erreichen das *Erfolgsorgan*. Dieses führt die Reaktion aus. Viele Reaktionen führt der Körper aus, ohne dass wir es merken. So laufen viele Bewegungen völlig unbewusst ab.

Die Sinne des Menschen

Der Mensch hat viele Sinne. Den Reiz Schall können wir über das Sinnesorgan Ohr aufnehmen, sodass wir Hören. Im Ohr liegt auch das Gleichgewichtsorgan. Das Sehen erfolgt über die Augen, der Reiz ist das Licht. Chemische Stoffe werden über die Nase und die Zunge aufgenommen. Hier liegen der Geschmacks- und der Riechsinn.

Unser größtes Sinnesorgan ist die Haut. Mit ihrer Hilfe nehmen wir Druckreize und Temperaturreize auf.

Erfahrungen mit allen Sinnen

Wenn man durch einen bestimmten Geruch an eine vertraute Umgebung oder einen Urlaub erinnert wird, fühlt man sich für einen Moment an diesen Ort oder in eine andere Zeit versetzt. Reize beeinflussen unsere Stimmungen und rufen Gefühle hervor. Das Singen eines Vogels oder ein schönes Musikstück können unsere Stimmung ebenso heben wie ein leckeres Essen.

Bei unseren Erlebnissen spielen immer viele Sinne zusammen.

In Kürze

Reize werden von den Sinnesorganen aufgenommen und in elektrische Impulse umgewandelt. Diese werden über Nerven zum Gehirn geleitet und dort verarbeitet. Dadurch entsteht die Wahrnehmung. Das Erfolgsorgan führt die Reaktion aus.

Aufgaben

1 Nenne die Reize und ordne das jeweilige Sinnesorgan sowie den Sinn zu.

2 In vielen Berufen spielen Sinne eine große Rolle. Nenne für jedes Sinnesorgan einen Beruf, der auf dieses Organ besonders angewiesen ist.

Aufbau und Funktion des Auges

Auch wenn deine Augenfarbe der deiner Mutter oder der deines Vaters gleicht, sind die Muster in euren Augen so einzigartig wie ein Fingerabdruck. Dennoch haben die Augen aller Menschen die gleiche Aufgabe: Sie sind die Sinnesorgane für die Aufnahme von Lichtreizen.

Lage der Augen

Die Augen befinden sich an erhöhter Stelle am Körper. Dies stellt einen guten Überblick sicher. Beide Augen blicken nach vorne, sodass räumliches Sehen möglich ist. Die Lage in einer Knochenhöhle im Schädel schützt die Augen. Durch die Beweglichkeit des Kopfes können wir einen großen Bereich sehen, ohne uns von der Stelle zu bewegen. Der Weg der Nerven von den Augen zu unserem Verarbeitungszentrum Gehirn ist kurz.

Exkurs **Licht und Linsen**

Unsere wichtigste natürliche Lichtquelle ist die Sonne. Man kann Licht auch künstlich herstellen. Solche Lichtquellen sind beispielsweise Glühlampen. Licht kann Luft oder Glas problemlos durchdringen. Andere Stoffe, wie Alufolie, sind lichtundurchlässig. Lichtstrahlen breiten sich sehr schnell und geradlinig in alle Richtungen aus. Treffen sie auf eine lichtundurchlässige Schicht, werden die Strahlen reflektiert.

Beim Übergang von einem lichtdurchlässigen Stoff in einen anderen, beispielsweise von der Luft ins Wasser, werden die Lichtstrahlen abgelenkt. Bei der Herstellung von Linsen nutzt man das aus. Sammellinsen bündeln das Licht, Streulinsen weiten die Strahlen auf.

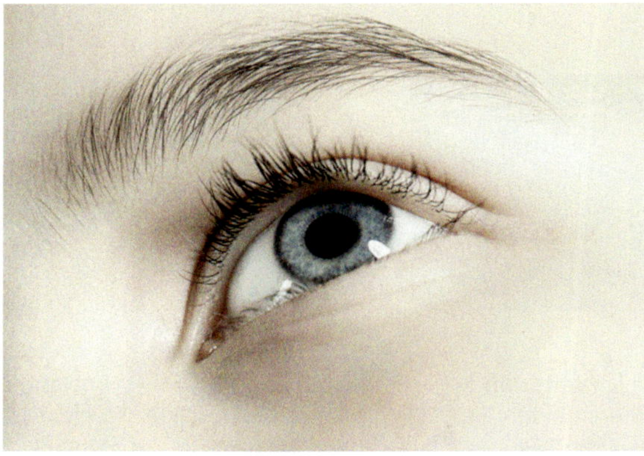

1 Das Auge ist das Sinnesorgan für das Licht.

Äußerer Bau des Auges

Viele der von außen sichtbaren Teile des Auges dienen seinem Schutz. Die Augenbrauen verhindern, dass Schweiß von der Stirn in die Augen gelangen kann. Die Wimpern schützen vor dem Eindringen von Fremdkörpern. Durch den Wimpernschlag, das kurze, unbewusste Schließen der Augen, wird Tränenflüssigkeit auf dem Auge verteilt. Dies dient der Reinigung und verhindert das Austrocknen.

Die Regenbogenhaut oder *Iris* gibt dem Auge die Farbe. Sie besteht zu einem großen Teil aus Muskeln, die die Menge des einfallenden Lichts regulieren können. In der Mitte des Auges ist die *Pupille*. Durch dieses Sehloch gelangt das Licht in das Augeninnere. Bei hellem Sonnenschein ist die Pupille winzig klein. Wenn es dunkel wird, lassen große Pupillen viel Licht durch. Diese Veränderungen der Pupille werden durch Muskelbewegungen in der Iris möglich.

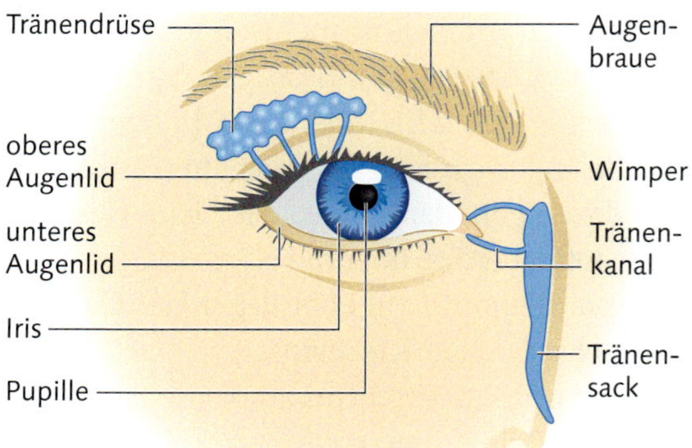

2 Äußerer Bau des Auges und seine Schutzeinrichtungen

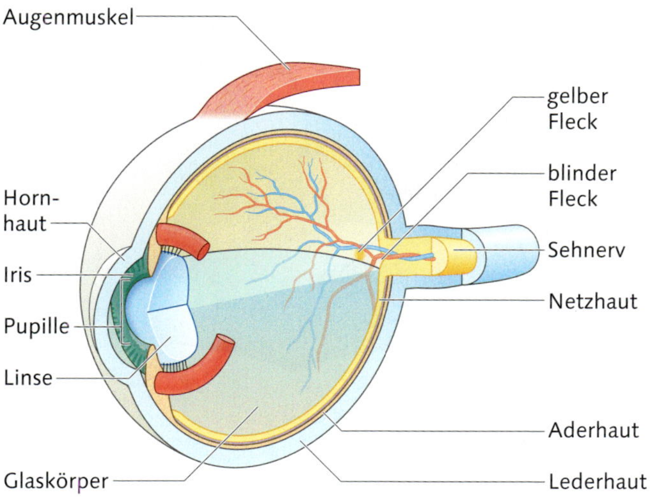

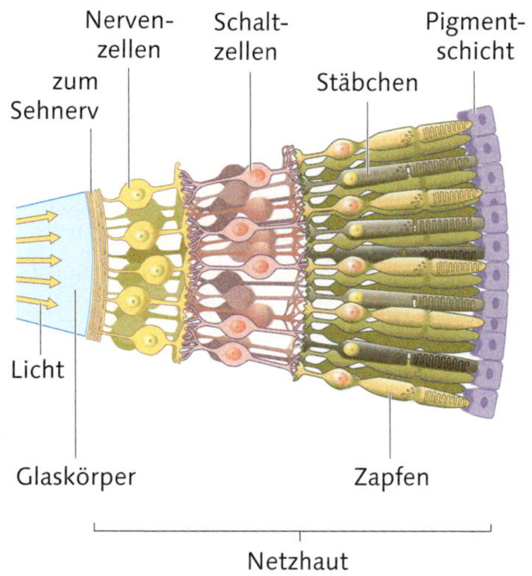

3 Bau des Auges und der Netzhaut (herausvergrößert)

Innerer Bau des Auges

Mit Hilfe von *Augenmuskeln* können die Augen genau auf bestimmte Objekte ausgerichtet werden. Die zähe *Lederhaut* bildet die äußerste Schicht und dient dem Schutz. Als weißer Bereich ist sie auch von außen sichtbar. Nach innen folgt die *Aderhaut*, die das Augeninnere mit Sauerstoff und Nährstoffen versorgt. Treffen Lichtstrahlen auf das Auge, so durchqueren sie zunächst die *Hornhaut* und gelangen dann durch die Pupille zur *Linse*. Schließlich erreichen die Strahlen über den *Glaskörper* die *Netzhaut*. Hornhaut, Linse und Glaskörper sind durchsichtig und lassen das Licht zum hinteren Auge durch.

Aufnahme und Verarbeitung von Licht

Die Netzhaut ist aus mehreren Schichten aufgebaut. Auf der dem Licht abgewandten Seite schließt die schwarze *Pigmentschicht* an die Aderhaut an. In ihr stecken die Spitzen der *Sehzellen*. Sie nehmen das Licht auf und wandeln es in elektrische Impulse um.

Aufgrund ihrer äußeren Form unterscheidet man zwei Arten: Die ungefähr sechs Millionen kurzen, dicken *Zapfen* befinden sich überwiegend in der Mitte der Netzhaut. Die etwa 125 Millionen *Stäbchen* sind vor allem in den Randbereichen angeordnet. Die elektrischen Impulse werden über die Schaltzellen zu den Nervenzellen weitergeleitet. Alle Nervenzellen bilden zusammen den *Sehnerv*. Über den Sehnerv gelangen die elektrischen Impulse ins Gehirn. An der Stelle, an der der Sehnerv das Auge verlässt, findet man keine Sehzellen. Dies ist der *blinde Fleck*. Zentral in der Augenmitte befindet sich der Ort des schärfsten Sehens, der *gelbe Fleck*. Im Gehirn angekommen werden die elektrischen Impulse aus den Sehsinneszellen verarbeitet. Erst dann sehen wir ein Objekt. Die Wahrnehmung findet also im Gehirn statt.

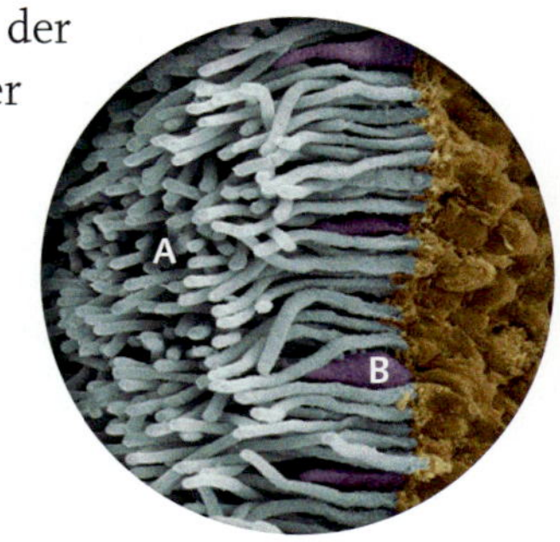

4 Netzhaut mit Stäbchen (A) und Zapfen (B)

In Kürze

Viele der von außen sichtbaren Bereiche des Auges dienen seinem Schutz. In der Netzhaut werden die Lichtreize aufgenommen und in elektrische Impulse umgewandelt. Diese werden im Gehirn verarbeitet.

Aufgaben

1. Nenne die Schutzeinrichtungen des Auges und ihre Funktion.
2. Beschreibe den Weg des Lichts von einer Lichtquelle bis zur Netzhaut mit Hilfe einer Zeichnung.
3. Bei einer Verletzung des Kopfes kann das Sehen eingeschränkt sein, auch wenn die Augen nicht betroffen sind. Erkläre.

Wie wir sehen

Lesen im Park entspannt. Der Blick wandert vom Buch in die Ferne und wieder zurück zum Buch. Es gelingt uns aber nicht, zu lesen und gleichzeitig die Parkbäume scharf zu sehen. Unsere Augen müssen sich anpassen, um in jeder Situation scharf zu sehen.

Licht ist die Voraussetzung für das Sehen

Wir können nur sehen, wenn ausreichend Licht vorhanden ist. Die Stäbchen der Netzhaut kommen mit einer geringen Lichtmenge aus. Daher sehen wir bei schwachem Licht alles nur in Schwarz-Weiß. Die Zapfen benötigen mehr Licht. Wenn es hell genug ist, sehen wir die Welt farbig.

Das Abbild auf der Netzhaut

Auf der Wiese sehen wir eine Blume. Die Lichtstrahlen der Sonne werden von der Blume auch in Richtung der Augen reflektiert. Hier müssen sie die enge Pupille durchqueren. Dadurch treffen von oben kommende Strahlen auf den unteren Bereich der Netzhaut. Strahlen von unten erregen Sehzellen im oberen Bereich. Könnte man die Netzhaut von hinten betrachten, so würde man ein Abbild der Blume erkennen. Das Abbild ist *verkleinert, seitenverkehrt* und *auf dem Kopf stehend*. Erst durch die Verarbeitung im Gehirn erscheint uns die Welt so, wie wir sie wahrnehmen.

1 Die Schrift sehen wir scharf, die Bäume nicht.

Scharf sehen

Um ein Objekt scharf zu sehen, muss jeder Punkt des Gegenstands auf eine Sehzelle treffen. Dazu müssen die Lichtstrahlen im Auge entsprechend abgelenkt oder gebrochen werden. Dies geschieht mit Hilfe der Linse.

Unterschiedliche Entfernungen

Ähnlich wie bei einem Fotoapparat ist es unseren Augen nicht möglich, Gegenstände, die nah und solche, die weit entfernt sind, gleichzeitig scharf zu sehen. Die Einstellung auf Entfernung des Gegenstands wird als *Akkommodation* bezeichnet. Dazu müssen Lichtstrahlen unterschiedlich stark gebrochen werden. Je näher sich ein Gegenstand vor dem Auge befindet, umso stärker muss der Lichtstrahl abgelenkt werden. Bei weit entfernten

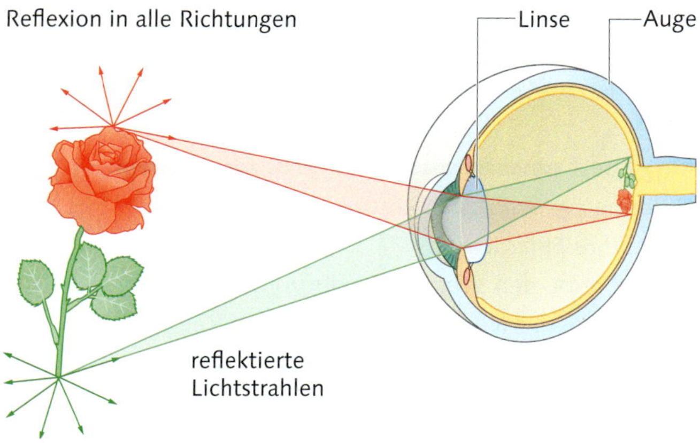

2 Entstehung eines Abbildes auf der Netzhaut

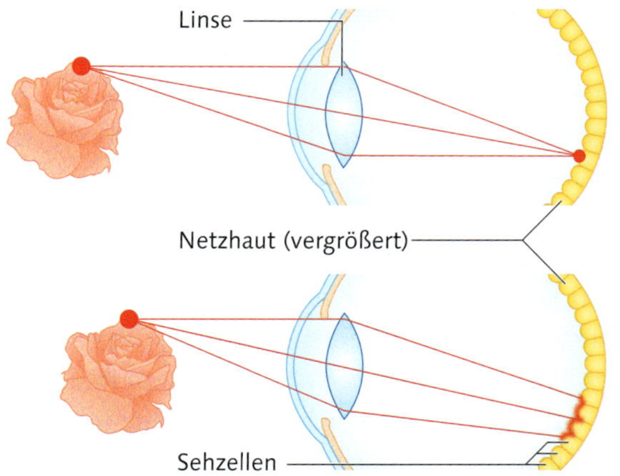

3 Scharfes und unscharfes Abbild

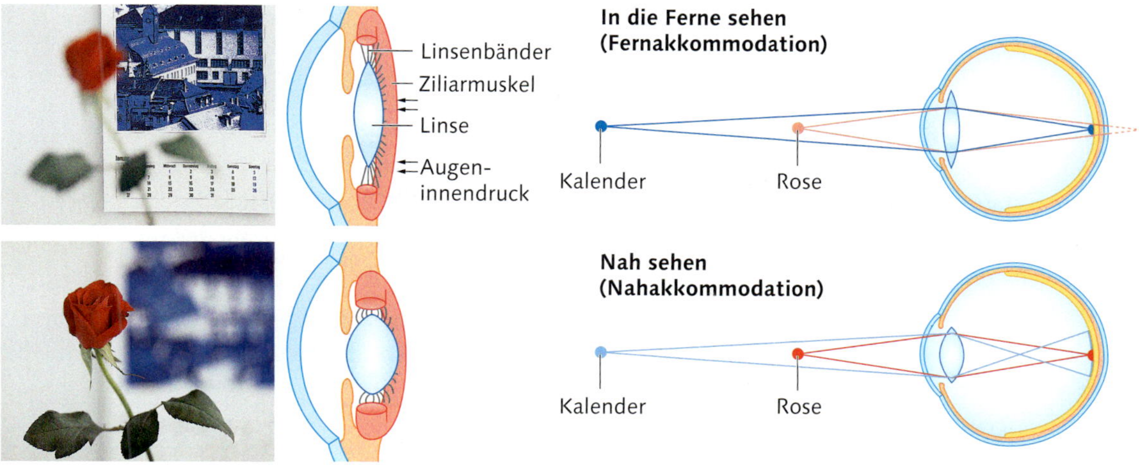

4 Nah- und Fernsehen

Gegenständen genügt eine schwache Lichtbrechung. Die unterschiedliche Ablenkung der Lichtstrahlen gelingt durch die Dickenveränderung der elastischen Linse. Dies wird durch den Ziliarmuskel gesteuert, der über Linsenbänder mit der Linse verbunden ist.

Der Blick in die Ferne

Beim Blick in die Ferne ist der Ziliarmuskel entspannt und dünn, die Linsenbänder sind angespannt. Der Druck im Augeninneren flacht die Linse ab: sie besitzt eine geringe Brechkraft. Man kann weit entfernte Objekte deutlich, nahe aber nur unscharf sehen.

Der Blick in die Nähe

Blickt man auf einen nahe gelegenen Gegenstand, so empfindet man dies als anstrengend. Das liegt daran, dass der Ziliarmuskel jetzt angespannt ist und deswegen an Dicke zunimmt. Dadurch entspannen sich die Linsenbänder. Die nun gewölbte Linse besitzt eine höhere Brechkraft. Nahe Objekte sehen wir scharf, entfernte unscharf.

Entfernungen sehen

Unsere beiden Augen sind nach vorne gerichtet. Das rechte Auge liefert ein etwas anderes Bild als das linke. Jedes Auge besitzt ein eigenes Sehfeld, das sich im mittleren Bereich überschneidet. Erst durch die Verarbeitung im Gehirn entsteht ein einziges Bild. Es liefert uns Informationen darüber, wie die Dinge im Raum angeordnet sind. Mit Hilfe des *räumlichen Sehens* können wir Entfernungen abschätzen.

In Kürze

Auf der Netzhaut entsteht ein verkleinertes, auf dem Kopf stehendes und seitenverkehrtes Abbild. Durch die Akkommodation sehen wir nahe und ferne Gegenstände scharf.

Aufgaben

1 Beschreibe das Abbild auf der Netzhaut.

2 Beschreibe die Vorgänge der Akkommodation im Auge.

3 »Nachts sind alle Katzen grau.«
Stimmt diese Redensart? Begründe.

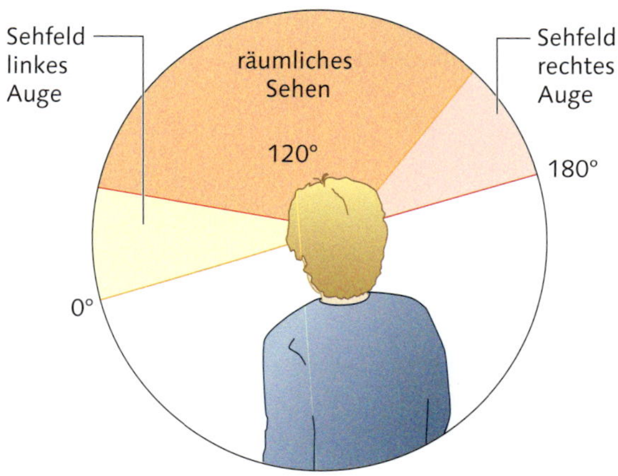

5 Räumliches Sehen

Aufgaben

Lichtsinne im Vergleich

1 Vergleich Auge – Fotoapparat

Das Auge wird häufig mit einem Fotoapparat verglichen. Tatsächlich gibt es Gemeinsamkeiten, aber auch Unterschiede.

a Vergleiche die beiden Abbildungen. Nenne jeweils zwei Gemeinsamkeiten und zwei Unterschiede im Aufbau von Fotoapparat und Auge.

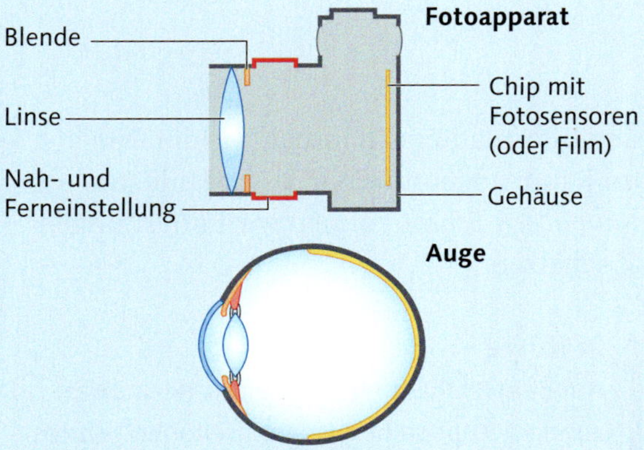

1 Fotoapparat und Auge im Vergleich

b Ein wesentlicher Unterschied zwischen Auge und Fotoapparat ist der Vorgang des Scharfstellens. Da bei einem Fotoapparat eine Glaslinse mit einer festen Wölbung verwendet wird, kann diese nicht verändert werden. Beschreibe mit Hilfe von Bild 1, wie bei einem Fotoapparat im Vergleich zum Auge scharf gestellt wird. Verfasse dazu einen Text aus vier bis sechs Sätzen, in dem du die Fachbegriffe verwendest. Beginne mit der Beschreibung, wann etwas scharf abgebildet wird.

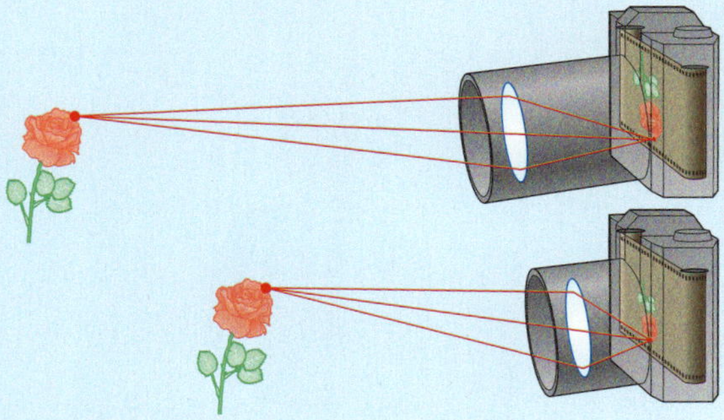

2 Scharfstellen mit einem Fotoapparat

2 Scharf sehen

Scharf sehen zu können ist für viele Tiere überlebenswichtig. Ob ein Tier scharf sieht, hängt unter anderem von der Anzahl der Sehzellen pro Fläche ab.

Zahl der Sehzellen pro Quadratmillimeter	
Kröte	100 000
Mensch	150 000
Katze	400 000
Waldkauz	700 000

a Erstelle aus den Werten der Tabelle ein Diagramm. Wähle eine geeignete Diagrammart und dazu sinnvolle Einheiten. Bewerte anhand des Diagramms die Sehfähigkeit der Lebewesen.

3 Tiere beim Nahrungserwerb

b Erläutere anhand der Abbildungen die Bedeutung der Sehfähigkeit für die Lebensweise der Tiere.

3 Gesichtsfeld

Zwei Schüler überlegen sich, wie sie das Gesichtsfeld ausmessen könnten. Dazu entwerfen sie folgenden Versuchsaufbau:

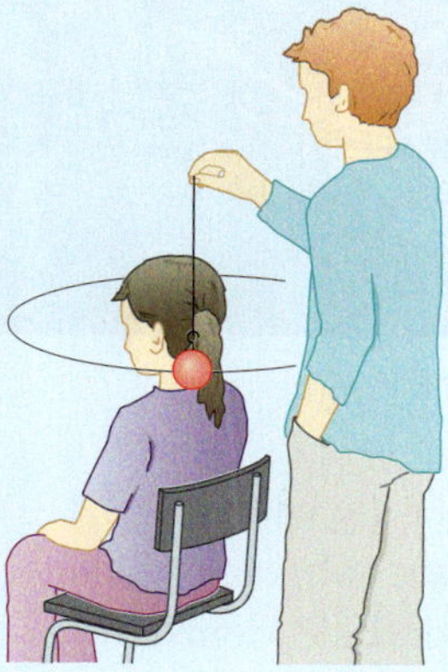

4 Wie groß ist das Gesichtsfeld?

a Formuliere eine Fragestellung und eine Hypothese für diesen Versuch.
b Beschreibe Versuchsaufbau und -durchführung.

Die Schüler sind mit ihren Ergebnissen nicht zufrieden und fragen bei einem Augenarzt nach, wie er das Gesichtsfeld bestimmt. Der Arzt zeigt ihnen sein Kugelperimeter. Dabei werden schwache Lichtpunkte auf einen Schirm projiziert.

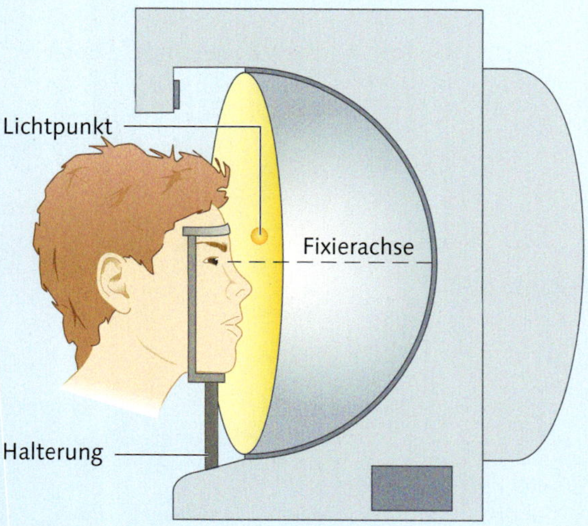

5 Perimeter

c Nenne mindestens drei Gründe, warum der Arzt mit seinem Gerät genauere Ergebnisse erhält.

4 Räumliches Sehen

Die Lage der Augen verrät bereits viel über die Sehfähigkeit eines Tieres. Sind sie beide nach vorne gerichtet, so ist zwar das Gesichtsfeld relativ klein, das Tier kann aber gut räumlich sehen. Liegen die Augen seitlich am Kopf, so bedeutet dies ein großes Gesichtsfeld, aber nur eine geringe Fähigkeit zum räumlichen Sehen.

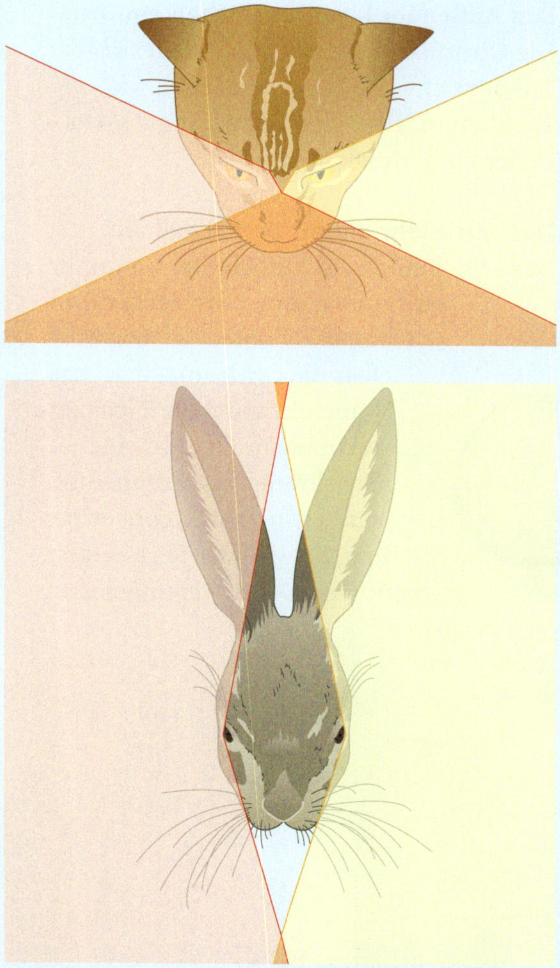

6 Gesichtsfeld von Katze und Hase

a Vergleiche die Gesichtsfelder von der Katze und dem Hasen miteinander. Nenne Gemeinsamkeiten und Unterschiede.
b Erläutere die Bedeutung der unterschiedlichen Lage der Augen für die Lebensweise der Tiere.

Aufbau und Funktion des Ohrs

Der Schlagzeuger einer Band zählt ein und beginnt den Rhythmus des Musikstücks zu spielen. Nun setzen weitere Instrumente ein: Gitarre und Keyboard spielen die Melodie. Während eines Konzerts sind deine Ohren voll gefordert. Durch sie nimmst du Geräusche, die Schallreize, auf.

1 Ein Schlagzeuger bei einem Konzert

Das Außenohr fängt den Schall ein

Die Ohrmuschel ist der von außen sichtbare Teil des Ohrs. Sie fängt den Schall wie ein Trichter ein. Über den Gehörgang wird er weiter zum Mittelohr geleitet.

Das Mittelohr nimmt den Schall auf

Das Mittelohr ist ein luftgefüllter Raum. Er wird nach außen durch eine dünne Haut, das *Trommelfell*, begrenzt. Über die Ohrtrompete ist das Mittelohr mit dem Rachenraum verbunden. Erreicht eine Schallwelle das Trommelfell, wird es in Schwingungen versetzt. So wird der Reiz aufgenommen. Die Bewegungen des Trommelfells werden über die winzigen *Gehörknöchelchen* zum Innenohr weitergeleitet und dabei verstärkt. Sie sind die kleinsten Knochen des menschlichen Körpers. Der Hammer ist am Trommelfell festgewachsen. Ihm folgt der Amboss und schließlich der Steigbügel, der die Verbindung zum Innenohr herstellt.

Im Innenohr sitzt das Hörorgan

Das Innenohr liegt gut geschützt in einer Knochenhöhle des Schädels. Es besteht aus den Bogengängen und der Schnecke. Beide sind mit einer Flüssigkeit, der *Ohrlymphe*,

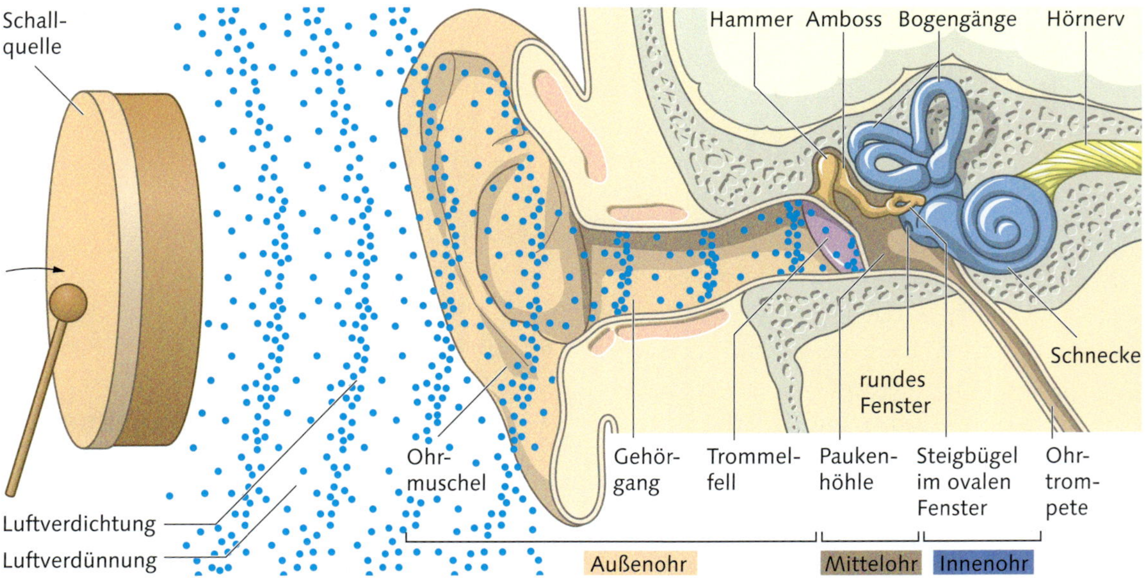

2 Aufbau des Ohrs

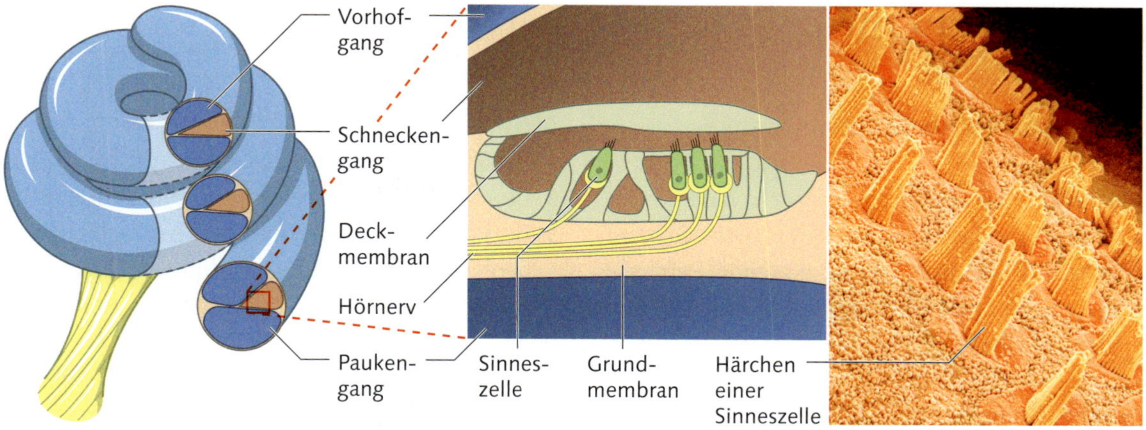

3 Bau des Innenohrs

gefüllt. Die *Schnecke* ist das eigentliche Hörorgan. Ihre Gänge sind wie ein Schneckenhaus gewunden und durch dünne Häutchen, die Membranen, in drei Bereiche aufgeteilt. Oben liegt der Vorhofgang, in der Mitte der Schneckengang und unten der Paukengang. Im Schneckengang sitzen auf der Grundmembran die Sinneszellen. Durch kleine Härchen stehen sie mit der Deckmembran in Kontakt.

Die Umwandlung erfolgt in der Schnecke

Die Schwingungen des Trommelfells werden über die Gehörknöchelchen auf die Flüssigkeit in der Schnecke übertragen. So entstehen wellenartige Bewegungen in der Ohrlymphe, die die dünnen Membranen aufeinanderdrücken. Die Bewegungen zwischen Grundmembran und Deckmembran verschieben die Härchen der Sinneszellen. Dadurch entstehen elektrische Impulse. Diese verlassen über den Hörnerv die Schnecke und werden ins Gehirn geleitet. Tiefe Töne erzeugen Wellen im vorderen Bereich der Schnecke, hohe Töne im hinteren. Die Reizung von Sinneszellen in den unterschiedlichen Bereichen der Schnecke hören wir als verschieden hohe Töne.

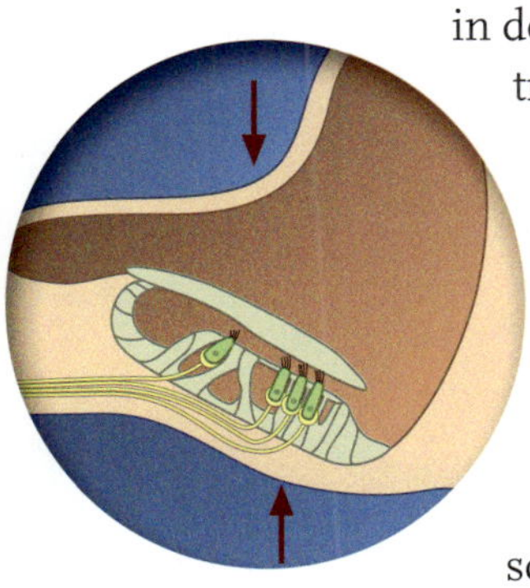

In Kürze

Das Ohr gliedert sich in Außenohr, Mittelohr und Innenohr. Der Schall wird vom Trommelfell aufgenommen. Die Gehörknöchelchen leiten seine Schwingungen weiter und verstärken sie. In den Sinneszellen der Schnecke entstehen elektrische Impulse, die über den Hörnerv zum Gehirn geleitet werden. Hier findet die Wahrnehmung statt.

Aufgaben

1 Beschreibe den Weg des Schalls, der durch einen Trommelschlag ausgelöst wurde, von seiner Entstehung bis zur Wahrnehmung.

2 Stelle Vermutungen an, warum Erkrankungen des Rachenraumes oft mit Ohrenschmerzen verbunden sind.

Exkurs Schall und Schallausbreitung

Schall entsteht durch schnelle Bewegungen eines Körpers. Er versetzt dabei seine Umgebungen in Schwingungen und breitet sich aus. Durch Schwingungen werden in der Luft Schallwellen erzeugt.

Je stärker etwas schwingt, desto lauter ist der Schall. Bei schnellen Schwingungen entstehen hohe, bei langsamen tiefe Töne. Schall breitet sich in festen Körpern genauso wie in Flüssigkeiten oder Gasen geradlinig von der Schallquelle in alle Richtungen aus. Trifft er auf einen anderen Stoff, kann er reflektiert werden. Dann entsteht ein Echo.

Praktikum

Auge und Ohr

A Untersuchen eines Schweineauges

Material Schweineaugen, Petrischale, Einmalhandschuhe, Lupe, Pinzette, Skalpell oder Rasierklinge, Zeitungspapier, Pergamentpapier oder dünne Plastikfolie, Kerze, Streichhölzer

Durchführung 1

- Befühle und betaste das Schweineauge.
- Nimm das Auge vorsichtig zwischen Zeigefinger und Daumen, sodass die Pupille nach unten gerichtet ist.
- Schneide in die nun oben liegende Augenrückwand eine etwa 10 mm × 10 mm große Öffnung. Achte darauf, dass du nicht in den Glaskörper schneidest.
- Entferne mit der Pinzette vorsichtig das ausgeschnittene Stück der Augenrückwand.
- Lege Pergamentpapier oder Folie über das Loch und halte das präparierte Auge mit der Pupille in Richtung der brennenden Kerze.

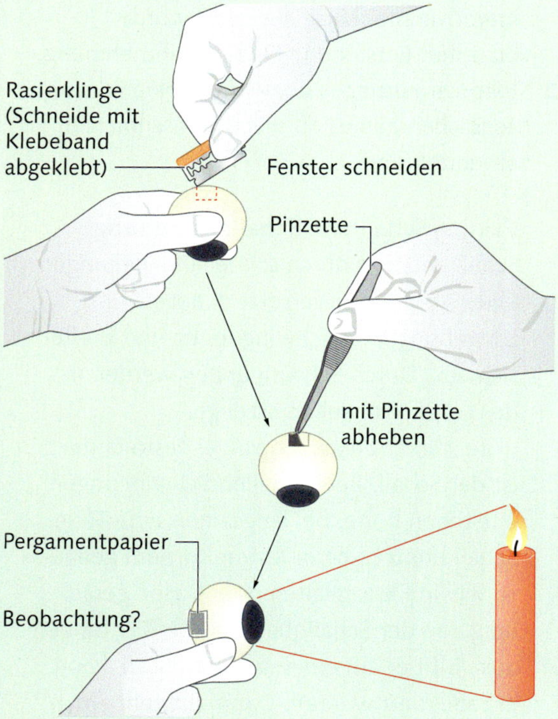

1 Blick durch ein Schweineauge

Auswertung 1

1. Beschreibe, wie sich das Auge anfühlt.
2. Benenne die von außen erkennbaren Teile.
3. Berichte, was du an dem geöffneten Fenster beobachten kannst, wenn du das präparierte Auge in Richtung der brennenden Kerze hältst. Erkläre deine Beobachtung.
4. Erläutere, welchem Teil des Auges das über dem Loch liegende Pergamentpapier entspricht.

Durchführung 2

- Trenne, wie in Bild 2 dargestellt, das Auge in zwei Hälften.
- Untersuche nur die vordere Hälfte des Auges. Benutze dazu auch die Lupe.

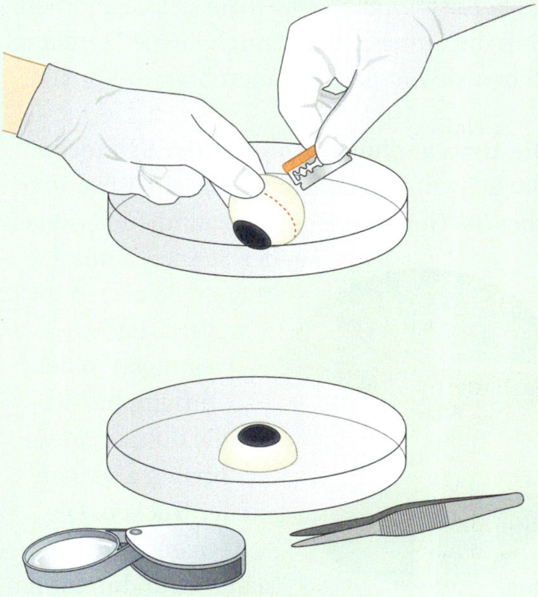

2 Blick in das Schweineauge

Auswertung 2

1. Benenne die nun sichtbaren Teile des Auges.
2. Entferne die Linse mit Hilfe der Pinzette aus dem Auge. Beschreibe die Form der Linse.
3. Lege die Linse auf die Schrift einer Zeitung. Was kannst du feststellen? Berichte.

3 Testbild zum Nachweis des blinden Flecks

B Wo versteckt sich die Maus?

Material Bild 3

Durchführung
- Halte das Buch in Armlänge vor beide Augen.
- Schließe das rechte Auge und blicke mit dem geöffneten Auge auf die Katze.
- Bewege das Buch, auf die Katze schauend, langsam zu dir heran. Ab einem bestimmten Abstand verschwindet die Maus.

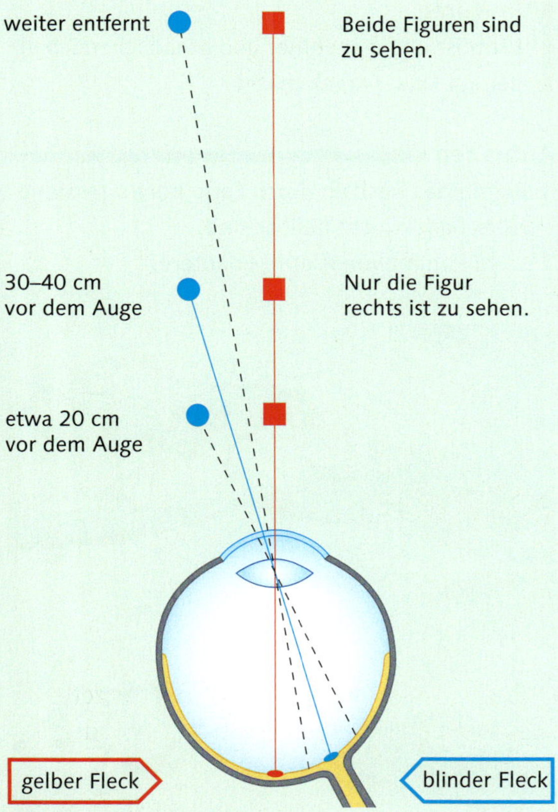

4 Strahlengang im Auge

Auswertung
1 Versuche mit Hilfe von Bild 4 zu erklären, wo sich die Maus versteckt hat.

C Weshalb haben wir zwei Ohren?

Material Schal, Ohrstöpsel, Wecker, Stoppuhr, Schreibmaterial

Durchführung
- Der Testperson werden die Augen verbunden.
- Der Wecker wird versteckt und dann zum Läuten gebracht.
- Die Testperson sucht den Wecker mit
  – einem verschlossenen Ohr,
  – beiden Ohren geöffnet,
  – zwei verschlossenen Ohren.
- Wiederholt die Versuche mit verschiedenen Testpersonen.
- Messt die Zeit, wie lange die Testperson braucht, bis sie den Wecker findet. Protokolliert die Ergebnisse. Übernehmt dazu die Vorlage aus Bild 5 in euer Heft.

Auswertung
1 Benennt und begründet das Versuchsergebnis.
2 Beantwortet nun die oben gestellte Frage.

	Suchzeit in Sekunden		
	ein Ohr verschlossen	beide Ohren offen	beide Ohren verschlossen
Testperson 1			
Testperson 2			
Testperson 3			

5 Versuchsprotokoll der Hörversuche

Lärm macht krank

Thomas hat die Welt um sich herum vergessen. Er hört gerade seine Lieblingsmusik. Damit er sie besonders genießen kann, dreht er auf volle Lautstärke. Das ist so laut, dass sich die Menschen um ihn herum belästigt fühlen. Was für sie aber nur eine Belästigung ist, das kann für Thomas schwerwiegende Folgen haben.

1 Unterwegs mit MP3-Player

Lautstärke kann man messen

Die Lautstärke wird in Dezibel A, dB(A), gemessen. Ab einer Lautstärke von 70 dB(A) wird es gefährlich. Setzt man sich längere Zeit Lärm aus, dann kommt es zu gesundheitlichen Schäden. Die gesetzliche Lärmschutzverordnung legt zum Beispiel fest, dass an lauten Arbeitsplätzen Gehörschutzkapseln getragen werden müssen.

Lärm bedeutet Stress

Jede Art von Lärm belastet den Körper. Schon bei einer kurzen Belastung erhöht sich der Blutdruck und man atmet schneller. Kopfschmerzen, Konzentrationsstörungen und Schlafstörungen sind die Folgen.

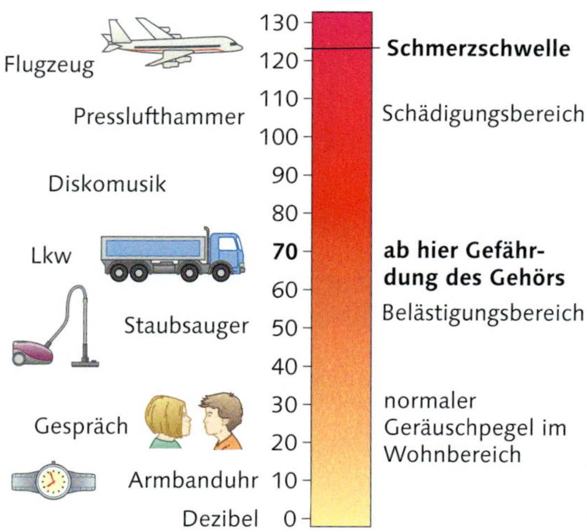

2 Geräuschquellen und deren Lautstärke

Lärm schädigt das Gehör

Wenn man Lärm längere Zeit ausgesetzt ist, schädigt er das Gehör dauerhaft. Die Hörsinneszellen werden zu stark beansprucht. Sie knicken ab und werden kaum mehr durchblutet, schließlich sterben sie ab. Im Gegensatz zu anderen Zellen werden sie nicht mehr erneuert. So können bleibende Schwerhörigkeit oder gar Taubheit entstehen.

In Kürze

Lärm ist unangenehmer und schädlicher Schall, der auf Dauer krank macht.

Aufgaben

1 Begründe, weshalb durch Lärm hervorgerufene Hörschäden nicht heilbar sind.

2 Lärm kommt von Alarm. Erläutere.

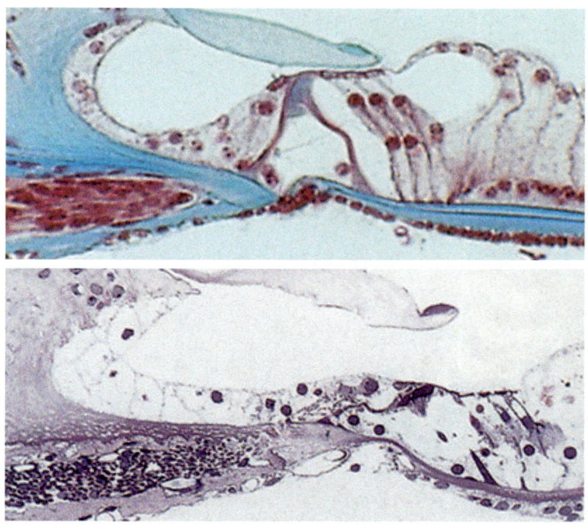

3 Gesunde Hörsinneszellen (oben) und geschädigte Hörsinneszellen (unten)

Sicher im Straßenverkehr

Michael ist auf dem Heimweg von der Schule im dichten Straßenverkehr unterwegs. Zugegeben, seine Kleidung ist gewöhnungsbedürftig, aber sie ist sehr auffallend. Genau das ist seine Absicht: Die anderen Verkehrsteilnehmer sollen ihn nicht übersehen.

Radfahrer sind besonders gefährdet

In Deutschland verunglücken jährlich etwa 17 000 Kinder zwischen 10 und 15 Jahren im Straßenverkehr. Über die Hälfte von ihnen sind Radfahrer. Sie müssen deshalb unbedingt auf ihre Sicherheit achten. Jeder Radfahrer sollte einen Schutzhelm tragen und durch seine Kleidung dafür sorgen, dass er jederzeit gut zu sehen ist.

Konzentration auf den Straßenverkehr

Im Straßenverkehr heißt es nicht nur seine Augen, sondern auch seine Ohren offen halten. Musikhören oder Telefonieren kapseln den Verkehrsteilnehmer vollkommen von seiner Umwelt ab. Er ist unkonzentriert und hört und sieht nicht, wenn ihn ein Autofahrer durch Hupen warnen will oder wenn sich mit großer Geschwindigkeit ein Einsatzfahrzeug mit Martinshorn nähert.

Nur voll konzentriert erkennt man gefährliche Situationen rechtzeitig. Das gilt natürlich auch für Fußgänger.

2 Das kann gefährlich werden.

1 Sehen und gesehen werden!

Sichtbar durch Reflektoren

Helle und reflektierende Kleidung sowie Reflektoren an den Speichen der Fahrräder erhöhen die Sicherheit im Straßenverkehr. Sie sorgen dafür, dass Fußgänger und Radfahrer rechtzeitig erkannt werden. Das gilt insbesondere im Herbst und Winter, wenn es früher dunkel wird. Dann sehen Autofahrer Fußgänger erst viel später, ab einer Entfernung von etwa 30 Metern. Reflektoren an Kleidung und Schultaschen sowie am Fahrrad erhöhen ihre Sichtbarkeit auf über 150 Meter, sodass die Autofahrer rechtzeitig reagieren können.

In Kürze

Als Verkehrsteilnehmer muss man sich auf den Straßenverkehr konzentrieren. Das Hören von lauter Musik oder das Telefonieren mit dem Handy, lenken ab und können so zu schweren Unfällen führen. Nachts und in der dunklen Jahreszeit erhöhen Reflektoren die Sichtbarkeit.

Aufgaben

1 Sicherheit im Straßenverkehr bedeutet auch »sehen und gesehen werden«. Erläutere, was man damit meint.

2 Beschreibe kurz, wodurch ein verkehrssicheres Fahrrad gekennzeichnet ist.

3 Nenne Gründe, weshalb jugendliche Radfahrer im Straßenverkehr besonders gefährdet sind.

Die Haut – ein vielseitiges Sinnesorgan

Endlich Sommer! Baden und barfuß laufen sind jetzt angesagt. Aber Vorsicht: Manchmal liegt im Gras versteckt ein spitzer Stein! Leider zu spät meldet dir dein Fuß über das Gehirn, dass du auf etwas Hartes getreten bist. Ein stechender Schmerz durchzuckt deinen Körper.

1 Autsch! Das hat wehgetan.

Die Haut ist unser größtes Organ
Die Oberfläche der Haut umfasst bei einem Erwachsenen etwa zwei Quadratmeter und wiegt bis zu zehn Kilogramm. Sie hält Krankheitserreger fern, schützt vor Austrocknung und reguliert die Körpertemperatur. Als Sinnesorgan nimmt die Haut Reize aus der Umwelt auf.

Die Haut ist aus drei Schichten aufgebaut
Die *Oberhaut* ist sehr dünn. In ihr sind Farbstoffe, die *Pigmente,* eingelagert. Sie schützen vor der UV-Strahlung. Die Oberhaut bildet auch Haare und Nägel. In der *Lederhaut* liegen Blutgefäße, Schweiß- und Talgdrüsen. Die vielen Sinneszellen machen die Haut zum größten Sinnesorgan. In der darunterliegenden *Unterhaut* wird vor allem Fett gespeichert.

Tastsinn der Haut
Ganz oben in der Lederhaut liegen die *Tastkörperchen* und *Tastscheiben*. Sie sind so empfindlich, dass sie sogar das Landen einer Mücke auf der Haut melden. An den Fingerspitzen und den Lippen liegen ganz besonders viele Tastkörperchen nebeneinander. Auch eine Berührung der Haare merken wir, da jedes Haar an seiner Wurzel von feinen Nerven umgeben ist. Weiter unten in der Haut liegen die *Lamellenkörperchen*. Melden sie sich, dann weiß das Gehirn, dass die Hautstelle von einem kräftigen Schlag getroffen wurde.

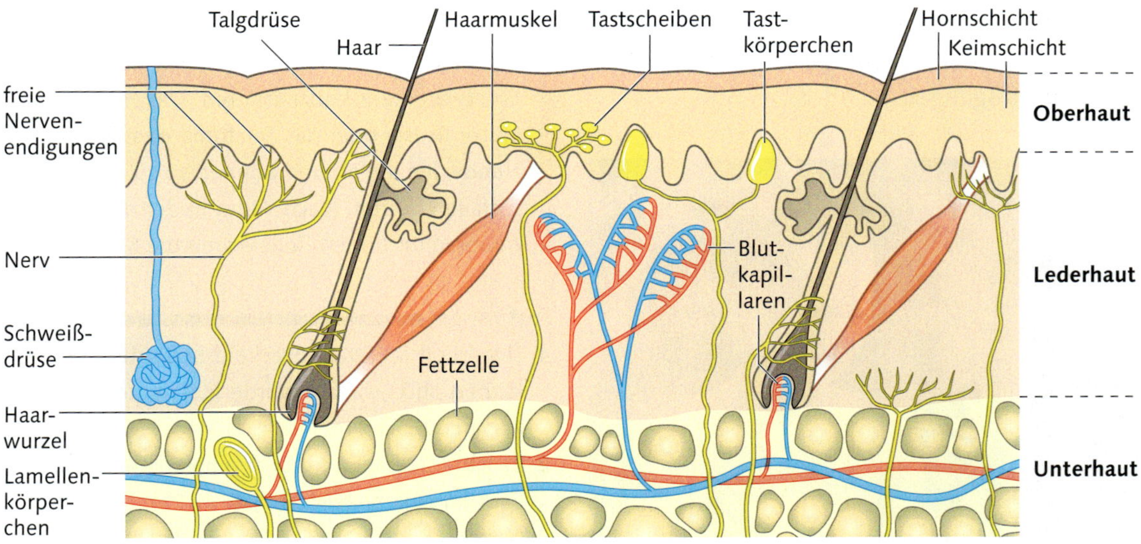

2 Aufbau der Haut

Temperatursinn der Haut

Temperaturveränderungen werden von den *Warm-* beziehungsweise von den *Kaltpunkten* aufgenommen. Vermutlich handelt es sich dabei um *freie Nervenendigungen*. Schmerz wird ebenfalls, aber von anderen freien Nervenendigungen signalisiert, die sich auch in der Oberhaut befinden. Temperaturen über 45 °C werden nicht als Wärme, sondern als Schmerz empfunden. Schmerz ist ein Warnsignal unseres Körpers. In Bruchteilen von Sekunden kann man so bei Gefahr reagieren.

Durchschnittlich liegen in einem Quadratzentimeter menschlicher Haut vier Meter Nervenfasern, bis zu 200 Haare, etwa 100 Lamellenkörperchen und rund 200 freie Nervenendigungen.

Spiegel der Seele

Man sieht es einem Menschen an, ob er »sich in seiner Haut wohlfühlt« oder ob er kurz davorsteht, »aus der Haut zu fahren«. Die Haut zeigt die inneren Gefühle eines Menschen. Angst, Furcht oder plötzliches Erschrecken lassen die Haut erblassen und jagen einem eine Gänsehaut über den Rücken. Diese bekommt man aber auch, wenn man sich über etwas ganz besonders freut oder wenn man friert. Vor Scham, Verlegenheit oder vor Wut wird man rot. Verantwortlich für das enge Zusammenspiel zwischen Körper und Gefühlen ist ein Teil des Gehirns, den man durch seinen Willen nicht steuern kann. Man wird also in bestimmten Situationen plötzlich rot, auch wenn man es nicht will.

3 Angst und Wut kann man im Gesicht erkennen.

4 Eincremen kann vor Sonnenbrand schützen.

Haut und Sonne

Als äußerste Körperhülle ist die Haut vielen Umwelteinflüssen direkt ausgesetzt. Insbesondere die UV-Strahlen der Sonne können sie stark beeinflussen. Die Sonne verbessert zwar unser Wohlbefinden, aber zu viel Sonne »verbrennt« die Haut. So ein Sonnenbrand kann zu Hautkrebs führen. Deshalb sollte jeder rechtzeitig seine Haut schützen und vor dem Sonnenbaden Sonnencreme verwenden.

In Kürze

Die Haut ist unser größtes Organ.
Als Sinnesorgan vermittelt sie Reize aus der Umwelt. UV-Strahlen sind gefährlich für die Haut.

Aufgaben

1 Fasse in einer Tabelle die Sinneszellen der Haut zusammen. Was melden sie jeweils? Nenne je eine entsprechende Alltagssituation.

2 Begründe die Lage der freien Nervenendigungen in der Haut, die Schmerz auslösen.

3 In den Lippen befinden sich viele wärmeempfindliche Sinneszellen. Begründe.

4 Menschen mit dunkler Haut bekommen weniger schnell einen Sonnenbrand. Begründe.

Das Ohr

1 Hören und Alter

1 Warum hält sich Dominik die Ohren zu?

Dominik und sein Opa sitzen auf einer Bank. Plötzlich reißt Dominik die Hände hoch und hält sie schützend an die Ohren. Verwundert schaut der Großvater seinen Enkel an. Was hat er?
Die Tabelle oben hilft dir bei der Beantwortung der folgenden Aufgaben.

a Suche nach einer Erklärung, weshalb der Großvater offensichtlich nichts gehört hat, obwohl er nicht schwerhörig ist.

b Das vielstimmige Konzert der Vögel im Frühjahr können Kinder besser und vollständiger hören als ältere Menschen. Begründe diese Tatsache.

c Viele ältere Menschen benutzen Hörgeräte, um besser hören zu können. Diese Geräte verstärken zum Beispiel leise Töne und machen sie so wieder hörbar. Begründe, welche Töne bei älteren Menschen besonders verstärkt werden müssen.

Alter	Frequenz in Hertz (Hz)
10 Jahre	21000
35 Jahre	15000
50 Jahre	12000
80 Jahre	5000

2 Obere Hörgrenzen bei Menschen verschiedenen Alters

2 Erschwertes Richtungshören

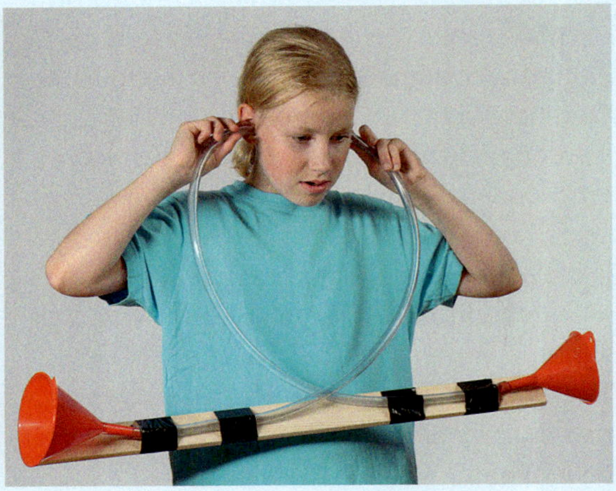

3 Ein Hörversuch

a Beschreibe den Versuchsaufbau in Bild 3.
- Überlege, was man mit diesem Versuch herausfinden möchte. Formuliere eine geeignete Fragestellung.
- Beantworte die Frage und begründe.

b Im Biologieunterricht wird folgender Versuch durchgeführt: Die Versuchsperson soll mit verbundenen Augen die Richtung angeben, aus der unterschiedliche Geräusche kommen:
- ein sehr kurzes, schrilles Geräusch, zum Beispiel von einer Trillerpfeife oder vom in die Hände klatschen;
- ein lang anhaltendes Geräusch zum Beispiel von einem läutenden Wecker.

Stelle Vermutungen über das Versuchsergebnis an. Begründe deine Vermutung.

3 Richtungshören unter Wasser

Beim Tauchen können wir nicht feststellen, aus welcher Richtung ein Geräusch kommt. Begründe dies mit Hilfe der Tabelle.

Medium	Schallgeschwindigkeit
Luft	343 Meter je Sekunde
Meerwasser	1480 Meter je Sekunde

4 Schallgeschwindigkeit in Luft und Wasser

Die Haut

1 Mit Haut und Haaren!

1 Jonas im Wal

Das Bild oben zeigt den Propheten Jonas, der mit Haut und Haaren von einem Wal verschlungen wurde.
»Mit Haut und Haaren« meint immer den ganzen Menschen mit allen seinen Organen, also auch mit Herz, Leber und Gehirn. Suche nach einer Erklärung hierfür.

2 Sind in unserer Haut mehr Warmpunkte oder mehr Kaltpunkte?

Bei einem Versuch wurden die Warm- und die Kaltpunkte auf der Haut mit Hilfe von erwärmten und mit eisgekühlten Nadeln gesucht und mit roten oder blauen Punkten gekennzeichnet. Das Ergebnis siehst du in Bild 2.

a Werte das Versuchsergebnis aus. Du kannst nun die eingangs gestellte Frage beantworten.

b Begründe das Ergebnis.

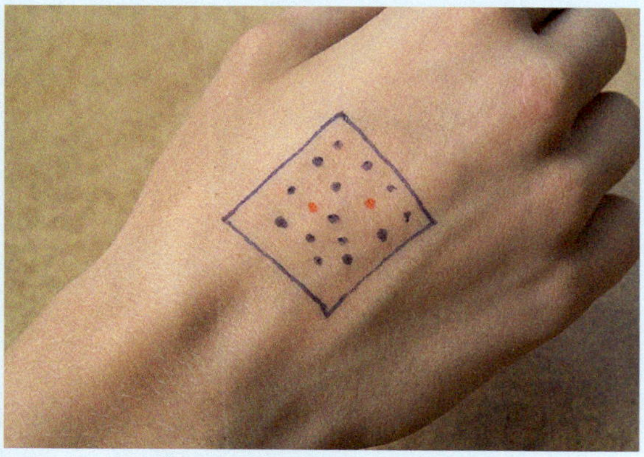

2 Warmpunkte und Kaltpunkte auf der Haut

3 Die Haut und unsere Gefühle

3 Eine Umarmung tröstet.

In der Haut liegen spezielle Nervenzellen, die uns über Kummer und große Sorgen hinweghelfen. Werden diese Nervenzellen durch einfache Berührung gereizt, schüttet unser Körper ein sogenanntes »Glückshormon« aus.

a Suche nach einer Erklärung dafür, weshalb sich Menschen bei großem Kummer, aber auch bei großer Freude umarmen und mit der Hand über den Rücken streichen.

b Auch bei der Begrüßung umarmen sich Menschen. Suche nach einer Begründung.

c Körperlicher Kontakt über die Haut ist für alle Menschen, insbesondere für Kinder lebensnotwendig. Fehlt er, so werden Stresshormone ausgeschüttet. Nun kannst du begründen, weshalb sich weinende Säuglinge im Arm der Eltern sehr schnell wieder beruhigen.

d Im Mittelalter führte ein Herrscher ein Experiment durch. Er wollte wissen, in welcher Sprache Kinder ihre ersten Worte sprechen. Diese Säuglinge wurden bestens versorgt. Es durfte sie aber niemand in den Arm nehmen, mit ihnen spielen und mit ihnen sprechen. Nach einem Jahr waren alle Säuglinge gestorben. Keiner von ihnen war erkennbar erkrankt. Was vermutest du, weshalb die Säuglinge gestorben sind?

Sinnesleistungen von Tieren

Wenn Trüffelsucher mit ihren Schweinen bei der Arbeit sind, sieht es fast so aus, als würden sie die Tiere »Gassi-Führen«. Dem ist aber nicht so. Sie suchen Trüffel. Ein Kilogramm dieses Pilzes kostet mehrere Tausend Euro. Da Trüffel nur unter der Erde wachsen, sind Trüffelsucher auf die gute Nase ihrer Schweine angewiesen. Nur große weibliche Schweine können den Duft der Trüffel wahrnehmen. Die Pilze riechen wie der Sexualduftstoff des Ebers. Schweine fressen die Trüffel sehr gern. Haben sie Trüffel gefunden, sind die großen und kräftigen Tiere nur schwer zu bändigen.

1 Trüffelsucher bei der Arbeit

Besondere Augen für die Jagd aus der Luft

Greifvögel können ihre Augenlinse blitzschnell scharf stellen. Außerdem vergrößert ihr Auge stärker als beim Menschen und es kann gleichzeitig nach vorne und zur Seite scharf sehen. Das ist möglich, weil ihre Augen zwei gelbe Flecken haben. Hier sitzen etwa eine Million Sehzellen. Beim Menschen sind es »nur« etwa 200 000.

Viele Vögel können ultraviolettes (UV) Licht sehen. Feldmäuse markieren ihr Revier mit Urin. Dieser reflektiert das UV-Licht. Falken erkennen aus der Luft den leuchtenden Urin und finden so die gut getarnten Mäuse.

Kontakt durch tiefe Töne

Elefanten verständigen sich mit Hilfe von sehr tiefen Tönen. Diese für unsere Ohren nicht hörbaren *Infraschallwellen* haben Reichweiten von knapp zehn Kilometern. Elefanten nutzen sie, um sich in den Weiten der Savanne vor Feinden zu warnen. Erzeugt werden die Töne mit dem Rüssel, den sie dabei weit nach unten halten und so den Boden in Schwingungen versetzen. Vermutlich werden diese Erdschwingungen von anderen Elefanten mit besonderen Sinneszellen in den Füßen aufgenommen.

Auch Nilpferde und Wale nutzen Infraschall. Da sich Schall im Wasser wesentlich schneller als in der Luft ausbreitet, können sich Wale mit Hilfe des Infraschalls über mehr als hundert Kilometer verständigen.

2 Falken sehen besser und mehr als Menschen.

3 Verständigung durch Infraschall

4 Brieftauben haben einen Magnetsinn.

6 Kopf einer Klapperschlange

Das älteste Navigationssystem der Erde

Zugvögel finden zielsicher ihren Weg in den Süden und wieder zurück in ihre Brutheimat. Manche Tiere orientieren sich an Landmarken, am Stand der Sonne oder der Sterne. Andere Vögel sind nachts und auch bei bedecktem Himmel unterwegs. Sie orientieren sich am Magnetfeld. Es verläuft in Nord-Süd-Richtung um die Erde. Die Magnetfeldlinien zeigen an, wo Norden ist. Für den Menschen ist das Magnetfeld nicht sichtbar. Nur mit Hilfe eines Kompasses können wir die genaue Himmelsrichtung feststellen. Anders ist es bei vielen Vögeln. Neueste Untersuchungen zeigten, dass sie das Magnetfeld sehen können. Dieser Magnetsinn befindet sich in den Augen sowie in ihrem Schnabel.

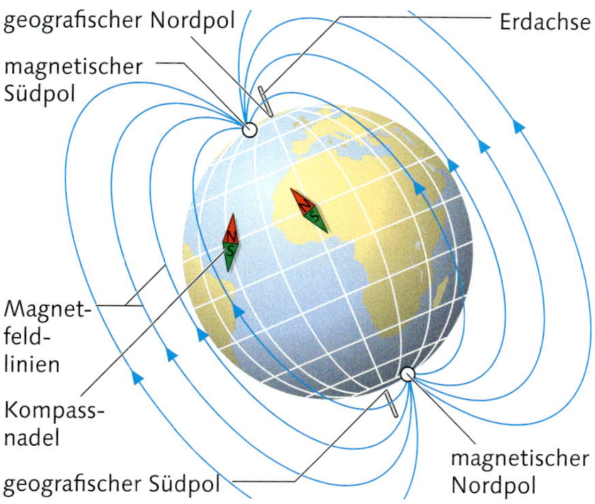

5 Verlauf der Magnetfeldlinien um die Erde

Wärme »sehen«

Klapperschlangen haben zwar Augen, sie orientieren sich aber hauptsächlich mit ihren beiden *Grubenorganen*. Das sind zwei Vertiefungen am Kopf der Schlange, die zwischen den Augen und den Nasenöffnung liegen. Mit Hilfe dieses Organs können Klapperschlangen bei vollkommener Dunkelheit auf Jagd gehen. Die von ihrer Beute, meist kleineren Säugetieren, abgestrahlte Körperwärme wird in den beiden Grubenorganen registriert. Diese reagieren schon auf Temperaturunterschiede von einem dreitausendstel Grad Celsius. Dadurch können die Schlangen ihre Beute erkennen, auch wenn sie noch zwischen 50 und 70 Zentimeter entfernt ist. Sie muss nur um wenige Grade wärmer als die Umgebungstemperatur sein.

In Kürze

Sinnesleistungen stellen eine Angepasstheit der Tiere an ihren Lebensraum und ihre Lebensweise dar.

Aufgaben

1 Hunde können nicht so gut riechen wie Schweine. Trotzdem setzt man sie heute für die Trüffelsuche ein. Suche nach Gründen hierfür.

2 Nenne Gründe, weshalb Falken ihre meist gut getarnte Beute am Boden auch aus großer Entfernung schnel erkennen.

3 Begründe, weshalb Klapperschlangen ihre Beute auch im Dunkeln wahrnehmen können.

Sinnesorgane und Sinnesleistungen im Vergleich

1 Reize, Sinnesorgane und Sinne

Mit Hilfe der Sinne verarbeitet der Mensch Reize aus seiner Umwelt.

a Erläutere die Begriffe Reize und Sinne.

b Nenne die beiden Aufgaben, die alle Sinnesorgane besitzen.

c Ein Ball rollt auf die Straße, der Autofahrer bremst. Beschreibe die Vorgänge im Körper des Autofahrers, die dabei ablaufen, indem du ein Reiz-Reaktions-Schema erstellst.

2 Sinnesorgan Auge

Mit den Augen können wir Lichtreize aufnehmen.

a Beschreibe den Aufbau des Auges mit Hilfe der Buchstaben in Bild 1.

b Viele der von außen sichtbaren Teile des Auges dienen dem Schutz. Nenne die Schutzfunktionen von Augenbrauen, Augenlid, Tränenflüssigkeit und Wimpern.

c Oft wird das Auge als Sehorgan bezeichnet. Begründe, warum »Lichtempfänger« eigentlich der biologisch exaktere Begriff ist.

3 Sinnesorgan Ohr

Das Ohr dient als Empfänger von Schallschwingungen.

a Nenne die drei Bereiche, in die das Ohr gegliedert ist.

b Erläutere die Entstehung von Schallschwingungen sowie den Unterschied von hohen und tiefen Tönen.

c Beschreibe die Aufgaben der Gehörknöchelchen.

d An welcher Stelle im Ohr wird der Schall aufgenommen, wo erfolgt die Umwandlung? Beschreibe.

4 Lärm

Lärm bedeutet eine große Gefahr für unser Gehör.

a Erläutere, was man unter Lärm versteht.

b Welcher Abschnitt des Ohrs ist in Bild 2 dargestellt? Beschreibe mit Hilfe der Abbildung, wie Dauerlärm das Gehör schädigt.

c *»Gegen das Hören von Musik über einen MP3-Player ist nichts einzuwenden, wenn …«* Vervollständige diesen Satz im Sinne der eigenen Gesundheit.

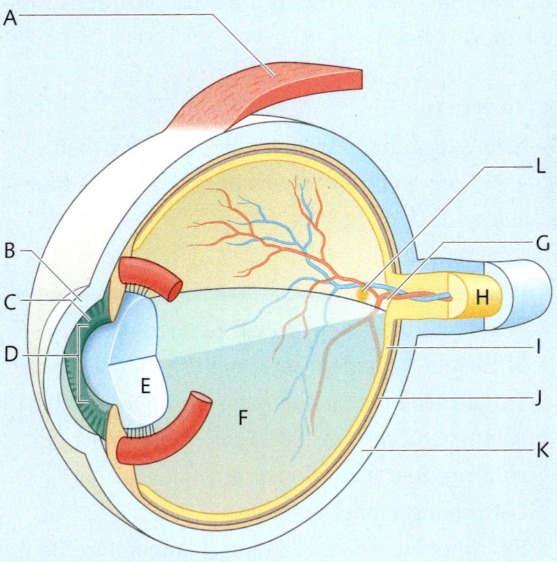

1 Aufbau des Auges

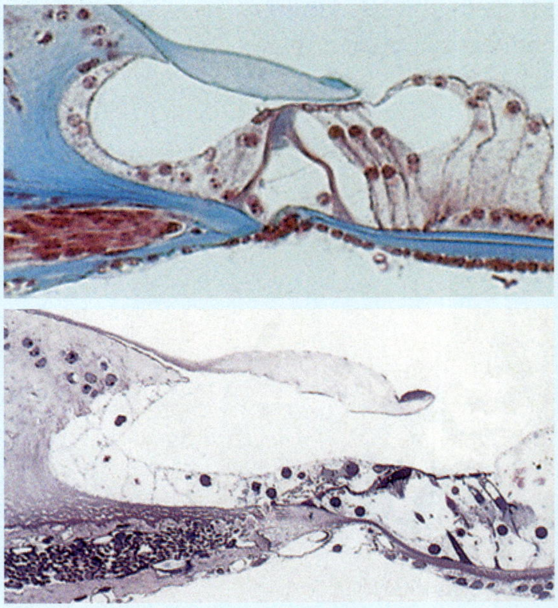

2 Gesunde und geschädigte Hörsinneszellen

5 Sinnesorgan Haut

Die Haut ist ein vielseitiges Sinnesorgan.

a Liste auf, welche Informationen die Haut aus der Umwelt aufnimmt. Nenne die dazugehörigen Sinneszellen.

b Erläutere, weshalb es falsch ist, wenn man sagt: »Die Haut nimmt Reize aus der Umwelt wahr.«

c Hellhäutige Menschen bekommen, wenn sie sich beim Sonnenbaden nicht rechtzeitig eincremen, sehr schnell einen Sonnenbrand. Begründe.

d An steigende Temperaturen kann man sich allmählich gewöhnen, an Schmerz nie. Begründe.

e Das Gehirn »sieht« den Körper so, wie in Bild 3 dargestellt. Suche nach einer Erklärung.

3 So »sieht« das Gehirn den Körper.

6 Sinnesleistungen von Tieren

Wie Lebewesen ihre Umwelt wahrnehmen hängt davon ab, welche Reize ihre Sinnesorgane aufnehmen können.

a Erläutere, weshalb Klapperschlangen tote Beutetiere nicht erkennen.

b Feldmäuse sind für uns Menschen gut getarnte Tiere, nicht aber für Falken. Begründe.

Auf den Punkt gebracht

Sinnesorgane und Sinnesleistungen im Vergleich

- Unter einem Reiz versteht man physikalische oder chemische Einwirkungen, die ein Lebewesen aufnehmen und verarbeiten kann.
- Sinnesorgane nehmen Reize auf und wandeln sie in elektrische Impulse um. Diese werden im Gehirn wahrgenommen.
- Das Auge ist das gut geschützte Sinnesorgan für das Licht. Mit Hilfe der Linse können wir unterschiedlich weit entfernte Objekte scharf sehen.
- Die Ohren dienen zur Aufnahme von Schallwellen. Neben dem Hörsinn befindet sich auch der Gleichgewichtssinn im Ohr.
- Die Ohren sind Lärm schutzlos ausgeliefert. Über längere Zeit schädigt er die Hörsinneszellen dauerhaft.
- Die Haut ist das größte Organ und das vielfältigste Sinnesorgan des Menschen. Zu viel UV-Strahlung schädigt die Haut.
- Um in ihrem Lebensraum zu überleben, sind Tiere mit ihren Sinnesorganen zu besonderen Leistungen befähigt.

Pubertät – Zeit der Veränderung

Was in der Pubertät geschieht

Irgendwann im Alter zwischen 10 und 15 fängt dein Körper an, sich zu verändern. Mit ihm verändern sich auch die Gefühle. Mal bist du super drauf und dann wieder total genervt. Oft weißt du selbst nicht mehr, wie dir geschieht. Das Leben nimmt eine radikale Wende. Man sagt auch: Du bist in der Pubertät – die Zeit, in der du erwachsen wirst.

Alles ist anders

Helena, 12 Jahre alt, ist in letzter Zeit ziemlich reizbar. Manchmal nerven sie schon Kleinigkeiten. Neulich schrie sie ihren kleinen Bruder wütend an, als er in ihr Zimmer stürmte, ohne anzuklopfen.

Mit ihren Eltern hat Helena öfter Streit. Zum Beispiel darüber, wann sie abends zu Hause sein muss. Als ob sie noch ein kleines Kind wäre! Manchmal könnte sie heulen vor Wut. Am liebsten zieht sie sich dann in ihr Zimmer zurück und träumt vor sich hin.

Auch sonst ist vieles anders geworden. Als Benni sie neulich anschaute, klopfte ihr Herz auf einmal wie wild. Er sah einfach super aus. Was für ein Junge! Aber sie brachte keinen Ton heraus. In den nächsten Tagen dachte sie nur noch an ihn. Ob sie in ihn verknallt war?

Es passiert jedem

Die Zeit der Pubertät macht jeder durch. Für einige beginnt sie schon mit 10 Jahren, für andere erst mit 15 oder 16. Jeder wächst und verändert sich verschieden schnell und zu unterschiedlichen Zeiten. Jeder Körper hat sein eigenes Tempo.

Die Pubertät – wozu ist sie gut?

Aus Mädchen werden langsam junge Frauen, aus Jungen junge Männer. Pubertät ist eine Bezeichnung für diesen Lebensabschnitt. Das Wort *Pubertät* kommt aus dem Lateinischen und bedeutet so viel wie »erwachsen«. Es umschreibt nicht nur die körperlichen Veränderungen in dieser Zeit, sondern auch die seelischen sowie die Veränderungen in den zwischenmenschlichen Beziehungen und das sich entwickelnde Verantwortungsgefühl. Die meisten dieser Veränderungen haben damit zu tun, dass man Kinder zeugen und bekommen kann.

Hormone bewirken Veränderungen

Die vielen Veränderungen, die während der Pubertät in deinem Körper stattfinden, werden durch *Hormone* hervorgerufen. Das sind Signalstoffe, die in besonderen Drüsen des Körpers gebildet werden. Sie wandern im Blut von ihrem Herstellungsort dorthin, wo sie ihre Aufgaben verrichten. Sie steuern deine Entwicklung zur *Geschlechtsreife*. Den Befehl dazu gibt das Gehirn, genauer die *Hirnanhangsdrüse*.

1 Sehe ich auch gut genug aus?

2 Was ist nur los mit mir?

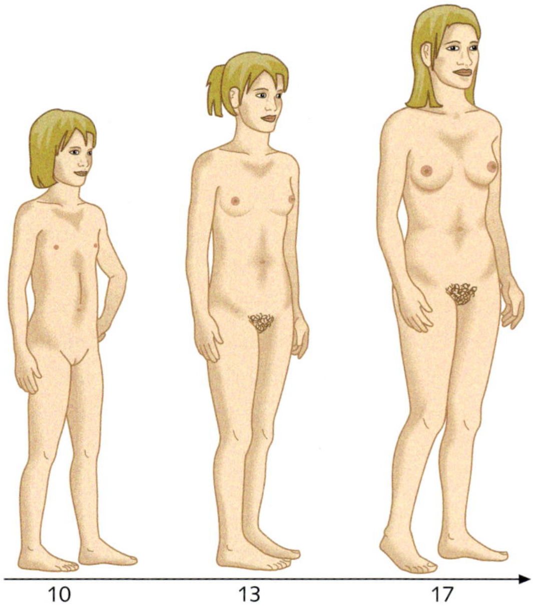

3 Vom Mädchen zur Frau

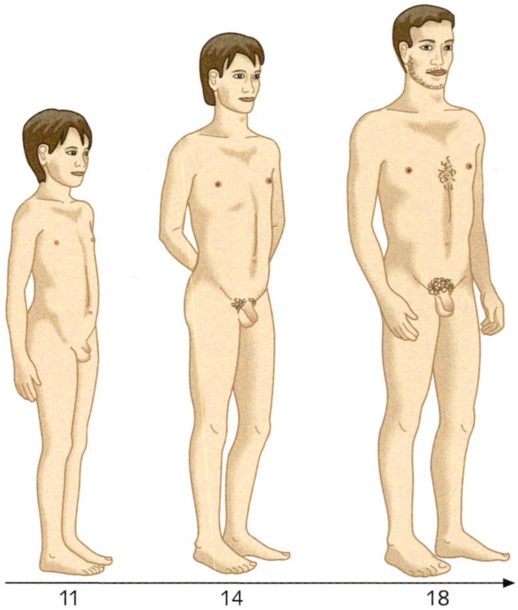

4 Vom Jungen zum Mann

Der Körper verändert sich

Hormone verändern deinen Körper so, dass er einem erwachsenen Körper immer ähnlicher wird. Am auffälligsten ist das relativ schnelle *Wachstum*. Unter den Achseln und im Schambereich wachsen Haare. Bei Mädchen entwickeln sich *Brüste*, Jungen bekommen einen *Bart*, die Stimme verändert sich. Die Geschlechtsorgane bei Jungen und Mädchen werden größer und empfindlicher, vor allem verändern sich ihre Funktionen.

Auch das Gehirn wird umgebaut. Es wird fit gemacht für den Eintritt ins selbstständige Leben.

Achterbahn der Gefühle

Die Hormone beeinflussen auch die *Gefühle*, *Stimmungen* und *Bedürfnisse*. Ein unbestimmtes Sehnen nach dem großen Abenteuer erwacht. Beste Freundinnen und Freunde werden oft wichtiger als die Eltern. Es gefällt dir, etwas Eigenes zu leisten, du selbst zu sein. Vielleicht entdeckst du mit großem Herzklopfen, dass du mit deinem Aussehen und Verhalten die Blicke anderer auf dich lenken kannst. Vielleicht verliebst du dich zum ersten Mal.

In Kürze

In der Pubertät verändern sich dein Körper, deine Gefühle und Interessen. Den Befehl zu deiner Verwandlung gibt das Gehirn. Hormone steuern die Entwicklung zur Geschlechtsreife.

Aufgaben

1 Welche Bedeutung hat die Pubertät? Erläutere.

2 Es gibt Veränderungen in der Pubertät, die man von außen beobachten, und solche, die man nicht beobachten kann. Nenne Beispiele dafür.

3 In der Pubertät erleben viele eine »Achterbahn der Gefühle«. Erläutere, was damit gemeint ist.

Basiskonzept Entwicklung

Manche Organe erlangen erst nach einer bestimmten Entwicklungszeit eine Funktion. Beispielsweise produzieren die Hoden des Jungen erst ab der Pubertät Geschlechtszellen oder Spermien.

Alle Organe und alle Lebewesen verändern sich. Sie durchlaufen dabei verschiedene Stufen der Entwicklung. Aus einem Baby wird einmal ein alter Mann oder eine alte Frau. Alles, was lebt, entwickelt sich, wächst, verändert sich und stirbt irgendwann.

Vom Mädchen zur Frau

Wenn die Pubertät beginnt, werden erstmals größere Mengen von weiblichen Geschlechtshormonen gebildet. Diese Östrogene verwandeln das Mädchen allmählich in eine junge Frau. Die Hüften werden breiter, die Brüste nehmen an Größe zu, Schamhaare wachsen und die erste Regelblutung setzt ein. Auch die romantischen und sexuellen Gefühle werden intensiver.

Die äußeren weiblichen Geschlechtsorgane

Die äußeren weiblichen Geschlechtsorgane liegen geschützt zwischen den Oberschenkeln. Die äußeren und inneren *Schamlippen* bedecken die Klitoris, die Öffnung der *Harnröhre* und den Scheideneingang. Die *Klitoris* ist eine kleine Erhebung von der Größe einer Erbse. Wenn sie berührt und gestreichelt wird, kann ein lustvolles Gefühl entstehen.

Der Scheideneingang ist bei jungen Mädchen durch das *Jungfernhäutchen* geschützt. Wenn ein Mädchen sportlich aktiv ist, kann es sich dehnen und einreißen, sodass sich der Scheideneingang etwas vergrößert. Das Gleiche passiert auch beim ersten Geschlechtsverkehr.

Die inneren weiblichen Geschlechtsorgane

Die *Scheide,* ein dehnbarer Muskelschlauch, führt zur *Gebärmutter,* in der ein Kind während der Schwangerschaft heranwächst. Die Gebärmutter gleicht einer auf den Kopf gestellten Birne. Sie ist innen hohl und mit einer zarten Schleimhaut ausgekleidet. Außen ist sie von einem starken Muskel umgeben. Von der Gebärmutter führen links und rechts zwei dünne Kanäle, die *Eileiter,* zu den beiden *Eierstöcken.* In diesen befinden sich schon bei der Geburt des Mädchens oft mehr als eine Million Eizellen.

Der weibliche Zyklus

Von der Pubertät an bereitet sich der Körper einer Frau immer wieder darauf vor, ein Kind bekommen zu können. Gesteuert durch die Geschlechtshormone reift dabei jedes Mal im Eierstock eine Eizelle heran.

Währenddessen öffnet sich das untere Ende der Gebärmutter, der *Gebärmutterhals.* Er bildet eine nährstoffreiche Flüssigkeit, den *Zervixschleim.* Dieser lässt vorhandene Spermien in die Gebärmutter eindringen und bewirkt, dass sie dort bis zu fünf Tage lang überleben können. Außerdem wächst die Gebärmutterschleimhaut auf das Vierfache ihrer normalen Dicke heran.

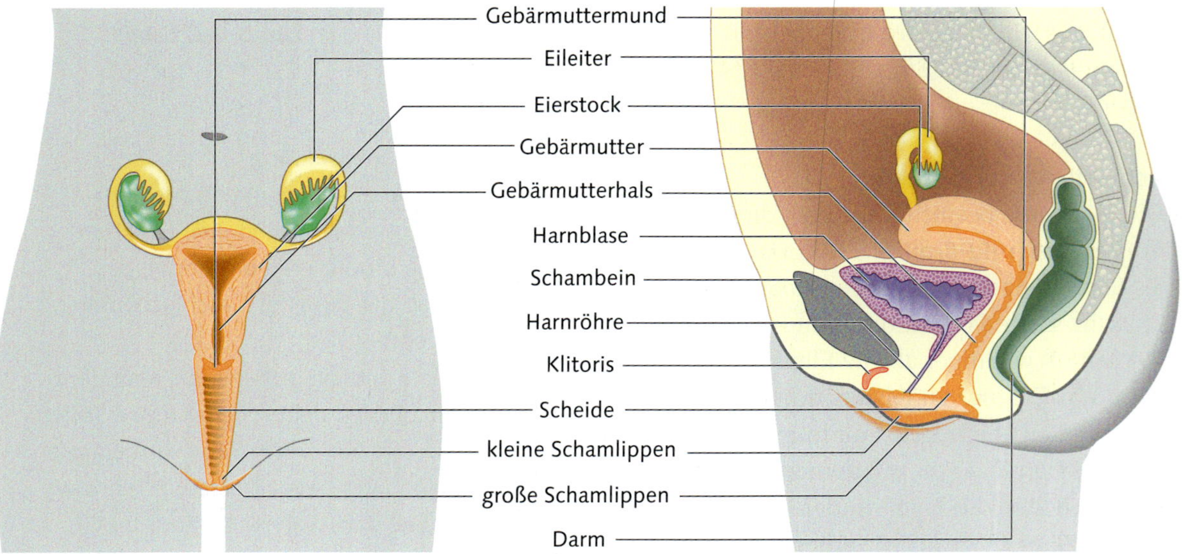

1 Die weiblichen Geschlechtsorgane

2 Schnitt durch das weibliche Becken

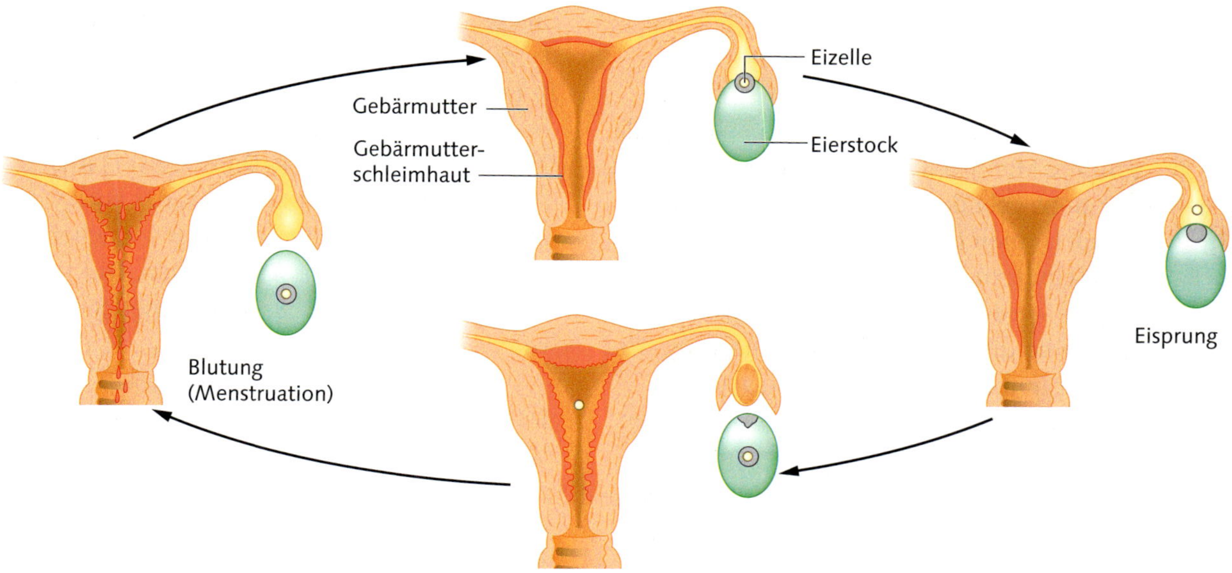

3 Der hier gezeigte Menstruationszyklus kann zwischen 23 und 35 Tage dauern.

Wenn die Eizelle reif ist, kommt es zum *Eisprung*. Dabei platzt das *Eibläschen*, das die Eizelle im Eierstock schützend umgibt. Die freie Eizelle wird von der trichterförmigen Öffnung eines Eileiters aufgenommen und kann etwa einen Tag lang befruchtet werden.

Kommt es nicht zu einer Befruchtung, löst sich der größte Teil der aufgebauten Gebärmutterschleimhaut ab und wird mit Blut durch die Scheide ausgeschieden. Das ist die *Regelblutung*. Sie wird auch als *Menstruation* oder *Periode* bezeichnet. Bereits während der Blutung bereitet sich der Körper des Mädchens wieder darauf vor, schwanger werden zu können. Dieser wiederkehrende Kreislauf von der Vorbereitung auf eine mögliche Schwangerschaft und den »Aufräumarbeiten« des Körpers wird »*Zyklus*« genannt.

Schwanger vor der ersten Regel?

Wenn ein Mädchen zum ersten Mal seine »Tage« bekommt, ist die erste Vorbereitung auf eine mögliche Schwangerschaft, also der erste Zyklus, bereits abgeschlossen. Da etwa zwei Wochen vorher bereits die erste reife Eizelle aus dem Eierstock gesprungen ist und befruchtungsfähig war, kann ein Mädchen schon vor ihrer ersten Regelblutung schwanger werden.

Hygiene während der »Tage«

Die Regelblutung ist ein natürlicher, gesunder Vorgang. Es gibt keinen Grund, sich dabei anders zu verhalten als sonst. Dennoch sind Mädchen bei der ersten Regel oft darüber besorgt, dass so viel Blut über die Scheide den Körper verlässt. Frauen verwenden Binden oder Tampons, um das Blut aufzusaugen. Sie werden mehrmals am Tag gewechselt – wie oft, hängt von der Stärke der Blutung ab.

In Kürze

Mit der Pubertät beginnen die weiblichen Geschlechtshormone ein Mädchen in eine junge Frau zu verwandeln. Ihr Körper entwickelt sich so, dass sie Kinder bekommen kann. Mit der ersten Regelblutung ist von außen erkennbar, dass sie ihren ersten Menstruationszyklus abgeschlossen hat und geschlechtsreif ist. Die Dauer eines Zyklus kann von Frau zu Frau und von Zyklus zu Zyklus unterschiedlich sein.

Aufgaben

1 Welches sind die äußeren, welches die inneren Geschlechtsorgane der Frau? Benenne sie.
2 Erkläre, welche Funktion die Regelblutung hat.
3 Mädchen können schwanger werden, bevor sie ihre erste Regelblutung haben. Erkläre.

Vom Jungen zum Mann

Wenn die Pubertät beginnt, werden erstmals größere Mengen des männlichen Geschlechtshormons gebildet. Dieses Testosteron verwandelt einen Jungen in einen jungen Mann. Die Schultern werden breiter, die Geschlechtsorgane werden größer, die Stimme wird tiefer und dunkler, die Körperbehaarung wird dichter und der Bart fängt an zu wachsen. Die Muskeln entwickeln sich und es werden häufiger sexuelle Empfindungen spürbar. Die Jungen erleben den ersten Samenerguss.

Die männlichen Geschlechtsorgane

Die männlichen Geschlechtsorgane befinden sich hauptsächlich außerhalb des Körpers. Im *Hodensack* liegen die zwei pflaumenförmigen *Hoden*. In ihnen werden die männlichen Geschlechtszellen oder *Spermien* gebildet. Die Hoden liegen außen, damit sie kühl bleiben. Spermien wachsen am besten bei Temperaturen etwas unter der normalen Körperwärme. Die Nebenhoden umgeben jeweils die Hoden halbmondförmig. Sie sind von feinen Kanälchen durchzogen. In ihnen reifen die Spermien und werden gespeichert. Kommt es zu einem Samenerguss, machen sich die Spermien auf den Weg in die beiden *Samenleiter*. Verschiedene Drüsen geben Flüssigkeiten hinzu. Sie machen die Spermien beweglich. Die beiden Samenleiter vereinigen sich mit der Harnröhre. Diese führt Harn oder Spermien durch das *Glied*, das auch *Penis* genannt wird. Er besteht aus weichem Bindegewebe und aus Blutgefäßen. Das Penisende wird als *Eichel* bezeichnet. Sie wird von der *Vorhaut* bedeckt.

Der Samenerguss

Bei den meisten Jungen beginnen die Hoden zwischen dem 12. und 13. Lebensjahr Spermien zu bilden. Dann kann es zu einem Samenerguss kommen. Der erste Samenerguss passiert meist im Schlaf. Der Penis versteift sich plötzlich. Dabei füllen sich die *Schwellkörper* in seinem Innern mit Blut. Er wird dicker und länger und richtet sich auf. Das nennt man Versteifung oder *Erektion*. Ein Samenerguss kann aber auch ausgelöst werden, wenn der Penis gestreichelt oder gerieben wird. Dies führt zu lustvollen Gefühlen. Auf dem Höhepunkt der Erregung, dem *Orgasmus*, wird die Spermienflüssigkeit, das *Sperma*, durch die Penisöffnung herausgespritzt. Mit dem ersten Samenerguss ist ein Junge geschlechtsreif. Er kann ab jetzt Kinder zeugen.

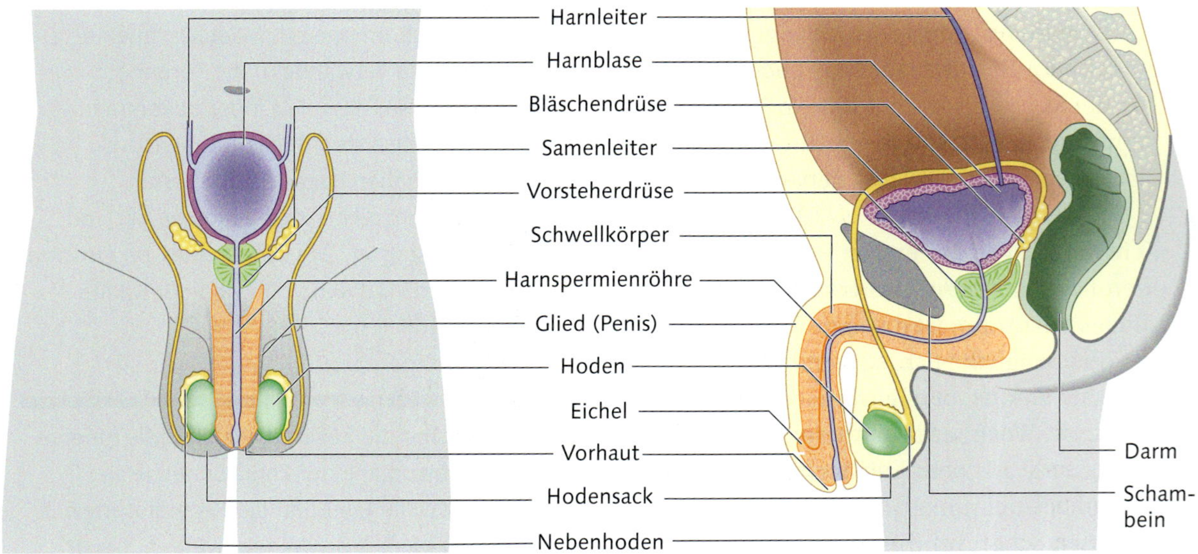

1 Die männlichen Geschlechtsorgane

2 Schnitt durch das männliche Becken

Sperma – was ist das?

Das Sperma ist weißlich, trübe und etwas klebrig. Es besteht aus Spermien – so lautet die Mehrzahl von Spermium (Samenzelle) – und einer Flüssigkeit mit verschiedenen Substanzen, die die Spermien schützen und beweglicher machen.

Etwa 200 bis 500 Millionen Spermien verlassen den Körper, wenn er Sperma ejakuliert. Ejakulieren bedeutet etwas plötzlich freisetzen.

Was beim Stimmbruch passiert

Die Stimme wird im Kehlkopf erzeugt. Dieser sitzt am oberen Ende der Luftröhre. In ihm befinden sich die Stimmlippen, in denen feine Muskelstränge verlaufen; sie werden auch Stimmbänder genannt. In der Pubertät wird beim Jungen der Kehlkopf größer als bei Mädchen.

Während des Wachstums verlängern sich die Stimmbänder beim Jungen um bis zu einen Zentimeter, wodurch die Stimmlage tiefer wird. Die Stimme klingt dann etwas rau und kippt oft zwischen der männlichen und kindlichen Stimmlage. Als Ursache hierfür vermutet man, dass beide Stimmbänder nicht genau gleichartig gespannt werden können.

In Kürze

In den Hoden werden das männliche Geschlechtshormon und die Spermien gebildet. Beim Samenerguss werden etwa eine halbe Milliarde Spermien aus dem Penis ausgestoßen. Mit dem ersten Samenerguss sind Jungen geschlechtsreif und können Kinder zeugen.

Aufgaben

1 Welches sind die Geschlechtsorgane des Mannes? Benenne sie mit den Fachbegriffen.
2 Woher kommen die Samenzellen? Beschreibe.
3 Der erste Samenerguss ist ein wichtiger Schritt auf dem Weg zum Erwachsenwerden. Begründe.
4 Warum werden so viele Samenzellen gebildet? Stelle Vermutungen an.

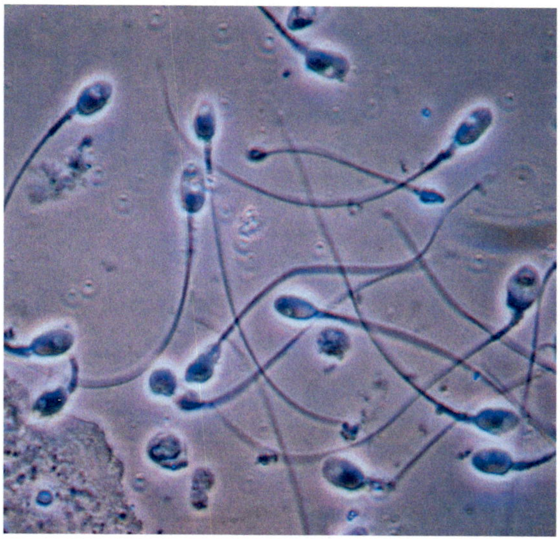

3 Spermien, etwa 1000-fach vergrößert

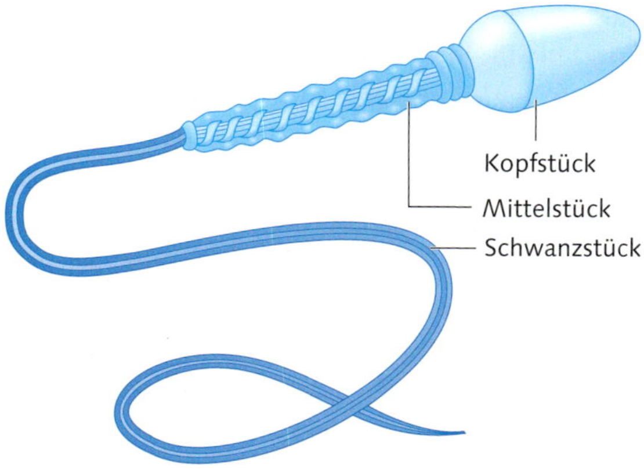

4 Aufbau einer Spermienzelle

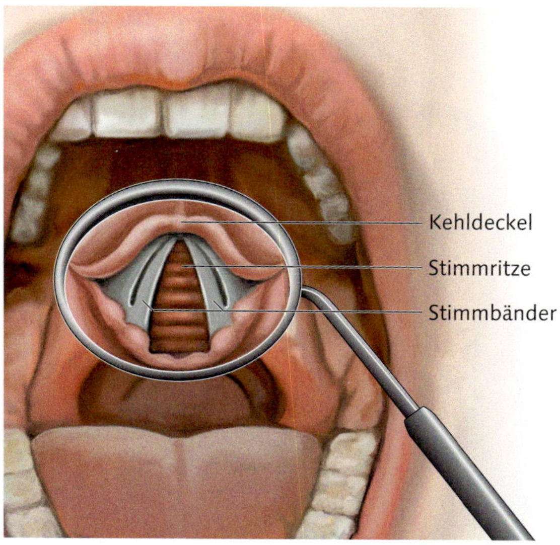

5 Kehlkopf mit Stimmbändern

Auf den eigenen Körper achten

Bis jetzt hatten Pia und David null Interesse an dieser Abteilung im Kaufhaus, heute dagegen – fast über Nacht – zieht es sie beide hin: in die Kosmetikabteilung. Pia benötigt plötzlich Make-up und David sucht nach einem passenden Gesichtswasser. Ach ja, und ein Deo brauchen die beiden auch noch.

Jeder Körper will gepflegt sein

In der Pubertät können *Akne,* fettige Haare und Körpergeruch zum Problem werden. Die *Schweiß- und Talgdrüsen* in der Haut sind aktiver als früher. *Pickel* bilden sich, wenn Talgdrüsen verstopft sind und sich dann entzünden. Tägliches Waschen mit Wasser und Waschlotion kann hilfreich sein, reicht aber manchmal nicht aus. Dann ist es besser, einen Arzt aufzusuchen als unzählige Cremes und Gesichtswasser auszuprobieren.

Dein Körper ist okay

Viele Jugendliche zweifeln daran, ob bei ihnen alles »normal« läuft. Jungen sorgen sich um die Größe ihres Penis, Mädchen um das Wachstum ihrer Brust. Es ist normal, dass Gleichaltrige unterschiedlich weit entwickelt sind. Jeder Körper hat sein eigenes Tempo.

2 Ein Pickel soll kein großes Problem sein?

1 Auf der Suche nach duftenden Tinkturen

Entscheidend ist nicht, was andere sagen, sondern dass man sich in seiner Haut wohlfühlt. Die meisten körperlichen Veränderungen in der Pubertät fordern uns heraus, unseren Körper neu kennenzulernen und seine Vorzüge zu entdecken.

Sehnsucht nach Körperkontakt

Du hast vielleicht – wie viele andere auch – das Bedürfnis, andere Menschen, die du besonders magst, zu berühren und selbst von ihnen berührt zu werden. Umarmen und zärtliches Streicheln kann Freude machen, beruhigen oder erregen. Unsere Haut ist überall sehr empfindlich für Berührung. Auch dabei erfährst du jetzt vieles neu. Jeder von uns hat intime Körperteile, die eine sehr persönliche Bedeutung für ihn haben. Werden diese berührt, kann das besonders angenehm und lustvoll sein. Deshalb ist es auch wichtig, diese Stellen zu schützen. Nur du allein entscheidest, von wem und wo du berührt werden willst.

In Kürze

In der Pubertät produziert der Körper mehr Talg und Schweiß. Zum Wohlfühlen gehört es, den Körper täglich zu waschen und zu pflegen. Jeder Körper entwickelt sich mit unterschiedlichem Tempo. Manchmal müssen wir ihn auch vor unangenehmen Berührungen durch andere schützen.

Typisch Mädchen!? Typisch Jungs!?

1 Typisch für Jungs?

3 Typisch für Mädchen?

Was von Mädchen und Jungs alles erwartet wird

Als Kind hast du vielleicht schon oft gehört: Jungen spielen mit Autos, Mädchen mit Puppen. Jungen weinen nicht, Mädchen ziehen sich hübsch an, Jungen spielen Fußball, Mädchen tanzen lieber. Sicher kennst du noch viele andere Erwartungen, die man an dich als Mädchen oder Junge stellt. Solche Erwartungen werden oft von einer Generation an die andere weitergegeben. Sie können unser ganzes Leben bestimmen, manchmal sogar sehr einschränken.

Benutzername | Login

Mein Account | Videos | Sites | Mitglieder | Freunde | **Forum** | Chat

Du befindest dich hier: Startseite » Forum » **Liebe**

Beitrag	Antworten	Zugriffe	Letzte Antwort
Flirten	6	720	07.08.2011 17:26:26 von:lena13

Boah, ich hab keen Bock, nen Kerl anzuquatschen und den zu fragen, ob wir zusammen was machen wollen. Sonst ist der noch voll irre und denkt ich bin ne bitch. Oder er hat keen Respekt mehr vor mir...

von:lena13 am: 07.08.2011 17:26:26

Beitrag	Antworten	Zugriffe	Letzte Antwort
Flirten	10	604	15.03.2011 19:36:23 von:andy 14

Viele Kumpel, die ich kenne, haben voll Schiss ein Mädchen anzuquatschen. Ich mein, für mich ist es auch nicht so easy, ein Mädel anzumachen. Fände es manchmal besser, wenn sie mich fragen würde, ob wir was zusammen machen...

von:andy14 am: 12.11.2009 18:08:51

Neues Thema erstellen

2 Aus einem Jugend-Chatroom

»Mädchen tun das nicht!«

Verhaltensregeln für Jungen und Mädchen sind häufig ganz verschieden. So wird Mädchen geraten, wenn es um Verabredungen geht, nicht den ersten Schritt zu tun. Sie sollten lieber warten, bis sie jemand fragt. Dabei fällt es aber vielen Mädchen schwer, herumzusitzen und zu warten, bis ein Junge sie anspricht. Andererseits sind viele Jungen viel zu schüchtern, um ein Mädchen anzusprechen.

»Jungen sind cool!«

Wer »cool« ist, wird von Gleichaltrigen eher respektiert. »Cool sein« gilt als Merkmal für Männlichkeit. Schon kleine Jungs wollen »cool« sein. Aber ist es nicht auch für Jungen gut, Gefühle zu zeigen, zu weinen und persönliche Empfindungen offen auszudrücken, wie das auch viele Mädchen tun?

Wie Psychologen darüber denken

Jeder sollte das Recht haben, nach seinen eigenen Empfindungen handeln zu dürfen, ohne dass jemand sagt, was ein Junge oder Mädchen zeigen darf und was nicht. Nicht alle Situationen verlangen von einem Jungen einen »coolen« Auftritt oder den ersten Schritt. Es gibt Momente, in denen es angebracht ist, den persönlichen Gefühlen und eventuell auch Tränen freien Lauf zu lassen.

Erste Liebe

1 Lovestory

Schmetterlinge im Bauch
Das Verliebtsein kommt ganz plötzlich. Du fühlst dich wie verzaubert, im siebten Himmel, auf rosaroten Wolken. Du fühlst dich zu einem anderen Menschen hingezogen. Du kannst an nichts anderes mehr denken. Du möchtest immer in seiner Nähe sein. Ob mehr daraus wird, entscheidet sich erst später.

Achterbahn der Gefühle
Wenn es dich »erwischt« hat, wird in deinem Gehirn ein Hormon freigesetzt. Es verändert Milliarden von Schaltungen im Gehirn und schärft die Sinne für alles Schöne. Weitere Hormone rufen Glücksgefühle hervor, alles erscheint dir rosarot. Zugleich aber bist du auch verletzlicher. Gefühle können blitzschnell umschlagen: von himmelhoch jauchzend bis zu Tode betrübt.

Und was ist mit Sex?
Verliebtsein führt zu der aufregenden Chance, einen anderen Menschen näher kennenzulernen: seine Gedanken und Ansichten, sein Verhalten, den Körper, seine Gefühle und Empfindungen. Ob Sex auch schon dazugehört? Niemand darf sich unter Druck setzen lassen. Jeder muss den richtigen Zeitpunkt für sich finden. Vielleicht fühlst du dich noch nicht reif dafür. Oder du möchtest einfach warten, bis der richtige Partner kommt und ihr beide auch frei und gern dazu bereit seid. Die meisten Jugendlichen wünschen sich Sex erst in einer länger andauernden Liebesbeziehung.

Aufgaben
1 Erzähle die »Foto-Lovestory« weiter.
2 Beschreibe drei Möglichkeiten, wie du jemanden näher kennenlernen kannst.

Ist das Liebe?

Irmi, 13 Jahre: »Ich war mit einem Freund auf einer Party. Als ich mit einem anderen Jungen eng und langsam tanzte, verliebte ich mich plötzlich in den. Wenn er mich nur berührte, dann zitterte ich schon. Und als wir tanzten, meinte ich, auf einer Wolke zu schweben.«

Jonas, 11 Jahre: »Ich mag zum Beispiel meine Katze furchtbar gern, meine Schwester und die Oma auch, und natürlich meine Eltern.«

Helena, 15 Jahre: »Wenn ich verliebt bin, fühle ich mich ganz plötzlich zu jemandem hingezogen. Es überkommt einen, ob man will oder nicht. Liebe dagegen ist etwas Aktives. Wenn ich liebe, dann gebe ich – ohne Gegenleistung. Ich freue mich, wenn ich meinem Freund eine Freude machen kann. Wir respektieren einander, und wenn etwas nicht stimmt zwischen uns, dann reden wir darüber.«

Tobias, 13 Jahre: »Ob mich wirklich jemand mag, merke ich daran, dass er mich so nimmt, wie ich bin, dass er mich nicht ausnützt, dass er mir zuhört und mich nicht anlügt und wir über alles reden können.«

Aufgaben

1 Und was ist für dich »Liebe«? Skizziere deine Sichtweise. Liebe ist, wenn …

2 Beschreibe Unterschiede zwischen Verliebtsein und Liebe.

1 Sonja liebt ihre Oma.

2 Andy mag seinen Freund Dominik.

3 Julia liebt ihren David.

Neues Leben entsteht

1 Verliebte drängt es manchmal auch nach mehr.

Wenn Menschen ineinander verliebt sind, tauschen sie Zärtlichkeiten aus, küssen sich, schmusen miteinander, streicheln sich. Sie berühren sich am ganzen Körper und empfinden dabei sehr schöne Gefühle.

»Miteinander schlafen«
Der Austausch von Zärtlichkeiten am ganzen Körper – man nennt dies auch *Petting* – kann zu sexueller Erregung führen. Mädchen spüren das, wenn ihre Scheide feucht wird; bei Jungen wird der Penis steif. Aus dem Kuscheln kann ein anderer Wunsch entstehen: Sie möchten »miteinander schlafen«. Dies bedeutet, dass sie Geschlechtsverkehr haben. Hierbei wird der steife Penis vorsichtig in die Scheide der Frau eingeführt. Rhythmische Bewegungen der Liebenden kann den Geschlechtsverkehr zu einem sehr lustvollen Erlebnis werden lassen. Der Höhepunkt der Lust wird *Orgasmus* genannt. Aber nicht jedes Mal führt sexuelle Erregung beim Petting oder Geschlechtsverkehr zum Orgasmus.

Eine Eizelle wird befruchtet
Wenn der Mann seinen sexuellen Höhepunkt erreicht, wird Samenflüssigkeit aus dem Penis ausgestoßen. Findet der Samenerguss in der Scheide statt, gelangen damit bis zu 500 Millionen Spermien in den Körper der Frau. Wenn sich eine Frau in den Tagen vor dem Eisprung befindet, öffnet sich der Gebärmutterhals. Der hier gebildete Zervixschleim lässt Spermien bis zu fünf Tage überleben. So ist es möglich, dass viele von ihnen weiter zu den Eileitern hinaufschwimmen und schließlich ein Spermium mit einer Eizelle verschmilzt. Diesen Vorgang nennt man *Befruchtung*. Mit ihr beginnt die Entwicklung zu einem neuen Menschen.

Wie die Schwangerschaft beginnt
Gleich nach der Befruchtung beginnt die Eizelle, sich fortlaufend zu teilen. Der *menschliche Keim* wandert im Eileiter in Richtung

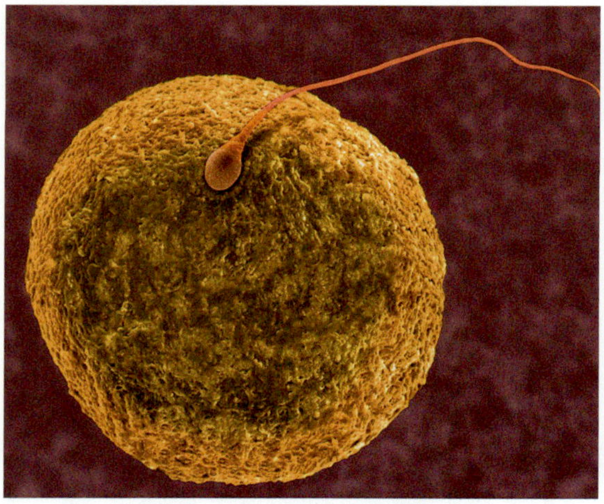

2 Ein Spermium trifft auf eine Eizelle.

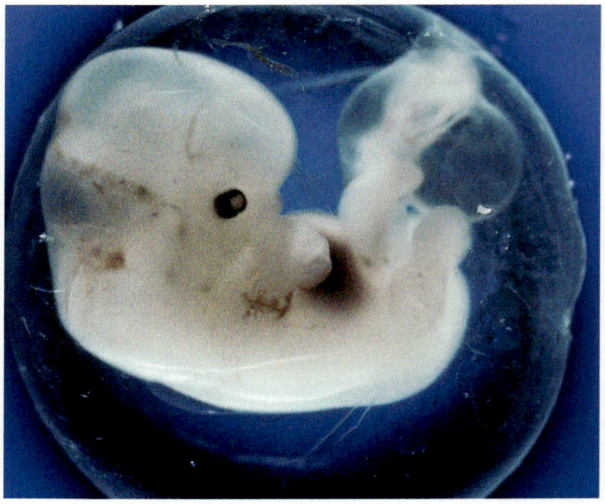

3 Embryo, sechs Wochen alt

Gebärmutter. Dort nistet er sich in die Gebärmutterschleimhaut ein. Von jetzt an beginnt die *Schwangerschaft*. Der menschliche Keim wird nun *Embryo* genannt. Um ihn herum bildet sich eine Blase. Man bezeichnet sie als *Fruchtblase* und die Flüssigkeit darin als *Fruchtwasser*. Sie ist warm und schützt den Embryo vor Erschütterungen und Stößen.

Vom Embryo bis zur Geburt

Vier Wochen nach der Einnistung ist der *Embryo* etwa 5 mm lang. Sein Herz schlägt bereits. Das Gehirn beginnt sich zu entwickeln. Nach acht Wochen sind alle Organe angelegt.

Ab der neunten Woche nach der Befruchtung wird das Kind *Fetus* genannt. Größe und Gewicht des Fetus nehmen schnell zu, alle Organe werden bis zur Geburt stets weiterentwickelt.

Versorgung über die Plazenta

Aus Zellen der Gebärmutterschleimhaut und Zellen des Embryos entwickelt sich der *Mutterkuchen*. Man bezeichnet ihn auch als *Plazenta*. Über die Nabelschnur führen Blutgefäße des Embryos in die Plazenta hinein. Hier treffen sie auf Blutgefäße der Mutter. Aus dem mütterlichen Blut erhält der Embryo so Nährstoffe und Sauerstoff. Umgekehrt gibt er Abfallstoffe an das mütterliche Blut zurück.

Fruchtbare Tage

Ein Mädchen oder eine Frau kann grundsätzlich fast an jedem Tag des Zyklus schwanger werden. Die »fruchtbare Phase« ist zwar nur sechs Tage lang, aber wann genau diese Phase ist, hängt davon ab, wie lange es dauert, bis eine Eizelle herangereift ist und es zum Eisprung kommt. Das dauert von Frau zu Frau und von Zyklus zu Zyklus unterschiedlich lange. Nur wer gelernt hat, bestimmte Körperzeichen genau zu beobachten, kann diese Zeit gut eingrenzen. Dazu ist jedoch fachkundige Anleitung nötig. Falls ihr also keine Schwangerschaft riskieren möchtet, müsst ihr verhüten oder auf Geschlechtsverkehr verzichten.

In Kürze

Die Vereinigung von Spermium und Eizelle wird Befruchtung genannt. Mit ihr beginnt ein neues Leben. Sobald sich die befruchtete Eizelle in die Gebärmutter einnistet, beginnt die Schwangerschaft. Im Verlauf von neun Monaten wächst das Kind im Mutterleib heran.

Aufgaben

1 Begründe, warum ein Mädchen grundsätzlich an fast jedem Zyklustag schwanger werden kann.

2 Beschreibe die Entwicklung des ungeborenen Kindes und verwende dabei die Fachbegriffe für die einzelnen Entwicklungsphasen.

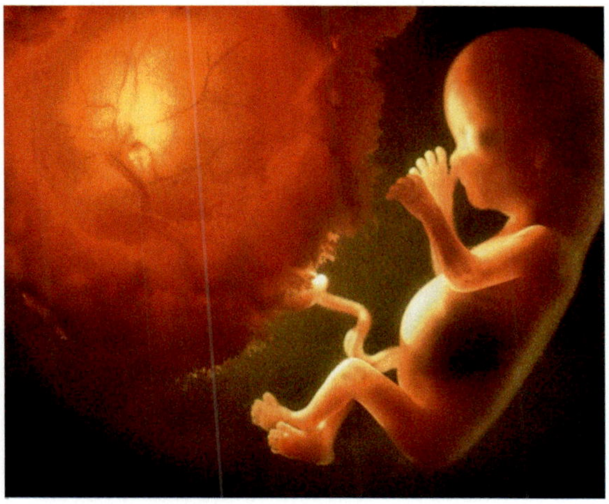

4 Fetus, drei Monate alt

5 Aus der befruchteten Eizelle hat sich ein neuer Mensch entwickelt.

Schwangerschaft

Bleibt bei einem Mädchen die Periode aus, so besteht die Möglichkeit, dass sie schwanger ist. Klarheit liefert ein Test. Ist dieser positiv, bedeutet dies für die werdenden Eltern eine einschneidende Veränderung in ihrem Leben. Eine große Verantwortung kommt auf sie zu.

Für die Mutter verändert sich einiges

Vor allem in den ersten drei Monaten können die körperlichen Veränderungen eine Schwangere sehr belasten. Viele leiden unter Müdigkeit, andere klagen über Übelkeit. Glücksmomente und Ängste wechseln sich ab. Vom vierten Monat an können Frauen ihr Baby zum ersten Mal deutlich spüren. Woche für Woche nimmt der Fetus an Größe und Gewicht zu. Der Körper der Mutter passt sich entsprechend an. Weil der Fetus auch auf die inneren Organe drückt, leidet die Mutter manchmal unter Atemnot. Auch Rückenschmerzen können das Leben erschweren.

Das ungeborene Kind braucht Schutz

Schon vor der Geburt sind Babys sehr empfindsam. Sie reagieren auf Stimmungen und Gefühle der werdenden Mutter. Zärtliches Streicheln des Bauchs, vertraute Stimmen und entspannende Musik beruhigen es. Wichtig für die Gesundheit des Babys ist eine ausgewogene Ernährung. Rauchen und das Trinken von Alkohol schädigen das Kind.

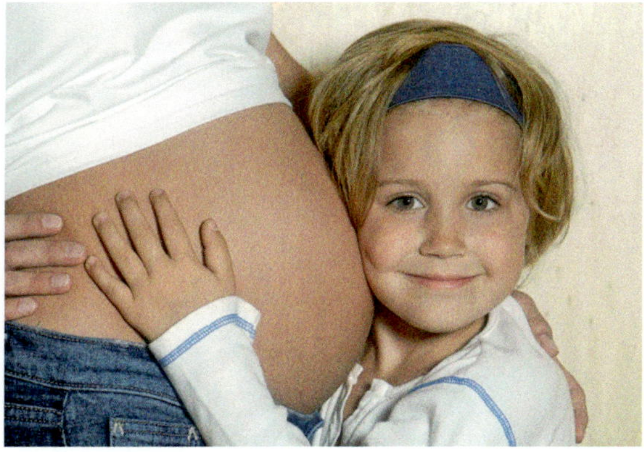

2 Gemeinsame Freude aufs Baby

1 Schwangerschaftstest positiv

Regelmäßige Vorsorge ist wichtig

Sobald eine Schwangerschaft von einem Arzt festgestellt worden ist, wird die werdende Mutter regelmäßig untersucht. Diese *Vorsorgeuntersuchungen* dienen dazu, die Entwicklung des Kindes von Anfang an zu verfolgen und dabei mögliche Risiken und Beschwerden frühzeitig zu erkennen.

Mit speziellen Ultraschalluntersuchungen lassen sich Größe und Lage des Babys bestimmen und die Entwicklung seiner Organe erkennen.

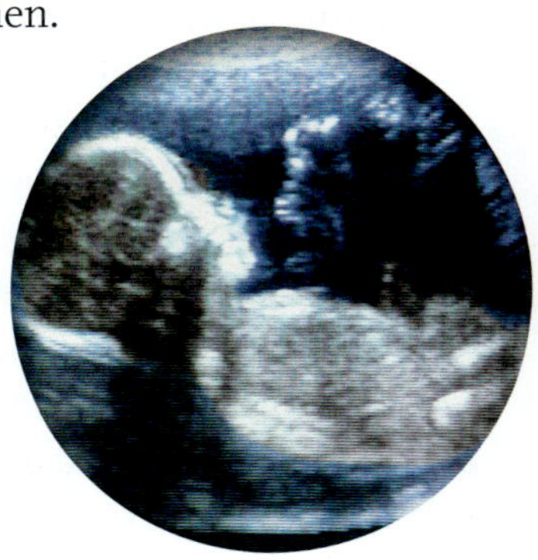

In Kürze

Eine Schwangerschaft bedeutet eine große körperliche und seelische Umstellung für die Frau. Gesunde Lebensweise, liebevolle Zuwendung und regelmäßige medizinische Betreuung von Anfang an kommen der Entwicklung des Kindes zugute.

Aufgaben

1 Nenne Maßnahmen, die dazu beitragen, dass sich ein ungeborenes Kind gesund entwickelt.

2 Diskutiert in eurer Klasse darüber, welchen Problemen vor allem sehr junge Eltern gegenüberstehen können.

Ein Kind wird geboren

Neun Monate nach der Befruchtung ist es so weit: Das Baby ist vollständig entwickelt und bereit, auf die Welt zu kommen. Die Geburt eines Kindes ist ein aufregendes Ereignis.

Erste Anzeichen

Der Schleimpfropf, der den Gebärmuttermund verschließt, löst sich ab. Dieser Ausfluss kann leicht blutig sein. Schmerzen in Bauch und Rücken, die *Wehen,* kündigen die Geburt an. Wehen entstehen durch das rhythmische Zusammenziehen der Muskeln der Gebärmutter. Häufig platzt zu Beginn der Geburt die Fruchtblase und das Fruchtwasser tritt aus.

Ein entscheidender Moment

Wenn die Wehen in immer kürzeren Abständen kommen und die einzelne Wehe immer länger dauert, wird die erste Phase der Geburt eingeleitet: die *Eröffnung.* Der Gebärmuttermund öffnet sich dabei vollständig. Es folgt die Phase der *Austreibung,* in der starke Wehen das Kind durch den Geburtskanal drücken. Die Mutter unterstützt die Wehen durch Pressen. Der schwierigste Teil ist die Geburt des Kopfes. Die Knochen des Schädels sind noch nicht fest verwachsen und geben nach. Ist der Kopf geboren, schiebt sich der restliche Körper des Babys heraus.

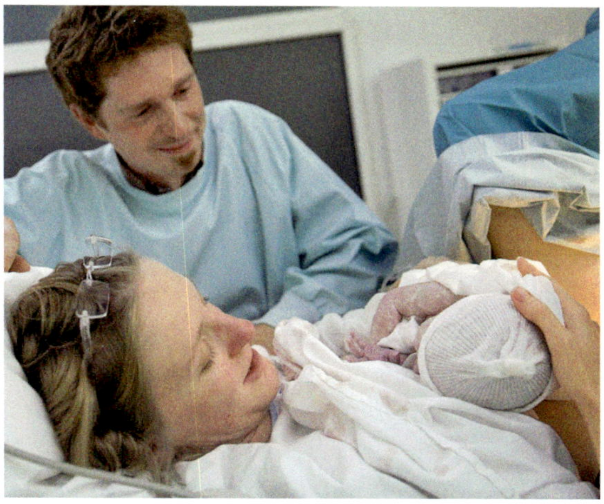

1 Mutter und Vater mit ihrem Baby

Was kurz nach der Geburt passiert

Der Arzt oder die Ärztin klemmt die Nabelschnur ab und durchtrennt sie. Mit dem ersten Schrei beginnt das Neugeborene zu atmen. Die Hebamme untersucht das Kind, wiegt und misst es und überprüft seinen Allgemeinzustand. Bei der Mutter werden durch die *Nachwehen* Plazenta und Fruchtblase ausgestoßen. Dies wird auch als Phase der *Nachgeburt* bezeichnet. Die Gebärmutter zieht sich nach und nach zusammen, bis sie die ursprüngliche Größe wieder erreicht hat.

In Kürze

Die Geburt beginnt mit den Wehen. Sie verläuft in drei Phasen: Eröffnung, Austreibung und Nachgeburt. Sie ist umso risikoärmer, je besser die Frau versorgt ist.

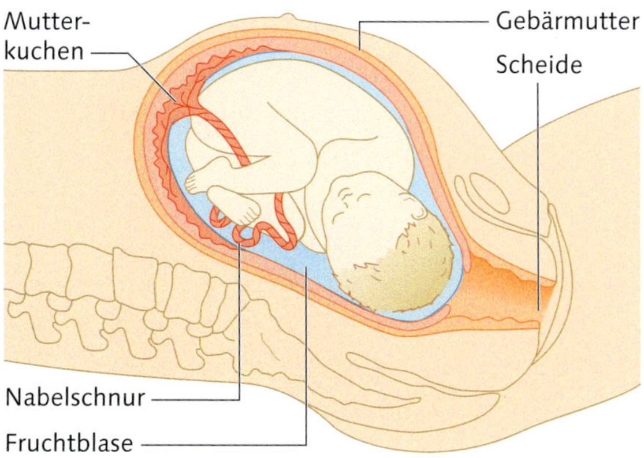

2 Erste Phase der Geburt

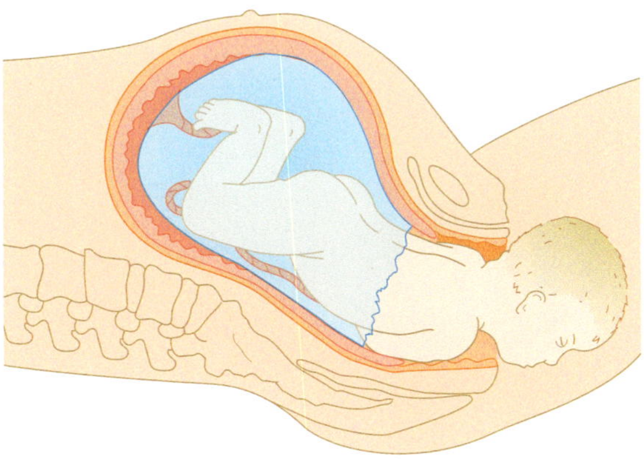

3 Zweite Phase der Geburt

Vom Säugling zum Kleinkind

Vom ersten Lebenstag an verlangt jedes Baby die ganze Aufmerksamkeit seiner Eltern. Es ist interessiert und neugierig, liebes- und hilfsbedürftig. Was es in den ersten Lebensjahren lernt und dabei an Liebe, Zuwendung, Nähe und Hilfe erfährt, ist entscheidend für seine gesamte weitere Entwicklung.

1 Spiel zwischen Mutter und Kind

Ein Säugling muss viel lernen

Säuglinge können von Geburt an Muttermilch saugen und schlucken. Auch der *Greifreflex* ist angeboren. Viele andere Fähigkeiten müssen erst erlernt werden. Dank ihrer Neugier lernen Säuglinge sehr rasch und damit entwickelt sich auch das Gehirn weiter. Es ermöglicht zunächst einmal, dass nur Einfaches gelernt wird. Darauf aufbauend reift das Gehirn weiter. So können schrittweise immer kompliziertere Fähigkeiten erworben werden.

Jedes Kind hat seine eigene Entwicklung

Im ersten Monat lernt der Säugling den Kopf zu heben. Etwa bis zum Ende des neunten Monats hat er das Sitzen gelernt. Krabbelnd beginnt er die nähere Umwelt zu erkunden.

Mit einem Jahr versucht das *Kleinkind* zu stehen. Wenig später beginnt es auf beiden Beinen zu laufen. Diese Entwicklung verläuft bei allen Kindern in derselben Reihenfolge, aber nicht zur selben Zeit. Dazu müssen erst die nötigen körperlichen Fähigkeiten herangereift sein. Jedes Kind hat seinen eigenen *Entwicklungsrhythmus*.

Die Eltern als »Entwicklungshelfer«

Verantwortungsbewusste Eltern werden sich darüber informieren, wie sie ihr Kind altersgemäß und entsprechend seiner Begabungen fördern können. Sie erweisen sich als echte *»Entwicklungshelfer«*, wenn sie ihr Kind bei seinen Bemühungen unterstützen und auch trösten, wenn etwas nicht auf Anhieb klappt.

Das Baby sucht von Anfang an Beziehung

Mit Weinen und Schreien macht das Kind auf sich aufmerksam, es möchte Zuwendung. Mit zärtlichem Ansprechen, Streicheln und Anschmiegen beruhigt es sich meist schnell.

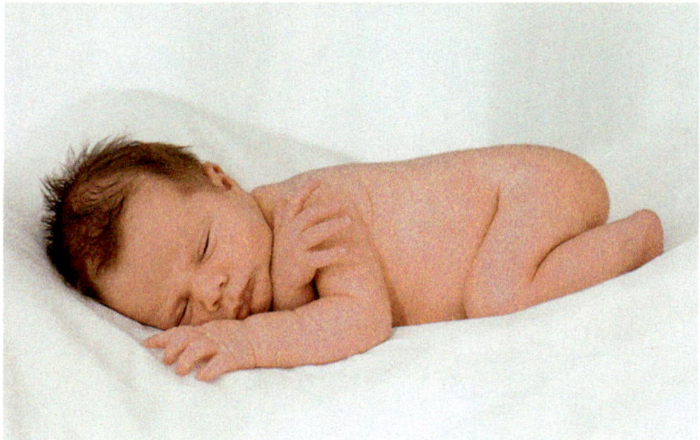

2 Neugeborenes

3 Drei Monate alter Säugling

Alter	Motorische Entwicklung	Geistige Entwicklung
Säugling (bis 12 Monate)		
1 Monat	dreht den Kopf	verfolgt Licht mit den Augen, reagiert auf Ansprache
3 Monate	hält frei den Kopf	fixiert das Gegenüber, erkennt vertraute Personen, lächelt
9 Monate	sitzt frei, krabbelt, steht mit Unterstützung	kann winken, sagt »da-da«
Kleinkind (bis 3 Jahre)		
12 Monate	steht frei, läuft mit Unterstützung	versteht einzelne Worte und Sätze
18 Monate	läuft frei	spricht bis zu zehn Wörter, isst teilweise selbstständig
3 Jahre	fährt Dreirad	sagt seinen Namen, isst selbstständig, hilft beim Anziehen

4 Wichtige Entwicklungsschritte vom Säugling zum Kleinkind

Geborgenheit und liebevolle Zuwendung sind in den ersten Lebensmonaten besonders wichtig. Dadurch entsteht eine enge Beziehung zwischen Eltern und Kind. Sie ist der Grundstein für die weitere Entwicklung des Kindes.

Urvertrauen entwickelt sich

Wenn sich die Eltern regelmäßig und liebevoll dem Kind zuwenden, werden sie zu vertrauten Personen. Das Kind erfährt so: Ich bin nicht allein, jemand ist für mich da, ich kann mich auf meine Umgebung verlassen. Die Personen, die das Baby ständig versorgen, sind seine *Bezugspersonen*. Fühlt sich das Kind bei ihnen aufgehoben und geborgen, kann es Vertrauen gewinnen: zu sich selbst, zu anderen und zur Umgebung. Man spricht auch vom *Urvertrauen*. Es ist für die Entwicklung des Kindes von grundlegender Bedeutung.

In Kürze

Nach der Geburt müssen Säuglinge viele Fähigkeiten erst erlernen. Im Zusammenspiel von Reifung und Lernen wird das Gehirn immer leistungsfähiger. Durch eine regelmäßig liebevolle Zuwendung der Eltern in den ersten Lebensjahren entwickelt sich im Kind ein Urvertrauen. Dieses ist Voraussetzung für eine gesunde körperliche, geistige und seelische Entwicklung, die bei jedem Kind unterschiedlich verläuft.

5 Mit einem Jahr: die ersten Schritte

6 Dreijähriger mit Laufrad

Aufgaben

1 Bringe Fotos aus deiner frühen Kindheit mit und versuche die dargestellten Entwicklungsphasen in die richtige Reihenfolge zu bringen.
Nimm dazu die Tabelle oben zu Hilfe.

2 Beschreibe, wie Eltern in ihrem Kind »Urvertrauen« wecken können, und bewerte seine Bedeutung für die weitere Entwicklung des Kindes.

Verhütung

Jedes Mal, wenn ein Paar »miteinander schläft«, besteht die Möglichkeit, dass das Mädchen schwanger wird. Verhütungsmittel können dies verhindern.

Ihre oder seine Sache?

Für die *Schwangerschaftsverhütung* sind immer beide Partner in gleichem Maße verantwortlich. Sie ist niemals die Sache nur des Jungen oder nur des Mädchens. Verhütung ist viel zu wichtig, als sie mit dem Gedanken abzutun, es werde schon nichts passieren oder der andere kümmert sich schon darum.

Eine sichere Verhütung ist nur möglich, wenn die Partner darüber sprechen, sich in der Anwendung der Methode einig sind und dabei keine Unklarheiten bestehen. Niemand sollte sich zu einer bestimmten Verhütungsmethode überreden lassen. Wenn man sie nicht voll akzeptieren kann, wird sie meist nicht richtig angewendet und versagt deshalb oft.

Die bekanntesten *Verhütungsmittel* sind Kondom und Antibabypille. Diese beiden Verhütungsmittel gelten bei richtiger Anwendung als relativ sicher.

Grundsätzlich aber gilt: Es gibt kein Verhütungsmittel, das hundertprozentig sicher ist.

Goldene Verhütungsregeln
- Plane die Verhütung schon vor dem ersten Mal.
- Bestehe auf Verhütung.
- Schütze dich mit Kondomen, auch vor Krankheiten wie zum Beispiel Aids.
- Achte auf die regelmäßige Einnahme der Pille.
- Verhüte auch während der Regel.
- Suche bei Verhütungspannen sofort Rat und Hilfe.

2 Regeln für die Verhütung

1 Verhütung geht beide Partner an.

Kondom und Antibabypille

Das *Kondom* ist eine weiche, dünne Gummihaut, die durch spitze Fingernägel oder Gegenstände leicht eingerissen werden kann. Sie wird vor dem Geschlechtsverkehr vorsichtig über dem steifen Penis abgerollt. Sie verhindert, dass Spermien in die Scheide gelangen. Sie schützt aber auch davor, mit sexuell übertragbaren Krankheiten wie Aids angesteckt zu werden.

Die *Antibabypille* enthält künstliche Hormone, die den körpereigenen Zyklus ausschalten. Damit verhindern sie auch den Eisprung und die Befruchtung einer Eizelle. Sie muss von einem Arzt verschrieben werden. Mädchen, die die Pille nehmen, sollen mindestens zweimal im Jahr zum Frauenarzt gehen. Nicht alle Mädchen vertragen die Pille. Sie kann Nebenwirkungen haben.

In Kürze

Für die Verhütung sollten sich beide Partner verantwortlich fühlen. Kondom und Pille sind bei richtiger Anwendung geeignete und sichere Verhütungsmittel. Kondome schützen zudem vor sexuell übertragbaren Krankheiten, zum Beispiel Aids.

Aufgaben

1 Was ist Schwangerschaftsverhütung? Erkläre.

2 Informiere dich im Internet über weitere Verhütungsmittel und ihre Sicherheit unter www.bzga.de.

Methode

Einen Experten befragen

Nicht immer können alle eure Fragen im Unterricht, durch das Schulbuch oder das Internet geklärt werden. Dann empfiehlt es sich, mit einem Experten zu sprechen. Zum Thema »Schwangerschaftsverhütung, Schwangerschaft und Geburt« können euch zum Beispiel eine Ärztin oder eine Hebamme Auskunft geben.

Die folgende Übersicht kann euch helfen, eine Expertenbefragung vorzubereiten, durchzuführen und auszuwerten:

1 Die Klasse 6c befragt eine Hebamme.

1 Einen Experten finden Ihr könnt im Telefonbuch oder Internet nach Fachleuten suchen. Bei medizinischen Themen fragt ihr am besten beim Gesundheitsamt, im Krankenhaus oder bei Beratungsstellen nach. Legt fest, wer den Experten anrufen soll. Derjenige vereinbart telefonisch einen Termin und den Ort der Befragung. Weist darauf hin, dass kein Vortrag, sondern eine Befragung erwünscht ist. Diese kann im Klassenzimmer oder an der Dienststelle des Experten stattfinden.

2 Sich auf die Befragung vorbereiten
Überlegt zunächst einmal gemeinsam:
- Was wisst ihr bereits über das Thema?
- Welche Fragen sind noch offen?
- Was erscheint euch besonders interessant?

Sammelt in der Klasse oder in Kleingruppen Fragen, schreibt sie auf und ordnet sie. Vereinbart miteinander, wer fragt, in welcher Reihenfolge die Fragen gestellt werden, wer Notizen über die Antworten macht, wer fotografiert. Am besten machen mehrere von euch Notizen, um alles Wichtige festzuhalten.

3 Den Experten befragen Trifft der Experte ein, wird jemand von euch ihn höflich begrüßen und ihn bitten, sich kurz vorzustellen. Wenn die Lehrkraft die Befragung leitet, achtet darauf, was sie sagt. Auf ihre Anweisung hin beginnt ihr die Befragung. Hört den Ausführungen des Experten zu und protokolliert alles, was euch wichtig erscheint. Fragt nach, wenn euch etwas unklar ist. Ihr könnt auch diskutieren, wenn sich das bei einer bestimmten Frage ergibt. Am Ende der Befragung bedankt sich jemand von euch beim Experten und verabschiedet ihn.

4 Die Befragung auswerten Besprecht eure Eindrücke bei der Befragung in der Klasse. Zieht Schlussfolgerungen für zukünftige Befragungen. Fertigt zu jedem Fragenbereich ein Plakat mit den Ergebnissen an. Fügt geeignete Fotos hinzu. Stellt eure Plakate in einem Schaukasten aus. Oder schreibt eine Reportage für die Schülerzeitung, die Tagespresse oder die Internetseiten eurer Schule.

Fragen an eine Hebamme
- *Sie sind Hebamme. Was ist Ihre Aufgabe? Wie kamen Sie zu diesem Beruf? Gibt es etwas Besonderes, das Sie als Hebamme erlebt haben?*
- *Warum sollen schwangere Mädchen oder Frauen nicht rauchen oder Alkohol trinken?*
- *Meine Mutter hat mir erzählt, dass ich durch einen Kaiserschnitt auf die Welt gekommen bin. Können Sie uns erklären, was das ist und wieso man das macht?*

2 Beispiele für Fragen an eine Hebamme

»Mein Körper gehört mir!«

Wie du bereits weißt, ist die Pubertät nicht nur eine aufregende, sondern auch eine schwierige Zeit. Nicht alles, was auf dich einwirkt oder was von dir erwartet wird, muss richtig und gut sein. Manches kann deiner Entwicklung eher schaden als nützen. Um solchen Gefahren und Bedrängnissen entgegentreten zu können, helfen dir ein starkes Selbstbewusstsein und ein gesundes Selbstvertrauen.

Sage Nein!

Achte auf deine Gefühle. Sie zeigen dir an, was dir gut tut und was nicht. Du kannst ihnen vertrauen. Wenn du zum Beispiel eine Berührung oder ein liebes Wort gerne magst, dann ist es gut. Wenn dir aber etwas unangenehm ist, musst du es dir nicht gefallen lassen. Sage Nein, wehre dich und zeige deutlich, dass dir etwas nicht gefällt. Auch wenn du dich unsicher oder unbehaglich fühlst, ist es immer richtig und gut, Nein zu sagen oder Ablehnung zu signalisieren.

FELS UND WASSER

Ein Selbstbehauptungs- und Selbstverteidigungsprogramm für Jungen und Mädchen

Ziele

- Mehr Selbstsicherheit und Selbstvertrauen erlangen
- Gefühle wahrnehmen und ihnen vertrauen
- Gefahrensituationen erkennen und darauf reagieren
- Lernen, wo Vertrauen angemessen ist und wo nicht
- Sich wehren lernen, indem man fest wie ein Fels und beweglich wie Wasser wird
- Techniken für den Notfall lernen

2 Anzeige in einem Wochenblatt

1 Die innere Stärke spüren lernen

Jeder von uns sollte stark sein

Es gibt viele Gründe, in bestimmten Situationen Nein oder Stopp zu sagen: Du möchtest nicht sexuell berührt werden, du willst bei gewissen Dingen nicht mitmachen, oder du bist in einer bestimmten Sache anderer Meinung. Dann solltest du auch dazu stehen, was du für gut und richtig hältst. Sich selbst in unangenehmen Situationen zu behaupten – dafür musst du stark werden.

Was dich stark machen kann

Viele Jugendliche erzählen, dass sie sich stark machen können, wenn sie ihre Probleme »von der Seele reden«. Sie sprechen mit Eltern oder Freunden darüber, was sie bewegt. Sie vertrauen einem Tagebuch ihre Gefühle und Gedanken an, womit sie oft eine neue Sichtweise bekommen. Manche gewinnen mehr *Stärke,* wenn sie bei Sport und Spiel Erfolge erleben. Wieder andere »tanken« *Selbstsicherheit* und *Selbstvertrauen,* indem sie sich freiwillig für andere einsetzen, zum Beispiel in Sportvereinen oder in den Kirchen, im Umweltschutz und in der Schülervertretung oder auch in der Tierpflege. Es gibt viele »Tankstellen«, an denen du Kraft und Stärke tanken und so seelische Widerstandskräfte mobilisieren kannst.

Die richtigen »Tankstellen« finden

Manche Jugendliche meinen, sie könnten ihre »Seele« auftanken, wenn sie zu viel oder zu wenig essen, extreme Abenteuer suchen, stundenlang Filme gucken, im Internet surfen, Süßigkeiten, Drogen oder Alkohol zu sich nehmen. »Tankstellen« dieser Art sind nicht geeignet, um an ihnen Kraft zu tanken. Sie können zwar für eine kurze Zeit angenehme Gefühle hervorrufen, aber langfristig machen sie dich krank und süchtig, schwach oder abhängig.

Sexuell missbraucht werden

Es gibt Erwachsene, die zu ihrem eigenen Vergnügen Jungen oder Mädchen dazu überreden oder zwingen, sie an ihren Geschlechtsteilen anzufassen oder mit ihnen Geschlechtsverkehr zu haben. Sie nutzen ihre Macht aus, um ihre Lust an einem jüngeren oder schwächeren Menschen zu befriedigen. Man nennt das *»sexuellen Missbrauch«*. Es ist immer eine schlimme Erfahrung für das Mädchen oder den Jungen. Beide – Täter und Opfer – brauchen Hilfe. Weil das Kind oder der Jugendliche auf diese Weise durch den Erwachsenen seelisch und meist auch körperlich geschädigt wird, stehen all diese Handlungen eines Erwachsenen unter Strafe.

Lass dir helfen!

Kein Jugendlicher muss sich schuldig, ängstlich und beschämt fühlen, wenn ihn ein Erwachsener sexuell missbraucht hat. Wenn du etwas erlebt hast, was dich verängstigt, solltest du allen Mut zusammennehmen und mit jemandem darüber sprechen, dem du vertraust und der dir weiterhelfen kann. Du kannst auch den kostenlosen Notruf für Kinder und Jugendliche nutzen: 0800 111 0333.

In Kürze

Wenn du etwas für falsch, schlecht oder unangenehm hältst, dann wehre dich und sage Nein. Dafür musst du dich stark machen. Du kannst seelische Stärke an geeigneten »Tankstellen« auftanken. Falls du sexuell belästigt oder missbraucht worden bist, solltest du unbedingt mit jemandem darüber sprechen, dem du vertrauen kannst.

Aufgaben

1 Entwirf ein Faltblatt mit Tipps, wie man seelisch stark und damit selbstsicher und widerstandsfähig werden kann.

2 Erkläre, was man unter einem sexuellen Missbrauch versteht. Zähle auf, wo Jugendliche Hilfe bekommen können, die solche Erfahrungen gemacht haben.

3 Der »Seelentank« kann von verschiedenen Tankstellen gefüllt werden.

Pubertät – Zeit der Veränderung

1 Mädchen und Jungen werden geschlechtsreif

a Übertrage die Buchstaben in den Bildern 1 und 2 in dein Heft und benenne die Organe mit den Fachbegriffen.

b Erkläre, was »geschlechtsreif« bedeutet.

c Nenne Merkmale, an denen Mädchen und Jungen erkennen, dass sie geschlechtsreif sind.

d Woher kommen bei den Mädchen die Eizellen, bei den Jungen die Samenzellen? Beschreibe.

e Kann ein zwölfjähriges Mädchen bereits Kinder bekommen? Begründe deine Antwort.

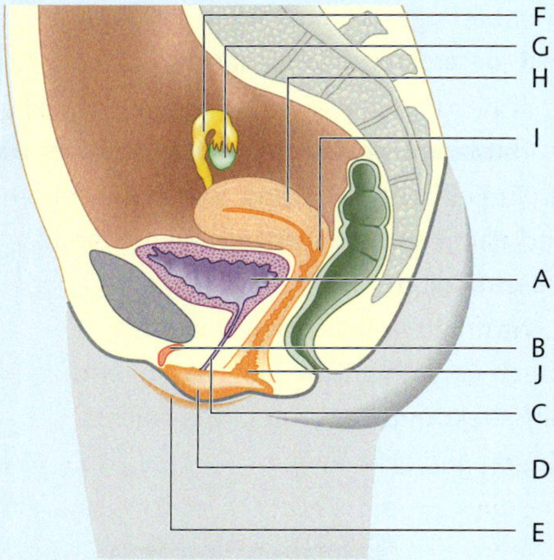

1 Weibliche Geschlechtsorgane

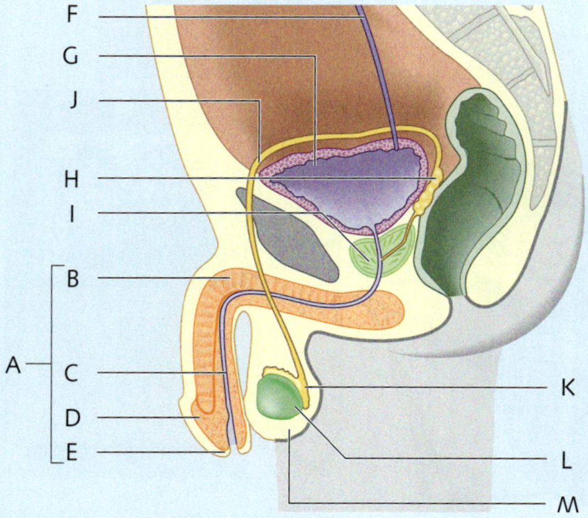

2 Männliche Geschlechtsorgane

3 Aus Kindern werden Erwachsene.

2 Aus Kindern werden Erwachsene

a Nenne körperliche Veränderungen bei Mädchen und Jungen in der Pubertät.

b Erläutere, welche Funktion diese Veränderungen haben.

c Erkläre, wodurch die Veränderungen in der Pubertät gesteuert werden.

d Begründe, weshalb in der Pubertät die Körperpflege besonders wichtig wird.

e Beschreibe Maßnahmen der Körperpflege.

3 Erste Liebe

a Jede Beziehung braucht Regeln. Nenne drei, die jedes verliebte Pärchen beachten sollte.

b Unterscheide zwischen »Verliebtsein« und »Liebe«.

4 Mädchen und Jungen verlieben sich.

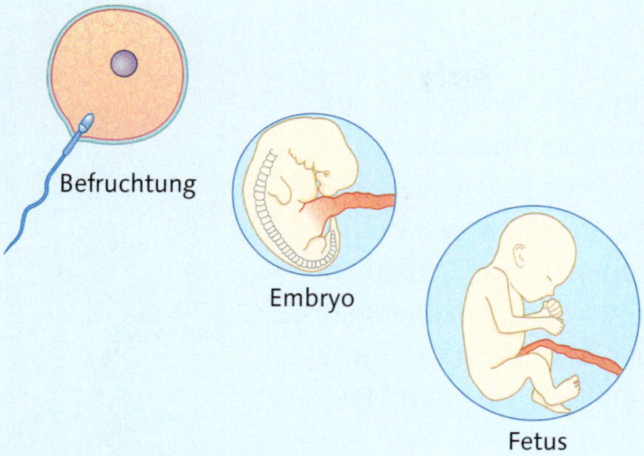

5 Der Mensch entwickelt sich

4 Neues Leben entwickelt sich

a Was heißt »Entwicklung«? Erkläre.

b Die Entwicklung eines neuen Menschen beginnt mit der Befruchtung. Beschreibe diesen Vorgang.

c Nenne die Fachbegriffe für die Entwicklungsphasen des ungeborenen Kindes in der Zeit zwischen Befruchtung und Geburt.

d Welche Bedeutung hat die Plazenta für das ungeborene Kind? Erkläre.

e Nenne Einflüsse, die dem ungeborenen Kind schaden können.

f Gib Vorgänge an, an denen die Mutter erkennt, dass die Geburt bevorsteht.

g Nicht jedes Paar, das miteinander schläft, möchte Kinder zeugen. Beschreibe zwei Möglichkeiten der Schwangerschaftsverhütung und bewerte sie.

5 Nein sagen, wenn etwas zu weit geht

a Nenne Möglichkeiten, wie du dich wehren kannst, wenn du sexuell belästigt wirst.

b Um in bestimmten Situationen Nein sagen zu können, muss man stark und selbstbewusst sein. Zeige auf, wie du mehr Stärke und Selbstbewusstsein gewinnen kannst.

c Wer kann helfen, wenn man Opfer eines sexuellen Missbrauchs geworden ist? Notiere.

Pubertät – Zeit der Veränderung

- In der Pubertät entwickeln sich Mädchen und Jungen zu Erwachsenen. Unter dem Einfluss von Hormonen verändert sich ihr Körper. Sie werden geschlechtsreif.

- In der Pubertät verändert sich nicht nur der Körper, sondern es schwanken auch Gefühle, Bedürfnisse, Interessen und Einstellungen. Sie erzeugen eine Vielfalt an Eindrücken, die Mädchen und Jungen oft verunsichern. Die Pubertät ist daher eine schwierige Phase. Um sie gut zu bewältigen, benötigt jede und jeder Stärke und Selbstbewusstsein.

- Für die erste Liebe gibt es keine Rezepte. Jedes Paar muss seinen eigenen Weg finden. Drei Tipps können hilfreich sein: Sag Ja zu dir und deinem Körper! Sag Nein, wenn dir etwas zu weit geht! Sprecht gemeinsam über eure Gefühle und Wünsche!

- Bei jedem Geschlechtsverkehr kann eine Eizelle befruchtet und somit eine Frau schwanger werden. Kondom und Pille schützen – richtig angewandt – sicher vor einer Schwangerschaft.

- In der Schwangerschaft entwickelt sich ein neuer Mensch von der befruchteten Eizelle bis zur Geburt in drei Phasen: menschlicher Keim, Embryo und Fetus.

Grundlegende Prinzipien in der Biologie erkennen – Arbeiten mit Basiskonzepten

Viele Vorgänge in der Biologie lassen sich auf grundlegende, übergeordnete Prinzipien zurückführen. Man nennt diese Basiskonzepte. Sie helfen dir, Zusammenhänge besser zu erkennen und einzuordnen. Diese Prinzipien finden sich bei allen Lebewesen und biologischen Vorgängen wieder. Man kann sie sowohl auf Pflanzen als auch auf Tiere und den Menschen anwenden.

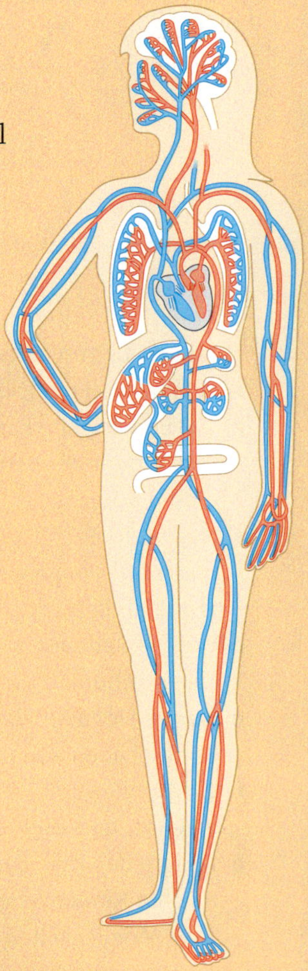

System

Alle biologischen Systeme bestehen aus mehreren Teilen, die miteinander in Wechselwirkung stehen und so voneinander abhängig sind. Würden ein Teil oder mehrere Teile fehlen, funktioniert das System nicht mehr oder nur eingeschränkt. Eine Zelle zum Beispiel ist ein kleines System. Aber auch jedes Organ eines Lebewesens, ein Lebewesen mit all seinen Organen, ein Lebensraum mit all seinen Lebewesen und die Erde mit allen Lebensräumen stellen Systeme dar.

Seite 96, 161

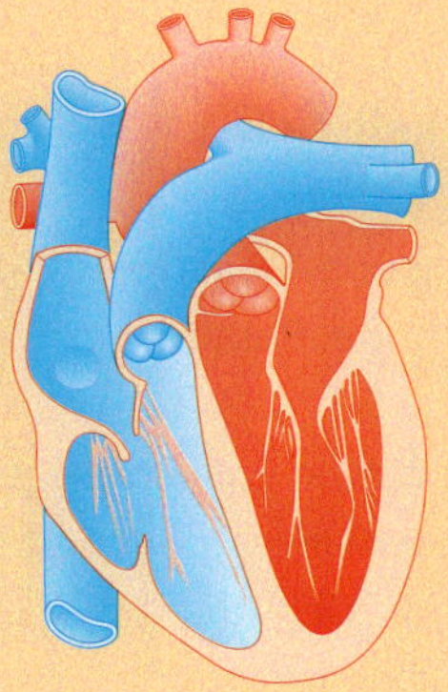

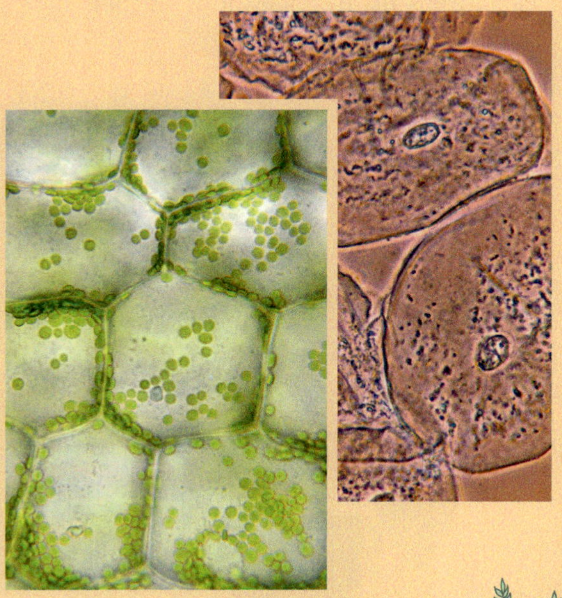

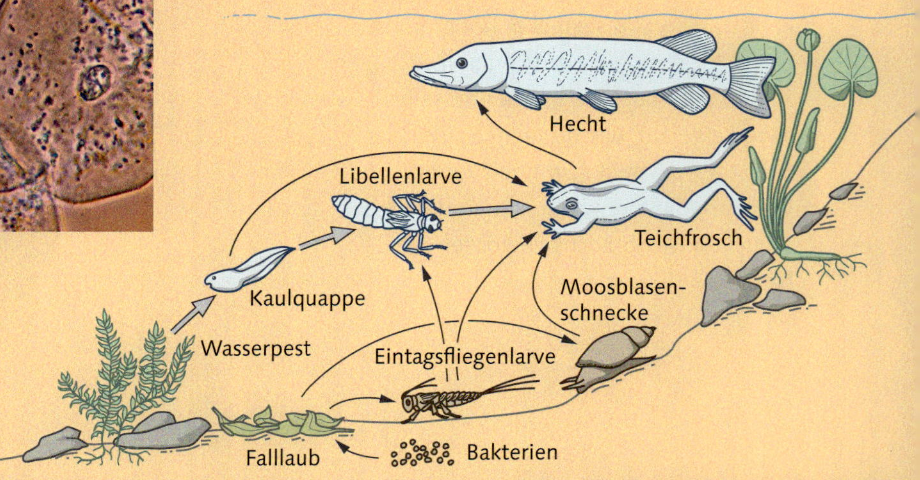

Struktur und Funktion

Mit Struktur meint man den Aufbau oder die Form von Lebewesen sowie von Körperteilen oder von Organen. Sie sind so gebaut, dass sie ganz bestimmte Aufgaben, also Funktionen, ausführen können. Strukturen befähigen Lebewesen zu ganz bestimmten Leistungen. Sie stellen also Angepasstheiten an die Funktion dar, die sie haben.

Seite 117

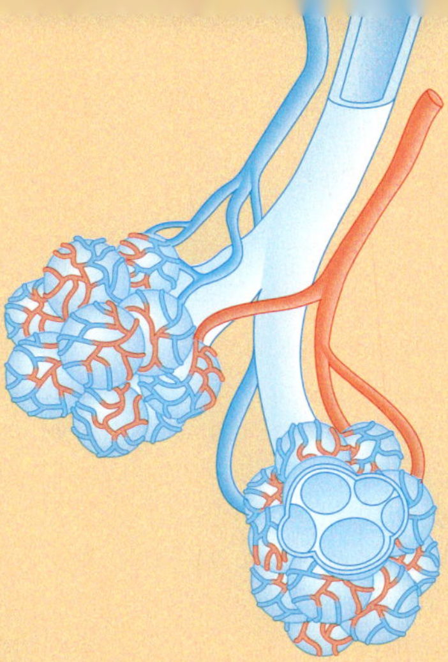

Entwicklung

Alle Organe und alle Lebewesen verändern sich. Sie durchlaufen dabei verschiedene Stufen der Entwicklung: Alles, was lebt, entwickelt sich, wächst, verändert sich und stirbt irgendwann.

Seite 261

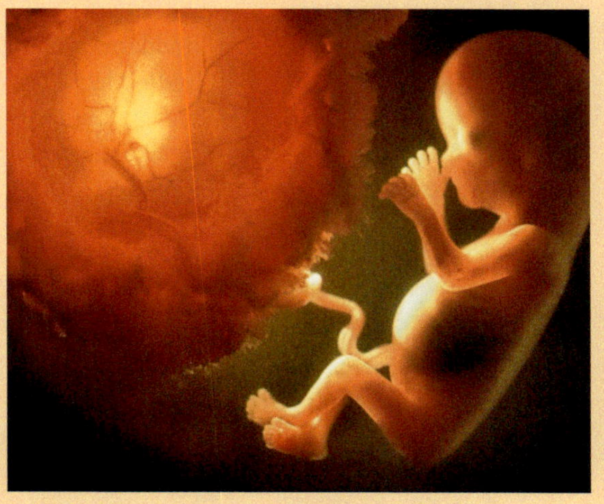

Register

Bildquellen

APIX/JPP: 210.1.2, /KTP: 230.2, /MCH: 148.1, 171 re.o., /PHA: 218.1, /REO: 120.1, 129.5, /TOF: 108.1; actionpress/LehtikuvaOy: 260.1.1; AgenturFocus/SPL: 240.3; akgimages: 64.2; Alimde.net/Zoller: 114.1, /Koenig: 43.3, /Rosseforp: 249.2, /Schauhuber: 42.2, /Siepmann: 38.2, 58 re., 60.1a; Angermayer: 40.3, 42.1, 45.6, 63.1a, 145.5, 157.5; Angermayer/Pfletschinger: 146.1; ArchivHoyer: hint. Vors. 2 re.u., ArchivHoyer/Beuster: 17.4.2, /Duty: 41.4, 157.4, /E. Hoyer: 94.2, 121.5, 152.1, /Wernicke: 172.4; ArcoImages/deCuveland: 131.5, 172.3, /Frei: 138.3, /NPL: 73.5, /Reinhard: 156.2, 171 li.o., /Ruegner: 60.1b, /Steiner: 8.1, 9.1.1, 11.4,11.5.1, 26 li.o., 71.5, /WHJSator: 72.2; argus/Frischmuth: 234.1.1, 245 li.Mi.; AvenueImages/life: 174; BachKolster, Helgard: 118.2; Bevilacqua/Cedri: 262.2, 271c; Bilderbox/Wodicka: 28.1-2, 155.3; Biopix.dk/Schou: 82.2; BIOS/Courseaux: 34.1; blickwinkel/Blumenstein: 142.1, /fotototo: 166 (Schlange), 166 (Fisch), /Hartl: 140.2, /Hecker: 31.5, /Hecker/Sauer: 106.4, /Schmidbauer: 97.6, 140.1, 156.1, 165.4, /Schuetz: 131.2, /vanHaan: 16.3, 75.4; Blümel, H., Mücka: 28.4, 139.6, 172.2; botanikfoto/Take: 91.6; Bruns, E., Osnabrück: 76.1; Buff, Bieberach: 20.2, 102.2; Buhtz, A.: 31.2; BzgA: 261.2, 269 re.o., 243.3-4; Campbell, G.: 24.2; CarlZeiss JenaGmbH, Jena: 9.5; Caro/Teich: 224.1; Corbis/Bannister: 45.5, /C. Lovell: 28.6, /Duomo: 234.1.2, /Morsch: 208.4, /PelaezInc.: 208.3, /RF: 26 li.u., 207.1, hint. Vors. 1 li.o., /Rotmann: 135.4, /T. u. G. Baldizzone: 10.2; Cornelsen Verlag: 9.1.2, 18.2, 19.3-4, 29.8, 39.7, 55.3, 55.4b,58 u., 166 (Vogel), 183.4, 189.3, 220.1, 226.1, 231.3, 246.5; DeutscheGesellschaftfürErnährunge.V., Bonn: 216.3; Digitalstock: 31.4, 32.4, 54.2, 56.1, 63.6, 95.5.a, 97.1, 97.3, 97.4, 97.7, 98.1.2, 106.1, 106.3, 109.3,109.6, 109.8, 110.1, 115.7, 124.1, 124.4, 125.5-6, 127 li.u., 166 (Bär), 188.1, 192.2, 198.2, 200.1, 217.5, 245 re.u., 246.1, 246.3, Digitalstock/Mikus: 159.3, /Milewsky. 31.6; Döring, V., HohenNeuendorf: 9.3, 11.5.2-3, 13.8, 14.1, 14.3, 15.4-7, 18.1, 26 re.o., 46.3, 52.1.2, 57.6, 59 o., 72.3, 100.2, 104.1-2, 115.4, 120.2, 141.6, 151.7, 174 li.u., 175.1, 176.1, 190.1li., 191.4-5, 192.3,194.2, 210.3, 211.4-5, 232.1-4, 250.2, 255.4, 259.5, 261.3,hint. Vors. 2 re.Mi.; Ernst, Beat, Basel: 95.7; fonline/Becker: 50.1, /bilderlounge: 234.2, /Kopp. 66.1, /Onoky: 207.3, /Widmann: 217.4; Fischer, R., Berlin: 246.2; Fotolia.com/Fotolyse: 79.4, /AntoineCupial: 31.3, /AVAVA: 158.1, /BeatBieler: 119.4,/Ben: 89.3, /contrastwerkstatt: 231.4, /DanielTerenceMock: 195.4.2, /DarioSabljak: 63.4, 81.5, /eblue: 228.3, /ElenaElisseeva: 175.3, /EricIsselée: 4.1, /EvaKahlmann: 47.5, /eyezoom: 7, /FranzPfluegl: 266.3, /fuxart: 190.1re., /HaraldLange: 77.5, 159.4, /HelleM: 229.6 u., /IngoBartussek: 155.4, /JoachimNeumann: 35.5, /julienméjean: 164.2, /Kaarsten: 3, 17.5, /Leito: 199.4, /m.arc: 180.2, /ManfredRuckszio: 112.1, /MarcSchobel: 202.li.o., /MariaBrzostowska: 113.4, /MartyKropp: 4.2, /MönksPhotografie: 83.4, /outdoorsman: 86.2 o., /Paullyne: 267.4, /Reena: 32.3, /Sly: 63.3, /stylephotographs: 180.1, /ThautImages: 117.4, 127 re.o., 128.3, /ThomasAumann: 221.5, /ThomasRenz: 52.1.1, /Tischenko: 111.4, /volff: 229.6 o., /Zauberhut: 33.6, /ZoltánFutó: 46.1, 199.6; Frei, H., Pforzheim: 134.2, 170 re.o.; GemeinschaftdeutscherHundehalter: 63.1b, 94.1; GettyImages/DorlingKindersley/RF: 200.2, GettyImages/Taxi: 242.2, 244 re., 258.1.2; GNU/Rasbak: 117.5b; Greiner&Meyer, Braunschweig/Birke: 253.4; Gruschwitz, M.: 146.3; Hamill, L., KenyonCollege, Gambier, OH: 25.3; Hartmann, Braunschweig: .4; Heinzel, K., Berlin: 90.3, 93.5; HelgaLadeFotoagentur: 130.1, 131.3,169.5; Hollatz, J., Heidelberg: 25.5, 150.2, 178.1, 207.8, 239.5, 240.2, 268 li.o.; IFA/Kienlein: 153.5; images.de/Enters: 131.1, /Schulten: 207.2; Intro/Ausserhofer: 257.5; iStockphoto.com/ac_bnphotos: 85.4, /AndrewJohnson: 135.5, /AnsonLu: 104.3, /ChristopherFutcher: 14.2, /DavidSafanda: 137.5, /ene: 65.6, /EricIsselée: 86.1(Luchs), 86.1(Eichhörnchen) /evaserrabassa: 254.1, /H. Jonsson: 175.6, /ingmarwesemann: 33.8, /JanisLitavnieks: 207.6, 245 re.o., /jeffgynane: 57.5, /JoelCarillet: 197.4, /KennethMan: 207.5, /MartinaBerg: 83.5, /McCorkle: 195.4.1, /PeterEngelstedJonasen: 198.1, /RogerWhiteway: 117.5a, /SteveDebenport: 252.2, /syagci: 86.1(Pferd), /ThanhHung: 195.4.4, /ThomasGordon: 252.1, /Tommounsey: 140.3, /Yobro: 86.1(Schwein), /ZoneCreative: 228.1a+b; Jaenicke, J.: 115.6; Joker/Allgoewer: 89.4, /Gerard: 82.1, 93.1, /Ruehmekorf: 264.1; JuniorsBildarchiv: 34.3, 62.1, 64.1, 66.3, 86.3 o., 94.4, 116.3, 128.4, 138.1, 151.6, 164.3, 166 (Frosch), 170 li.o., /Layer: 27 re.o., /Schmidbauer: 156.3; Karly, Florian: 23.5, 23.7; Kleesattel, W., SchwäbischGmünd: 10.1, 12.1-5, 13.6-7, 25.4, 99.6, 127 re.u., 173.5; Kolde, G.: 194.3; KPA/Kina: 147.7, 170 re.u.; Kretschmer, K., Berlin: 230.1, 233.5-11; Kuttig, Siegfried: 250.1; LandesverwaltungsamtSachsenAnhalt: 55.4a; Limbrunner, A., Dachau: 151.5, 153.4, 199.5; LÖBL/LAfAO, Recklinghausen: 169.3; LOOKfoto/Martin: 131.7, /Werner: 91.4; mauritiusimages: 175.5, mauritiusimages/age: 67.4.2, 131.6, 187.4, /agefotostock: 260.1.2, /agefotostock/CMB: 68.1, /Beck: 170 li.u., /Harscher: 67.4.4, /imagebroker.net/RF: 54.1, /ITStockFree: 249.1, /Ley: 249.3, /Palais: 240.1, /Photononstop: 191.6, 266.1, /Pöhlmann: 67.4.3, 218.2, 265.3, /Rosenfeld: 216.2, /Schätzle: 78.2.1, /Schrempp: 146.4, /Schwarz: 93.4, /Spirit: 214.1, /SST: 70.1, 92 li.o., /SteveBloomImages: 162.3, /Umstätter: 210.1.1, /WarburtonLee: 20.1.1, /Yankushev: 214.2; mediacolors/dia: 242.1; Neugebauer, Michael: 24.1; Nilsson, L., Stockholm: 241.4, 262.1-4, 269 li.u., 271a, 271d; Nordzucker: 91.5; Okapia: 79.3, Okapia/BiophotoAss/ScienceSon.: 9.6, /BIOS/Heuclin: 142.2: /BIOS/Seitre: 163.4, /Brehm: 164.1, 171 re.u., /Bromhall/OSF: 263.5, 271b, /Brossette: 154.2, /Cogis/Lili: 69.2, /Emu: 82.3, /Grzimek: 241.5, /Hartl: 140.4, /Meul: 44.2, /Meyers: 172.1, /Morell: 109.4, /Naturbild/Schacke: 77.4, /OSF/Bernard: 78.1.1, /Reinhard: 16.2, 74.1, 109.7, /Schwind: 81.4, /Vock: 26 re.u., 70.2; Petry, P.: 101.7; PhilipsMedizin Systeme: 263.6; Picturepress/Raith: 267.6; picturealliance/dpa: 63.2, 65.4, 97.5, 114.2, 116.1, 162.1-2, 186.1, 191.7, 202.re.u., 222.1, 245 li.o., hint. Vors. 2 li.o., /Okapia: .2, /Okapia/Danegger: 175.4, /Okapia/Reinhard: 80.2, /Okapia/Roth: 39.6, /Perrey: 67.4.1, /PicturePress: 65.5, 235.4, /RolfKosecki: 181.1, /ZB: 32.2, 58 o., 175.2; pictureNEWS/Abraham: 144.1; Pixelio.de: 90.1, 91.8, 95.5.b, 106.2, 249.5; plainpicture/Kuttig: 27 re.Mi., /Normal: 258.2; ProjectPhotos: 22.3, 28.3, 31.8, 78.1.2, 88.1, 90.2, 91.7, 91.8 re., 93.6, 93.7, 97.2, 102.1 o.+u., 111.5, 126 li., 166 (Pinguin), 191.8, 206.1, 208.2, 209.6.1-2, 209.5, 210.2, 216.1, 226.2, 234.3, 244 li.o., 249.4, 249.6, 256.1-4, 258.1.1, 265.4, 267.5, hint. Vors.1 re.u.; R. Flößer, Hirschberg: 31.7, 111.6; Rach, Jutta: 112.2, 113.5; Redeker, T.: 60.2, 268 re.u.; Rehbach, Kirchseeon: 186.3; ReinhardTierfoto, Heiligkreuzsteinach: 9.2, 20.1.2, 27 li., 31.1, 33.5, 39.5, 41.5, 57.4, 63.5, 72.1, 75.3, 80.1, 80.3, 92 re.o.+re.u., 94.3, 109.5, 115.5, 118.1, 124.3, hint. Vors. 2 re.o.; Reinold, Ulrike: 32.1, 36.1, 38.1, 192.1; Rocky/Wikipedia: CC.0-BY: 198.3; Schrempp, BreisachOberrimsingen: 58 li., 144.3, 160.1, hint. Vors.1 li. Mi.; Schuster, R.: 110.2; Schütte, N., Berlin: 30.1; SeaTops/Frei: 132.1; Seilnacht, Thomas: 22.2; Silvestris: 39.4, 143.3; Simon, S.: 236.1; SonyDeutschlandGmbH: 9.4, 28.5; SpörhaseEichmannU.: 207.7, 238.2; STOCKB: 248.1, /Sudek: .1; Strunk, Birgit: 11.3; StudioTVFilm: 202.li. Mi.; Superbild: 195.4.3, /BSIP: 262.1.1, 269 re.u., /Phania: 207.4, /Schmidbauer: 96.1, /Sunset: 187.5; Theuerkauf, H., Gotha: 76.2, 92 li.u., 98.3, 100.4, 101.6, 107.5b, 107.6b, 111.7, 120.3, 121.4, 126 re.u., 127 li.o., 128.2, 139.5, 244 li.u.; Thomas, H.: 145.4; TopicMedia/MartinRüger: Titelbild; varioimages: 243.6, 247.6; Weiß, Neckarsteinach: 191.3; Whiskas: 86.1(Katze); Widmann, Peter: 238.1, 251.4; Wikipedia/Jerzy Opiola: 103.4, /KENPEI: 22.1, /Köhler, Nicole: 85.3, /PatrickGijsbers: 143.4, /publicdomain: 23.4, /Rocky: 203.li.o., /Schmidti: .5, /Spaedke: 44.4, /StanleyTrauth: 143.5; Wildlife: 131.4, 150.1, hint. Vors.1 re.o., /Cole: 134.3, /Freund: 141.5, /Harms: 124.2, 133.3-4, /Harvey: 147.6, /HPH: 165.5, /Kottmann: 40.2, /Mallwitz: 98.1.1, /Muller: 163.5, /Usher: 154.1, /Wilmshurst: 116.2; ZahnklinikCharité: 221.4; Zapf Creation: 16.1